SIETE ENSAYOS SOBRE

CIENCIA, MITO Y RELIGIÓN

SÍNTESIS DE CONOCIMIENTOS PARA UNA INTERPRETACIÓN MODERNA DEL UNIVERSO Y DEL HOMBRE EN EL UNIVERSO

Autor: Jorge Arboleda Valencia
Diseño Gráfico: Angélica Moreno Rincón
Ilustraciones: Jorge Ortiz
Bogotá, mayo de 2010
Prohibidas las reproducciones no autorizadas.
Obtenidos derechos de autor, radicación 2-209-10-833.

A la memoria de Charles Darwin, sin cuya teoría
sobre la evolución de las especies,
publicada hace ciento cincuenta años, el presente
libro no se hubiera podido escribir.

A mi muy católico y apostólico bisabuelo Sergio Arboleda,
político, escritor, cofundador del partido conservador colombiano,
quien se hubiera horrorizado de solo pensar en
que uno de sus bisnietos llegara a escribir un día un
libro tan heterodoxo como éste, pero que de haber vivido
como yo en el siglo XXI, al darse cuenta de los inmensos
cambios ocurridos en apenas un siglo después
de su deceso, gustoso hubiera escrito otro similar,
de seguro con más elegancia y sabiduría que yo.

Biografía del autor

Jorge Arboleda Valencia nació en Popayán, Colombia. Hizo sus primeros estudios en el Seminario Conciliar de esa ciudad, donde adquirió una sólida formación religiosa, pero abandonó la carrera sacerdotal y se graduó de ingeniero en la Universidad del Cauca. Posteriormente se especializó en las áreas de la salud y el ambiente en Estados Unidos e Inglaterra. Trabajó luego con la Organización Mundial de la Salud, y formó parte del Centro Panamericano de Ciencias Ambientales (CEPIS) de esa organización en Lima durante seis años. Ha sido profesor de múltiples cursos sobre su especialidad en America latina, Asia y África y publicado tres libros y no menos de 60 artículos investigativos en revistas de Estados Unidos, Colombia y Brasil sobre esas materias. Asesoró en varias oportunidades al Banco Mundial, al Banco Interamericano de Desarrollo, y al Centro de Referencia de Holanda, lo que le permitió viajar extensamente por el mundo y conocer culturas y religiones de distintos países. Fue condecorado por su contribución a la investigación en el campo sanitario por el Gobierno de Colombia y la Asociación de Ingeniería Sanitaria y Ambiental de ese país, y nombrado miembro correspondiente de la Academia de Ciencias de Venezuela.

Contenido

INTRODUCCIÓN

Existen dos clases de pensamiento: El pensamiento "*mitopoético*," llamado así por *Frankfort, Frankfort, Wilson y Jacobsen* en su libro titulado: *Before Philosophy*; y el pensamiento *racional* o pensamiento *lógico*. El primero, es el término utilizado comúnmente para referirse a la forma de pensar del ser humano que no está dentro de la esfera del racionamiento deductivo, sino dentro de lo onírico, lo emocional, lo imaginativo. Fue el modo de pensar que existió antes de que se descubriera la lógica y que se utiliza en el presente, cada vez que se necesita hallarle una explicación a cualquier fenómeno físico o metafísico para el que la mente humana no le encuentra interpretación distinta a la mítica, sea porque no quiere encontrársela, o porque no conoce otra manera de aproximarse a ella.

El segundo, es un método de investigación analítica de las causas y efectos de los fenómenos naturales y de la relación del hombre con el mundo exterior, descubierto inicialmente por los filósofos jonios y griegos a partir del siglo VI a.d.C, cuando desarrollaron las leyes de la lógica y las aplicaron a estudiar su entorno y a deducir de la observación experimental, patrones de comportamiento de carácter genérico. Eso dio origen a la aparición de la ciencia en contraposición al mito del hombre de la antigüedad, que solo contaba con la imaginación colectiva para reconstruir la historia de sus antepasados o explorar el mundo de lo desconocido, lo que lo forzó a inventar las religiones que hoy tenemos, tales como el judaísmo y sus dos variantes, el zoroastrismo, el mazdeísmo, el hinduismo, el taoísmo, el confusionismo, y el budismo.

Desde entonces, el pensamiento *mitopoético* y el *pensamiento racional* han coexistido en la mente del hombre. Ambos se alternan constantemente en el proceso de búsqueda de explicaciones al mundo que nos rodea; explicaciones que en ocasiones se complementan, y en otras, se distancian. En el pasado, el pensamiento *mitopoético* dominó sin mayores controversias durante miles de años, porque no había suficiente comprensión del Cosmos y su entorno, como para poner en entredicho sus afirmaciones apriorísticas.

Pero a partir de las épocas griega y helenística, los dos tipos de pensamiento tomaron caminos divergentes. El pensamiento lógico se aplicó principalmente a estudiar al hombre y su ética, así como los fenómenos naturales y sus leyes, mientras el pensamiento *mitopoético* se dedicaba a superponer sobre el mundo físico un mundo sobrenatural omnipresente que pudiera explicar con mitos y símbolos los interrogantes para los que la lógica no tenía ni tiene respuestas satisfactorias.

Quedaron así planteados dos universos contrapuestos: el de la fe y el de la razón; contraposición que se ha prolongado por milenios y sigue incluso hoy cuando el postmodernismo, movimiento surgido hace cuatro décadas, entró a cuestionar todos los valores de la sociedad, con lo que le comunicó nueva fuerza. Sin embargo, la frontera entre la fe y la razón no es fácil de delimitar. A veces los mismos argumentos científicos y racionales que se usan para demostrar la inverosimilitud de la fe, también se usan para demostrar su verosimilitud. Es una cuestión de puntos de vista. Por eso el hombre siempre ha vivido oscilando entre creer y no creer, entre aceptar la existencia de un creador inteligente y aceptar que todo fue fruto del azar.

Hay que distinguir entre el hecho físico y la interpretación del hecho. El hecho está ahí y no se puede negar, pero la causa del hecho puede tener múltiples explicaciones. El problema es llegar a un acuerdo sobre cuáles de esas explicaciones son ciertas y cuales no, y el raciocinio es la única forma de esclarecerlo, pese a que no siempre lo logra, y a menudo, cuando no lo logra, echa mano de ese comodín que todo lo explica: Dios. La hipótesis de Dios se ha convertido así en el recurso final para aclarar todo lo que no se comprende. Es el Dios de los vacíos en el conocimiento. Dice a este respecto el genetista *Francis E. Collins,* el exdirector del Proyecto Genoma Humano en su libro: *¿Cómo habla Dios?:* "Desde los eclipses solares en la antigüedad, al movimiento de los planetas en la Edad Media, a los orígenes de la vida actualmente, este enfoque de Dios rellena los vacíos con demasiada frecuencia le ha hecho un mal servicio a la religión" que puede entrar en crisis "si los avances posteriores de la ciencia rellenan mejor esos vacíos." Los creyentes sinceros suelen vivir seguros de que la ciencia nunca podrá rebatir la religión, porque así lo han escuchado de otros creyentes. ¿Qué tanto de verdad hay en eso?

Uno de los que más han calado en esta controversia, como es obvio, es el teólogo *Joseph Ratzinger,* hoy papa Benedicto XVI, quien tuvo el coraje de prestarse a un debate, ante un público selecto, sobre el tema: *¿Dios existe?* con el filósofo ateo *Paolo Flores de Arcais,* en el 2000, siendo aún cardenal. De ese debate se publicó un libro, del que voy a citar algunos párrafos que me parecen sumamente esclarecedores. Dice *Ratzinger:* "Al comienzo del tercer milenio, y precisamente en el ámbito de su expansión original, Europa y el cristianismo, se encuentran en una profunda crisis... Esta crisis tiene una dimensión doble: en primer lugar, plantea cada vez más (el interrogante) de si realmente es oportuno aplicar el concepto de verdad a la religión; en otras palabras, si les está dado a los hombres conocer la auténtica verdad sobre Dios y las cuestiones divinas. Para el pensamiento actual, el cristianismo en modo alguno está situado mejor que el resto de las religiones (en este punto). Al contrario, con su pretensión de la verdad parece estar especialmente ciego frente al límite de nuestro conocimiento de lo divino."

"Todo este escepticismo general frente a la pretensión de (poseer) la verdad en materia de religión se ve respaldado, además, por las cuestiones que la ciencia moderna ha planteado sobre los orígenes y el contenido del cristianismo: con la teoría de la evolución parece haberse superado la doctrina de la creación (por Dios); con los conocimientos sobre el origen del hombre, la doctrina del pecado original; con la exégesis crítica, se ha relativizado la figura de Jesús, cuestionando su carácter de Hijo y dudando del origen de su Iglesia. El fundamento filosófico del cristianismo ha resultado problemático tras el llamado fin de la metafísica y sus fundamentos históricos quedan en entredicho por el efecto de los métodos de investigación modernos."

"Por eso resulta fácil reducir los contenidos cristianos a lo simbólico, no atribuirles mayor veracidad a los mitos de la historia de las religiones, verlos como una forma de experiencia religiosa que debiera situarse con humildad frente a otras..." Y más adelante, agrega: "La fuerza que llevó al cristianismo a convertirse en religión universal radica en su síntesis de razón, fe y vida; precisamente esa síntesis queda concretada en la expresión: *religio vera*. Cabe preguntar entonces: ¿Por qué ya no convence esa síntesis? ¿Por qué hoy resultan contrarios, incluso excluyentes entre sí los conceptos de racionalismo y cristianismo? ¿Qué ha cambiado en el racionalismo, qué en el cristianismo para que esto suceda?" Ésta es la pregunta que todos quisiéramos contestar.

Ratzinger en ningún momento en el debate la contesta. La respuesta a esa pregunta, sin embargo, se la puede encontrar en el enorme impacto que tuvo la revolución científica de los siglos XIX y XX en el pensamiento del hombre contemporáneo. Una revolución que marcó un antes y un después a partir del cual se produjo, si se me permite la expresión, una verdadera *mutación* intelectual (no biológica) en el ser humano, comoquiera que nunca en la historia de la humanidad la ciencia había avanzado tanto en tan corto tiempo. Esos avances han despertado una muy comprensible curiosidad en la sociedad posmoderna, razón por la que se han publicado últimamente muchos volúmenes sobre el tema. Como su lectura resulta dispendiosa, hemos tratado de resumir para nuestros lectores lo más importante de ellos en los presentes siete ensayos.

Ratsinger parece ignorar esto, cuando insiste una y otra vez en que la fe es racional, por lo que, como era de esperarse, el debate entre el cardenal y el filósofo no creyente quedó en tablas. El cardenal se atrincheró en ese "exceso de fe" que recuerda la frase atribuida a *Tertuliano: Credo quia absurdum;* (creo aunque sea absurdo); y el filósofo, en la fuerza de su pensamiento lógico. Lo que pasa es que si un contendor utiliza un lenguaje *mitopoético*, y trata de convencer partiendo de emociones, y el otro, un lenguaje basado en la razón, entre ambos no puede haber ningún punto de acuerdo. Es como si el uno se expresara en sumerio del tercer milenio antes de Cristo, y el otro en español de hoy.

Porque razonar es una cosa, y encontrar pretextos para no modificar nuestros razonamientos es otra. El que razona parte de unos supuestos y llega a una conclusión. El que busca un pretexto para continuar creyendo en lo mismo, parte de una conclusión, y le busca por todos lo medios una justificación a esa conclusión, sin importar qué tan lógica sea. Si la fe está sustentada en la verdad, debe poder resistir el mismo tipo de examen lógico con el que se estudia un postulado matemático o un principio filosófico; y si la fe no está sustentada en la verdad, debe tomarse solo como una manera de hallarle algún sentido a la vida, sin importar qué tanta verdad contenga.

Se podría argüir a favor de la fe que la razón no es la única manera de llegar a la verdad, ya que ésta, a menudo, desemboca en conclusiones falsas que debe rectificar poco después. Eso es correcto. No siempre lo lógico es necesariamente cierto y lo *mitopoético*, necesariamente falso, pero lo lógico y científico tiene la ventaja de que, por su carácter provisorio y progresivo, puede acercarse más fácilmente a la verdad. No significa lo anterior, que el autor juzgue a la ciencia como el único camino hacia la verdad, ni mucho menos que tome sus principios como certezas absolutas e inmodificables.

Al contrario, lo primero que tiene que comprender el hombre del siglo XXI, es que no hay verdades absolutas, así estén cimentadas en la tradición más reconocida. El apego fanático a éstas ha sido la peor fuente de sufrimiento para la humanidad. Apego que por lo general se sustenta en la común reluctancia a aceptar argumentos que se opongan a sus convicciones. Así lo demostró un grupo de científicos de la Universidad de Ilinois y la Florida al analizar la actitud de 8 mil individuos a los que se les enviaron mensajes sobre diferentes temas. De esos 8 mil, el 67 % escogieron únicamente los que eran afines a sus convicciones, y apenas el 33 %, los que eran contrarios. A esta actitud los sicólogos sociales la llaman: *percepción selectiva.*

En la mayoría de los casos esa *percepción selectiva* se debe a la ignorancia. A nadie le gusta discutir de lo que no tiene mayor conocimiento. Si no sabe, prefiere pasar por alto la información que contradice sus ideas preconcebidas. Sólo si le explican en forma clara y sin tecnicismos los fundamentos en que se basan, comienza a interesarse en lo desconocido. Es por eso que hemos creído necesario desarrollar en los presentes siete ensayos un amplio trabajo de divulgación de los últimos avances en disciplinas tan diversas como física, química, historia, exégesis bíblica, astronomía, biología, genética, paleontología, sociología, filosofía y otras cuantas más, a fin de evitarle al lector tener que recurrir muy a menudo a otras fuentes para poder entender lo que está leyendo.

Sobra aclarar, que el autor, no se considera ni remotamente competente para emitir opiniones propias sobre tantas materias distintas. Por esta razón, ha reducido su alcance a los principales conceptos dados por buenos por la comunidad científica, sin añadirles ni quitarles nada, y con base en ellos, sacado, de su cosecha, las conclusiones pertinentes; tarea impensable hace cincuenta años, y menos hace cien, por cuanto antes no había la libertad de pensamiento de que gozamos hoy, y el progreso de la ciencia no había sido tan veloz como en las últimas décadas, el más veloz en la historia de la humanidad.

Tan cierto es esto como que la teoría atómica apenas fue formulada en 1803 por *John Dalton,* y hubo que esperar un siglo (hasta 1903) para que *Thomson* descubriera el electrón y *Einstein* probara la existencia de las moléculas (1905), que por entonces no eran aceptadas por todos, lo que se hizo incuestionable cuando en 1932, *Chadwick,* descubrió la composición del núcleo del átomo, conocimiento usado 13 años más tarde, en 1945, para producir y hacer estallar la monstruosa bomba atómica en Hiroshima. Ya para esa época, *Einstein*, había desarrollado las teorías de la relatividad en 1905 y 1915, Hubble había encontrado el corrimiento al rojo de las estrellas en 1929 y se había postulado la teoría de la *Gran Explosión* con que comenzó el Universo. Todo, en menos de medio siglo.

El desarrollo de la biología no fue menos acelerado. En 1828, *Wöhler,* sintetizó la urea en su laboratorio, demostrando así que tanto la materia viva como la materia inerte estaban constituidas por los mismos átomos. En 1959, *Darwin,* publicó la teoría de la evolución de las especies que algunos todavía rechazan. Pasteur, hace 150 años, descubrió el mundo de los microorganismos (1864). Más tarde se encontraron los registros fósiles que permitieron conocer la evolución de los homínidos. En 1882, Fleming, descubrió los cromosomas; en 1953, Watson y Crick, descifraron la doble cadena del ADN y la única del ARN, en el 2003 la secuencia del genoma humano, que nos reveló nuestra innegable proximidad genética con los simios, y después del dos mil, la creación de células sintéticas artificiales.

Fueron tantos y tan rápidos estos y otros descubrimientos que como dice el escritor y buen cristiano, *Ignace Leep,* en su obra *Nueva Tierra:* "En los últimos doscientos años nuestra imagen del mundo se ha trastrocado definitivamente. El hombre del siglo XVII y XVIII estuvo posiblemente más cerca y más afín al hombre de la antigüedad griega, romana o hebrea que el hombre del siglo XX, pues durante siglos la humanidad tuvo los mismos conceptos sobre la Tierra y el Universo. Incluso después de *Galileo Galilei* y de *Cristóbal Colón,* la mayoría de los hombres siguieron aferrados a la cosmología aristotélica."

Sus conceptos sobre la Tierra y el Universo no eran objetivos o profanos como hoy, sino sacralizados. Así lo considera *Mirceas Eliade* en su ensayo sobre *Lo Sagrado y lo profano,* cuando expresa "El hombre de las sociedades arcaicas tenía la tendencia a vivir lo más posible en lo sagrado o en la intimidad de los objetos consagrados..." "El mundo profano en su integridad, el Cosmos completamente desacralizado, es un descubrimiento reciente del espíritu humano. No es de nuestra incumbencia mostrar por qué procesos históricos y a consecuencia de qué modificaciones de comportamiento espiritual ha desacralizado el hombre moderno su mundo y asumido una existencia profana. Basta únicamente con dejar constancia aquí de que el hecho de la desacralización caracteriza la experiencia total del hombre no-religioso de las sociedades modernas..."

Sin embargo, todo este el progreso científico y cultural sólo ha servido para desafiar nuestra inteligencia con nuevas preguntas que hasta ahora hemos sido incapaces de responder, y siguen, por ahí, gravitando sobre nuestro intelecto. Antes, todo era simple para el hombre. Para él sólo había lo inmediato, la Tierra era el centro de un universo mágico, habitado y regido por las fuerzas del bien y del mal, por dioses y demonios, lo que constituye hasta hoy el trasfondo de todas las religiones. Hoy las cosas son más complejas, y en consecuencia, debemos inventar un modo distinto de verlas. Pero eso no es fácil, y nunca lo ha sido. Este libro, por tanto, sólo es útil para aquellas personas de mente abierta en busca de novedades que desean actualizar sus conocimientos sin temor a tener que cambiar de ideas cuando las recientes innovaciones así lo demanden. Hay que tener en cuenta que estamos en el siglo de la información; ya no estamos tan desinformados como antes y por consiguiente, no podemos seguir pensando como antes.

Dice a este respecto Sábato: "Salimos de la ignorancia y llegamos así nuevamente a la ignorancia, pero a una ignorancia más rica, más compleja, hecha de pequeñas e infinitas sabidurías. El mundo que ignoraba *Aritóteles* era casi nulo; todos los conocimientos de su época cabían en su mente poderosa; (...) pero la ciencia siguió avanzando y cada avance en la ciencia o en la filosofía significó una nueva ignorancia que se incorporaba al espíritu de los profanos. Cada día nos enteramos de que una nueva teoría, un nuevo modelo de universo ingresa en el vasto continente de nuestra ignorancia y entonces sentimos que el desconocimiento y el desconcierto nos invade por todos lados y la ignorancia avanza hacia un inmenso y temible porvenir".

ENSAYO PRIMERO

HISTORIA DE LA AVENTURA DEL DESCUBRIMIENTO DEL MUNDO FÍSICO Y DEL COSMOS

La evolución del pensamiento lógico ha ido cambiando a un ritmo variable con el tiempo según las circunstancias: en los primeros tres o cuatro milenios, hasta la época griega, esa evolución fue casi inexistente; desde entonces, en los siguientes tres siglos hasta la culminación del período helenístico, se desarrolló con rapidez; durante el imperio romano, más pausadamente; se estacionó en la Edad Media y resurgió con fuerza en el Renacimiento, para adquirir una aceleración nunca antes vista en los siglos XIX, XX y XXI.

Como decíamos antes, el hombre ha recurrido en esos seis mil o más años a dos formas distintas de pensamiento: el *mitopoético* que predominó durante los primeros tres mil o cuatro mil años y aún subsiste por las razones que explicaremos más adelante; y el lógico que apareció y se desarrolló durante el apogeo de la cultura griega y helenística en los siglos VI a III antes de Cristo; el cual se complementó con el pensamiento matemático científico de los últimos cuatro siglos desde el Renacimiento hasta la actualidad.

Modos de pensar del hombre.
Primera época: El predominio del pensamiento mitopoético.

Comparado el pensamiento *mitopoético* con el racional encontramos que el primero es más flexible, más abierto, más emocional, más imaginativo, acepta la paradoja, la ambigüedad, lo contradictorio; se expresa en símbolos, y tiene una gran capacidad fabuladora. En cambio, el pensamiento lógico no acepta la ambigüedad, ni lo contradictorio, se acerca más a la realidad del mundo exterior, aunque toma distancia del sentido común y de la percepción sensorial; es menos emocional y menos imaginativo, pero no por eso deja de usar la imaginación para crear abstracciones como espacios con múltiples dimensiones o experimentos virtuales.

De aquí que sea tan difícil de compatibilizar el pensamiento *mitopoético* con el pensamiento racional. Tienen un origen distinto y surgieron en épocas diferentes. El primero, por haber nacido antes de que se inventara la lógica por los griegos, es producto de la consciencia mítica, onírica, del hombre que no capta la diferencia entre el mundo interior y el mundo exterior, entre lo que le muestran los sentidos y lo que está afuera en la realidad. Sólo a medida que va entendiendo esta diferencia, comienza a comprender que el Universo no es necesariamente como lo perciben los sentidos y puede entender racionalmente su entorno.

El pensamiento *mitopoético* o especulativo es una especie de prelógica, incapaz de distinguir entre la realidad y la apariencia, entre el sujeto y el objeto. Según Frankfort y colaboradores, en su libro antes citado, los antiguos, veían al hombre como parte de la sociedad y a la sociedad como parte de una naturaleza poseída por fuerzas cósmicas. Contaban mitos en lugar de investigar los fenómenos naturales. Raciocinaban por comparación entre el fenómeno y lo que se le parecía. Si, por ejemplo, los egipcios escuchaban un trueno, decían que era el mugido del buey Apis que pastaba en las alturas. Si los babilonios veían caer la lluvia después de una sequía, afirmaban que el pájaro gigante Indugud cubrió el firmamento con los nubarrones negros de sus alas y devoró al Toro de los Cielos causante de la sequía, lo que permitió que regresaran las lluvias. Si los griegos oían el susurro del viento en los árboles, creían que era el tañido de la flauta de Pan, y hoy día, los esquimales creen que la Aurora Boreal se produce porque un zorro cósmico agita su cola en el firmamento.

No veían diferencia entre la apariencia y la realidad; si algo sonaba como un toro, era un toro, si las nubes parecían alas de pájaro, eran pájaros. Jamás se cuestionaban cómo podía haber toros en el cielo y pájaros entre las nubes. Tampoco distinguían entre el ritual y lo que éste simbolizaba. Para los babilonios el éxito de las cosechas era la consecuencia de la perfección ritual con que se celebraba la llegada del año nuevo. Para los aztecas entre más lágrimas vertiera el niño que iban a sacrificar a los dioses, más copiosas y fecundas iban a ser las lluvias en ese año.

Igualmente, no hacían distinción entre el mundo inanimado, y el mundo animado. Por eso, no se llegó a entender bien la diferencia entre los vivos y los muertos, cuya supervivencia, convertidos en demonios o dioses tutelares, se daba por descontada, toda vez que el hombre ni entonces ni ahora, ha aceptado la muerte como un acabamiento final, sino como un tránsito hacia una nueva vida en ultratumba, que era un lugar lleno de monstruos, y criaturas sobrenaturales.

No se contentaban con narrar los mitos sino que tenían que representarlos y la representación la consideraban una perfecta repetición de los hechos ocurridos. Por ejemplo, los babilonios dramatizaban el Año Nuevo, fecha en la que creían el mundo había sido creado, y lo hacían con un festival para celebrar la victoria de Marduk sobre los poderes del Caos. Esa representación la tomaban como una reproducción exacta de esa victoria, como los católicos consideran que la consumación de una hostia consagrada repite el sacrificio de Cristo.

La naturaleza la suponían dominada por fuerzas mágicas, por dioses antropomorfos a los que había que aplacar con dádivas y a veces con crueles sacrificios humanos, sin que nada sucediera sin su intervención, ni la cosechas dieran fruto, ni el Sol volviera a brillar, ni el ganado se multiplicara, ni se pudieran librar de las pestes, ni vencer a los demonios.

Los sueños y las alucinaciones se confundían con los hechos cotidianos, presentes o futuros; el símbolo se tomaba por lo que representaba y se lo utilizaba para bien o para mal. Por ejemplo: los faraones gravaban los nombres de sus enemigos en vasijas de barro, objetos que sus áulicos quebraban a la muerte del respectivo faraón, para librar a su sucesor de esos enemigos, destruyéndolos conjuntamente con las vasijas, algo no tan alejado de la magia moderna en que se atraviesa un retrato con alfileres para matar a la persona retratada.

Los ídolos no sólo tenían sus moradas en los templos construidos en su honor, sino también en algún lugar de la Tierra o el cielo, y no les parecía ilógico que estuvieran presentes allá, y al mismo tiempo en sus múltiples estatuas erigidas en distintas localidades del país al que protegían, comoquiera que para el razonamiento *mitopoético* no existen imposibles, pues dentro de lo imaginario todo puede suceder. Ese mismo tipo de razonamiento es el que usan todavía las religiones, lo que no sorprende, porque ellas surgieron cuando no había otra manera de pensar, como ocurre cuando el catolicismo pretende que Jesucristo está en el cielo y simultáneamente en las millones de hostias de todas las iglesias católicas del mundo.

Para la mente primitiva la creación se asimilaba al nacimiento, pero no de un hombre sino de un ser cósmico, y se lo atribuía a una pareja primigenia, en algunos casos personificada por el acoplamiento entre el Cielo y la Tierra, ambos considerados como dioses. En *Grecia* la creación fue atribuida al nacimiento de la *Gran Madre*, en Babilonia a *Marduk*; en Egipto, al dios *Aton* que se alzó sobre las aguas primaverales y comenzó a formar el Cosmos separándolo del caos; en la India, a *Vishnú* que sacó al mundo de una serie de cataclismos; en Israel, a *Jehová.* Cada civilización inventó su propio mito, de espaldas al pensamiento racional, porque no tenía otra forma de pensar.

Como se ve por lo anterior, tanto las religiones como la cosmología han estado elaborando explicaciones sobre el origen del universo, y con base en ellas, desarrollado una fenomenología particular; las religiones estableciendo creencias, ritos y prácticas que permitan al hombre congraciarse con el dios creador, y la cosmología moderna, proponiendo nuevos y complicados modelos matemáticos para tratar de descubrir las leyes que rigen el Cosmos. En estas condiciones dicha cosmología moderna ha entrado a saco dentro del campo religioso, así no lo quiera reconocer.

Frankfort y colaboradores sintetizan el mito así: "El mito es una forma de poesía que trasciende a la poesía en cuanto se proclama verdadero; es una forma de razonamiento, en cuanto trata de sacar a la luz la verdad que proclama; y una forma de acción o comportamiento ritual, que no encuentra su cabal cumplimiento en el acto, pero debe proclamar y elaborar una forma poética de verdad."

En todos los casos el pensamiento *mitopoético* nace de una actitud emocional que nada tiene que ver con la razón, porque apareció cuando el hombre prácticamente lo ignoraba todo: desconocía como estaba hecho el Universo, la estructura granular de la materia, el origen de la vida, de las enfermedades y la muerte, y debió, por eso, utilizar la fábula, la parábola, o el símbolo, para comprenderlo, creando un mundo sobrenatural imaginario, reflejo del mundo en que vivía.

Segunda época: desde Grecia hasta al Renacimiento

Habíamos dicho que el pensamiento lógico se inició con los filósofos jonios en el siglo IV antes de Cristo, y, efectivamente, el aporte de los pensadores griegos comenzó con *Tales de Mileto* (624- 547 a.d.C) y se prolongó hasta la época alejandrina con *Arquímedes* (287-212 a.d.C), pero llegó a su ápice en el siglo cuarto, especialmente con *Sócrates, Platón* y sobre todo *Aritóteles,* cuya influencia iba a perdurar por más de diecinueve siglos. Sorprende encontrar tanta cantidad y variedad de descubrimientos valiosos en la *Grecia* antigua, habida cuenta de la precariedad de facilidades científicas de que disponían, pues carecían de laboratorios, de tradición experimental, de telescopios, e incluso de literatura técnica preescrita, sobre todo en un principio, pues a ellos les tocó abrirle el camino de la ciencia a las generaciones venideras. Desafortunadamente sus escritos no perduraron, pues en su mayoría desaparecieron o se quemaron en el incendio de la biblioteca de Alejandría. De ellos solo quedaron fragmentos o citas de otros autores y unos cuantos textos de gran valor que sirvieron para conocer sus elucubraciones tanto en el campo filosófico como en el científico.

Período jónico y ático

Tales de Mileto. Tales de Mileto (624-547 a.d.C), fue el iniciador de la investigación racional del Universo y uno de los primeros en afirmar que la Tierra era redonda, idea que solo sería generalmente aceptada dos milenios después.

Pitágoras. Pitágoras (580-500 a.d.C) también sostuvo que la Tierra era esférica, situada en un Universo esférico, al parecer, no por observaciones astronómicas, sino basándose en el concepto de que la esfera es la más perfecta de las figuras geométricas y por tanto la Tierra debía ser esférica.

Anaxágoras. Anaxágoras (500-428 a.d.C.) descubrió que la Luna es otra Tierra que no brilla por su propia luz y se interpone en los eclipses frente al Sol que la da su luz, el cual es una enorme piedra incandescente; afirmaciones éstas que le valieron ser acusado de impiedad y expatriado de Atenas porque desde tiempo inmemorial los que tratan de destruir los mitos son víctimas de abusos. Postuló, también, la teoría de que la materia ha existido siempre y está formada por diminutas partículas, llamadas semillas (spermata), que se diferencian sólo en su color, forma y sabor.

Demócrito de Abdera. Demócrito de Abdera (460-370 a.d.C) al igual que su antecesor Anaxágoras, cuarenta años mayor que él, continuó la teoría atomicista mecanisista, y, conjuntamente con Leucipo de Mileto (450 a 370 a.d.C), su contemporáneo, postuló la existencia de un Universo corpuscular consistente en un espacio vacío lleno de partículas muy pequeñas, todas hechas del mismo material, con diferentes formas y tamaños que determinan sus propiedades, a las que Demócrito denominaría átomos (o indivisibles); partículas que estarían agrupadas en forma diferente para cada objeto de la naturaleza, de manera increíblemente similar a como lo predica la teoría atómica actual. Este hallazgo intuitivo, desconcertante, debió esperar cerca de dos mil cuatrocientos años para ser validado por el químico inglés *John Dalton* en 1805, quien, para explicar la ley de la conservación de la masa en las reacciones químicas descubierta por *Lavoiser* en 1897, la sacó del olvido. Rara vez el hombre ha hecho un descubrimientos tan feliz como ignorado, base indiscutible de la revolución científica del siglo XX, que trasformaría para siempre las creencias de la humanidad sobre la constitución de la materia.

Filolao de Crotona. Filolao de Crotona (470 a.d.C), discípulo de Pitágoras, y miembro de su grupo, sostuvo la teoría de que todos los cuerpos celestes, incluso la Tierra giran alrededor de un fuego central, posiblemente el Sol. Según él, el Cosmos está formado por un fuego central, llamado Hestia, y nueve cuerpos celestes que rotan a su alrededor.

Sócrates. Pese al mérito de los anteriores, fue Sócrates (470-399 a.d.C), el verdadero iniciador del pensamiento lógico con su método dialéctico en el que hacía preguntas a toda clase de personas y analizaba las respuestas que le servían para sacar las conclusiones del caso. Y aunque no quiso dejar nada escrito, ese método de descubrir la verdad analizando los fenómenos físicos y las ideas abstractas, fue fundamental para el desarrollo posterior tanto de la filosofía como de la ciencia.

Platón. El discípulos más ilustre de *Sócrates* fue *Aristocles Podros* (427-347 a.d. C.) llamado *Platón* por el ancho de sus hombros. Su influencia en la filosofía occidental, incluso en el desarrollo del cristianismo, fue enorme. Fundador de la Academia de Atenas donde estudiaría *Aristóteles*, es autor, entre otros, de La República y Los Diálogos en los que plantea su célebre teoría de las *ideas*. Las *ideas* de *Plantón* son algo más de lo que entendemos por ellas actualmente. Para él eran únicas e inmutables y constituían una especie de molde del mundo real inteligible, que se diferenciaba del mundo de las meras apariencias creado por nuestros sentidos, el cual es múltiple y cambiante. Su contribución a las ciencias naturales, sin embargo, fue apenas secundaria, aunque concordó con Tales de Mileto y los otros pensadores griegos anteriores a él, en que la Tierra tenía forma esférica por observación de su sombra sobre la Luna durante los eclipses.

Aristóteles. Sin duda, el filósofo griego de la antigüedad de mayor peso fue *Aristóteles* (384-332 a.d.C), cuyos obras desaparecieron durante dos siglos y volvieron a aparecer en *Roma* cuando *Andrónico de Rodas* en el siglo I antes de Cristo, preparó una edición de ellas, edición que fue olvidada hasta la alta Edad Media, época en la que se hicieron traducciones del árabe al latín que se popularizaron entre los filósofos de entonces, primero entre los pensadores árabes y judíos y después entre los escolásticos. Fue *Santo Tomás de Aquino* (1225-1274) uno de los que más provecho sacó de los escritos aristotélicos. Su influencia tanto en *Dums Scoto* como en *Pedro Lombardo,* entre otros, convirtieron esos escritos en textos infalibles, sobre todo en los aspectos científicos, lo que terminó retrasando el avance de la ciencia por dos mil años.

Aristóteles escribió prácticamente sobre todas las áreas del saber humano de entonces: lógica, retórica, ética, metafísica, psicología, y ciencias naturales. Como creador del silogismo, en el que a partir de unas premisas se saca una conclusión, reguló el modo de raciocinar del hombre, modo del que los escolásticos abusaron hasta el cansancio en la Edad Media. Su gran falla fue el rechazo a la experimentación física como una manera de conocer la verdad, la que consideraba alcanzable solo por medio del raciocinio formal. Quizás por eso adoptó la teoría geocéntrica de un mundo estático alrededor del cual gira el Universo, teoría que después recogería *Ptolomeo* y perduraría más de dos milenios hasta la época de *Copérnico* en el Renacimiento.

También propuso la generación espontánea de la vida, suponiendo que peces e insectos nacían espontáneamente de la humedad y del sudor, tesis que fue aceptada por más de veintiún siglos hasta cuando *Pasteur* demostró su inexactitud en 1860 al confirmar la existencia de las bacterias. En física no fue menos afortunado. Estableció que el movimiento es causa de lo que va a pasar y se opone a lo que ya pasó, con lo que trató de explicar el movimiento de la Tierra en su eclíptica. También postuló que un cuerpo pesado si se deja caer desde cierta altura, desciende más aprisa que un cuerpo liviano, lo que *Galileo* demostraría dieciocho siglos después ser incorrecto.

El período alejandrino.

Con la aparición fulgurante de Alejandro Magno en la historia y la dominación del Oriente Medio por él y sus sucesores, comenzaron a reinar en Egipto los *Ptolomeos*. Fue entonces cuando sobrevino la llamada época alejandrina durante la cual *Ptolomeo Soter I* (362 a 283 a.d.C), mandó construir la Biblioteca de Alejandría, que se convirtió en un semillero de sabios.

Aristarco de Samos. Uno de sus primeros directores fue Aristarco de Samos (310-230 a.d.C), quien, por observación del cielo, determinó la distancia que nos separa del Sol y la estimó en 18 veces mayor a la que nos separa de la Luna; también afirmó que el Sol era 300 veces más grande que la Tierra, todo lo cual está bastante alejado de la realidad. En lo que sí acertó fue en proponer el sistema heliocéntrico, ya sugerido por otros filósofos griegos anteriores a él, con el Sol en la mitad y todos los planetas girando a su alrededor, incluso la Tierra, a la que no consideraba el centro del universo, lo que le valió el olvido, gracias al prestigio de *Aritóteles* que favorecía el sistema geocéntrico.

Euclides. Euclides (325-265 a.d.C.) perteneció al mismo grupo de Alejandría donde vivió y fue el autor de uno de los textos matemáticos más valiosos de la ciencia de todos los tiempos, como lo fue el de la geometría que lleva su nombre, consignada en el texto titulado Los Elementos. Los principios introducidos en éste, habrían de permanecer inalterables hasta el siglo XIX, cuando aparecieron otras geometrías no euclidianas tales como la hiperbólica, la elíptica y la de Riemann, que, aunque basadas en los cuatro primeros postulados de Euclides, no comparten el quinto, el de las paralelas.

Eratóstenes. Eratóstenes de Cyrene, nacido en 276, a.d.C fue el tercer director de la Biblioteca de Alejandría, y se lo conoce por ser quien midió con pasmosa precisión y métodos muy simples, la circunferencia terrestre, la cual estimó en 39 640 km, muy cerca de los diez mil kilómetros encontrados para el cuadrante terrestre por Jean B. Pelambre y Pier F. A. Mechain, durante seis años de trabajo en plena revolución francesa, de donde surgió el metro, adoptado como patrón de medida por Francia en 1799.

Arquímedes. Arquímedes de Siracusa ((280-212 a.d.C), fue un investigador, matemático y geómetra excepcional, quien descubrió el número pi, el principio hidrostático sobre la flotación de los cuerpos que lleva su nombre, la rueda dentada, el tornillo sin fin, el estudio de la palanca y la espiral entre otros grandes aportes a la ciencia.

Herón de Alejandría. Por último, ya desaparecido el imperio alejandrino, surgieron otros dos científicos dignos de mención. Son ellos: *Herón de Alejandría y Claudio Ptolomeo.* Herón de Alejandría (10 a 70 dC) fue el inventor de la primera máquina de vapor de que se tenga noticia, consistente en una cámara redonda montada sobre un eje con dos tubos curvos contrapuestos por los que hacia salir vapor de agua para hacer girar esa cámara, transformando así la energía térmica del vapor de agua en energía mecánica. Infortunadamente, este trascendental descubrimiento, que hubiera podido revolucionar el trasporte marítimo y terrestre desde entonces, como lo haría posteriormente en el siglo XVIII, debió esperar 16 siglos antes de que aparecieran la máquina de vapor de Papin, de la que trataremos más adelante.

Ptolomeo. El astrónomo y matemático de Alejandría, Claudio *Ptolomeo* (100-170 d.C), vivió mucho más tarde cuando Egipto se encontraba bajo la dominación romana. Fue el que más influyó, aunque perjudicialmente, en los posteriores astrónomos europeos, con su célebre obra en trece volúmenes, salvada milagrosamente del incendio de la biblioteca alenjadrina, obra que los árabes llamaron *Al Magiste* (lo Máximo) y los moros introdujeron en España con el nombre de *Almagesto*. En ese tratado *Ptolomeo* adoptó la cosmología geocéntrica de *Aritóteles,* con la Tierra en el centro y la Luna, Mercurio, Venus, el Sol, Marte, Júpiter y Saturno, en órbitas circulares a su alrededor, al mismo tiempo que moviéndose en círculos pequeños por él llamados epiciclos, teoría que permaneció inmodificable por más de mil ochocientos años hasta los comienzos del Renacimiento en el siglo XVI. Parece increíble que a pesar de que *Aristarco de Samos* probó, cuatro siglos antes, que nuestro planeta se movía alrededor del Sol y no al contrario, y que *Eratóstenes de Cyrene*, por la misma época, midió con gran precisión el diámetro de la Tierra, *Ptolomeo,* perteneciendo a la misma escuela alejandrina que ellos, insistiera en la teoría geocéntrica, y ésta continuara considerándose como un dogma incuestionable por milenios. Esto prueba hasta qué punto el hombre prefiere aceptar la apariencia que le muestran los sentidos antes que la realidad del mundo exterior. Al fin y al cabo el Sol da la impresión de girar por encima de la Tierra y no al revés. En este caso como en muchos otros que vamos a ver, el sentido común nos no nos ayuda, sino nos lleva al error.

Pensamiento matemático científico
Tercera época: desde el Renacimiento hasta el siglo XIX

Copérnico. A partir de *Copérnico* (1473-1543), clérigo, médico y astrónomo, la era del pensamiento matemático científico cobró un impulso definitivo. Su mérito consistió en haber revivido la tesis de los filósofos griegos del sistema solar heliocéntrico olvidada por siglos; tesis planteada en su libro titulado *De las Revoluciones* que se negó a publicar hasta poco antes de su muerte, por temor a la Santa Inquisición que consideraba sus ideas sospechosas de herejía. Cabe advertir que el tribunal de la Santa Inquisición en la época no tenía nada de santo; era una institución diabólica con un poder que infundía pánico.

Kepler. Un siglo después, *Johannes Kepler* (1571-1630) nacido en Tübingen, entró a colaborarle a *Tycho Brahe* en Praga (1601-1546), también partidario del sistema geocéntrico, y le dio como tarea estudiar el comportamiento de Marte de acuerdo con los datos por él recopilados, que no cuadraban con sus cálculos. Kepler, entonces, al observar que con el sistema geocéntrico no se podía solucionar el problema, recurrió a la teoría de

Copérnico, pero la modificó cambiando las órbitas circulares por elípticas, lo que le permitió formular unas leyes que no solo coincidían con los movimientos de Marte, sino con el de todos los planetas del sistema solar.

Galileo. Por la misma época, *Galileo Galilei* (1564-1642), construyó un telescopio primitivo fabricado por él mismo con base en un invento holandés, con el que comenzó a explorar el cielo, y se encontró con una serie de sorpresas. Descubrió que Júpiter tenía cuatro satélites, la Luna, montañas, y el Sol, manchas, con las que estimó su período de rotación en 27 horas; que la *Vía Láctea:* "No es más que una innumerable colección de estrellas, muchas de las cuales son considerablemente grandes y brillantes...," y el Universo era mucho más grande de lo que habían predicho los filósofos griegos. También descubrió que Venus brilla con la luz reflejada del Sol a la manera de la Luna y tiene fases como ella, algo que no encajaba con la teoría geocéntrica.

Estos descubrimientos lo llevaron a descreer de las teorías de *Aritóteles y Ptolomeo,* y a difundir las tesis de *Copérnico* de una Tierra que gira sobre su eje y al mismo tiempo da vueltas alrededor del Sol, en un libro titulado: Siderius Nuncius publicado en 1610, lo que lo puso en la mira de algunos miembros de la iglesia de *Roma* que consideraban esa tesis contraria a la *Biblia.* Pese a ello, no hubo una cesura formal. Sin embargo, en 1616 el *Santo Oficio* tomó cartas en el asunto, y si no hubiera sido por la cerrada oposición de cardenales tan poderosos como Bellarmine y Barberini, hubieran declarado heréticos los escritos de *Galileo.*

Pasado el peligro, continuó con sus investigaciones, entre las que se destacan los célebres descubrimientos sobre la caída libre de los cuerpos que dio paso a sus teorías sobre la naturaleza del movimiento, completadas y modificadas posteriormente por *Newton,* y a su vez las de *Newton,* por *Einstein* y algunos otros. Para eso fabricó, quizás por primera vez en la historia de la ciencia, un aparato con el único propósito de realizar un experimento científico. En lugar de tirar diversos objetos desde la torre de Pisa como comúnmente se cree, construyó una serie de rampas inclinadas largas y lisas, y echó a rodar por ellas bolas con diferentes pesos y masas, y a medir el tiempo en que lo hacían con una ingeniosa clepsidra (reloj de agua) capaz de determinar segundos.

Probó que la tesis de *Aritóteles* de que los cuerpos caían porque tenían una tendencia a volver de donde procedían, (una piedra, o una manzana, a la Tierra, el humo al cielo, etc.) y su velocidad de caída era proporcional a su peso, no era cierta. Postuló, en cambio, que todos los cuerpos en el vacío caen con la misma velocidad independientemente de su peso, y la distancia recorrida por ellos es inversamente proporcional al cuadrado del tiempo que tardó en caer.

Mientras tanto, en 1623, el cardenal Maffeo Barberini, fue nombrado papa con el nombre de Urbano VIII. *Galileo* debió pensar que con el ascenso al pontificado de su amigo que lo había defendido en 1616, tenía apoyo en el Vaticano y se decidió a publicar en 1632, en italiano, un libro de divulgación sobre el sistema heliocéntrico para el grueso público, titulado: Diálogo sobre los dos sistemas del mundo, el tolemaico y el copernicano. El libro tuvo mucho éxito, pero cayó mal en el *Santo Oficio,* y un buen día fue convocado a *Roma* acusado de herejía. *Galileo* fue, pero no le aceptaron sus descargos, lo obligaron a retractarse en público de sus errores y lo condenaron a recluirse en confinamiento solitario por el resto de sus días en su villa de Arcetri, sin la menor consideración por su avanzada edad, donde murió en 1642 a los 78 años.

Esto demuestra hasta que extremos pueden llegar las ideologías cuando adquieren poder, sean ésta de carácter religioso o político. Ambas comparten idéntico fanatismo, fanatismo que no dialoga, sino insulta, excomulga, tortura y prepara hogueras para sus contradictores. Un Torquemada, español, un Savonarola, italiano, un Beria, ruso, o un Himmler, alemán, tienen mucho en común.

Newton. Muerto *Galileo, Isaac Newton,* nacido en ese mismo año, dedicó su vida a ampliar y completar las investigaciones de sus antecesores. Se aplicó a investigar un sinnúmero de temas como la naturaleza de la luz y los colores; el cálculo integral y diferencial, que inventó paralelamente con *Leibniz*. Fue intelectualmente muy inquieto, ayudó a desarrollar el telescopio de refracción o de espejo que es el más común en los grandes observatorios de la actualidad, e incluso incursionó en la alquimia y la teología a la que dedicó buena parte de sus últimos años.

Su obra capital fue: *Philosophia Naturalis Principia Matemática*, escrita en latín, que vio la luz en 1687, cuando todavía no había publicado casi nada, en la que planteó muchos de los desarrollos matemáticos y mecánicos que lo hicieron famoso. En ella propuso un modelo completo del Universo, basado en la teoría de la gravitación universal, que permite calcular los movimientos de todos los cuerpos celestes en función de la fuerza de la gravedad.

Sin embargo, en esa teoría quedaba por solucionar cómo esa fuerza se trasmitía en el espacio vacío. *Newton* especuló que el vacío no estaba realmente vacío, sino lleno con una sustancia desde antes conocida como éter, a través de la cual se trasmitía la atracción gravitacional, la luz y las hondas electromagnéticas y además actuaba como sistema en reposo, hipótesis que fue descartada posteriormente por *Eisntein*, ya que, como veremos luego, en el espacio todo se está moviendo y el reposo absoluto es imposible.

Partiendo de estos principios, formuló lo que hoy se conoce como la mecánica clásica, cuyas leyes fundamentales, que todos aprendimos en el bachillerato, son tres: 1- Todo cuerpo continúa en su estado de reposo o movimientos rectilíneo a no ser que una fuerza externa lo obligue a dejar ese estado. 2- El cambio de movimiento es proporcional a la fuerza motriz aplicada y tiene lugar en la dirección de la recta según la cual dicha fuerza actúa. 3- A toda acción le corresponde siempre una reacción igual y contraria. Estas leyes de la mecánica clásica siguen siendo válidas para bajas velocidades, no así para altas velocidades cuando se acercan a las de la luz, en las que hay que recurrir a la mecánica relativista. *Newton* murió en 1727, a la edad de 85 años.

Los avances de la astronomía hasta el siglo XIX

A partir de la época de *Galileo y Newton* el pensamiento científico se impuso definitivamente. Desde entonces, toda teoría sobre un fenómeno natural debió ser expresada en forma de algún teorema matemático capaz de predecir los sucesos futuros modelados por éste, teorema cuya validez depende de qué tan bien se ajusta en su formulación algorítmica al comportamiento observado de los mismos sucesos en el mundo real.

Los descubrimientos alcanzados estimularían en el siglo XVII y XVIII el interés por la física y la astronomía cuyo estudio comenzó a despertar gran curiosidad. Inglaterra y Francia entraron a rivalizar por obtener los más sofisticados observatorios astronómicos, con telescopios cada vez más largos y potentes.

En 1660, se fundó la Sociedad Real de Londres para la Mejora del Conocimiento de la Ciencia, con el patrocinio del rey Carlos II, poco después de su restauración en el trono, cuyo propósito era establecer la verdad científica por medio de la experimentación y no por deducciones filosóficas o concordancia con las *Sagradas Escrituras,* cuando no con citas de autores famosos como *Santo Tomás de Aquino o Aritóteles,* como se hacía antes.

Años más tarde, en 1675, se construyó el observatorio astronómico de Greenwich, fundado por el rey Carlos II y diseñado por C. Wren, cuyo primer director fue *John Flamsteed* (1646 a 1749) a la edad de solo 28 años, quien se dedicó a determinar la posición de las estrellas, con la colaboración de *Edmond Halley*, el cual, contra la voluntad de su jefe, hizo un catálogo de las estrellas que Flamsteed se negó a aceptar. *Halley*, no obstante haber sido un permanente contradictor de su jefe, sucedió a Flamsteed como astrónomo real y descubrió el cometa que lleva su nombre y aparece cada 76 años.

En 1669, París también construyó su propio observatorio y para dirigirlo trajo al astrónomo de la universidad de Bolonia: *Gian Doménico. Cassini* detectó nuevos satélites de Júpiter y el espacio oscuro entre los anillos de Saturno. Sin embargo, rechazó la idea de de las órbitas elípticas de Kepler. Siete años después, en 1679 el astrónomo danés *Roemer* predijo por primera vez la velocidad de la luz a la que le asignó un valor de 225 000 km/s, menor a la que se encontraría en el siglo XIX de 300 000 km/s. Para esa época ya nadie rechazaba el sistema heliocéntrico.

En 1796, en plena revolución francesa, *Pierre Simón Marqués de Laplace* en su obra: *Exposición del Sistema del Mundo* presentó la hipótesis de que el sistema solar se formó a partir de una nube de gas cuyo colapso gravitacional terminó induciendo la formación de los planetas. Más conocido, sin embargo, es él por su teoría de que el universo se rige por leyes fijas, inmodificables, y por tanto, es posible predecir el movimiento de cualquier cuerpo celeste en un instante dado, a partir de su posición anterior, determinismo que, pese a las críticas que se le hicieron, estuvo vigente hasta principios del siglo XX cuando se demostró su inconveniencia.

Daguerre. El invento de la fotografía realizado por *Luis J. Daguerre* en 1837, del que se derivó la palabra daguerrotipo, complementado en 1870 con el hallazgo de la gelatina seca, terminó revolucionando la astronomía, aunque su desarrollo inicial se debió a razones bien distintas a la investigación científica. Antes de la fotografía, los astrónomos se veían forzados a hacer esquemas a mano de la posición de los cuerpos celestes que estaban estudiando en sus telescopios, lo más ajustados posibles a la realidad, lo que tenía un gran margen de error, y, para comparar los fenómenos observados en distintas noches, debían valerse de la memoria. Las cosas cambiaron desde el momento en que pudieron registrar en una placa fotográfica las imágenes obtenidas con el telescopio, por lo general, sometiéndolas a largas exposiciones. Podían así medir distancias, estudiar luminosidades, y analizar los cambios de posición de los astros con toda precisión.

Hersschel. Por último, cabe mencionar uno de los casos más curiosos de la época, como fue el del músico de profesión, compositor de siete sinfonías y cuatro conciertos, y astrónomo aficionado, *William Herschel* (1738-1822), quien construyó con dineros propios, en Bath, Inglaterra, en 1791, un telescopio de 13 m de longitud y 1.5 m de diámetro con el que descubrió el planeta Urano; de resultas de lo cual el rey Jorge III lo nombró astrónomo real. Este astrónomo celebró el hecho dando un breve concierto metido dentro del tubo del enorme telescopio, pero como éste era muy poco maniobrable, el armatoste terminó desmantelado por su hijo años más tarde, no sin antes conseguir un coro que cantara una balada compuesta por él en su interior.

Los avances en astronomía desde el siglo XIX hasta hoy

El espectroscopio. Estos avances de la astronomía no se detuvieron durante la revolución industrial del siglo XIX. Al contrario, aparecieron adelantos tan útiles como el de Joseph von Fraunhofer (1787-1826) en 1814, quien utilizó la propiedad de la luz de refractarse al atravesar un prisma para analizar la composición química de las estrellas, propiedad descubierta por *Newton* en el siglo anterior. En 1859, *Gustav Kirchof* y *Robert Bunsen* utilizaron este fenómeno para desarrollar el primer espectroscopio. Consistía éste en unos lentes, un prisma, un ocular y una rendija, por la que se hacía pasar un rayo de luz, el cual se descomponía en un espectro de muchos colores que iban desde el violeta hasta el rojo según sean los longitudes de onda de cada color, mostrando una serie de rayas de absorción, típicas de la luz que se analiza. Tal invención se constituiría de allí para adelante en una de las herramientas más útiles para el estudio de la composición química de los cuerpos celestes y en general de todos los materiales.

Fue así como se halló que la materia cósmica está formada básicamente por hidrógeno molecular (88%) que al fundirse en las estrellas se convierte en helio (12%) generando enormes cantidades de energía que alimenta las reacciones termonucleares del Universo. También se determinó que en el espacio existe oxígeno en un 0.06%, carbono en un 0.022% y otros elementos químicos más en menor proporción, como el nitrógeno, el neón, el magnesio, e incluso moléculas complejas. El padre Sechi, en 1868, pudo entonces sentar las bases para clasificar las estrellas de acuerdo con su espectro electromagnético.

Doppler. Por la misma época, *Christian Doppler* (1803-1853) matemático y físico austriaco, había observado que cuando un oyente estacionario escucha el silbato de un tren y el tren se está alejando de él, lo percibe con un tono cada vez más grave, y si se está acercando, lo percibe más agudo.

De aquí dedujo que dicho cambio de tono se debía al cambio de la distancia entre cresta y cresta de las ondas de presión del sonido o sea de la frecuencia con que las percibimos. Cuando la distancia entre cresta y cresta se alarga porque el sonido se aleja, el oído humano lo percibe como más grave, y cuando la distancia se acorta porque el sonido se acerca, el oído lo percibe como más agudo. Por tanto a mayor longitud de honda, más baja su frecuencia, porque habrá menos número de crestas en una distancia dada, y a menor longitud de onda, mayor será su frecuencia, porque habrá más crestas en esa misma distancia. A este descubrimiento se lo bautizaría mas tarde con el nombre de efecto Doppler.

Huggins. El astrónomo inglés *Sir William Huggins* (1828-1910) aplicó el mismo concepto del efecto Doppler a la luz (pese a que sus ondas son electromagnéticas y no de presión), y predijo que cuando una fuente luminosa, por ejemplo una estrella, se la veía aproximarse al espectador, su espectro electromagnético debería desplazarse hacia el violeta, color que tiene un mayor número de crestas en una distancia prefijada o sea una frecuencia más alta, y si se alejaba, debería moverse hacia el otro extremo, o sea hacia el rojo, color que tiene menor número de crestas en una distancia prefijada, o sea una frecuencia más baja. También propuso tomar la magnitud de ese corrimiento en un sentido o en el otro, para determinar la velocidad con que viaja ese objeto en el espacio, incluso si se trata de planetas que emiten muy poca luz en comparación con las estrellas, estudiando la interacción gravitatoria entre la estrella y el planeta que rota a su alrededor, por la oscilación que éste le produce a aquella. El efecto Doppler se convirtió así en una de las más valiosas herramientas para establecer en qué dirección se mueven los cuerpos celestes y con qué velocidad.

La astronomía en Estados Unidos. En el siglo XIX Estados Unidos se unió a la investigación astrofísica hasta ese entonces exclusividad de Europa. Comenzaron a construirse observatorios con telescopios importados del viejo continente como el de Harvard Collage en 1839, el de la Universidad de Cambridge, Mass., en 1843, el de la Universidad de Yale o la de Middletown y muchos más. En poco tiempo el país del norte recuperó el tiempo perdido y se puso a la cabeza de la exploración espacial como veremos más adelante. A fines del siglo XIX y en todo el siglo XX, Estados Unidos construyó los mas grandes y sofisticados observatorios del mundo: El *Lowell,* en 1894 fundado por Parcival Lowell, con telescopio de espejo de 0.33 m de diámetro con el que se descubrió el planeta Plutón; el de *Monte Wilson* en 1904, con telescopio de espejo de 2.5 m de diámetro; el de *Monte Palomar* en 1906, con telescopio de espejo de 5.0 m de diámetro; varios otros radiotelescopios como el de *Arecibo* en Puerto Rico, inaugurado en 1974, con una antena circular de 305 m de diámetro la más grande del mundo, o el de *Puebla*, en Méjico, con una antena de 50 m de diámetro; y los cinco observatorios en el desierto de Atacama, en Chile, dos de ellos construidos por Estados Unidos, entre los cuales se cuenta el del *Cerro las Campanas* con telescopio de espejos de 6.5 m de diámetro; y para no alargar más la lista, mencionaremos el del cerro *Paranal*, patrocinado por varios países europeos, con cuatro telescopios de espejo de 8.2 m de diámetro y otras facilidades como radiotelescopios. La capacidad y potencia de estos nuevos observatorios ha hecho posible investigar los más recónditos lugares del espacio, aunque todavía queda mucho por hacer.

El último de los grandes telescopios es el Observatorio Europeo del Sur, para ser construido posiblemente en el norte de Chile, junto a los otros que están en la misma región, con la ayuda de doce países europeos y el país latinoamericano. Va a ser cuatro veces más grande que cualquier otro anterior, con una altura de treinta pisos y el diámetro de un estadio. Se espera que esté listo en el 2016. Su potencia va a ser tan grande que podrá detectar la presencia de una vela en la Luna con toda claridad.

Se agrega a lo anterior los telescopios espaciales que se han puesto en órbita alrededor de la Tierra para observar el espacio interestelar sin la interferencia de la atmósfera, entre los cuales el más famoso es el Hubble, lanzado por la Nasa en 1990, el cual todavía está en operación. Orbita a 593 kilómetros sobre el nivel del mar, tiene un peso de 69 toneladas y un reflector de espejo de 2.4 metros de diámetro. Con su ayuda se han realizado algunas de las más importantes investigaciones astronómicas de los últimos tiempos.

La revolución del electromagnetismo

El magnetismo y los imanes. Una de las mayores revoluciones que haya ocurrido en las ciencias físicas, se presentó a partir del siglo XIX, con el descubrimiento del electromagnetismo, no obstante que las propiedades magnéticas de los imanes eran bien conocidas desde mucho antes. Se dice que Tales de Mileto en el siglo VI antes de Cristo, ya conocía que el ámbar adquiere la propiedad de atraer objetos ligeros al ser frotado. Aparentemente, este fenómeno también fue conocido por chinos y romanos. La magnetita es un óxido de hierro que puede atraer materiales de hierro. Posee dos extremos llamados polos: uno norte y otro sur. Los polos iguales se repelen, y los polos opuestos se atraen. La palabra *magnetismo* proviene según la leyenda, del nombre de la ciudad griega de Magnesia, donde se encontraban grandes yacimientos de imanes naturales (*ferrita*).

Sin embargo, no fue sino hasta principios del siglo XVII cuando en la Inglaterra de la reina Isabel I, *William Gilbert,* médico de su corte, comenzó a interesarse por los imanes y a realizar los primeros descubrimientos científicos sobre la materia, descubrimientos que publicó hacia 1600 en un libro en latín titulado: *De Magnete* en el que equiparaba los polos de los imanes con los polos terrestres, de cuya existencia se sabía desde mediados del siglo XIII, cuando se introdujo la brújula en la navegación, invento posiblemente copiado de los chinos. En ese libro, entre otras cosas, acuñaba la palabra "electricidad" derivada de la palabra griega "elektron" que significa ámbar, para denominar la peculiaridad de atraer objetos que tienen los imanes.

El magnetismo, sin embargo, permaneció por más de un siglo como una curiosidad de salón hasta cuando en 1745 se descubrió la posibilidad de almacenar cargas eléctricas en un botella llamada *Botella de Leyden,* por ser su descubridor *Pieter van Musschenbroek,* un profesor holandés de esa localidad. Este artilugio tiene la particularidad de poder hacer saltar chipas a distancias relativamente grandes, fenómeno que se volvió motivo de entretención en las reuniones sociales aristocráticas de la Europa de entonces.

Dicho descubrimiento atrajo la atención de *Benjamín Franklin* cuando visitó a Francia, donde realizó, en el año de 1752, sus célebres experimentos con las cometas en los que demostró que las nubes están cargadas de electricidad (al igual que una Botella de Leyden) y que por tanto los rayos no son sino descargas eléctricas, para las que propuso el pararrayos como defensa. Más tarde descubrió, quizás basado en estudios anteriores de *Cisternay du Fay,* en 1745, que existían dos tipos de electricidad, una positiva y otra negativa, con la peculiaridad de que los polos de la misma carga se repelían y los polos de carga opuesta, se atraían.

Este hallazgo, aparentemente tan sencillo, resultó ser una de las leyes fundamentales del Universo. *Newton* ya la había sugerido al proponer su ley de la gravitación universal, que postulaba una atracción entre las masas de los cuerpos, directamente proporcional a la carga de los mismos e inversamente proporcional al cuadrado de la distancia entre ellos. *Franklin* se preguntaba si esta ley se aplicaba también al magnetismo y en 1776 *Joseph Priestley* demostraría que así era, tesis que *Charles de Coulomb* comprobaría más tarde en 1785 por medio de la balanza de torción que inventó para medir la fuerza eléctrica, por la misma época en que *Alejandro Volta* (1745-1827) construía la primera pila de corriente continua con varias placas de metal separadas por un paño empapado en agua salada.

Fue así como por primera vez se entendió de qué manera se configuró el Universo; con partículas elementales con cargas eléctricas distintas, unas positivas y otras negativas, y no, exclusivamente positivas o exclusivamente negativas o neutras; porque de haber sido así, esas partículas no se hubieran atraído o repelido unas a otras de acuerdo con la magnitud de sus cargas eléctricas, y por tanto no hubieran podido agruparse en átomos y moléculas de la manera como lo hicieron, por lo que el Cosmos no sería como es.

La electricidad. A partir de entonces se comenzó a estudiar la interrelación entre la electricidad y el magnetismo y se descubrió que los campos eléctricos pueden generar campos magnéticos. Se entiende por campos eléctricos las líneas de fuerza que se crean en el aire al rededor de un conductor o un aparato en el que existe una diferencia de voltaje. Un campo eléctrico puede existir aunque no haya corriente. Un campo magnético, en cambio, se origina solo cuando fluye una corriente eléctrica.

El primero en darse cuenta de la existencia de los campos eléctricos y magnéticos fue *Hans C. Oersted,* físico danés en 1819. Poco después *André Marie Ampere* descubrió entre 1822 y 1826 que toda corriente eléctrica variable producía un campo magnético y además estableció las leyes que rigen el desvío de una aguja magnética por una corriente eléctrica, lo que permitió la construcción de los actuales aparatos de medida. En 1821 *Michael Faraday* (1791-1867), un científico inglés autodidacta, encontró que si acercamos o alejamos un imán a un alambre que está quieto, se produce un campo eléctrico en ese alambre, campo que a su vez genera una corriente eléctrica. O sea que todo campo magnético variable produce una corriente eléctrica variable. De aquí dedujo que el magnetismo y la electricidad estaban íntimamente relacionados por lo que le dio al fenómeno el nombre de electromagnetismo.

De manera similar encontró que si se hacía girar un imán alrededor de una bobina de alambre de cobre, se generaba una corriente eléctrica inducida. A este fenómeno se lo bautizaría posteriormente con el nombre de *inducción electromagnética* y resultaría ser uno de los más trascendentales descubrimientos de la ciencia moderna, comoquiera que despejó el camino para construir los generadores de energía, los motores eléctricos, la luz eléctrica y otras muchas aplicaciones más, entre ellas, el telégrafo eléctrico, inventado en 1835 por *Samuel Morse* consistente en transmitir señales eléctricas por cables entre las distintas ciudades de acuerdo con un código desarrollado por él, cable que con el progreso del electromagnetismo en el siglo XX, se suprimió, y la transmisión se siguió haciendo por ondas electromagnéticas.

El electromagnetismo. Basándose en estas investigaciones, en especial, las de *Coulomb, Faraday y Ampere,* el científico escocés *James Clerk Maxwel* (1831-1889), publicó en 1873 su famoso *Tratado de Electricidad y Magnetismo,* en el que sintetizó los conceptos que hasta entonces había sido emitidos sobre esa materia, y concluyó que así como según *Faraday,* un campo magnético variable producía una corriente eléctrica variable, una corriente eléctrica variable producía un campo magnético. Con esto generalizó más los conceptos y planteó sus célebres cuatro ecuaciones de las funciones de los campos eléctrico y magnético en las cuales cuantifica los valores de los campos de fuerzas y de las leyes de la inducción electromagnética, introduciendo el concepto de onda electromagnética, más apropiado para mostrar la relación entre electricidad y magnetismo. *Einstein* dijo de ellas: "Son el acontecimiento más importante de la física desde el tiempo de *Newton,* no sólo por la riqueza de su contenido, sino porque aquellas representan un modelo o patrón para un nuevo tipo de leyes."

Estas ecuaciones permiten deducir con gran precisión cómo variará el campo electromagnético en el espacio y en el tiempo, si conocemos su comportamiento en un instante anterior dado, cuantificando, paso a paso, lo que va a pasar un poco más allá, en otro sistema de referencia. Los campos electromagnéticos trasmiten su acción de un lugar a otro, oscilando e irradiando partículas u ondas electromagnéticas, según el caso, (se pueden comportar indistintamente como partícula o como onda) y se propagan en el espacio con la misma velocidad, la velocidad de la luz, sin importar las frecuencias o distancias entre cresta y cresta con que se desplacen. Las teorías de *Maxwel* condujeron, quince años más tarde, a *Heinsrich Herz,* a predecir en 1897, que la velocidad de dichas ondas debía ser constante y que podían generarse en el laboratorio, de lo que muchos descreían. Basándose en ese descubrimiento, *G. Marconi* inventó en 1901 la llamada telegrafía sin hilos, origen de las comunicaciones inalámbricas actuales.

Gracias al descubrimiento de la electricidad y de las ondas electromagnéticas el mundo moderno cambió por completo. Antes de ese descubrimiento, no disponíamos de energía distinta a la que suministraba la naturaleza sin nuestra participación, como la de la luz solar, la fuerza hidráulica, el viento, el fuego, o la fuerza muscular del hombre y de los animales. Durante milenios, desde que el Homo sapiens, hace 40 000 años, abandonó África y comenzó su sistemática conquista de la Tierra, los barcos eran movidos a remo o por energía eólica; los coches, por caballos; los grandes pesos, por rodillos; y el fuego se usaba solo para cocinar alimentos o destruir ciudades, sin que pudiéramos valernos de ningún otro tipo de energía que consiguiera ayudarnos en nuestro diario vivir.

Sólo después de 40 siglos de labrar la Tierra con las manos o con arados rudimentarios, matar a nuestros congéneres con lanzas y espadas cuando no con mosquetes, y peregrinar por los mares en románticos veleros, tuvimos la fortuna de encontrar, casi simultáneamente, una variedad de formas de energía que no conocíamos pero siempre han existido, como la eléctrica, la electromagnética, la térmica, la de la combustión, la atómica, y la eólica, entre otras. Vamos a estudiarlas brevemente.

Desarrollo de la energía eléctrica y electromagnética

La energía eléctrica y la energía electromagnética, están íntimamente ligadas. Sin embargo, tienen diferencias. La energía eléctrica siempre se trasmite por conductores metálicos. En cambio, la energía electromagnética puede abandonar la fuente de origen y transmitirse a grandes distancias sin necesidad de un medio físico para ello. Es solo una oscilación de los campos eléctricos y magnéticos que se propagan en el vacío. Podrían compararse con las ondas concéntricas producidas por una piedra al caer en un charco de agua quieta, que se desplazan haciendo ondular la superficie del líquido hasta llegar a un sitio donde hay una hoja flotante y moverla. En esa forma trasmiten energía a distancia, haciendo vibrar el mecanismo de un teléfono, a kilómetros más alejado.

La energía electromagnética revolucionó la industria de las comunicaciones, al dar origen a la telegrafía por cable y por ondas, a la telefonía fija y móvil, a la fuerza eléctrica para mover toda clase de aparatos domésticos, al alumbrado público y privado, a la radio, a la radioastronomía, al radar, a la luz halógena, a la televisión y al Internet. Sin ondas electromagnéticas no podríamos conducir un automóvil, ni estar enterados de lo que pasa en otra parte del mundo, ni tomar una radiografía, ni viajar en avión, ni siquiera prender un horno microondas. No hay casi nada en la vida moderna en que no intervengan el electromagnetismo. Vivimos inmersos en él, pese a que no nos habíamos dado cuenta de su importancia hasta hace dos siglos.

Son hondas electromagnéticas la luz visible e invisible, la radiación ultravioleta, los rayos equis, los rayos gama; las ondas infrarrojas; y las ondas de radio, pero con longitudes de onda diferentes, que van desde una millonésima de centímetro para las tres primeras, pasando por unos pocos centímetros para las dos segundas, hasta un metro o más para las últimas.

La energía eléctrica no existe en la naturaleza, salvo en los rayos y chispas durante las tormentas eléctricas. Consiste en una corriente de electrones que se desplazan de un borne a otro ya sea en forma continua, esto es, en un solo sentido, o en forma alterna, esto es, primero en un sentido y después en el otro, al interior de un material conductor metálico y su intensidad se mide en amperios. Como se trata de un movimiento de cargas, se produce un campo magnético alrededor de los cables. Para generarla se utiliza alguna clase de energía no eléctrica, la cual mueve una turbina que a su vez mueve un generador el cual contiene un rotor que gira dentro de un campo magnético estacionario producido por un magneto. El objeto es transformar energía mecánica en energía eléctrica, convirtiendo el movimiento giratorio en electricidad. Esto se puede hacer de varias maneras: con energía térmica, con energía hidráulica, con energía producida por fisión nuclear, por combustión de materiales fósiles, con energía solar, con el movimiento de las mareas, o con el aprovechamiento de las energías eólica y geotérmica.

Cuando se usa energía térmica se calienta el agua por medio de un combustible que la trasforma en vapor, el cual se lo almacena en una caldera a presión para mover un pistón y con éste, una máquina. Como habíamos visto, fue *Herón de Alejandría* en el siglo I quien primero descubrió este tipo de energía. Pero esa idea debió esperar hasta el siglo XVIII para que *Denis Papín* la utilizara para bombear agua. Valiéndose de este invento, el mecánico inglés *Thomas Savery* (1650-1715) desarrolló una bomba de vapor más eficiente, especializada en drenaje de minas, a la cual *Thomas Newcomen* (1663-1729) le introdujo modificaciones que facilitaron su uso, máquina que *James Watts* (1736-1819) perfeccionó en 1785, utilizando sistemas de baja presión en lugar de alta como en la de Savery, mejorando así su rendimiento y dándole la posibilidad de convertir el movimiento rectilíneo en movimiento circular, con lo que la energía térmica se pudo emplear para un sinnúmero de aplicaciones. A partir de entonces se acabaron los galeones, carabelas, y clíperes mercantes que surcaban los mares con sus velas desplegadas al viento, y aparecieron los buques de vapor, los trenes con locomotoras humeantes, las grandes estaciones de bombeo por pistón, las máquinas tejedoras que podían funcionar casi sin obreros, lo que desencadenó la revolución industrial del siglo XIX en Inglaterra y otros países.

La energía hidráulica se conoció y usó desde la época de los griegos y los romanos, y se siguió utilizando en los batanes para compactar los tejidos de los que se hace referencia en El Quijote, o en las ruedas hidráulicas verticales u horizontales para elevar el agua o moler el trigo, pero su empleo a grande escala solo se desarrolló en los siglos XIX y XX, en especial para producir energía eléctrica, aplicación que no se le había dado en el pasado. Para eso se utilizan turbinas a vapor que mueven un alternador y este alternador genera una corriente eléctrica. Este sistema se inventó para satisfacer la creciente industrialización del norte de Europa, que provocó una enorme demanda de energía. Pero como la térmica no alcanzase a satisfacer el consumo porque aún no había suficiente producción de carbón, se acudió a la hidroelectricidad.

La primera central hidroeléctrica en operar fue la construida en Northumberland (Inglaterra), en 1880. Poco después se comenzaron a utilizar las cataratas del Niágara con el fin de producir energía eléctrica para el alumbrado público, y a finales del siglo XIX ya había no menos de 200 centrales de este tipo en Estados Unidos y Canadá. La invención del generador eléctrico y el perfeccionamiento de las distintas clases de turbinas como la *Pelton* o la *Francis,* facilitó el desarrollo de la hidroelectricidad que hoy representa la cuarta parte de la energía total producida en el mundo. Sin embargo, en países como Noruega y Brasil se acerca al ciento por ciento.

La energía de la combustión la conoció el hombre desde cuando descubrió del fuego, y aprendió a hacer reaccionar materiales inflamables del tipo de la madera, con el oxígeno, por medio de la combustión. Sin embargo, sólo hasta mediados de siglo XIX, remplazó por petróleo, carbón o gas, ese material combustible, con lo que obtuvo una cantidad de energía considerablemente mayor que la que conseguía antes. Infortunadamente esta clase de energía, conocida con el nombre de fósil, porque provienen de los depósitos fosilizados de origen vegetal y animal almacenados durante millones de años bajo Tierra, no es renovable, y se agotará en unas cuantas décadas más.

De las tres formas de energía fósil la primera en usarse fue el carbón en el siglo XVIII para las primitivas máquinas de vapor que describimos antes, así como para la calefacción. Más tarde, se comenzó a emplear el petróleo. La explotación industrial de este material empezó en Estados Unidos a mediados del siglo XIX. En 1854 *O. Sulliman* sentó las bases para su refinación y fraccionamiento en gasolina, fueloil, diesel, asfalto y otros derivados. El primer pozo de petróleo lo perforó *Edwing Drake* en 1859, en Oil Creek, Pensilvania, y su éxito dio origen a la fiebre del oro negro en América del Norte.

A fines del siglo XIX éste se comenzó a emplear como lubricante; y en los albores del siglo XX, para fabricar plásticos, momento en que se inició su producción a gran escala tanto para la industria como para el transporte. El crecimiento en su demanda fue tan rápido que en 1929 ya había llegado al 20% del consumo energético mundial. Los mayores yacimientos de petróleo se han encontrado en el Oriente Medio, Rusia y Estados Unidos, países que en conjunto producen el 70% de la demanda mundial, la cual aumentó notablemente a partir del perfeccionamiento de los diversos tipos de motores (de expansión, combustión y reacción), que permitieron la producción en masa de automóviles, aviones, trasatlánticos, y otros vehículos automotores, con los que el mundo se volvió más pequeño. Pero como toda moneda tiene dos caras, ganamos en facilidad para desplazarnos, pero comenzamos a deteriorar el ecosistema de nuestro planeta, al generar en la combustión del petróleo, dióxido de carbono, cuyo efecto invernadero es bien conocido.

La energía nuclear es otra de las maneras de producir la energía eléctrica. Su ventaja principal es no producir gases de invernadero, pero en cambio origina residuos peligrosos de difícil manejo. Consiste en reactores capaces de fisionar o romper el núcleo de un material radiactivo, como el uranio o el plutonio, para generar grandes cantidades de calor que se emplea en mover los generadores con los cuales se obtiene el fluido eléctrico para uso comercial o las turbinas para hacer girar las hélices de los barcos o los submarinos. A partir de los años 50 comenzó el desarrollo de la energía nuclear no militar. El primer reactor nuclear para la producción de energía eléctrica se construyó en 1951 en Estados Unidos y la primera central nuclear que se conectó a una red eléctrica, se hizo en 1954 en Obninsk (Rusia). En la actualidad hay 439 centrales nucleares en unos 30 países que generan el 15% de la producción mundial de energía eléctrica.

La energía eólica se produce a partir del viento y es la menos contaminante y la más antigua. Se genera instalando torres eólicas con hélices que transforman la energía mecánica en eléctrica por medio de alternadores, la cual se almacena en baterías. Está adquiriendo un gran desarrollo en la actualidad en países como España, Alemania, Dinamarca y Holanda en los que se vienen construyendo grandes parques eólicos que por su bajo costo de producción en comparación con otros tipos de energía y por su nulo impacto en el medio ambiente, resultan muy atractivos.

El hidrógeno líquido es una opción muy atractiva para remplazar los combustibles fósiles pues se puede almacenar en tanques más pequeños que los de los automóviles actuales, debido a su alto poder energético que hace que la energía generada por un motor de combustión a base de hidrógeno sea casi tres veces más alta que la de un motor de gasolina, sin producir ninguna contaminación, ya que deja solo agua como residuo, razón por la que la NASA lo emplea para sus cohetes desde los años setenta.

La avidez del hombre moderno por la energía

Lo anterior no es sino un breve recuento de las distintas formas de producir energía para satisfacer la enorme demanda de ella en el mundo moderno, la cual se ha centuplicado o más en comparación con la que teníamos antes del siglo XIX. En el paleolítico (entre los 2.5 millones de años y los 10 000 años), apenas había en toda la Tierra unos 6 a 10 millones de habitantes, los cuales no requerían más energía que la térmica para cocinar alimentos y la muscular para cazar o recolectar frutos. Con la aparición de las civilizaciones agrícolas y ganaderas del neolítico hace 10 mil años, la población llegó a unos 50 millones y sus requerimientos energéticos solo se aumentaron con la introducción de la calefacción de viviendas durante los inviernos y la iluminación nocturna por pocas horas.

En la época del *Imperio Romano* en que la población alcanzó los 150 millones de habitantes distribuidos, un tercio en el espacio dominado por Roma, un tercio en China y el otro tercio en el resto del mundo, el consumo creció solo proporcionalmente a la población, pero como no había industria, ni alumbrado público, excepto en las grandes festividades, el gasto per cápita de energía era casi igual al de antes, un poco mayor en los viajes por mar al impulsar las embarcaciones o en las travesías por Tierra para desplazar tropas, sitiar fortalezas, y lanzar proyectiles durante las constantes guerras.

Desaparecido el Imperio Romano, en la *Edad Media,* la población siguió creciendo hasta el año de 1348 cuando la peste negra la redujo a la tercera parte, pero se recuperó rápidamente y para el 1600 ya llegaba a los 500 millones de habitantes, y para el 1800, 1000 millones, sin que esa población demandara mucho más energía per cápita que antes. Sin embargo, el aumento de población creó la necesidad de alimentarla con grandes volúmenes de harina de trigo, que ya no se podía moler en pilones caseros como en el pasado, sino en molinos hidráulicos o eólicos en forma industrial; y a esta demanda de energía se agregó la de los telares para abastecer el creciente comercio de textiles que ya no era rentables operados a mano, y la de la minería del carbón, que requería bombas para drenar los socavones.

No obstante, aún en esa época, el ciudadano corriente y moliente demandaba un mínimo de energía en su vida diaria. Cocinaba con leña, se desplazaba a caballo, escribía con plumas de ganso, sin necesidad de máquinas, viajaba en coches tirados por caballos, y apenas si iluminaba sus casas en las noches.

A partir del año 1900 en el que se llegó a 1 650 millones de habitantes, todo cambió. En solo un siglo la población pasó de esos 1 650, a los 6 740 millones que tenemos en el 2008, un incremento inusitado desde todo punto de vista, como que se multiplicó por cuatro en tan corto tiempo. Se estima que cada 35 años se duplica, si las tasas de crecimiento no disminuyen. Y el consumo de energía también se multiplicó, no sólo por cuatro, sino por mucho más, ya no fue sólo en proporción a la población, sino en relación al per cápita del habitante medio. Si observamos el patrón de consumo de energía del ajetreado hombre del siglo XXI, desde que se levanta hasta que se acuesta, no hay un solo momento en que no esté usando algún tipo de energía.

Despierta y usa energía eléctrica al prender la luz, luego enciende la estufa de gas y usa energía fósil, o la estufa eléctrica y usa energía eléctrica para preparar el desayuno. Lee la prensa que ha sido impresa en un enorme linotipo que consumió grandes cantidades de energía eléctrica. Conduce un auto o se monta en trasporte público para ir a la oficina, en lo que usa energía fósil. Al llegar a su escritorio enciende el computador, y usa energía electromagnética, así como cuando utiliza el teléfono fijo o móvil. Va al restaurante al medio día en el que le han cocinado la comida con energía eléctrica o de gas. Regresa a la oficina donde sigue usando distintas energías. Al llegar a casa prende el televisor y usa energía electromagnética, o lee y apaga la luz pero deja funcionando el calentador de agua o el aire acondicionado. Si uno multiplica ese consumo per cápita diario tan solo por la tercera parte de la población mundial, o sea por unos 2 000 millones de personas, se puede dar cuenta de la magnitud de las necesidades energéticas del mundo actual. Cada hombre al nacer debe tener asegurado una cierta cantidad de energía para poder sobrevivir. Esto no pasó nunca antes. Ese es el gran desafío del hombre del futuro cuando se acabe el combustible fósil, el geotérmico y el nuclear.

La revolución de la física teórica

En varias ocasiones los científicos intentaron determinar la velocidad de la luz. *Galileo* fue el primero, con un sistema de lámparas que no le dio resultado. El segundo fue el astrónomo danés Ole Roemer en 1676, pero encontró una cifra equivocada de sólo 225 000 km/s. El tercero fue el clérigo inglés James Bradley en 1725, sucesor de Halley en el puesto de astrónomo real, quien llegó por mediciones astronómicas, a un valor más aproximado de 295 000 km/s. Un siglo largo más tarde, en 1849, los físicos franceses Armad Fizeau, y Jean Foucault, cuyo experimento del péndulo lo hizo famoso, utilizando un dispositivo de espejos bastante sofisticado, obtuvieron la cifra de 300 300 km/s.

El experimento de Michelson y Morley. El tema volvió a ser tratado por los científicos, *Albert Michelson* y *Edward Morley* en 1886, cuando intentaron detectar el movimiento de la Tierra con respecto al éter, midiendo la velocidad de la luz en diferentes puntos de su trayectoria alrededor del Sol. La idea del éter, que había sido propuesta 2 300 años antes por algunos filósofos griegos entre ellos, *Aritóteles,* como un elemento más sutil e imponderable que los otros cuatro elementos: Tierra, agua, fuego y aire, cobró nueva fuerza cuando *James Clerk Maxwell* sugirió que la luz se propagaba por medio de ondas, contradiciendo así la teoría corpuscular de *Newton.* Como resultaba inconcebible que una onda se pudiese propagar en el vacío, se revivió la idea del éter, pero asimilándolo a una hipotética sustancia material en reposo absoluto que llenaba todo el Universo, la cual servía de medio físico para el transporte de las hondas, y en consecuencia, constituía un marco de referencia estático ideal para el estudio del movimiento.

Para probar esta hipótesis *Michelson y Morley,* realizaron un trascendental experimento en la Escuela Case de Ciencia Aplicada, de Cleveland, Ohio, que les valió ganar el premio Nóbel. El experimento consistió en construir un ingenioso aparato llamado interferómetro, que lanzaba un rayo de luz monocromática procedente de un foco luminoso, rayo que al chocar con una lámina de vidrio parcialmente platinada, colocada a un ángulo de 45 grados, se bifurcaba en dos haces perpendiculares entre sí que a su vez se reflejaba en dos espejos laterales colocados a 90 grados a cierta distancia el uno con respecto al otro, una parte de los cuales se devolvía a un anteojo después de reflejarse o atravesar el vidrio semiplatinado central, donde se originaba un conjunto de franjas de interferencia con las que se podía conocer si esos rayos habían sufrido o no un corrimiento.

Como el interferómetro estaba desplazándose en el espacio conjuntamente con la Tierra a 30 km /s en promedio, así como girando con el globo terráqueo a 0.5 km/s, era de suponerse que de existir el éter y ser una sustancia real, lo estaría haciendo dentro de dicha sustancia y por tanto debería producir algún efecto en la velocidad de los rayos de luz que se desplazan dentro de esa sustancia. Para aclarar este punto, vamos a suponer que lanzamos una piedra desde un auto. Si la lanzamos hacia adelante, la misma avanzará con respecto al aire, que asumimos estático, con una velocidad igual a la que se le comunicó a la piedra al arrojarla, menos la del auto que va en la misma dirección, acortando las distancias. En cambio, si la lanzamos hacia atrás, la piedra avanzará con respecto al aire con una velocidad igual a la que lleva al salir, más la velocidad del auto, que, por correr en sentido contrario, se separa de la piedra.

Lo mismo debería ocurrir cuando proyectamos un rayo de luz desde la Tierra. Si lo proyectamos con la misma dirección con que ésta se desplaza alrededor del Sol, deberíamos restar de la velocidad del rayo, la velocidad de la Tierra, para obtener la velocidad con que la misma se transporta con respecto al éter. Si lo proyectamos en la dirección contraria deberíamos sumarle a la velocidad del rayo, la velocidad con que avanza la Tierra en su eclíptica.

Pero las observaciones de *Michelson y Morley* mostraron otra cosa. Ambos rayos se movieron con la misma velocidad, y llegaron simultáneamente al anteojo sin corrimiento apreciable. El experimento fue repetido varias veces rotando el interferómetro noventa grados, incluso en diferentes épocas del año, para observar cómo el movimiento de traslación de la Tierra con aceleración y dirección variables a lo largo de su órbita, afectaba los resultados, tanto en su camino de ida hasta el extremo de su eclíptica, cuando más se aleja del Sol, como en el camino de regreso, seis meses después, cuando de nuevo se acerca a éste. Para sorpresa de todos, no se observó la menor diferencia.

La teoría de la relatividad. Cuando los investigadores publicaron los resultados de su experimento, dejaron a la comunidad científica perpleja. El holandés *Hendrik Atoon Lorentz* (1853-1928), fue uno de ellos. Su sugerencia de que en el éter los objetos se acortaban de algún modo, resultó demasiado acomodaticia y pocos creyeron en ella, aunque no por eso dejaba de ser cierta. Fue entonces cuando *Albert Einstein* (1879-1955) ofreció otra explicación en su teoría de la relatividad especial publicada en 1905, con el título: *En torno a la electrodinámica de los cuerpos en movimiento*.

En ella propuso que si el éter no se podía detectar con un experimento tan preciso como el de *Michelson y Morley*, la idea de ese éter resultaba superflua, siempre y cuando abandonáramos los conceptos de "un espacio y un reposo estacionario absoluto," así como un tiempo absoluto en el que todos lo relojes miden la misma hora, sin importar la velocidad con que el observador o el reloj se estén desplazando. En cambio debemos aceptar la relatividad del movimiento incluida la relatividad de los sucesos simultáneos, y la invariabilidad de la velocidad de la luz en el vacío.

Si bien esta teoría, que se llamó de la relatividad especial, explicaba la razón por la cual habían fracasado los intentos para descubrir el movimiento de la Tierra en relación con "el éter luminífero," dicha teoría sólo se refería a la física del movimiento sin tomar en cuenta la gravedad. Por eso, diez años más tarde, el 25 de noviembre de 1915, *Einstein* presentó en la Academia de Ciencias Prusiana la teoría de la relatividad general en la cual complementaba su anterior artículo, introduciendo ese concepto. Ambos trabajos constituyen uno de los más grandes aportes que se hayan hecho a la física teórica desde la época de *Newton*.

La relatividad especial parte de los siguientes postulados: 1- La velocidad de la luz en el vacío no está influenciada por el movimiento de la fuente como la probó el experimento de *Michelson y Morley*. 2- Las leyes de los fenómenos físicos son las mismas para sistemas inerciales (en los que se cumplen las leyes de *Newton*) si se mueven con velocidad constante el uno respecto al otro. 3- No existe el movimiento absoluto y por tanto no hay manera de distinguir entre un cuerpo en estado de movimiento uniforme no acelerado y un cuerpo en estado de reposo. 4- Sin un punto de referencia en reposo, todo movimiento uniforme es relativo.

La verdad es que no se puede observar el movimiento absoluto, porque vivimos en un universo en el que nada está quieto, todo se mueve: los planetas alrededor de las estrellas, las estrellas dentro de las galaxias, y las galaxias en medio del espacio. No hay por tanto ningún sistema de referencia estático en el Universo, si ignoramos el éter estático, debido a la imposibilidad de detectarlo; y por consiguiente, para saber si un objeto se mueve, debemos determinarlo de acuerdo con un marco de referencia. Por ejemplo, cuando estamos sentados en un tren y otro tren se mueve a nuestro lado, no sabemos cual de los dos trenes es el que se está moviendo, si el nuestro o el que pasa, a no ser que miremos un lugar en la estación que nos sirva de punto fijo o marco de referencia.

Relatividad en la simultaneidad. Ni siquiera los hechos simultáneos, son absolutos. Existe también una relatividad en la simultaneidad. Supongamos un tren en marcha que circula por una estación en la que hay dos lámparas eléctricas: una, la A, que se enciende al pasar la cabeza de la locomotora por enfrente, y otra, la B, que se enciende cuando la cola del último vagón pasa frente a ésta. Y supongamos dos observadores, uno en la mitad del tren desplazándose con el tren, y otro en la estación, parado en la mitad entre las dos lámparas.

Apenas se encienden éstas, el observador de la estación dice que se prendieron simultáneamente ambas lámparas, pero el que va en el tren dice que no, que la luz de la lámpara de atrás la percibió ligeramente después que la de adelante. La verdad es que ambos tienen razón. El que estaba en la estación, porque como se encontraba en la mitad de la distancia entre las dos lámparas, la luz de ambas le llegó al mismo tiempo, y el observador del tren, porque se estaba moviendo con el tren mientras las lámparas estaban fijas, y por tanto se había alejado más de la de atrás y acercado más a la de adelante, lo que implicaba que debía haber recibido el destello de la lámpara A antes que el de la B.

La velocidad de la luz, una constante absoluta. Sin embargo, según *Einstein,* la velocidad de la luz en el espacio vacío es una constante absoluta del Universo, y no está influenciada por la velocidad de la fuente emisora. Al contrario de lo que ocurre con el sonido en el que las velocidades se suman o se restan. Esa constante que hoy en día se la estima en 300 000 km/s, introduce una aparente contradicción con la teoría de la relatividad general, contradicción que *Einstein* solucionó dándole a la concepción del tiempo y del espacio un carácter variable de acuerdo con la velocidad con que se desplace quien lo mida.

El espacio-tiempo. Dice al respecto Carlos I. Calle, investigador de la NASA, en su libro: *Einstein para dumies:* "Tiempo y espacio no son fijos, absolutos, como pensaba *Newton*. Para *Einstein* el tiempo y el espacio cambian cuando nos movemos (con movimiento uniforme), pero se ajustan a sí mismos, de manera que la velocidad de la luz sea siempre la misma, independientemente del movimiento del observador."

Por fin se le encontró una explicación a los experimentos de *Michelson y Morley* que no pudieron detectar variación en velocidad de la luz en relación con el movimiento de la Tierra. *Minkowski,* el profesor de *Einstein,* quien, conjuntamente con él le ayudó a formular la teoría de la relatividad, estuvo de acuerdo con esta tesis, considerando que no puede existir el tiempo, sino en un espacio, y el espacio, sino en un momento dado, por cual el tiempo debía considerarse como la cuarta dimensión del espacio, junto con las otras tres dimensiones que son el largo, el ancho y el alto, acuñando la expresión "espacio-tiempo", aceptada de inmediato por *Einstein,* y hoy ampliamente utilizada en el leguaje científico. Según él, todo suceso se debe referenciar aclarando dónde y cuándo ocurre, lo que expresó con estas palabras: "Nadie ha observado un lugar sino en un cierto tiempo, ni un tiempo sino en un cierto lugar."

Si dejamos caer una piedra desde una torre como erróneamente se dice que lo hizo *Galileo,* y queremos describir integralmente el fenómeno, debemos registrar tanto la altura sobre el piso a que va la piedra a medida que desciende, o sea el punto del espacio, como el tiempo que ha gastado para llegar a ese punto, dando así el espacio y el tiempo simultáneamente. De igual manera cuando nos referimos a la distancia a la que queda un sitio, decimos: "Queda a diez minuto en auto," expresando así la distancia en función del tiempo. Esto demuestra le estrecha vinculación que le atribuimos en la vida diaria al espacio con el tiempo.

El espacio–tiempo, por tanto, no es absoluto ni euclidiano, esto es, no concuerda con la geometría de *Euclides* que todos aprendimos, sino es relativo al sistema de referencia que se adopte para observarlo y está afectado por factores físicos como la masa. Para visualizar mejor este concepto, volvamos al ejemplo del tren que se acaba de detener en la estación, y desde la ventanilla vemos pasar otro tren a nuestro lado. Ahora, si nuestro tren comienza a andar a una velocidad de 100 km/hora, y una persona se pone a caminar de un vagón al siguiente a razón de 3 km/ hora, otro pasajero del mismo tren lo vería desplazarse a 3 km/hora solamente, pero un pasajero parado en la estación aledaña, lo vería avanzar con la suma de las velocidades o sea a 3 + 100 = 103 km/ hora.

Relatividad de la distancia. Igualmente, si el vagón mide treinta metros de largo en reposo y comienza a andar a velocidad uniforme, un observador en la estación encontraría que su longitud no sería ya de treinta metros sino de menos, debido a que las longitudes también son relativas de acuerdo con el estado de movimiento del que las observa.

Este tema ya había sido planteado por *Konrad Lorenz* en 1904, en una serie de ecuaciones que se llamaron *las transformaciones de Lorentz,* en las que describía en forma algorítmica como se podía calcular el tiempo y la distancia, cuando un sistema de referencia se está moviendo con respecto a otro. Le dio así expresión matemática al hecho de que la velocidad de todas las ondas electromagnéticas, incluida la luz, es independiente del sistema de referencia que se tome, o sea de si la fuente se mueve o no.

Principio de equivalencia de la masa y la energía. Esto se debe al principio de equivalencia de la masa y la energía, entendiéndose por masa la cantidad de materia capaz de ofrecer resistencia a cualquier intento de cambiar su estado de reposo o movimiento. Todo cuerpo se resiste al cambio del movimiento; cuanto mayor masa posee mayor la resistencia a dejarse mover. La masa no es lo mismo que el peso. Un cuerpo que en la Tierra pesa un kilo, en la Luna pesa 1/6 de kilo, porque la atracción gravitacional en la Luna es 1/6 de la de la Tierra, sin embargo, la masa en ambos sistemas de referencia sigue siendo igual. Por eso los físicos hacen diferencia entre la masa inercial, la que ofrece resistencia a dejarse mover, y la masa gravitatoria, la atraída por la gravedad.

De acuerdo con el principio de equivalencia, la energía (E) del movimiento actúa como otra forma de masa (m) que se adiciona a la masa del cuerpo en movimiento en proporción al cuadrado de la velocidad de la luz (c) en la medida que ésta incrementa su velocidad. Se expresa con la célebre ecuación de _Einstein_: **_E = mc2_**. De forma que entre más se acelere un objeto, más masa adquirirá y más energía necesitará para seguir desplazándose. En esas condiciones cuando su velocidad se acerque a la de la luz, su masa llegará a ser infinita y en consecuencia la energía requerida para seguir moviéndola será también infinita, lo que es un imposible.

Eso quiere decir que nada que tenga masa en el universo puede viajar a la velocidad de la luz, ni mucho menos a mayor velocidad, lo que implica que jamás podremos viajar a la velocidad de la luz sino en las novelas de ciencia ficción. Las ondas electromagnéticas son lo único que puede viajar con esa velocidad, porque no tienen masa intrínseca.

Por esta razón la velocidad de la luz es independiente del movimiento del observador o de la fuente luminosa, ya que si a la velocidad de la fuente en movimiento le tenemos que sumar la velocidad de la luz como lo hacemos con las ondas de presión del sonido cuando el objeto sonoro se mueve, terminaríamos con una velocidad total mayor a los 300 000 km/s. Por ejemplo, si un astronauta viaja en un cohete a 11.2 km/s para escapar de la fuerza de gravedad de la Tierra, y decide en ese momento prender una linterna para iluminar hacia adelante, no podríamos sumar la velocidad del chorro a la del cohete, porque encontraríamos que la luz estaría avanzando con 300 000 + 11.2 = 300 011.2 km/s, y estaríamos violando el principio de equivalencia de masa y energía antes enunciado.

La relatividad general. Eso ocurre sólo en el movimiento uniforme, no acelerado. Cuando el movimiento es acelerado, esto es, se incrementa con el tiempo como en el ejemplo de la piedra que cae desde una torre, se aplica la teoría de la relatividad general. Se dice que esa teoría se le ocurrió a *Einstein* cuando un vecino se cayó del tejado de su casa de él y resultó ileso. Luego le comentó que no había sentido el tirón de la gravedad mientras caía sino sólo cuando chocó con el suelo. No lo había sentido porque la gravedad no se percibe sino cuando el movimiento se acelera o se detiene brusca o suavemente por algún motivo. Sólo la notamos cuando, por ejemplo, vamos en un auto y disminuimos o aceleramos la marcha o nos estrellamos contra algo. O cuando vamos en un ascensor y nos sentimos más livianos en el momento en que éste comienza a descender y más pesados cuando comienza a ascender. No hay manera de que podamos distinguir en estos casos entre la gravedad real producida por la atracción de la Tierra y la gravedad aparente debida a la aceleración. Hay, pues, una estrecha relación entre aceleración y gravedad.

La relatividad del tiempo. Si la aceleración y la gravedad son equivalentes se puede concluir que la medición del tiempo no necesariamente tiene que ser la misma para una persona que viaja con un reloj en un sistema acelerado que para la otra persona que viaja con otro reloj en un sistema no acelerado. Al contrario podemos suponer que un reloj en movimiento va a marcar un tictac distinto al de otro en reposo. La medición del tiempo depende tanto del movimiento del observador como de la intensidad del campo gravitatorio donde se encuentre el reloj y por consiguiente, el tiempo que mide un reloj que se encuentra junto a un objeto masivo, no es el mismo que el tiempo de otro reloj que está alejado de ese objeto masivo.

Esto es lo que demuestran las ecuaciones de *Einstein* basadas en los trabajos de *Minkowski, Lorentz, Michelson* y otros. Un reloj funcionará más lentamente en la medida en que su velocidad de traslación en el espacio se incremente, y más despacio en la medida en que disminuya. Esto ha dado origen a paradojas tan graciosas como la que sugiere que si un gemelo se queda en casa, mientras el otro se va a viajar en una nave espacial capaz de desplazarse con una velocidad cercana a la de la luz, y vuelve a la Tierra cuarenta años después de haber partido, encontraría que su hermano gemelo que había permanecido en casa, habría envejecido cuarenta años, en tanto que el otro, sólo unos pocos días. Al gemelo viajero le habría pasado el tiempo mucho más despacio que al que se quedó en la Tierra. Viajar a la velocidad de la luz sería así una forma de evitar la vejez, pero desgraciadamente no es tan fácil conseguir quién lo lleve a uno de paseo por el Cosmos a semejante velocidad, y menos, que uno pueda soportar esa velocidad por un tiempo prolongado.

Esta hipótesis sobre la relatividad del tiempo, que al parecer va en contravía del sentido común, ha sido probada experimentalmente utilizando relojes atómicos de altísima precisión que miden millonésimas de segundo. El experimento lo hicieron en 1971 científicos de la Universidad de Washington, en Saint Louis, dotando de relojes atómicos un par de aviones y haciéndolos volar, uno, en la misma dirección de la rotación de la Tierra, y otro, en dirección contraria. Las ganancias y las pérdidas de tiempo que se encontraron en esos viajes correspondían exactamente a las predichas por la teoría de la relatividad. Hoy en día la mayoría de los satélites de posicionamiento global cuentan con relojes de cesio programados para compensar los efectos de la gravedad y el movimiento, a fin de poder precisar con la debida exactitud los objetos o lugares en Tierra cuya posición se quiere conocer.

El espacio cuadridimensional. Según la teoría de la relatividad general, el espacio-tiempo conjuntamente con las otras tres dimensiones forma un espacio cuadridimensional sobre el cual están colocados todos los cuerpos del Universo. No es fácil para un profano imaginarse un espacio cuadridimensional. Para poderlo comprender *Einstein* lo compara con el espacio bidimensional de las imágenes de una película de cine. Si por algún arte de magia los personajes que aparecen en la pantalla cobraran vida y se salieran de ella, les quedaría casi imposible entender cómo podemos vivir en un mundo tridimensional. Convendrían con nosotros que hubiera ancho y largo pero no profundidad. Lo mismo les pasa a los seres humanos cuando se habla de un espacio cuadridimensional. Nos consta que estamos rodeados de tres dimensiones, pero la cuarta, que es el tiempo, se nos dificulta percibirla aunque no por eso ésta deja de existir.

Es muy distinto el espacio y el tiempo considerados separadamente, que el espacio-tiempo, considerados como un continuo, debido a que en el primero la velocidad de la luz se la presume infinita, y en el segundo esa velocidad se la presume finita, de 300 000 km/s. Y entre más se acerque la velocidad de los cuerpos a dicha velocidad finita, la diferencia entre el espacio y el tiempo independientemente y el espacio-tiempo en conjunto, se hace más significativa. Ésta es la razón por la cual en la vida diaria se nos hace difícil percibir la diferencia entre uno y otro concepto, porque nunca nos encontramos con cuerpos que viajen con una velocidad cercana a la de la luz, en los que el continuo espacio-tiempo se vuelve cada vez más evidente.

Dicho continuo constituye una especie de entramado sobre el que viajan todos los cuerpos celestes, entramado que está influido por la gravedad y en especial por la masa de esos cuerpos que gravitan encima y lo deforman, creando una depresión en el sitio donde están colocados en ese momento, sitio que se llama pozo de gravedad. Todos los cuerpos o conjuntos de cuerpos que giran alrededor de los pozos de gravedad lo hacen desplazándose por la depresión que éstos generan, y eso es lo que les permite mantenerse en orbita por millones de años hasta que pierdan su energía y colapsan contra el astro central, si es que éste no ha explotado antes, convirtiéndose en una supernova, en una estrella de neutrones o en una enana blanca.

Toda masa genera un campo gravitatorio. En vista de que de acuerdo con la teoría de la relatividad la energía y la masa se identifican, toda masa genera de por sí un campo gravitatorio, al igual que toda radiación electromagnética genera un campo electromagnético, por ser ésta de carácter corpuscular-ondulatorio, capaz de producir más energía a menor longitud de onda. Por tanto, cualquier haz de luz que caiga en uno de esos campos, se curvará a su alrededor, hecho que se ha comprobado durante los eclipses solares cuando la Luna se interpone entre el Sol y la Tierra. En esos eventos se ha observado que la luz proveniente de las estrellas presenta un corrimiento aparente en su posición, inducido por la curvatura de sus rayos al pasar por las vecindades del Sol. En los espacios interestelares, en cambio, donde no hay cantidades sustanciales de materia, (apenas unas pocas moléculas por metro cúbico) el espacio-tiempo no es curvo sino plano y el desplazamiento de la luz es recto como en la mecánica newtoniana.

Conviene advertir que cuando se habla de las longitudes de onda de la luz, no se dice toda la verdad. En realidad la luz se comporta tanto en forma corpuscular como ondulatoria. Fue *Max Plank* en 1900 quien hizo extensiva la teoría corpuscular a todas las radiaciones electromagnéticas, incluida la luz. Según esta teoría las radiaciones están compuestas por granos de energía o corpúsculos que se emiten no en forma continua, sino discreta, en paquetes llamados "cuantos" y en el caso de la luz, "fotones". No es de extrañarse que esto pueda suceder, ya que los átomos de que está hecha toda la materia del Universo son también corpusculares.

El descubrimiento de la radioactividad y sus consecuencias

Fue el físico británico *Ernest Ruthenford* en 1911, quien propuso, hace menos de un siglo, que la masa del átomo no estaba concentrada uniformemente en todo su volumen, sino en una fracción muy pequeña de éste, situada en el centro del mismo. En asocio con *Ernest Marsden* (1885-1970), bombardeó con partículas alfa (núcleos de helio positivamente cargados) una fina lámina de oro y encontró que dichas partículas sufrían una fuerte desviación al chocar con la lámina, lo que lo indujo a proponer la existencia de un núcleo central de carga positiva muy pesado y un conjunto de electrones muy livianos de carga negativa, rotando a su alrededor.

Siguiendo con sus investigaciones, en 1918 logró partir el núcleo del átomo presente en el gas nitrógeno, bombardeándolo con partículas alfa con el resultado de que desprendió de él unas partículas positivas, cuyo origen no supo explicar, pero que después se llamaron: protones, y se encontró que eran integrantes de todos los átomos. Sin embargo, como hallase que el peso del núcleo superaba con creces el del protón, supuso que el núcleo debía contener otra partícula; suposición que el físico inglés *James Chadwick* (1891-1974) identificó en 1932 como un nuevo corpúsculo neutro, compañero del protón, sin carga eléctrica pero con masa, al que bautizó con el nombre de neutrón. Quedó así completa la imagen corpuscular de los átomos con un núcleo al centro y electrones a su alrededor.

El modelo de *Ruthenford,* sin embargo, tuvo que ser modificado, porque *James Maxwel* había descubierto que toda carga eléctrica en movimiento circular irradiaba energía, y por tanto, perdía energía al desplazarse. Según eso, si los electrones cargados eléctricamente giraban alrededor del núcleo, tendrían que caer contra el mismo, lo que no ocurría en la realidad. *Niels Bohr*, para solucionar este problema, propuso la teoría de que los electrones se encuentran en orbitas estacionarias a ciertas alturas permitidas sobre el núcleo, girando a la increíble velocidad de 15 mil kilómetros por segundo, cuya fuerza centrifuga es la que contrarresta la atracción de los protones y mantiene a los electrones lejos del núcleo, a la misma altura siempre, sin colisionar nunca contra el protón. Sin embargo, pueden saltar de un nivel a otro cuando reciben o pierden energía, como quien sube o baja un peldaño, pero sin desplazarse en una trayectoria definida, sino desapareciendo de un sitio y apareciendo en otro, algo que podría calificarse de fantasmagórico.

El conocimiento del átomo permitió a la humanidad, para bien o para mal, entrar en *la era de la energía nuclear* que abriría las puertas a las grandes centrales eléctricas pero también a las aterradoras armas atómicas, cuyo desarrollo se hizo en menos de trece años, debido a la urgencia de ganar la guerra por parte de los países contendientes.

En 1938 había ya tres grupos en busca de producirla: uno, en Roma, liderado por *Enrique Fermi,* otro, en París, por *Federico Joliot Curie,* de la misma familia *Curie* de *Pedro y María* que entre todos obtuvieron cinco premios Novel, y otro en Berlín, por *Otto Hans.* Fermi (1901-1954) en 1934. sólo dos años después de haber sido descubierto el neutrón, fue talvez el primero que logró desintegrar el átomo del uranio 235, bombardeándolo con neutrones. Curie y sobre todo Hahn, galardonado con el premio Nobel, notaron que las partículas resultantes de la desintegración, una de las cuales solía ser el bario, parecían tener la mitad del peso del átomo fisionado al explotar el núcleo y que las partes en que se dividía éste, eran ambas de carga positiva, por lo que se repelían mutuamente y se alejaban a gran velocidad, proceso que continuaba en serie debido a que en cada fisión se producían varios neutrones libres sobrantes, que impactaban otros núcleos a los que también fisionaban y de ese modo proseguían hasta desintegrar la totalidad del material presente con una inmensa liberación de energía, nunca antes vista, siempre y cuando hubiera una masa crítica, debido a que la suma de las masas de las partículas generadas por la fisión de los núcleos, es menor que la del núcleo del uranio antes de desintegrarse, y esa diferencia es la que se convierte, por la ley de equivalencia entre la masa y la energía, en energía proporcional al cuadrado de la velocidad de la luz, o sea por 300 000 km/s seguido de nueve ceros.

De la *bomba atómica* (el hombre siempre en busca de métodos más eficientes de destrucción), pasó a *la bomba de hidrógeno* que no es sino la reproducción del proceso con el cual mantienen su altísima temperatura las estrellas. Consiste en fundir por medio de la explosión de una bomba atómica corriente, cuatro núcleos de hidrógeno pesado y tritio para formar un núcleo de helio. Como el peso de los núcleos de hidrógeno sumados es mayor que el del helio, queda una masa sobrante que se convierte en energía al igual que en los procesos de fisión del uranio.

Carácter ondulatorio corpuscular de la luz. Habíamos dicho que la luz tiene un carácter corpuscular. Esto es cierto sólo para algunos fenómenos como el efecto fotoeléctrico, cuando los fotones chocan con un metal, pongamos por caso, una lámina de zinc, y le extraen electrones de su superficie que se disparan siempre con la misma velocidad y energía, independientemente de la intensidad del haz incidente. Pero no para la difracción de la luz cuando ésta encuentra un obstáculo y lo bordea esquivándolo, lo que es más propio de una onda que de un corpúsculo, corpúsculo que por su altísima velocidad actúa como un proyectil. De ese hecho *Einstein* dedujo en 1905 que la luz es un fenómeno dual a veces con carácter corpuscular y a veces con carácter ondulatorio, concepto que en 1923 *De Broglie* propuso extender a todas la partículas de materia, en especial a los electrones, para los que Schrödinger encontró la ecuación que establece la conexión entre la onda asociada y la partícula. Los electrones no son, pues, solo partículas que giran alrededor del núcleo como se creía antes, sino también ondas situadas a distintos niveles de energía que saltan de un nivel a otro cuando emiten o absorben un fotón.

El principio de incertidumbre. Complica un poco más las cosas el principio de incertidumbre propuesto por el científico alemán *Werner Heisenberg* en 1926. De acuerdo con ese principio no hay cómo predecir la posición de un electrón y al mismo tiempo su velocidad y trayectoria. Se debe esto al hecho de que para poder predecir estos valores con la debida precisión, se requiere poderlos determinar un momento antes, lo que no se puede hacer sino iluminando estas partículas con un rayo de luz. Sin embargo, como de acuerdo con la teoría de Plank, la luz no se puede producir ondulatoriamente sino en cuantos, estos cuantos al chocar con los electrones perturbarán su velocidad de manera impredecible y entre más precisión se busque menor longitud de onda deberá usarse con mayor energía, lo que causará una mayor alteración de la velocidad. Como toda la materia está constituida por átomos que contienen electrones que se comportan de esta manera, el principio de incertidumbre se convierte en una ley general de la naturaleza. De aquí se concluye que no es cierto, como la proponía el marqués de *Laplace,* que el Universo se rige por leyes con las cuales podemos predeterminar siempre su comportamiento.

No obstante, lo anterior no quiere decir, como la han sugerido algunos filósofos, que el principio de incertidumbre es la confesión de los científicos de su incapacidad para descubrir la verdad. Tal afirmación carece de fundamento pues lo que sostiene el principio de incertidumbre no es que poco o nada se sabe del Universo, sino que hay fenómenos que no se pueden analizar por sistemas determinísticos, esto es, que dada una causa siempre producen el mismo efecto, sino por sistemas probabilísticos en los que se estudia la probabilidad de que ocurra un suceso, dadas ciertas premisas.

La mecánica cuántica. Fue eso lo que hicieron poco después en 1925, *Werner Heisenberg, Edwin Schrödinger y Paul Dirac,* quienes desarrollaron la mecánica cuántica o mecánica de las partículas muy pequeñas, entendiéndose como muy pequeñas las partículas elementales del tamaño de los átomos y sus componentes, en donde no se aplican las leyes de la mecánica clásica. Se renuncia así al concepto de trayectoria, fundamental antes, y se cambia por el concepto de probabilidad de que la partícula se halle en cierta posición en un instante determinado, a partir de lo cual se establecen las funciones de onda con las cuales se calcula el movimiento. En esa forma, la mecánica cuántica no predice un solo resultado, sino un conjunto de resultados posibles, y le da valores concretos a la probabilidad de que esos resultados se obtengan. Pese a la oposición que esta mecánica tuvo en un principio, incluso por parte de *Einstein,* quien dijo: *"Dios no juega a los dados con el Universo",* en la actualidad está completamente confirmada, y se la está aplicando en la industria moderna.

Resumiendo, la materia toda está compuesta de gránulos de materia (cuantos) que pueden actuar como ondas o como corpúsculos indistintamente, y su posición en el espacio no se puede determinar sino de manera probabilística. La materia que vemos está formada por partículas más pequeñas que el átomo, que son los leptones, componentes de los electrones, muones y neutrinos, según el modelo estándar; y los quarks, componentes de los protones, neutrones y gluones. Además están los bosones, fermiones y una multiplicidad de otras partículas más cuyo número crece constantemente. Estas partículas elementales integran los átomos, los cuales a su vez, al unirse crean moléculas, y el conjunto de las moléculas, los cuerpos que percibimos con los sentidos. Absolutamente toda la materia animada o inanimada está hecha de esa misma manera, siempre y cuando la temperatura del entorno sea superior al cero absoluto (-273 grados centígrados).

En cambio, si es extremadamente baja, menos de 11 grados por encima del cero absoluto, adquiere una forma distinta, (la del condensado de *Bose-Einstein)* debido a que la velocidad con que se mueven los átomos disminuye casi hasta paralizarse. También algunos gases se convierten en líquidos capaces de atravesar una pared de cristal y ascender en lugar de bajar desafiando la ley de la gravedad. Así mismo desaparece la resistencia eléctrica al paso de la corriente de electrones, creando superconductores que podrían cambiar la tecnología del futuro y abrir la posibilidad a la computación cuántica apta para manejar cantidades inimaginables de información a velocidades fantásticas.

La derrota del sentido común

De lo anterior se deduce que usar el sentido común para estudiar el comportamiento del Universo a menudo conduce al error. El sentido común no se puede usar en todos los casos, pues vivimos en un Cosmos en el que lo que percibimos con los sentidos es distinto a lo que pasa fuera de nuestra mente. Ni el Sol gira alrededor de la Tierra como lo constatamos todos los días, ni la materia es sólida como lo percibimos al tacto sino corpuscular y ondulatoria, ni un reloj en movimiento marca el mismo tictac que un reloj en reposo, ni el tiempo es invariable para todos los observadores, ni las distancias son siempre las mismas sino se acortan o se alargan dependiendo de quienes las midan, ni se puede medir con precisión la velocidad y la posición de los objetos muy pequeños, ni la luz viaja en línea recta cuando pasa junto a un cuerpo masivo, ni puede ningún cuerpo moverse con la velocidad de la luz, ni un objeto pesado cae con mayor velocidad que uno ligero, ni hay hechos simultáneos sino dentro de ciertos marcos de referencia, ni el espacio tiene tres dimensiones sino cuatro, así no las veamos. Porque como dice *James Jeans*: "El mundo físico difiere del mundo ideal concebido en términos de la experiencia cotidiana (del hombre)." Y más adelante: "La historia de las ciencias físicas del siglo XX es la de la emancipación del ángulo de vista puramente humano." Y agrega: "La vieja filosofía dejó de funcionar al final del siglo XIX, y los físicos del siglo veinte están construyendo una nueva para ellos."

Heisenberg lo expresa de esta manera en sus *Principios Físicos de la Teoría del Quantun:* "Con el advenimiento de la teoría de la relatividad de *Einstein,* fue necesario por la primera vez reconocer que el mundo físico difiere del mundo ideal concebido en términos de la experiencia cotidiana." "Muchas de las abstracciones de la física teórica moderna fueron discutidas en la filosofía de las pasadas centurias. En aquellos tiempos esas abstracciones eran consideradas meros ejercicios mentales por los científicos para quienes sólo les interesaba la realidad, pero hoy nos hemos visto compelidos, ante los refinamientos del arte experimental, a tomarlos seriamente."

Heisenberg se refiere aquí a los filósofos llamados *idealistas* como el obispo irlandés *George Berkeley* quien en 1710 estableció en su: *Tratado Sobre el Conocimiento Humano,* el principio de que *ser es ser percibido* de donde concluye que todo lo que puede conocerse es la percepción del ser, por lo que resulta gratuito suponer la existencia de una sustancia real que sustente las propiedades de los cuerpos. Esta teoría filosófica ha venido apareciendo en distintas épocas con diferentes variantes desde *Immanuel Kant* (1724-1804) con el idealismo trascendental alemán, hasta el idealismo sujetivo de *Fichte,* el objetivo de *Schelling,* y el absoluto de *Hegel,* y hoy ha cobrado fuerza.

No es que el mundo exterior no exista, sino que es algo muy distinto a como lo percibimos con los sentidos, cuya función es trasmitir la información de lo que ocurre desde las diferentes partes de nuestro cuerpo y del mundo circundante, utilizando para ello las redes neuronales de nuestro sistema nervioso periférico, hasta la caja hermética de nuestro cráneo, donde el cerebro se encuentra prisionero. Hasta allí llegan esas llamadas telefónicas constantes de los impulsos eléctricos neuronales que constituyen las únicas comunicaciones posibles con el exterior, llamadas con las cuales conformamos una imagen virtual de lo que nos rodea, imagen que no existe fuera de nosotros.

Cuando observamos la luz, por ejemplo, en realidad lo que observamos es la reacción de las hondas electromagnéticas en la retina, que al trasmitirla al cerebro por medio del sistema nervioso éste la interpreta como un destello. Pero en el mundo externo no hay ningún destello sino sólo ondas electromagnéticas en todas direcciones. Igualmente, cuando vemos una mesa, la observamos como una superficie consistente y lisa sin espacios intermedios vacíos entre sus bordes, pero en realidad lo que estamos percibiendo son las de la luz que impactan esa mesa y el ojo las interpreta como forma y color.

En cambio, si pudiéramos percibir los objetos, no con nuestros ojos humanos, sino con unos ojos capaces de mirar partículas microscópicos extremadamente pequeñas, del orden de una millonésima de milímetro, nuestra sorpresa no podría ser mayor. Ya no veíamos una mesa ni un destello de luz sino una infinidad de diminutos cuerpos de distintos tamaños, si es que las pudiéremos iluminar con una luz cuya longitud entre cresta y cresta fuera menor a la dimensión de las mismas, flotando en un espacio casi vacío, separadas por grandes distancias relativas entre unas y otras y colocadas en diferentes posiciones, algo semejante, en pequeño, al Cosmos que observamos en las noches estrelladas, también lleno de cuerpos dispersos; y, pese a la aparente poca cantidad de materia circundante, aunque lo intentáramos, no la podríamos atravesar con nuestro propio cuerpo, no obstante esos cuerpos y nosotros estar configurados de la misma manera, porque la densidad y composición de los átomos y moléculas nuestras, no nos permitirían pasar a través de los átomos y moléculas flotantes afuera, sino solo cuando se tratara de gases como el aire.

Y no percibiríamos ni el color, porque el color es la diferenciación que hace el ojo humano de las distintas longitudes de onda de la luz; ni la forma y su belleza, a no ser que termináramos considerando bello ese fantasmagórico conglomerado de puntos de materia evasivos e inidentificables, suspensos en el vacío, moviéndose e intercambiando posiciones; ni el sonido porque es el tímpano humano el que percibe la vibración del aire; ni el olor, porque son las papilas olfativas las que lo detectan; ni el sabor, porque son las papilas gustativas las que lo captan. Esa realidad externa sería insabora, inolora, incolora informe, oscura, algo a lo que nuestro cerebro no podría acostumbrarse y posiblemente enloquecería, si pudiera contemplarlo.

Visto lo anterior, no es nada extraño que aunque estemos hechos con la misma masa y la misma energía con que fueron formados todos los cuerpos celestes del Universo, nuestra percepción sensorial de cómo se comporta éste, no coincida forzosamente con su comportamiento real del mundo exterior, comoquiera que somos seres distintos al del resto de la creación, seres animados en un Cosmos primariamente inanimado, seres contingentes y exóticos a un Universo que empezó a existir sin nosotros hace unos 13 700 millones de años, y sólo en el último millón de esos 13 700 millones de años en que estuvimos ausentes, comenzamos a pensar y a caminar erguidos sobre la Tierra.

La creación y el futuro del Cosmos

El modelo cosmológico propuesto por *Alexander Friedmann* en 1922, completado por *George Gamow* en 1948, y ampliado por *Estephen Hoking*, en 1960, parte de la hipótesis de que el Universo comenzó con una *Gran Explosión*, a partir de una singularidad o concreción de la materia dispersa preexistente, que por algún mecanismo se fue concentrando hasta quedar convertida en un punto de densidad infinita, tal vez en un agujero negro supermasivo. Esta explosión, en las primeras millonésimas de segundo, creó el espacio y el tiempo y surgieron las cuatro fuerzas fundamentales de la naturaleza, aunque aun no diferenciadas como lo están hoy.

Esas cuatro fuerzas son: la primera, *la fuerza de gravedad*, que es siempre atractiva, y hace que las masas se atraigan entre sí con *una fuerza débil* pero que actúa a largas distancias y se trasmite por medio de unas partículas virtuales llamadas gravitones; la segunda, es la *fuerza electromagnética*, más potente que la gravitacional, que actúa sobre partículas cargadas con masa como los electrones y que se trasmite por medio de fotones con la velocidad de la luz; la tercera, es la *fuerza nuclear débil* que se evidencia en la radioactividad y actúa sobre electrones, protones y neutrones con masa; y la cuarta, es la *fuerza nuclear fuerte* que mantiene unidos entre sí a los quarks y otras partículas elementales constitutivas de los protones y neutrones, así como a los protones y neutrones dentro el núcleo.

En los microsegundos posteriores a la *Gran Explosión,* el incipiente Cosmos empezó a expandirse a la velocidad exacta (velocidad de escape) como para no colapsar inmediatamente después de haberse iniciado, razón por la que el Universo siguió expandiéndose, dando así origen básicamente a una mezcla de plasma y radiación a cientos de millones de millones de grados de temperatura, mezcla que era opaca a la luz debido a que estaba llena de gas y electrones sueltos que le interferían el paso. En ese momento la materia y la antimateria estaban en equilibrio. Con el crecimiento del tamaño del Universo la temperatura disminuyó y la materia fue predominando sobre la antimateria.

Cien segundos después, la temperatura del Cosmos había bajado tanto que las partículas más elementales como los quarks y los gluones pudieron combinarse para producir protones y neutrones, de modo que 180 segundos más tarde los núcleos de los átomos de deuterio (hidrógeno pesado) ya estaban formados en un proceso que ha dado en llamarse la nucleosíntesis, así como los núcleos de helio con dos protones y dos neutrones, mientras otros se habrían desintegrado y vuelto a juntar para formar los núcleos del hidrógeno ligero.

Unos 300 000 años más tarde, a los núcleos positivos se les habían acoplado los electrones negativos con lo que surgieron los primeros átomos completos, mayoritariamente de hidrógeno, por ser los más simples y de menor peso atómico. En ese instante la luz pudo atravesar el Cosmos y la radiación que dominaba el Universo y se trasmitía por ondas electromagnéticas, se separó de los átomos recién creados, para comenzar a viajar por el espacio donde todavía permanece como radiación residual de fondo de microondas, cuya existencia la comprobó recientemente la zonda espacial COBE, y le determinó su temperatura que resultó estar cerca del cero absoluto, a apenas a 3.7 grados Kelvin.

Como remanente de ese proceso, quedó la materia oscura que no emite ni refleja nada, ni ondas electromagnéticas, ni la luz, lo que le impide ser detectada. Sin embargo, su existencia se ha establecido a partir de los efectos gravitacionales que produce en la materia visible y en su necesidad como hipótesis para explicar por qué aparentemente hay más masa en el Universo de la que se observa. Sin embargo, como la materia oscura no se ha podido estudiar ni cuantificar con precisión, se considera uno de los grandes enigmas de la naturaleza.

Formación de las estrellas. Mientras tanto, durante el siguiente millón de años, la expansión continuaba esparciendo una especie de caldo primigenio caliente de átomos y moléculas a lo largo y a lo ancho del espacio vacío, caldo que cuanto más se expandía más se enfriaba, y la fuerza gravitatoria, recién desacoplada de los otras tres fuerzas fundamentales, lo inducía a agruparse en unas regiones más densamente que en otras. Así las cosas, las regiones más densas pudieron atraer a su campo gravitacional más materia y comenzar a girar, primero lentamente y después más aprisa, con lo que se inició la formación de nebulosas de gas y polvo y protogalaxias planas como un disco, que se fueron deviniendo en galaxias elípticas y espirales (las dos principales formas en que se encuentran) a medida que rotaban cada vez a mayor velocidad; dentro de las cuales la gravedad fue compactando aun más ciertos sectores en los que aumentó la temperatura al punto de que sus átomos de hidrógeno comenzaron a fundirse.

Cada cuatro átomos de hidrógeno compuestos de un protón, y un electrón, se comprimieron en un átomo de helio, con dos protones, dos neutrones y dos electrones, cuyas masas atómicas sumadas tienen un menor valor que el de los cuatro átomos de hidrógeno iniciales. Esta masa faltante es la que se trasforma en las inmensas cantidades de energía que mantienen a las estrellas brillando a altísimas temperaturas.

Pero como las estrellas no pueden parar de consumir su combustible nuclear, al cabo de unos cuantos miles de millones de años lo agotan, e inician su desintegración, se hinchan y estallan hasta adquirir el tamaño de globos desmesurados que se llaman novas, para luego, encogerse y convertirse, de acuerdo a la cantidad de masa que contengan, en agujeros negros de densidad infinita o en estrellas de neutrones, cuando no en enanas blancas y en algunos casos en enanas negras.

Materia oscura y visible. Fue así como el Cosmos terminó lleno de tres tipos de materia: la materia oscura y la energía oscura que mencionamos antes, y la visible. Las dos primeras constituyen la materia hipotética cuya composición nos es desconocida porque no emite suficiente radiación electromagnética como para ser detectada con los métodos actuales, pero cuya existencia se deduce a partir de los efectos gravitacionales que causa en la materia observable. La totalidad de la materia visible resulta solo una pequeña fracción de la materia y la energía oscuras existente en el Universo. Se cree que apenas un 5% de la materia existente es visible, un 23%, es materia oscura, y el 72% restante, es energía oscura. La densidad del Cosmos, sin embargo, es muy baja, aunque se incrementa notablemente dentro de las galaxias, estrellas y planetas; en promedio es de pocos átomos de hidrógeno por centímetro cúbico, debido a que los cuerpos celestes se encuentra muy distantes entre sí, separados por centenares de años luz, espacio en donde no se sabe si existe el vacío o sólo materia y energía oscuras.

Materia y antimateria. Existe una misteriosa relación entre la materia y la antimateria. Se cree que ambas coexistían por partes iguales en los primeros segundos después de la *Gran Explosión.* A las elevadísimas temperaturas que se produjeron entonces cada quark chocaba con un antiquark, y ambos se aniquilaban. Pero a medida en que se iba enfriando el naciente Universo, según la teoría de *Andrei Sajarov,* se creó, por algún motivo desconocido, una asimetría entre materia y antimateria, lo que hizo que los quarks superaran en una cantidad insignificante a los antiquarks y los primeros comenzaran a aniquilar a los segundos a tal velocidad que estos últimos terminaron prácticamente desapareciendo y los quarks concluyeron fundiéndose en tríos para producir nucleones (protones y neutrones) con los que se formó el Universo actual.

Universo, en el que las subpartículas de materia son capaces de convertirse en subpartículas de antimateria. Así lo demostró en 1973 un grupo de 700 científicos en el acelerador de Tevatron del Fermilab de Chicago al encontrar que subpartículas de materia (mesones), se convertían espontáneamente en subpartículas de antimateria (con carga contraria) a razón de 2.8 billones de unidades por segundo, lo que Jacobo Konigsberg, uno de los jefes del grupo, denominó "danza de la materia y la antimateria."

En realidad toda partícula tiene una antipartícula; un electrón tiene un antielectrón (un electrón con carga positiva, llamado positrón, descubierto en 1923 por *David Anderson*) y un protón tiene un antiprotón (un protón con carga negativa, descubierto en 1955 por *Owens Chamberlain*). Si ambos se juntaran, podrían formar un átomo de antimateria, de la misma manera como un electrón y un protón integran un átomo de hidrógeno. Empero, materia y antimateria no pueden coexistir; si chocan liberan una inmensa cantidad de energía pura, dando lugar a fotones (rayos gamma) y otros pares partícula- antipartícula.

Se cree que la antimateria en el Universo es muy escasa. Pero puede generarse en aceleradores de partículas como el CERN, aunque a un precio elevadísimo de 300 000 millones de dólares por miligramo. Debido a esto, algunos científicos de la NASA han sugerido traerla de los *cinturones Van Allen* de Júpiter o de otros planetas gaseosos, confinada en campos magnéticos para que no tome contacto con la materia, confinamiento que resulta así mismo de un costo prohibitivo. Pero no sería raro que el hombre en su afán de poder logre simplificar su producción en el futuro para bien o para mal de la humanidad.

El futuro del Cosmos. Existen varias posibilidades para el futuro del Cosmos. Todo depende de cuánta materia, tanto visible como oscura, contenga en promedio el Universo. Según sea esa cantidad, la expansión del Universo podría acelerarse, detenerse por siempre o invertirse el proceso. La primera posibilidad sería que continúe expandiéndose entre 5 y 10% cada mil millones de años como lo viene haciendo cada vez con mayor celeridad (entre más energía oscura más expansión) hasta enfriarse por completo y estancarse en el frío sideral, dejando al espacio prácticamente vacío, enrarecido y sin calor, convertido en millones de millones de fragmentos helados vagando en la nada, sin que quede memoria de lo que es o lo que fue lo que hoy entendemos como existencia. La segunda, es que llegue un momento en que las fuerzas de expansión se equilibren con las fuerzas de contracción y el Universo permanezca sin expandirse ni contraerse por toda la eternidad. La tercera, que se frene un día esa expansión y comience a colapsarse la gigantesca burbuja cósmica, lo que se denomina la Gran Contracción, hasta un punto de densidad infinita o algo similar, para que luego resurja en una milagrosa paligenesia de sucesivos universos que se hinchan y se contraen periódicamente por los siglos de los siglos.

También podría pensarse en un Cosmos espacialmente infinito o en un número infinito de universos sin comienzo ni fin, pero tanto esta hipótesis, como las demás sugeridas, no son por ahora más que especulaciones muy discutibles desde el punto de vista científico, imposibles de verificar mientras no se tenga más información sobre la real constitución del Universo, cuya cantidad de materia se ha intentado calcular en forma aproximada, y se ha concluido que ésta no es suficiente para detener la expansión, salvo que se tome en cuenta la materia oscura y la energía oscura, o sea, esas dos incógnitas poco comprendidas, que podrían modificar las fuerzas actuantes y establecer un equilibrio o no entre las mismas.

Las constantes fundamentales. Se sabe que la formación del Universo, está regido por una treintena de constantes fundamentales, tales como la velocidad de la luz, la constante de Plank, la constante de gravitación universal; *las constantes atómica y nucleares, las constantes electromagnéticas; las constantes fisicoquímicas,* (unidad de masa atómica, el número de Avogadro, la constante de Boltzman); la intensidad de las cuatro fuerzas: *gravitación, electromagnetismo,* e interacciones *nucleares fuerte y débil,* entre otras muchas, algunas de las cuales, parecen como si no hubieran sido fijadas al azar, sino cuidadosamente ajustadas para que el Universo y la vida fueran posibles, lo que recibe el nombre de principio antrópico, el cual se basa en que los valores determinados de esas constantes son tales que de haber tenido pequeñas variaciones, el Cosmos, hubiera sido muy distinto a como es o no hubiera podido existir, y por tanto, las grandes moléculas típicas de la vida no hubiera aparecido. Esto fue lo que hizo exclamar a *Einstein:* "Lo que me interesa es saber si Dios tuvo elección a la hora de crear el Universo".

El principio antrópico tiene facetas de carácter filosófico y religioso que vale la pena destacar. Por ejemplo, desde cuando en los primeros milisegundos de la *Gran Explosión* los quarks de la materia chocaron con los antiquarks de la antimateria, lo hicieron en proporciones tales que el Universo, en lugar de quedar conformado por una radiación pura como hubiera ocurrido de haberse destruidos entre sí esas partículas, permitió la aparición de materia corpuscular que tenemos hoy en día.

Tampoco hubiera podido existir, si el Universo colapsa inmediatamente después de la *Gran explosión.* Dice al respecto *Hawking:* "Si un segundo después de la *Gran Explosión* la velocidad de expansión hubiera sido menor en unos cien mil millonésimos de millonésimo, el Universo debería haber colapsado antes de alcanzar su tamaño actual," porque la materia no habría obtenido la velocidad crítica de escape para vencer la gravedad. Y así mismo, si la velocidad fuera más grande, las partículas iniciales no hubieran podido reaccionar entre sí, y no habrían tenido la capacidad de formar cuerpos celestes, ni vida en ellos posteriormente. Eso explica, en parte, por qué la expansión actual se ajusta tan bien al valor crítico y no es ni mayor ni menor que ese valor.

Estas y otras sorprendentes coincidencias es lo que ha hecho pensar a algunos que el Universo no fue fruto del azar sino de un creador inteligente. Si no ¿por qué las cosas se sucedieron como si estuvieran orientadas a un fin predeterminado? Esa es la pregunta que se han venido haciendo los hombres de siglo XX y seguimos haciéndonos los hombres del siglo XXI. Pero si hubo un creador inteligente quedaría por averiguar cómo pudo existir ese creador antes de la *Gran Explosión,* un creador capaz de armar el rompecabezas de las múltiples constantes para que se ajustaran unas con otras, solo con el propósito de que apareciéramos nosotros, tras 3 600 millones de años de ausencia, en un minúsculo planeta perdido entre los millones de millones de galaxias del Universo, siendo nosotros tan insignificantes y contingentes que si desapareciéramos un día, nadie se enteraría y todo seguiría igual.

El hecho de que no podamos explicar por ahora quien fue el autor de las constantes del Universo, si es que lo hubo, o si dichas contantes son connaturales con la materia, no quiere decir que necesariamente debió existir un ente personal que las creó, pues llevamos apenas menos de un siglo de haberlas encontrado, y en tan corto tiempo, no podemos esperar tener todas las respuestas. Por otra parte, la proposición básica del principio antrópico según la cual todas esas constantes parecen haber sido hechas con la sola intención de producir vida, puede también construirse al revés, diciendo: la vida se produjo porque todas las constantes universales tomaron el valor con que hoy las conocemos. En otras palabras, no es que las constantes se hicieron para que la vida fuera posible, sino que la vida fue posible porque las constantes son como son. No es por tanto cosa de preguntarse qué hubiera sucedido si tuvieran otros valores, como quiera que es obvio que todo habría sido diferente y nosotros quizás no habríamos existido.

El Universo continúa en formación. De todas maneras, la creación todavía no ha terminado. En el espacio infinito siguen formándose nuevas galaxias, y en éstas, nuevas estrellas comienzan a gastar su hidrógeno para volverlo helio, o a chocar unas con otras y fusionarse entre pares o entre varias. Debemos comprender que existimos en un universo apocalíptico en constante trasformación, de galaxias que aparecen y desaparecen por fusión o desintegración; de agujeros negros que devoran todo lo que se acerca a los límites de su abismo sin fondo; de estrellas masivas que explotan; de cometas que vuelan a velocidades fantásticas, exhibiendo sus enormes colas luminosas hasta terminar impactando otros cuerpos celestes, o siendo devoradas por el Sol.

La Tierra no es ajena a ese Universo tan conmocionado. Como vamos a ver más adelante, a lo largo de su historia ha sido sometida a todo tipo de catástrofes y convulsiones durante nuestro desplazamiento por el espacio interestelar, y seguiremos sufriéndolas durante unos cuantos miles o cientos de miles de años más, hasta cuando alguno de esos cataclismos, nos barran de nuevo de la faz del espacio, conjuntamente con los otros seres vivos, como ya ha ocurrido varias veces en el pasado y podría volver a ocurrir en el futuro, momento a partir del cual el Universo volverá a existir sin nosotros sin que nadie se entere, ni nadie nunca más se acuerde de nosotros.

¿Por qué el Universo es así? ¿Quién o qué determinó su configuración y sus leyes? Si fue un ser inteligente ¿por qué no volvió a intervenir en su evolución? ¿Armó él ese gigantesco mecanismo y se durmió en sus laureles o siguió actuando en él y en ese caso cómo? ¿Por qué fue el Universo creado para evolucionar en forma catastrófica hasta destruirse? ¿Por qué tanta violencia en el Universo, tanta aniquilación, tanto dolor, tanto sufrimiento, tanta crueldad de los seres vivos contra los seres vivos? ¿Qué había, antes de que existiere el Universo, esto es, antes de la *Gran Explosión*? ¿Cómo se produjo ésta?

Ojalá el *Gran Colisionador de Hadrones* del Laboratorio Europeo de Altas Energías (CERN) construido en la frontera entre Francia y Suiza, nos aclare algunos de estos interrogantes, en su afán por descubrir qué es la masa, cuál es el origen de la masa de las partículas que se supone formada por el bosón de Higgs, aún no detectado físicamente, cuántas son las subpartículas y partículas totales del átomo, qué es la materia oscura y muchos misterios más. El colisionador es de un tamaño inmenso, de 27 kilómetros de circunferencia, con miles de imanes que impulsan un haz de hadrones, o sea de neutrones, protones y gluones y otros más, para que colisionen a altísimas velocidades y se desintegren a fin de estudiar sus componentes. Entró a funcionar por primera vez en marzo del 2010 y su director calificó su inicio como: "Principio de una nueva era para la física moderna".

Estas partículas solo existen durante tiempos muy cortos y su comportamiento no se puede estudiar sino a temperaturas que se aproxima al cero absoluto (-271 grados). De ellas se supone que fueron las primeras en producirse en los millonésimos de segundo iniciales de la *Gran Explosión* y por eso tienen una importancia capital en el estudio de la formación del Universo.

Eso es lo que pretende hacer el CERN, analizar con la ayuda de 3 000 computadores, y de otros más en todo el mundo, cómo operan éstas, con miras a averiguar hasta qué punto las teorías que hoy tenemos sobre el Universo son válidas. Por supuesto, en estos trabajos se habla sólo de fuerzas físicas, de materia y antimateria, pero nadie espera encontrar fuerzas sobrenaturales o sustancias inmateriales.

El aumento del espacio del hombre

El tamaño del Universo se le ha ido creciendo al hombre en los últimos dos mil quinientos años. Inicialmente, en las épocas primitivas de Egipto, Israel y Mesopotamia, la Tierra era un espacio plano, no muy mayor de lo que podían captar sus ojos, encerrado por una bóveda celeste relativamente próxima, pues no tenía cómo estimar lo retirado que estaban los astros en el firmamento.

En los días, las nubes y los pájaros parecían estar a una altura que, comparada con el tamaño de los árboles y las montañas, a lo sumo se elevaban a unos centenares de veces más. El Sol, para los habitantes de Egipto y Mesopotania, acostumbrados a la personificación de todos los fenómenos naturales, era un dios, un ser animado como el hombre, con características semejantes a las del hombre, aunque con otra forma, y no un cuerpo celeste impersonal. La distancia del Sol a la Tierra importaba poco, sólo sus diarias apariciones para fecundar las cosechas y conservar la vida de seres humanos y animales.

En las noches, su visión del Cosmos no era menos limitada. Estaba la Luna, otro ser animado como el hombre, una diosa a la que se le atribuían propiedades a veces benéficas y a veces malignas, y los puntos luminosos de los astros en cantidad innumerable, algunos titilantes y otros no, que se consideraban no mucho más alejados que la Luna. Los babilonios dividieron la banda imaginaria por donde se desplazan el Sol la Luna y los planetas durante el año, en doce partes iguales, bandas que terminaron llamándose el Zodíaco. Cada mes el Sol se proyecta sobre una de esas divisiones del Zodíaco en las que están las constelaciones llamadas: Aries, Géminis, Cáncer, Leo, Virgo, Libra, Escorpio, Tauro, Sagitario, Capricornio, Acuario y Piscis.

Hubo que esperar hasta la llegada de los griegos para que los hombres comenzaran a darse cuenta de la magnitud del Universo. Filósofos como *Tales de Mileto, Pitágoras, Anaxágoras* e incluso *Platón* descubrieron la redondez de la Tierra. *Aristarco* propuso una cosmología geocéntrica similar a la de *Copérnico* y coligió que la distancia a que quedaba la Luna era unas 60 veces el radio de la Tierra, o sea unos 380 000 km, similar a la que se acepta hoy. La distancia al Sol la estimó con menos precisión en 19 veces mayor a la que la separa de la Luna, o sea 7.2 millones de kilómetros lo que es muy inferior a los 150 millones de kilómetros promedio considerados en la actualidad. Pero fue el pionero en sugerir que las estrellas estaban a distancias inmensas, infinitas, algo sorprendente para quien no podía observar el cielo sino con sus ojos, pues no contaba con telescopios. *Eratóstenes*, por su parte, midió la circunferencia de la Tierra para la que halló la cifra de 39 690 km, casi igual a la actual de 40 009 km.

Infortunadamente, los descubrimientos de los griegos no fueron tomados en cuenta durante los 1 700 años posteriores al período alejandrino hasta la época de *Copérnico y Galileo,* ya que, durante esos diecisiete siglos, predominó entre un reducido círculo de estudiosos la concepción heliocéntrica de en 1905 *Aristóteles y Ptolomeo,* de un Universo de esferas trasparentes invisibles superpuestas unas sobre otras alrededor de la Tierra a la manera de una caja china, donde se situaban todos los cuerpos celestes.

Según esa teoría la esfera de la Luna estaba a 33 veces el radio de la Tierra (210 400 km), la de Mercurio a 166 radios (1 058 748 km) la del Sol a 1260 radios (8 036 280 km), la de Marte a 8 820 radios (56 253 960 km), la de Júpiter a 14 189 radios (90 497 442 km) y la de Saturno, la más alejada, a 19 865 radios (126 698 970 km). Por encima de esa esfera quedaba la de las estrellas que se creían fijas, porque dada su enorme distancia, resultaba imposible detectar su movimiento a simple vista. Esas magnitudes si se comparan con las que conocemos en la actualidad, son ridículamente pequeñas.

A partir del descubrimiento del telescopio en el siglo XVII las fronteras del Cosmos comenzaron a ensancharse cada vez más. *Copérnico* calculó la distancia entre el Sol y la Tierra en 3 200 000 km, y Kepler en 22 400 000 km. En la actualidad se aceptan 149 500 000 km. *Galileo* descubrió la Vía Láctea, en la que se halla el sistema solar y se maravilló de la innumerable cantidad de estrellas que contenía, según él, imposibles de cuantificar.

A medida que se fueron construyendo más grandes y mejores telescopios y radiotelescopios y se pudo determinar las paralajes, las dimensiones del Universo tomaron proporciones increíbles. Edwin Hubble descubrió en 1929 que más allá de la *Vía Láctea* había cientos de miles de millones de galaxias que huían de nosotros con mayor celeridad a medida que se alejaban. En 1948 el físico ruso nacionalizado en Estados Unidos, George Gamow, partiendo de ese hallazgo planteó la hipótesis de la *Gran Explosión* y sugirió que debería quedar evidencia de ésta en el espacio, lo cual fue confirmado cuando los físicos norteamericanos *Arno Penzias* y *Robert Wilson*, probando un detector de microondas, encontraron una radiación de fondo igual en todas direcciones que no podían ser sino los restos de esa *Gran Explosión*.

Simultáneamente, a medida que los grandes telescopios descubrían que las galaxias más cercanas estaban a inmensas distancias, el espacio se iba ampliando. Hoy sabemos que el Universo está compuesto por supercúmulos de galaxias que son grandes agrupaciones de varios miles de galaxias más pequeñas, llamadas cúmulos, los cuales a su vez pueden contar con otros cientos de galaxias formadas por miles de millones de estrellas, en su mayoría rodeadas de un sistema planetario. Se cree que hay unos 10 millones de supercúmulos con diámetros que pueden alcanzar hasta los 1000 millones de años luz, interrumpidos por grandes espacios vacíos en los que no hay absolutamente nada.

La *Vía Láctea* es sólo uno de los miles de millones de galaxias del Universo que pertenece al denominado supercúmulo de Virgo, conjuntamente con la Nube de Magallanes, y el grupo local. La Vía Láctea tiene un diámetro de 100 000 años luz, contiene 200 000 a 400 000 millones de estrellas con una masa sumada de 12 millones de millones de soles. Está compuesta de un núcleo central de 8 000 años luz de ancho, un disco y un halo de cuatro brazos espirales que se enroscan a su alrededor donde se encuentran las estrellas más antiguas, mientras en el núcleo central, mucho más denso y poblado, se aglutinan los centenares de millones de estrellas más jóvenes.

En uno los cuatro brazos de la Vía Láctea, el Orión, se encuentra el sistema solar y nuestro bello planeta Tierra, ubicados a 20 000 años luz de su extremo final, y a 27 700 años luz de su centro, alrededor del cual gira dando una vuelta cada 225 millones de años a una velocidad de 270 km/s.

Todas las estrellas que nos rodean están a distancias gigantescas. La estrella *Alfa Centauro*, por ejemplo, está a 4.3 años luz, *Sirio*, a 8.58, *Cygni* a 11.4 años, *Ross*, a 15. 06 años, *Lirae* a 26 años luz. Si pensamos que estos valores hay que multiplicarlos por 9 seguido de 12 ceros para obtener los kilómetros a que están, nos daremos cuenta de la enormidad de esas magnitudes. Pero el Universo no está solo poblado por estrellas y galaxias solamente, sino también por nubes de gas, agujeros negros, cuásares, espacios vacíos, materia oscura, energía oscura.

El sistema solar, y la Tierra, se está desplazando hacia un punto de atracción en el supercúmulo de *Virgo*, grupo al cual pertenecen también la constelación de Andrómeda con sus satélites M32 y M10, la galaxia de El Triángulo y otras más cuyo diámetro conjunto es de 4 millones de años luz. Todo viaja a velocidades inimaginables, separándose a veces, otras, chocando entre sí, como las cuatro galaxias pertenecientes a un cúmulo galáctico llamado CL0958-4702, que detectó la agencia espacial de la NASA en el 2007, las cuales se fundieron en una sola en medio de un gigantesco cataclismo a 5 000 millones de años luz.

A la Vía Láctea, en donde está nuestro sistema solar, le podría acontecer algo parecido. La galaxia espiral de Andrómeda, situada a 2.6 millones de años luz, se está aproximando a la nuestra, a una velocidad de 150 km/s, y en unos miles de millones de años terminará chocando y fundiéndose con nosotros.

Más allá de la Vía Láctea y del Grupo Local, el Cosmos se presenta todavía más inmenso. Se habla de volúmenes espaciales capaces de albergar 100 millones de galaxias, solo en una parte del mismo, cuya luz está viajando desde hace 10 000 y 13 000 millones de años, prácticamente desde el comienzo del Universo, de las que ignoramos si todavía existen o si en todo ese tiempo ya desaparecieron o se fundieron con otros islotes estelares. Porque la verdad es que no podemos ver el Universo tal como es en la actualidad sino como era hace miles de millones de años. Hasta la luz del Sol la recibimos ocho minutos después de haber sido emitida. Y así con las demás estrellas.

Las cifras anteriores son tan apabullantes que nos cuesta trabajo imaginarlas y si las comparamos con las que manejaban los hombres hace apenas un milenio, nos sorprende lo lejos que estaban ellos de la verdad. La visión del Cosmos de entonces era pequeña, parroquial, antropocéntrica, y antropomórfica, reducida a lo que se podía observar a simple vista, una visión poblada de dioses concebidos a su imagen y semejanza.

Los interrogantes que plantea el Universo

Federico Nietzsche se refiere a esta abrumadora realidad con las siguientes bellas palabras en: *Sobre verdad y mentira en sentido extramoral:* "En algún apartado rincón del universo centelleante, desparramado en innumerables sistemas solares, hubo una vez un astro (el Sol) en el que unos animales inteligentes (los hombres) inventaron el conocimiento. Fue el minuto más altanero y falaz de la "Historia Universal": pero, a fin de cuentas, fue sólo un minuto. Tras breves respiraciones de la naturaleza, el astro se heló y los animales inteligentes perecieron. Alguien podría inventar una fábula similar a ésta pero, con todo, no habría ilustrado suficientemente cuán lastimoso, cuán sombrío y caduco, cuán estéril y arbitrario es el modo como procede el intelecto humano en estas materias. Hubo eternidades en las que (ese intelecto) no existía; y cuando de nuevo se acabe todo para él no habrá sucedido nada, porque para él no hay ninguna misión ulterior que conduzca a un más allá de la vida. (Ese intelecto) no es sino humano, y solamente su poseedor y creador lo toma tan patéticamente como si sobre él girasen los goznes del Universo. Pero, si pudiéramos comunicarnos con la mosca, llegaríamos a saber que también ella navega por el aire poseída de ese mismo pathos, y se siente el centro volante de todo lo que existe. Nada hay en la naturaleza, por despreciable e insignificante que sea, que, al más pequeño soplo de aquel poder del conocimiento, no se infle inmediatamente como un odre; y... el más soberbio de los hombres, el filósofo, está completamente convencido de que, desde todas partes, los ojos del Cosmos tienen telescópicamente puesta su mirada en sus obras y pensamientos."

Lo que echó por Tierra este petulante y ridículo antropocentrismo del hombre al que hace referencia *Nietzsche,* fue el descubrimiento de la enormidad del Universo. El ser humano, desde que comenzó a pensar, con su incipiente cerebro de apenas un millón de años o más de antigüedad, (una nada frente a los tiempos cósmicos), siempre ha creído que sobre él giran los goznes de todo lo creado, incluido su creador, cuya única misión, según la óptica de todas las religiones, es vivir pendiente de las insignificantes creaturas raciocinantes que supuestamente moldeó con sus manos y colocó en el planeta Tierra, para premiarlas o castigarlas por lo que piensan o lo que hacen, planeta que no es sino uno de los miles de millones de cuerpos celestes que giran alrededor de las miles de millones de estrellas del espacio infinito.

Nada más patético, por eso, que ver cómo el ser humano de hoy continúa aceptando la misma visión parroquial y limitada del mundo de sus remotos antepasados desconocedores de prácticamente todo lo que contemplaban, negándose a abrir los ojos para mirar la realidad que se abre ante sus ojos, realidad que pretende seguir atribuyéndosela a un Dios creador antropomorfo y paternal del nada se sabe.

Si ese Dios existe, es mucho más que ese régulo de una corte celestial hecha a imagen y semejanza de la del hombre, es ese algo o ese alguien inmenso, omnipotente, infinitamente grande, tan infinitamente grande que fue capaz de impulsar la creación de un Universo tan inconmensurable como el que existe. Y de habernos creado, y dado la razón, nos la dio, no para que la despreciáramos, sino con el fin de que la usáramos con el objeto de tratar de comprender su obra y de preguntarnos por qué nos dotó de tanta capacidad para el conocimiento, si no estaba interesado en que lo conociéramos, toda vez que no dejó huellas verdaderamente evidentes de su presencia en el Cosmos.

Evolución del pensamiento occidental hasta el siglo XVI

Precursores	Tiempo	Contribución
Período jonio y ático		
Tales de Mileto	624-547 a.d.C	Fue el iniciador de la investigación racional del Universo. Descubrió que la Tierra era redonda.
Pitágoras	580-500 a.d.C	Filósofo, matemático y geómetra autor del teorema de su nombre, cultor de los números.
Anaxágoras	500-428 a.d.C	Filósofo que descubrió que la Luna recibe la luz del sol y que la materia está formada por pequeñas partículas.
Demócrito de Abdera	460-370 a.d.C	Descubrió el carácter corpuscular de la materia, la cual está constituida por átomos.
Sócrates	470-399 a.d.C	Fue el iniciador del pensamiento lógico con su método dialéctico de preguntas y respuestas.
Aristóteles	384-332 a.d.C	El filósofo que más influenció el pensamiento occidental, escribió sobre casi todos los campos del saber.
Período alejandrino		
Aristarco de Samos	310-230 a.d.C	Propuso en sistema heliocéntrico y determinó las distancias que nos separan del Sol y de la Luna.
Euclides	325-265 a.d.C	Fue el autor de la geometría que lleva su nombre y sigue vigente.
Eratóstenes	296-194 a.d.C	El tercer director de la biblioteca de Alejandría, que midió con precisión la circunferencia de la Tierra.
Arquímedes	280-212 a.d.C	Matemático y geómetra que descubrió el numera pi y el principio de flotación de los cuerpos.

Herón de Alejandría	10-70 dC	Inventor de la primera máquina de vapor y de muchos otros mecanismos de gran utilidad.
Ptolomeo	100-170 dC	Autor de la teoría geocéntrica del Universo que se aceptó hasta la época de Copérnico.
Desde el Renacimiento al siglo XIX		
Copérnico	1473-1543	Revivió la teoría del sistema solar heliocéntrico en su tratado "De las revoluciones"
Kepler	1571-1630	Propuso las órbitas elípticas y formuló las leyes que rigen el movimiento de los cuerpos celestes.
Galileo	1564-1642	Utilizó el telescopio para descubrir la Vía Láctea, los satélites de Júpiter. Formuló las leyes de la caída de los cuerpos.
Newton	1643-1727	Propuso el modelo de Universo que aceptamos hoy, la gravitación universal y las leyes del movimiento.
J. Flamsteed	1646-1749	Primer director del observatorio de Greenwich. Hizo el primer catálogo de las estrellas.
Laplace	1749-1827	Postuló la teoría de un Universo determinístico que posteriormente sería revaluada.
Daguerre	1787-1851	Inventó la fotografía que sería esencial en la investigación de los cuerpos celestes.
B. Franklin	1706-1790	Descubrió que había dos tipos de electricidad, la positiva y la negativa, y que los rayos son descargas eléctricas.
Astronomía, Cosmología, Matemáticas y Física		
Ch. Coulomb	1736-1806	Inventó la balanza de torsión para medir la fuerza eléctrica.

J. Fraunhofer	1787-1826	Utilizó la propiedad de la luz de refractarse al pasar por un prisma descubierta por Newton, para inventar el espectroscopio
J. Watts	1736-1819	Perfeccionó la bomba de vapor de Savery, utilizando baja presión.
A. Volta	1745-1827	Construyó la primera pila eléctrica de corriente continua con placas de metal.
A. M. Ampere	1775-1836	Descubrió que toda corriente eléctrica variable produce un campo magnético.
M. Faraday	1791-1867	Descubrió que el principio de funcionamiento de los motores eléctricos.
C, Doppler	1803-1853	Descubrió que cuando la longitud de onda del sonido es mayor, la frecuencia es menor.
W. Huggins	1828-1910	Aplicó el efecto Doppler a la ondas luminosas y predijo que cuando una fuente luminosa se aproximaba, su espectro se corría hacia el violeta, y si se alejaba, al rojo.
P. Lowell	1815-1916	Construyó en Estados Unidos el primer gran telescopio en 1894 y descubrió con él el planeta Plutón.
J. C. Maxwel	1831-1889	Planteó sus cuatro ecuaciones de las funciones de los campos eléctrico y magnético en los que introdujo el concepto de onda electromagnética.
H. Herz	1908-2005	Predijo que la velocidad de las ondas electromagnéticas era constante y podían producirse en el laboratorio.
G. Marconi	1874-1937	Inventó en 1901 la llamada telegrafía sin hilos, origen de las comunicaciones inalámbricas actuales.

J. Foucault	1819-1868	Uno de los primeros, conjuntamente con Fizeau, en medir la velocidad de la luz. Se hizo célebre por su péndulo.
A Michelson	1892-1931	Realizó, conjuntamente con Morley, su experimento para detectar el movimiento de la Tierra con respecto al éter y con él abrió paso a la teoría de la relatividad.
H. A. Lorentz	1853-1928	Uno de los precursores de la teoría de la relatividad con sus célebres transformaciones que describían el movimiento de un sistema de referencia respecto a otro.
A. Einstein	1879-1955	Autor de la teoría de la relatividad especial y general que revolucionó la física moderna.
H. Minkowski	1864-1009	Profesor de Einstein, quien conjuntamente con él, ayudó a desarrollar la teoría de la relatividad.
Max Plank	1858-1947	Hizo extensiva la teoría corpuscular a todas las radiaciones electromagnéticas, incluida la luz.
E Ruthenford	1871-1937	Propuso en 1911 que la masa del átomo no estaba concentrada en todo su volumen, sino en el centro del mismo.
E, Marsden	1855-1970	Propuso en 1918 la existencia de un núcleo central de carga positiva en el átomo, rodeado por electrones de carga negativa.
J. Chadwick	1891-1974	Identificó en 1932 un nuevo corpúsculo neutro, el neutrón, compañero del protón, sin carga eléctrica, pero con masa.
Niels Bohr	1885-1965	Postuló la teoría de que los electrones en órbitas estacionarias están a alturas permitidas alrededor del núcleo.
M. Courie	1867-1934	Descubrió la radiactividad

Otto Hans		Científico alemán que trabajó en la producción de la bomba atómica.
De Broglie	1892-1987	Propuso extender a todas las partículas de materia el concepto dual: corpuscular ondulario.
E Fermi	1901-1954	Uno de los precursores de la desintegración de los átomos de uranio.
W. Heisemberg	1901 -1976	Descubridor del principio de incertidumbre.
E. Hubble	1889-1956	Descubrió la expansión del Universo en 1929.
P. Dirac	1902-1984	Con Heisenberg y Schrödinger, desarrollaron la mecánica cuántica o mecánica de las partículas muy pequeñas.
G. Gamow	1904-1968	Con Friedman y Hawking desarrollaron la teoría de la Gran Explosión basándose en el descubrimiento de Hubble.
E. Shrödinger	1887-1961	Colaboró en el desarrollo de la mecánica cuántica.
A. Friedmann	1888-1925	Matemático que desarrolló una geometría no euclidiana y colaboró en la teoría de la Gran Explosión.
E. Hawking	1942-	El más grande físico teórico después de Einstein. Descubrió los agujeros negros y completó la teoría de la Gran Explosión en 1960.

Obsérvese que durante el siglo XX, especialmente en la primera mitad, se hizo la mayor cantidad de descubrimientos científicos de que se tenga noticia en tan corto tiempo como fueron: la indetectabilidad del éter, la teoría de la relatividad, la teoría corpuscular de la luz, la configuración del átomo, la radioactividad, la desintegración de los átomos, la energía atómica, el concepto corpuscular ondulatorio de la luz, el principio de incertidumbre, la expansión del Universo, la mecánica cuántica, los agujeros negros, la *Gran Explosión,* todo lo cual transformó la vida del hombre que por primera vez comenzó a disfrutar de la energía eléctrica, los vehículos automotores impulsados por petróleo, la aviación, la radio, la televisión, el teléfono, el posicionamiento global, los viajes espaciales, la conquista de la Luna, los viajes interplanetarios. Esto sólo en el campo de las ciencias físicas, pero si vamos al campo de las ciencias biológicas la lista podría continuar con el descubrimiento de las neuronas y del sistema nervioso, del ADN y el ARN, y el desciframiento del genoma humano, y muchos más. ¿Cómo podrían los hombre del siglo XX y XXI seguir pensando como pensaban en los siglos anteriores?

∽

ENSAYO SEGUNDO

HISTORIA DE LA EVOLUCIÓN DE LA TIERRA Y DE LA VIDA.

PRIMERA PARTE

El sistema solar

Nueve mil trescientos millones de años después de la **Gran Explosión**, una inmensa nube de gas y polvo, de las miles de millones que flotaban por doquier en el espacio interestelar, se contrajo, y comenzó a girar, quizás por causa de la explosión de una supernova cercana que arrastró parte de su material y puso a rotar el resto del mismo cada vez con más rapidez. En el centro de esa nube se acumuló la mayoría de la materia, el 99.9 % de la de todo el sistema en formación, quedando para lo demás sólo el 0.1%, y la totalidad de ese voluminoso material se comprimió gravitacionalmente, con lo que aumentó su temperatura a millones de grados hasta fundir el hidrógeno constitutivo primordial de su masa, para trasformarlo en helio y conformar así una estrella (el Sol), al mismo tiempo que los anillos de su estructura inicial, se rompían y rotaban en remolinos menores, cuya condensación produjo los planetas.

Esta es una de las tantas hipótesis sobre cómo se forjó el sistema solar, pero que no explica todo el fenómeno, porque no aclara por qué el Sol rota con tan baja velocidad, tarda 26 a 35 días en dar una vuelta sobre sí mismo, al contrario de los planetas gaseosos como Júpiter, Saturno, Urano y Neptuno, también como él constituidos por hidrógeno y helio, pero que giran sobre su eje más rápidamente que la Tierra, apenas en 10 a 18 horas, pese a su enorme masa. Tampoco explica por qué los planetas rocosos de menor tamaño: Mercurio, que rota en 172 días, Venus que rota en 243 días, la Tierra que lo hace en 24 horas, y Marte, en 24.6 horas, no han sido destruidos por la gravedad de haber comenzado como anillos como lo demostró el matemático escocés *James Maxwel*.

Sea de eso lo que fuere, la verdad es que cien millones de años más tarde el sistema solar ya estaba configurado básicamente como está hoy, con el Sol al centro y los siguientes nueve planetas girando a su alrededor: *Mercurio,* con diámetro de 4 880 km y distancia al Sol de 57 910 000 km; *Venus,* con diámetro de 12 104 km y distancia de 105 200 000 km; la *Tierra* con diámetro de 12 756 km y distancia de 108 200 000 km; *Marte* con diámetro de 6 794 km y distancia de 227 940 000 km; *Júpiter* con diámetro de 142 942 km y distancia de 778 330 000 km; *Saturno* con 120 536 km y distancia de 1 424 400 000 km; *Urano* con diámetro de 51 118 km y distancia de 2 870 990 000 km; *Neptuno* con diámetro de 49 442 km y distancia de 4 504 300 000 km; *Plutón,* con diámetro de 2 390 km y distancia de 5 913 520 000 km. A éste último, por su pequeño tamaño se pensó en quitarle la clasificación de planeta pero en últimas se admitió que sí lo era.

De esos planetas, siete tienen satélites, así: la Tierra uno, la Luna; Marte, dos; Júpiter, 16 o más; Saturno, 18; Urano, 15; Neptuno, 8; Plutón, 1; y Caronte, su gemelo. Todos estos planetas giran sobre el plano del ecuador solar en dirección contraria al sentido de las agujas del reloj. Los planetas mayores, excepto Urano, rotan sobre su eje en el sentido de su revolución alrededor del Sol, y sus órbitas crecen geométricamente a medida que se alejan de él. Estos planetas solares tienen las siguientes características.

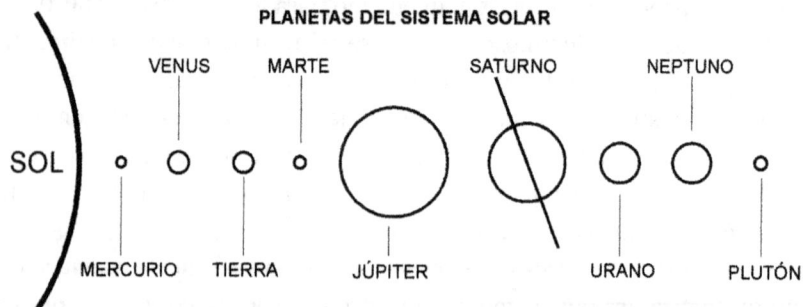

PLANETAS DEL SISTEMA SOLAR

Mercurio. Mercurio es el planeta más cercano al Sol, tiene un campo magnético similar al de la Tierra, aunque más débil, lo que hace prever la existencia de un núcleo de hierro, sobre todo si se tiene en cuenta que su densidad es casi igual a la de la Tierra de 5.44 g/cm3. Su superficie está llena de cráteres debidos al impacto de meteoritos. Este es un fenómeno común con los todos planetas rocosos, posiblemente causado por la gran cantidad de asteroides y cuerpos dispersos que debieron quedar flotando entre las órbitas de estos planetas durante el período de formación de sistema solar, la mayoría de los cuales desaparecieron al impactar entre sí o contra otros cuerpos celestes.

Venus. Venus es en apariencia el planeta más parecido a la Tierra con el 80% de su masa, casi del mismo tamaño: 12 104 km, (la Tierra 12 756 km de diámetro), la misma densidad: 5.25 g/cm3 (la Tierra 5.5 g/cm3 y aproximadamente con la mitad de su gravedad: 8.87 m/seg3 (la Tierra 19.6 m/seg2). Lo demás todo es muy diferente. Rota sobre su eje en 243 días terrestres y en sentido contrario al de Tierra, pero, en cambio, su giro alrededor del Sol es más corto que su rotación, de sólo 223 días, quizás porque la longitud de su orbita es menor. Es el único planeta del sistema solar al que le sucede eso, acaso debido a un choque con otro cuerpo celeste que lo puso a girar al revés y prácticamente frenó sus revoluciones. Tiene una pesada atmósfera de dióxido de carbono, conocida por producir efecto invernadero, lo que incrementa su temperatura a 482 grados centígrados, convirtiéndolo en un verdadero horno. Las nubes contienen gotitas de ácido sulfúrico que producen una lluvia ácida sobre la superficie y su presión atmosférica es 92 veces mayor que en la Tierra. En las partes altas de su atmósfera soplan constantemente vientos huracanados de más de 300 km/h y su corteza está surcada por ríos de lava que se extienden por miles de kilómetros. Sobra aclarar que con semejante temperatura, no hay agua líquida. Es un planeta en permanente cataclismo muy diferente a nuestro bello planeta Tierra.

Marte. Marte es el otro planeta gemelo del nuestro y el último de los rocosos. Tiene una masa un poco mayor que la de la Tierra pero su densidad media es menor, de apenas 3.44 g/cm3, cuando la de la Tierra es de 5.5 g/cm3. Rota en 24.6 horas como la Tierra pero su gravedad es menor: 3.72 m/seg2. Por su lejanía del Sol tiene una baja temperatura de -140 a -63 grados centígrados (oC) máximo 20 oC. Su atmósfera está compuesta en un 95% de dióxido de carbono, un 2.7% de nitrógeno y un 0.13% de oxígeno. Está cruzado por canales muy largos de 3 000 km o más, aparentemente cauces de ríos cuando no era todavía un lugar desértico, los cuales hicieron pensar a algunos astrónomos de siglo XIX en la posibilidad de que fueran sistemas de irrigación construidos por posibles civilizaciones marcianas. Marte, como los otros planetas rocosos, está salpicado de cráteres de meteoritos, algunos de grandes dimensiones hasta de 450 km de diámetro y de volcanes, uno de los cuales tiene una altura de 25 km. Es un planeta muerto de suelo seco y estéril y mucha irradiación ultravioleta, pero posiblemente en sus casquetes polares almacena agua.

Los planetas gaseosos. Los cuatro planetas: *Júpiter, Saturno, Urano* y *Neptuno*, situados más allá de la orbita de Marte, son de mucho mayor tamaño que los reseñados antes, salvo por Plutón que es el más pequeño de todos y el más retirado del Sol. Todos tienen la particularidad de ser gigantes gaseosos con densidades muy inferiores a la de la Tierra: 1.33 gr/cm3, 0.7 gr/cm3, 1.29 gr/cm3, 1.68 gr/cm3 cuando la Tierra tiene 5.52 gr/cm3. Saturno no alcanza ni siquiera la densidad del agua. Los otros apenas si la superan. En estas condiciones cualquier nave espacial que quisiera posarse en la superficie de uno de estos planetas se hundiría hasta lo más profundo.

La otra propiedad de estos gigantes gaseosos es que rotan sobre su eje mucho más rápidamente que la Tierra, si pensamos que Júpiter, que tiene un diámetro de 142 942 km, completa una vuelta en 9.8 horas, Saturno, que tiene un diámetro de 120 836 km, en 10.5 horas, Urano, que tiene un diámetro de 51 118 km, en 17.9 horas, y Neptuno, que tiene un diámetro de 49 442 km, en 16 horas, exactamente en proporción con su tamaño, entre más grande más rápidamente rota, lo que no pasa con los planetas rocosos, excepto con Venus como se explicó antes.

Por otra parte, sus gravedades de 22.88 m/s2, 9.05 m/s2, 1.29 m/s2, y 168 m/s2, son proporcionales a sus densidades y a sus masas, tanto como sus temperaturas las cuales descienden con la distancia al Sol, así: -121 °C, -125 °C, -193 °C, -193 °C, lo cual es explicable. La atmósfera de todos esos gigantes gaseosos está compuesta en forma similar a la de las estrellas: de hidrógeno y helio y a veces metano, pero sin que el hidrógeno se esté fusionando en helio, pues de lo contrario estarían en combustión nuclear y tendríamos cuatro Soles más en nuestro sistema.

Plutón. Por último, quedan por mencionar Plutón y su satélite Caronte, separados apenas por unos veinte mil kilómetros (unas diecinueve veces menos que la distancia entre la Luna y la Tierra) los cuales giran el uno sobre el otro como en una misteriosa danza cósmica. Sorprende encontrar en la órbita más alejada del Sol, órbita que se entrecruza con la de Neptuno nadie sabe por qué, a este par de asteroides de hielo y roca, cuyo diámetro en el caso de Plutón, es la quinta parte del de la Tierra y en el caso de Caronte, la décima parte, ambos poseedores de una densidad de 2.05 gr/cm3 poco menor que la mitad del de nuestro planeta, pero superior a la de los gigantes gaseosos.

La Tierra, nuestra nave espacial

La *Tierra* es el tercer planeta solar ubicado entre Venus y Marte, que comenzó a formarse hace unos 4 600 millones de años. Su diámetro medio es de 12 756 km, recorre su órbita elíptica casi circular alrededor del Sol de 938 900 000 km de longitud en 366.00 días de 23.9345 horas, a razón de 30 km/s. Tiene una densidad promedio de 5.52 gr/cm3, su presión atmosférica a nivel del mar es de 1.013 bares lo que equivale al peso de una columna de mercurio de 76 cm de alto. La composición de su atmósfera es: 78% de nitrógeno, 21% de oxígeno y 1.0% de otros gases. Su superficie total es de 510 millones de km cuadrados

Es el único planeta solar con el 71% de su área cubierta de aguas azules y ondulantes, distribuidas en cinco océanos de 361 millones de km2 de extensión, que bañan cinco continentes con un área de 149 millones de km cuadrados de Tierra verde o pardusca, tapada en su mayor parte por vegetación, y mecida la mayoría del tiempo por suaves vientos, raramente huracanados como en Venus o Marte, sobre la que flotan nubes blancas de una blancura iridiscente cuando no están cargadas de tempestad o lluvia.

Ningún otro cuerpo celeste en el rincón del Universo en que nos tocó vivir, tiene un clima con temperaturas tan benignas de apenas -35 °C + 35 °C, ni está tan bien defendido de los rayos ultravioletas por la capa de ozono, ni posee un único satélite como la Luna, cuya atracción gravitacional estabiliza lo suficiente el eje de rotación de la Tierra, como para evitar que alguno de sus polos quede expuesto por largos períodos a la irradiación directa del Sol, con consecuencias catastróficas para la vida, al contrario de lo que ocurre en Marte y otros planetas en los que los ejes de rotación no son estable.

El número de impactos que recibió la Tierra en sus primeros milenios de existencia se cuenta por miles, si no por millones. Basta observar la Luna o Marte para ver el sinnúmero de cráteres que exhibe su superficie. En nuestro planeta, la mayoría permanecen ocultos bajo la piel vegetal que lo recubre. Sin embargo, un cinturón de asteroides sigue girando en una órbita entre Marte y Júpiter. Algunos de esos asteroides son de gran tamaño con diámetros entre 132 km como Psique y 1 000 km como Ceres, el mayor de todos. Los otros más pequeños que aún permanecen en el espacio porque no han colisionado con otro cuerpo, continúan esparcidos en el cinturón interplanetario, constituyendo una constante y latente amenaza para nuestro planeta, pues en ocasiones se han precipitado sobre él con consecuencias catastróficas para los seres vivos de entonces, como lo vamos a ver más adelante.

Quizás el impacto más grande que haya sufrido la Tierra en toda su historia fue cuando un cuerpo, posiblemente del tamaño de Marte, colisionó con ella, estando aún en formación, y le arrancó un pedazo grande que más tarde se condensó y terminó convirtiéndose en la Luna actual. Esta teoría, no comprobada aún, fue propuesta primero por *Willam Hartmann y Donald*

Davis en un artículo publicado en 1975, y ampliada después por varios otros científicos como *Alastair y Cameron* en el mismo año, *Thomson* y *Stevenson* en 1984. Otros como *Willy Benz* y *Jay Melosh*, han desarrollado modelos de simulación que confirman la idea. Por fortuna cuerpos celestes tan grandes en órbitas similares a la de la Tierra, no existen ya, pero hay otros más pequeños que continúan siendo un peligro.

Evolución de nuestro planeta. Desde que se formó nuestro planeta hace 4 600 millones de años (4567 según últimos cálculos) ha pasado por una serie de etapas, algunas con duración de muchos millones de años, las cuales vamos a describir más adelante. Inicialmente debió haber una masa de polvo cósmico y gas que, por causa de la fuerza de la gravedad, comenzó a comprimirse, y al comprimirse a calentarse, hasta convertirse en una bola incandescente, cuyas capas exteriores formaron placas que se fueron enfriando y solidificando cada vez más, y al enfriarse y solidificarse, se volvieron más pesadas, lo que las forzaba a hundirse en las capas inferiores más líquidas, donde tornaban a calentarse, disminuyendo su densidad por estar éstas más cerca del núcleo caliente, y emerger, produciendo así una serie de corrientes de convección que iba de abajo hacia arriba y de arriba hacia abajo.

Este proceso se repitió por unos 150 millones de años hasta que se logró establecer una corteza firme externa de unos 7 a 70 km de espesor en la parte continental, y unos 12 km bajo los océanos, alrededor de un manto superior semisólido de 650 a 670 km de espesor, un manto inferior sólido de 2 230 km de espesor, y por último, un núcleo externo de hierro y níquel fundido de 1 220 km de espesor, que rodea otro núcleo sólido de los mismos materiales, muy denso, de 1 250 km de diámetro. En total, sumados estos espesores, la esfera terrestre alcanzó un diámetro de 12 756 km.

El proceso de consolidación en la superficie de la corteza terrestre llamada litósfera, fue producido por el ascenso del magma semisólido desde el manto inferior fluido arrojado por los volcanes y enfriado por el agua, con las cuales se generaron unas catorce así denominadas "placas tectónicas" o bloques rígidos gigantescos de litósfera, que flotan a la deriva sobre un manto llamado astenósfera, ubicado entre los 100 y los 240 km de profundidad. Sobre estos bloques descansan los continentes cuya configuración y tamaño van cambiando con el tiempo, a la par que se desplazan lentamente a la manera de enormes plataformas marinas, separándose o uniéndose. A este fenómeno se lo llama la deriva de los continentes, proceso que continúa hasta el día de hoy. Los continentes, inicialmente, estaban todos juntos en uno solo, llamado Pangea, que después se rompió en cinco pedazos, como veremos más adelante.

Con el correr de los milenios la temperatura de la Tierra bajó y comenzaron el manto y la corteza terrestres a emitir gases desde su interior, debidos a la actividad volcánica, entre ellos, vapor de agua, (el 10% del magma de los volcanes es vapor de agua) conjuntamente con metano, bióxido de carbono, amoníaco, hidrógeno, nitrógeno, y otros gases más pesados. Estos gases crearon la atmósfera primitiva en la que escaseaba el oxígeno que sólo milenios más tarde apareció, cuando proliferaron durante 1500 millones de años, las algas verde azules llamadas cianobacterias, de las que, por su importancia, nos ocuparemos luego.

Por esa época el vapor de agua comenzó a condensarse y se inició así la formación de los mares primigenios, distintos a los actuales, más calientes, más salinos y más abundantes en biomoléculas inorgánicas básicas disueltas, como el amonio, el sulfuro de hidrógeno y los fosfatos. Las lluvias por su parte crearon lagos y pantanos de agua dulce mezclada con cenizas volcánicas, que recibían una fuerte radiación ultravioleta por la ausencia de atmósfera formal con capa de ozono que la detuviera. Adicionalmente, durante las tempestades los rayos caían en abundancia sobre ese caldo primigenio, todo lo cual incrementaba la energía para las reacciones químicas. Fue en este ambiente en el que, según se cree, comenzaron a producirse las primeras moléculas químicas precursoras de las moléculas orgánicas más complejas que darían origen a la vida.

SEGUNDA PARTE

La aparición de la vida en la Tierra

El suceso más trascendental en la formación del planeta Tierra fue la aparición de la vida, cuyos primeros organismos vivos, los tapetes microbianos, se produjeron sólo 800 millones de años después de que se consolidó su corteza terrestre, lo que le dio un carácter único y un aspecto distinto al de cualquiera de los otros planetas solares. La vida se desarrolló conservando tres unidades esenciales:

1-Unidad de materia y energía.
2-Unidad de leyes cósmicas.
3-Unidad biológica.

Estas tres unidades en realidad son una sola, porque el Cosmos en el que vivimos es uno solo. Si hay otros, podrían ser distintos. Pero el nuestro, desde su comienzo en la *Gran Explosión,* se ha venido comportando de la misma manera en los últimos 13 500 millones de años.

Unidad de materia y energía

Desde el punto de vista molecular, el Universo entero, sin ninguna excepción, está hecho con los mismos cerca de 100 elementos químicos de la tabla periódica de Mendeleyev, de los que apenas unos veinte son los más comunes. Eso es cierto tanto para la materia inerte como para la animada; ambas están hechas con las mismas moléculas de hidrógeno, helio, oxígeno, nitrógeno, carbono, agua, hierro, calcio, sodio, fósforo, argón y otras más, en mayor o menor proporción según el cuerpo de que se trate.

El elemento más abundante es el hidrógeno que constituye aproximadamente el 87% de la materia visible, especialmente en galaxias y estrellas, y hace parte también del aire que respiramos, del agua que bebemos, del ADN con que nos reproducimos, y de las células de todo organismo viviente. No cabe duda de que estamos hechos de material cósmico. El hidrógeno que hay en las estrellas, es el mismo que llevamos en las moléculas de nuestro cuerpo. Y no sólo la materia es común a todos los seres, sino también la energía, pues de acuerdo con *Einstein* la materia (o la masa) y la energía son equivalentes, y por tanto, si existe una unidad de materia también debe existir una unidad de energía para la totalidad del Cosmos.

Unidad de leyes cósmicas

En el ensayo anterior, ya habíamos explicado que uno de los postulados básicos de la teoría de la relatividad es la invariabilidad de las leyes físicas del Universo. La leyes de la gravitación universal, del movimiento constante o acelerado, de las cuatro fuerzas fundamentales, de la conservación de la energía, el postulado de la máxima velocidad de la luz, entre otra muchas, se aplican tanto a los cuerpos celestes, como a la superficie de la Tierra, a la caída de los cuerpos, al vuelo de los cohetes o al funcionamiento de los motores.

Y de igual manera se aplican también a los organismos vivos como a los vegetales, por ejemplo, para que los árboles no crezcan indefinidamente sino hasta que se lo permita su peso; o a los animales y los hombres, para configurar su estructura muscular o regular la circulación sanguínea. Cuando conducimos un auto estamos sufriendo las mismas fuerzas que cuando un planeta rota alrededor de su estrella o una galaxia viaja por el espacio, aunque estas últimas fuerzas sean incomparablemente mayores.

Unidad biológica y molecular

La vida es una forma especial de organización de la materia inerte, en la que ciertos bloques moleculares complejos son capaces de replicarse, y evolucionar en el tiempo, sea que adquieran movimiento autónomo o no. Esta definición de la vida podría considerarse muy restrictiva, pero en realidad se ajusta estrictamente al concepto biológico imperante en la actualidad. Partamos del punto de vista de que, pese a la inmensa variedad de especies, (se calculan unos tres millones de ellas), la vida es una sola, básicamente la misma desde que comenzó hace unos 3 900 millones de años a desarrollarse en los mares primigenios. Todas las formas de vida están basadas en las mismas reacciones bioquímicas o sea en el mismo metabolismo, y todas poseen los mismos dos tipos de células: la procariota y la eucariota, como explicaremos luego, con el mismo sistema reproductivo de transferencia del material genético de la célula madre a la célula hija, cuando se multiplican por reproducción sexual.

Por otra parte, tanto la materia en general, como los seres vivos en particular, comparten los mismos cerca de 100 elementos químicos. No hay, por tanto, nada que distinga a la materia inanimada, conformada por cúmulos galácticos, galaxias, nebulosas, constelaciones, planetas, cuasares y demás cuerpos celestes que constituyen el 99.99% de todo lo que hay en el Cosmos, de la materia viva, infinitamente más escasa. Una estrella contiene los mismos átomos de hidrógeno que una hormiga, aunque en una cantidad infinitamente menor.

La única diferencia entre los seres inanimados, ya sean sólidos, líquidos o gaseosos, y los seres vivos, radica solamente en el tipo de moléculas que predominan en cada caso. Por lo general, en los inanimados predominan las moléculas simples de pocos átomos. En cambio, en los animados, predominan múltiples bloques moleculares complejos, unidos entre sí por puentes químicos de hidrógeno o covalentes, y otros de variada composición.

No se crea, sin embargo, que estos bloques son sólo patrimonio de nuestro planeta. Al contrario, se han encontrado en todo el Universo. Por ejemplo, en el meteorito ALH84001 proveniente de Marte, se descubrieron compuestos que sugieren una actividad biológica muy antigua en ese planeta, similar a la de los estromatolitos en la Tierra, de los que trataremos posteriormente. Así mismo, el 10% de los meteoritos que caen a la Tierra reciben el nombre de carbonosos, porque contienen materia orgánica compleja. El componente principal de los cometas es hielo con monóxido y dióxido de carbono y otros compuestos como el formaldehído, cianuro de hidrógeno y cianuro de metilo. También se descubrió en 1961 en el meteorito ALH77306, que contenía aminoácidos, e hidrocarburos aromáticos y alifáticos, y los gigantes radiotelescopios de la actualidad, que esculcan sin cesar el espacio con sus enormes antenas, han hallado con frecuencia en él abundante cantidad de moléculas orgánicas con más de un átomo de carbono. Incluso en el 2004 se encontraron trazas de hidrocarburos aromáticos en una nebulosa lo que prueba que las bases bioquímicas para la formación de la vida están difundidas en todo el Universo. Adicionalmente, se han hallado especies vivas en condiciones extremas que en la Tierra suelen ser letales como dentro del cráter de volcanes o a grandes profundidades bajo el hielo del polo. Hoy, por eso, los científicos están convencidos de que en las cien mil millones de galaxias con millones de millones de estrellas rodeadas por sistemas planetarios debe haber algún tipo de vida y están invirtiendo gigantescas cantidades de dinero para averiguarlo.

Esta ubicuidad de los compuestos orgánicos complejos es lo que ha hecho pensar a los biólogos que la materia viva debe proceder de la materia inerte por simple combinación y recombinación de sus átomos a lo largo de los milenios. Fue de esa manera como terminaron formándose los monómeros específicos o pequeños grupos químicos, cuyas estructuras moleculares poseen la propiedad de poderse unir en largas cadenas de miles o millones de unidades llamadas polímeros, las cuales, en últimas, estructuran moléculas orgánicas complejas con capacidad de reproducirse a sí mismas.

Las cuatro fases en la evolución de la vida

Este largo proceso, que ha continuado por 3 900 millones de años, pudo haber ocurrido en las siguientes cuatro fases:

-*Formación de los radicales básicos.*

-*Agregación de los monómeros simples en largas cadenas poliméricas biológicas.*

-*Agregación de las cadenas poliméricas* biológicas para formar protocélulas.

-Aparición de las células actuales de los organismos vivos.

Lo curioso, como lo anota *Carl Sagan,* es la relativa rapidez con que se dio al principio ese proceso en comparación con lo que sucedió en las siguientes fases. Según él, si observamos los registros fósiles descubiertos, encontramos que los primeros ejemplares de estos organismos datan de hace 3 500 millones de años o sea unos 1 100 millones de años después de que la Tierra comenzara a formarse, en el supuesto de que ésta inició su solidificación hace 4600 millones de años.

Si durante la mitad de ese tiempo suponemos que nuestro planeta no contaba con las condiciones para permitir el desarrollo de la vida por estar todavía muy caliente, es de suponer que la aparición de los monómeros iniciales biológicos como los grupos aminos y posteriormente los aminoácidos, no pudieron comenzar a surgir en los mares primigenios, sino hace unos 4 000 millones de años, aceptando así que durante los primeros seiscientos millones de años la Tierra fue totalmente abiótica, esto es, sin vida.

Como los primitivos organismos fósiles pluricelulares datan de hace 3500 millones de años, eso quiere decir que sólo tardaron unos 500 millones de años en aparecer desde el momento en que nuestro planeta fue apto para permitir la formación de ese tipo de organismos, tiempo en realidad muy corto, tratándose de un proceso que en otros estadios de la evolución fue mucho más lento. Algunos científicos, por eso, entre ellos *Joan Oró* en 1970, han sugerido que la semilla de los organismos vivos de la Tierra pudo venir del espacio, quizás en un asteroide o un cometa que chocó con nuestro planeta, hipótesis que no ha tenido hasta ahora comprobación.

Primera fase. Formación de los radicales básicos

La aparición de los radicales básicos fue muy simple. Surgió de los gases emitidos por el manto y la corteza terrestres, debidos a la alta temperatura de la Tierra y a la constante actividad volcánica. Sólo cuando ésta se solidificó y la temperatura se enfrió lo suficiente como para permitir la condensación del vapor de agua en mares, lagos y pantanos, la atmósfera primitiva pudo formarse. Hasta entonces el cielo debería verse negro como éste aparece en las fotografías de la Luna tomadas por los satélites. Dicha atmósfera primitiva, retenida por la fuerza de la gravedad, estaba constituida esencialmente por hidrógeno, muy abundante en el espacio y en los planetas gaseosos, y por el dióxido de carbono así como por otros gases como nitrógeno, helio, y monóxido de carbono. En cuanto al oxigeno es asunto de debate. La mayoría de los científicos considera que este elemento, sin el cual la vida no existiría tal como la conocemos hoy, era escaso, muy inferior al actual.

Su incremento se produjo por la actividad metabólica de las cianobacterias que predominaron en la Tierra durante 1 500 millones de años a partir de la consolidación de la corteza terrestre y la aparición de las primeras rocas. Las moléculas simples presentes en la atmósfera, una vez estabilizadas, comenzaron a combinarse entre sí. El monóxido de carbono reaccionó con el hidrogeno y formó el metano. A su vez el nitrógeno reaccionó con el hidrógeno y formó el amoníaco, y el amoníaco al perder un electrón se convirtió en el grupo amina. Este último constituye uno de los reactivos químicos inorgánicos más importantes para la formación de los aminoácidos, que aparecieron posteriormente, y terminaron convirtiéndose en piezas esenciales de los ácidos nucleótidos presentes en las cadenas de ADN y ARN de las células. Como se ve por lo anterior, la producción de estos radicales básicos iniciales y sus derivados, se hizo por medio de reacciones bioquímicas sencillas, reproducibles en cualquier laboratorio.

Segunda fase.
Agregación de los monómeros simples en largas cadenas poliméricas biológicas.

Este paso es más complicado que el precedente. Consiste en la unión de los radicales precursores para producir monómeros, esto es, grupos cortos de átomos provistos de cargas eléctricas en sus extremos, que se van uniendo por cientos o por miles de unidades hasta formar una cadena de monómeros, llamada polímero, con propiedades distintas, según quede estructurada la respectiva cadena. Así se formaron moléculas orgánicas básicas tales como: a) Los aminoácidos, que son veinte distintos, de los cuales siete son esenciales para la supervivencia de los organismos; b) Las proteínas, que son cadenas de 1 000 a 10 000 monómeros de aminoácidos, los cuales constituyen el 50% del peso de los seres humanos; y c) Las enzimas, sin las cuales la digestión no sería posible, integradas por proteínas extracelulares o intracelulares que facilitan la asimilación de otras moléculas. Aquí ya estamos hablando de las piezas fundamentales de las células que hacen parte de todos los seres vivos tanto del reino animal como del vegetal.

¿Cómo, a partir de moléculas simples, se pudo pasar a las moléculas biológicas complejas? Esta es la pregunta que se vienen haciendo los científicos desde el siglo XIX. En esa época se creía en la teoría del "vitalismo," según la cual, la materia orgánica sólo se podía obtener de precursores orgánicos. Se consideraba éste un principio fundamental, más religioso que científico, principio que *Friedrich Wöhler* echó por Tierra en 1828, al conseguir urea (compuesto orgánico) haciendo reaccionar nitrato de plata y amonio, dos compuestos inorgánicos corrientes.

Desde entonces quedó comprobada la tesis contraria, la de que todas las sustancias orgánicas, incluso las más complejas, se pueden desarrollar químicamente, debido a que tanto las sustancias orgánicas como las inorgánicas sólo difieren en el tamaño y configuración de sus moléculas. La primeras son mucho más largas y de mayor peso atómico que las segundas. No obstante, la química sigue dividida en orgánica e inorgánica, división artificial que debiera desaparecer.

Teorías sobre la formación de la biomoléculas.

Teoría de Oparín. Conocido esto, los científicos comenzaron a emitir teorías para explicar cómo surgieron las grandes biomoléculas y a tratar de comprobar esas teorías experimentalmente en los laboratorios. Tal vez el primero en ofrecer una hipótesis racional al respecto, fue el químico ruso *Alexader I. Oparin,* en su libro de 1924: *El Originen de la Vida.* En él sugiere que gracias a la energía aportada por las diversas forma de energía presentes entonces en la Tierra: el Sol, las descargas eléctricas, el calor, la radiación beta y gama, los rayos cósmicos e incluso las ondas de choque en los impactos de los meteoritos que eran muy frecuentes cuando la Tierra estaba en formación, las pequeñas moléculas dieron origen a la producción de moléculas orgánicas más grandes denominadas prebióticas.

Según Oparin, estas moléculas pudieron aparecer como *coacervados,* entendiéndose por ello, las gotas muy pequeñas que se forman en el agua en la reacción de ciertas sustancias orgánicas como la gelatina con la goma arábiga a pH bajo. Reacciones de este tipo forman gotas esféricas, que quedan rodeadas por una especie de membrana lípida, dentro de la cual se encuentran un buen número de moléculas orgánicas. El parecido de estos *coacervados,* como él los llamó, con el de las células de los seres vivos, es sorprendente, aunque todavía están lejos de ser células reales. Partiendo de ahí, supuso que los lagos primitivos y las aguas someras concentraron una gran variedad de material orgánico, convirtiéndose en una *sopa primigenia,* en la cual, con la ayuda del calor y otras fuentes de energía, bien se habían podido producir moléculas prebióticas.

Contra esta hipótesis se ha argüido que no está claro cómo se pudo formar una tan alta concentración de moléculas orgánicas en los mares y lagos primitivos como para que ocurrieran reacciones tan complejas. Otros, para defender la tesis de Oparin, han sugerido que la concentración se pudo dar no en el agua sino en los cristales de arcilla y limo primitivo del fondo de los mismos, lo que parece más plausible.

Los experimentos de Miller y Urey. Para probar esta teoría, en 1953, *S. Miller y H.C. Urey,* construyeron un aparato en el laboratorio la Universidad de Chicago (de donde eran profesores) para tratar de formar moléculas orgánicas complejas, partiendo del metano y el amoníaco, dentro del ambiente primigenio anóxico (sin oxígeno) de las primeras épocas de la Tierra. Para lo cual, llenaron un recipiente de cristal con dichos gases, conjuntamente con vapor de agua en ebullición, y los hicieron pasar por un condensador, donde los sometían a una descarga eléctrica de 60 000 voltios para simular la energía existente en los comienzos de nuestro planeta.

El experimento lo mantuvieron funcionando durante 48 horas (un tiempo muy corto en comparación con los 500 millones de años que tardó la vida en aparecer) y al analizar los productos obtenidos encontraron, entre otros compuestos, alanina y glicina los dos aminoácidos más pequeños de los veinte presentes en las células que se usan para la biosíntesis de las proteínas en las células. Si bien este ensayo es una cruda reproducción de lo que sucedía en la Tierra primitiva, pudo demostrar que las moléculas orgánicas complejas sí se pueden producir espontáneamente cuando se hacen reaccionar entre sí biomoléculas simples en un ambiente propicio.

Validación de los experimentos de Miller y Urey. Los experimentos de Miller y Urey se han repetido en varias ocasiones en distintas formas con resultados similares, pues no fueron ellos ni los primeros ni los últimos en realizarlos. Mucho antes, en 1850, *Adolph Strecker* produjo un aminoácido a partir de un aldehído, (acetona) y cloruro de amonio. Un siglo después, en 1961, el científico español Joan Oró, profesor de bioquímica de la Universidad de Houston, consiguió la síntesis artificial de la adenina, una de las cuatro bases de las cadenas del ADN y el ARN de las células, a partir de una mezcla de ácido cianhídrico y amoníaco añadida al agua. Más tarde, agregó a su mezcla básica, formaldehído, y encontró los azúcares ribosa y desoxirribosa, también componentes del ADN de los ácidos nucleicos. Un grupo dirigido por *Edward Ander* de la Universidad de Chicago, pudo sintetizar no sólo aminoácidos sino hidratos de carbono, precursores de los azúcares básicos de los ácidos nucleicos, calentando una mezcla de gases de 600 a 900 grados centígrados para simular la atmósfera primitiva dominada por los flujos de lava.

Por su parte el grupo de *Melvin Calvin,* de la Universidad de Bekerley, irradió en un acelerador de electrones mezclas de metano, amoníaco y agua y encontró adenina, entre otros compuestos, al igual que Oró. Estas investigaciones siguen en la actualidad dando resultados cada vez más sorprendentes, de las cuales se deduce la posibilidad de crear experimentalmente moléculas orgánicas complejas en el laboratorio.

Tercera fase.
Agregación de las largas cadenas poliméricas biológicas en protocélulas.

El siguiente paso en la evolución de la vida es hacer que los biopolímeros iniciales se conviertan en estructuras capaces de acumular información genética y transmitirla para reproducirse. Se requiere para ello de la agregación de muchos bloques de estos compuestos químicos hasta formar protocélulas, que no son células completas con núcleo y citoplasma, sino organismos intermedios entre el mundo animado y el mundo inanimado, pero con capacidad para adaptarse al medio ambiente y reproducirse autocatalíticamente, o sea, con la ayuda de una sustancia química como las encimas que acelere la reacción sin participar en ella.

Podrían ser proteínas o moléculas de ácidos nucleicos (ARN o ADN). Fue el físico inglés, *John Bernal* en 1953, uno de los primeros en proponer esta teoría. Según él, las primeras estructuras de este tipo serían polímeros primordiales autorreplicables. A tales polímeros se los suele llamar protobiontes. Su evolución desde ahí hasta las células eucarióticas, las más evolucionadas con que cuentan los seres vivos, duró 1500 millones de años, lo que representa 150 000 veces más tiempo del que tardó el hombre en pasar de la etapa de cazador nómada, hace 10 000 años, a la de habitante cosmopolita de las grandes urbes del siglo XXI.

Los proteinoides. Siguiendo con este tipo de investigaciones, el grupo del biofísico de la Universidad de Florida, *Sidney Fox,* postuló que en el ambiente volcánico de la Tierra primitiva, pudo producirse una polimerización de aminoácidos a altas temperaturas, la cual terminó generando mezclas de aminoácidos "proteinoides" (parecidos a las proteínas), que comenzaron a actuar como enzimas. Para probar su teoría produjo estos proteinoides en el laboratorio calentando una mezcla de aminoácidos secos y sumergiéndolos en agua. Obtuvo así unas pequeñas microesferas de unos 10 micras de diámetro envueltas en una membrana, algunas de las cuales se duplicaban espontáneamente.

Sin embargo, como ese tipo de proteinoides no pueden acumular ni transmitir información genética sino sólo replicarse, dicho modelo no tuvo larga acogida. En la década del noventa el biólogo molecular norteamericano *J. Szostak*, profesor del departamento de Genética de la Universidad de Harvard y su grupo, al estudiar una de las dos cadenas portadoras de los cromosomas y los genes, la conocida como el ARN, observó que entre sus reacciones figuraba su duplicación, utilizando su propio material biológico, lo cual los llevó a pensar que la vida en la Tierra se había iniciado a partir del ARN o de algo similar.

El mundo del ARN. *Sidney Altman*, profesor de la Universidad de Yale y premio Nóbel, en 1978, continuando con la misma línea de investigación de Szostak, descubrió que no sólo el ARN debía estar presente para producir la duplicación del polímero, sino también otro que llamó ARNasa P. Se completó así la teoría que pareció confirmada por el hecho de que todos los componentes del ARN se habían podido obtener en el laboratorio en condiciones similares a las de nuestro planeta hace 4 000 millones de años, no así los del ADN. Debido a eso, por algún tiempo se creyó que el ARN y el ARNasa P eran los polímeros primordiales que se habían formado antes de que existieran las proteínas; el ARNasa P era, pues, una especie de molécula fósil que invadió la Tierra por millones de años, de donde se acuñó el término el "mundo del ARN".

No tardaron, sin embargo, los bioquímicos en encontrar que la teoría del ARN no era viable. Fueron *S. Shapiro* y *G.F.Joyce* los primeros en demostrar en 1980, que la reacción de los gases y los fosfatos para producir ARN, tenía en la práctica un rendimiento muy bajo, y por tanto la pequeña cantidad producida en esa reacción, hubiera sido destruida en corto plazo antes de haber podido proliferar y subsistir por largo tiempo, debido a los rayos ultravioletas, a la hidrólisis en el agua y las posibles reacciones con otras moléculas del ambiente.

Los análogos del ARN. Esta evidencia condujo a los científicos a buscar otro polímero autorreproducible y se pensó en que podría ser algo análogo de ARN como los "aciclonucleótidos" derivados del glicerol, pues se encontró que éstos eran más estables que el ARN y podían replicarse a sí mismos con más facilidad. No obstante, esta teoría no aclara cómo se pasó de los análogos del ARN al ARN que existe en todas las células en la actualidad.

De lo anterior se deduce que el origen de los protobiontes sigue siendo objeto de debate, lo que no es de extrañar. En cuestiones de ciencia estamos acostumbrados a no convalidar ninguna idea sino cuando resulta confirmada por la experimentación y la lógica matemática. Como a menudo esto no se logra, constantemente se están replanteando o modificando los conceptos. Lo contrario de lo que ocurre con las creencias religiosas; que por su carencia de sustento racional, y por su apego a una supuesta revelación sobrenatural cuya veracidad jamás ha podido demostrar, continúan inmodificables por milenios. La ciencia es humilde, cuando encuentra errores, los corrige. La religión es dogmática, nunca acepta estar equivocada en asuntos de doctrina, y hasta la duda sobre algún punto de ella la considera pecado. En el ensayo cuarto ahondaremos más en este espinoso asunto.

Recapitulación. Volviendo a nuestro tema, en la actualidad no cabe duda de que los polímeros primordiales nacieron de la interacción continuada de los diversos radicales preexistentes en el Universo, los cuales sucesivamente fueron formando moléculas cada vez más complejas. El proceso comenzó con las reacciones de las moléculas químicas simples preexistentes en el Universo como el metano, el amoníaco, el bióxido de carbono y otros, para formar compuestos más complejos como los piruvatos que intervienen en el metabolismo celular, o las largas cadenas poliméricas biológicas como los aminoácidos o las proteínas, el ARN, el ADN, y, en una última etapa, las células fermentadoras y fototróficas, esto es que utilizan la radiación solar para obtener su energía, y anaerobias, o sea que no requieren de oxígeno para su metabolismo sino al contrario, este elemento les es tóxico.

Dichas células se acomodaron así a las condiciones de la Tierra primitiva carente de oxígeno y bañada por una mortífera irradiación ultravioleta, debido a la ausencia de la capa de ozono, lo que hubiera causado su destrucción de no ser por el surgimiento de los ecosistemas en el que los microorganismos se complementaron entre sí para defenderse y lograr sobrevivir. Las células de la capa superior murieron, pero sirvieron de filtro para evitar el daño de las capas inferiores compuestas por otras especies de células que lograron continuar funcionando.

Todo esto ocurrió, sin que se haya podido detectar un salto hacia adelante o hacia atrás en esa evolución que haya logrado perdurar como para que la conozcamos, ni un organismo de una complejidad mayor o menor a la que corresponde a su período evolutivo, que no haya resultado barrido y desaparecido por la selección natural. En otras palabras, la evolución de las especies siempre ha ido hacia adelante como la flecha del tiempo, sin acudir a la intervención de ninguna fuerza distinta a las actuantes en la naturaleza.

Por eso tardó 500 millones de años en completarse, tiempo que no se hubiera necesitado si dicho proceso fuera dirigido por un diseñador inteligente, para quien un acto de su voluntad hubiese bastado para conseguir en corto plazo lo mismo que la evolución en interminables miríadas de años. De lo contrario, cabría preguntar: ¿Qué hizo ese diseñador, si existió, durante tanto tiempo? ¿Aguardar, ocioso, a que las cosas siguieran su curso sin su intervención?

Y no se diga que los vacíos de conocimiento existentes que acabamos de exponer prueban que un ser superior debió haber estado involucrado en la evolución, porque en ciencias tan nuevas como las diferentes ramas de la biología cuya existencia no tiene más de siglo y medio (comenzó con *Pasteur* en 1864 pero sólo se generalizó a fines del siglo XIX) o la genética que tomó fuerza con el descubrimiento por Fleming de los cromosomas en 1882 y de la doble cadena del ADN y ARN por *Watson* y *Crick* en 1953, no se puede esperar mucho.

El profesor *Oró*, por eso, en su libro: El origen de la Vida, se limita a decir: "Algunos de los procesos prebióticos son reproducibles, en líneas generales en el laboratorio, y se ha comprobado que el medio acuoso o líquido es el más idóneo para su desarrollo. Por tanto, es casi seguro que la vida brotó en lo que se ha llamado mar primordial u océano primitivo". Esto, en resumidas cuentas, es lo que se sabe de cómo se formaron la protocélulas, que no es mucho.

Cuarta fase. Aparición de las células actuales de los organismos vivos

Las células. Las células son estructuras muy complejas, formadas por compuestos químicos que por sí mismos no poseen vida. De aquí la dificultad para establecer una frontera entre lo que es materia viva y lo que es materia inerte. Dicen al respecto *J. Urmaneta* y *A. Navarrete,* en su libro: *¿Hay alguien ahí?*: "Podemos considerar que la vida es una organización muy especial de la materia con una interrelación constante entre los diferentes componentes que la forman y que les confieren unas propiedades únicas que diferencian a los seres vivos de la materia inerte."

¿Cómo ocurrió esto? Aún no está claro. Los científicos han llegado a concluir, que la totalidad de los seres vivos debieron haber tenido un ascendiente común lo que ha quedado demostrado a raíz de los últimos descubrimientos en genética molecular. Hasta dónde debemos ir hacia atrás para encontrar ese ascendiente común, es un asunto por dilucidar. ¿Fue un macropolímero primordial o una protocélula o protobionte o una célula procariótica específica? Cualquier cosa que se diga es pura especulación. Queda, sin embargo, por averiguar cómo las moléculas primitivas biológicas, pudieron convertirse en moléculas poliméricas autorreplicantes.

Podría sugerirse que las protocélulas primitivas tenían ya una genética y un metabolismo rudimentarios que fueron perfeccionando para adaptarlos a los cambios del ambiente a través de sucesivas y pequeñas mutaciones, proceso en el cual las células que no fueron capaces de modificar lentamente su morfología, se vieron condenadas a perecer, y sólo las que sobrevivieron, terminaron formando organismos con *citoplasma* y *núcleo,* al principio, no bien definido, como las llamadas *procarióticas,* y, después, las *eucarióticas,* poseedoras de núcleo separado del citoplasma por una membrana porosa. Las *procarióticas* aparecieron desde que el planeta Tierra se enfrió hace unos 3600 millones de años, y las *eucarióticas,* hace 2 000 o 1 500 millones de años en los eones *Arqueano* y principios del *Proterozoico.*

La célula es la unidad morfológica básica de la materia viva, capaz de vivir, independientemente como organismo unicelular, o en agrupación con otras de su misma especie, como organismo pluricelular. Se reproduce por medio de cromosomas hechos de ácidos nucleicos, ADN y ARN, capaces de codificar proteínas para replicarse a sí mismas y generar nuevas células con las cuales se integran los tejidos, y con el conjunto de los tejidos, los distintos órganos que conforman los seres vivos. Los tres millones de especies existentes en la actualidad en nuestro planeta, comparten sólo los dos tipos de células antes mencionadas: la *procariota y la eucariota, y tienen la misma genética y el mismo metabo*lismo. Sus características generales son las siguientes:

•Están encapsuladas en una *membrana celular* que las aísla y al mismo tiempo las comunica con su entorno, permitiendo el paso a través de ellas de las moléculas que necesita para su desarrollo y supervivencia.

•Dentro de la membrana celular se encuentra un medio salino acuoso llamado el *citoplasma,* que forma la mayor parte de su volumen, en el que flotan subestructuras especializadas u *orgánulos* con funciones específicas.

•Posee un núcleo sin membrana nuclear (*procariota*) o con membrana nuclear (*eucariota*) en donde se alberga el ADN del material hereditario con sus correspondientes cromosomas y sus genes que contienen las instrucciones para la reproducción celular.

Las células procarióticas. Las células procarióticas son las más antiguas, no tienen núcleo diferenciado y aparecieron después de que la Tierra comenzó a formarse. Utilizaron las moléculas del medio circundante para evolucionar, mantener su estructura, obtener energía y reproducirse. Fueron células *fototróficas,* (que transforman la radiación solar en energía) y anaerobias (que pueden vivir y reproducirse en ambientes sin oxígeno). Carecían y carecen de un núcleo separado por membrana nuclear, sólo poseen una cadena de ADN circular y su organización es mucho más simple que el de las células eucarióticas.

Ejemplo de las células procarióticas son las *cianobacterias* (algas verde azules), de las que ya hemos hablado, organismos monocelulares redondos o filamentosos muy pequeños de una micra de diámetro, que aparecieron en la Tierra hace 3 900 millones de años y la colonizaron durante 1500 millones de años, durante los cuales, por *fotosíntesis,* tomaron del agua el hidrógeno y liberaron el oxígeno, que era muy escaso en la atmósfera de entonces, menos del 5%, y lo aumentaron hasta el 20.9% al volumen y el 23% al peso. La atmósfera primitiva estaba compuesta por nitrógeno, bióxido de carbono y otros gases más. Con eso dieron paso al desarrollo del metabolismo aerobio, una forma distinta de vida que en un principio causó gran mortandad de especies no aptas para asimilar esa molécula, pero que terminó predominando por 2 000 millones de años hasta el presente, tiempo durante el cual esa bacteria ha permanecido inalterable.

Las células eucarióticas. Las células eucarióticas son *aerobias,* tienen un núcleo interno bien definido; aparecieron cuando ya había oxígeno y se multiplican por reproducción sexual. Evolucionan a partir de lo que se ha dado en llamar células madre que hoy existen en los embriones, en el cordón umbilical, en el líquido amniótico, en la médula ósea y en otras partes del cuerpo. No son especializadas, esto es no cumplen una función específica, y se pueden mantener por largo tiempo en los laboratorios como tales sin que se dañen, pero pueden convertirse en células especializadas cuando se someten a un estímulo artificial o natural, con lo que terminan siendo células hepáticas, fotorreceptoras, musculares, epiteliales, adiposas, reproductoras y una variedad más, unas 200 en total.

La célula eucariota se presenta revestida por una membrana celular porosa de doble capa que deja pasar sustancias entre el interior y el exterior, dentro de la cual hay un líquido acuoso, el *citoplasma* (hecho de 95% agua y otros compuestos) en. En el centro de la célula se halla el núcleo, separado

Figura 1

Célula en reposo (Profase)

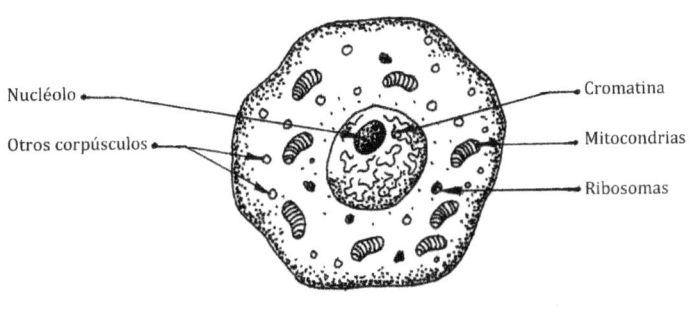

Nucléolo

Otros corpúsculos

Cromatina

Mitocondrias

Ribosomas

Célula a punto de reproducirse

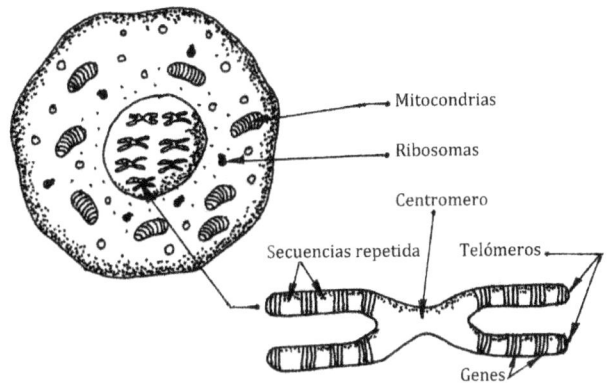

Mitocondrias

Ribosomas

Centromero

Secuencias repetida

Telómeros

Genes

Cromosomas

por otra membrana porosa de doble capa (la membrana nuclear) dentro de la que se encuentra confinado dicho núcleo. En el citoplasma, situado entre la membrana celular y la nuclear, se ubican al menos 13 corpúsculos sub-celulares u orgánulos, algunos rodeados por doble membrana, tales como los ribosomas, de forma redondeada encargados de producir la síntesis de las proteínas, y las mitocondrias, de forma alargada u oval, que tienen su propio material genético portador de la herencia por vía materna y sus propios ribosomas internos, por lo que se cree son bacterias procarióticas que se quedaron a vivir en simbiosis con las células eucarióticas. En el núcleo se halla el nucleolo constituido por ARN y proteínas, conjuntamente con la cromatina, consistente en hilos de ADN e histonas (otras proteínas) que mientras la célula no está en proceso de reproducción, permanecen enrollados en forma muy enmarañada, pero que si se pudieran estirar llegarían a medir 5.0 cm o más de largo.

Cuando la célula comienza a duplicarse, esas fibras de cromatina, antes sueltas, se compactan fuertemente hasta formar dos cromosomas idénticos pegados en el centro (el centrómero), dejando extendidos cuatro brazos opuestos en forma de equis terminados en secciones no codificantes (los telómeros), a fin de evitar que se unan los cromosomas entre sí y pierdan su identidad. En los cromosomas se sitúan, a lo largo de cada uno de ellos, los genes en sitios llamados locus, los cuales no son sino fragmentos de ADN que almacenan la información genética para codificar una proteína. El conjunto de genes de una especie se denomina genoma. En el hombre consta de unos 25 000 a 30 000 genes, una cantidad más pequeña de lo que esperaban los investigadores del genoma. En los gametos de las células humanas (óvulos y espermatozoides) hay 46 cromosomas de los cuales 22 forman pares y el 23 es el que determina el sexo: XX para la mujer y XY para el hombre. En cada par hay un cromosoma proveniente del padre y uno de la madre. Cualquier alteración en los cromosomas produce una anomalía genética.

El ADN del núcleo (Ácido DesoxirriboNucleico) está constituido por dos cadenas helicoidales de azúcares y fosfatos entrelazadas alrededor de un eje central, unidas por solo cuatro pares de bases nitrogenadas llamadas: adenina, guanina, timina, y citosina cuyas letras son (A, G, T, C), con las cuales trasmite los caracteres hereditarios de célula madre a célula hija. Son el número y el orden de esos pares de bases formadas por cientos o miles de letras, (3 000 millones de ellos en total) los que fijan el comportamiento del gen. Para trasmitir la información del ADN, éste la trascribe a un ARN mensajero (ARNm) (Ácido RiboNucleico), de una sola cadena, que se desplaza a los ribosomas donde estos la traducen a las proteínas que la célula necesita de acuerdo con la codificación impresa en dicho ARNm. Se pasa así de un lenguaje de 4 letras del ADN y el ARN a otro de 20 letras, correspondiente a los 20 aminoácidos de las proteínas. En esa forma el flujo de información va en todos los organismos vivos, salvo en los retrovirus, del ADN al ARN y de ahí a las proteínas, que son las que hacen la síntesis del ADN para la nueva célula.

Los genes, sin embargo, no utilizan todo el material genético que poseen para codificar proteínas. Sólo el 3% del ADN es codificante o sea activo. Del 50 al 74% son secuencias repetidas que no codifican proteínas y el resto es material aparentemente inútil, pero podría no serlo. No todos los genes se encuentran en actividad al mismo tiempo. Sólo los que regulan funciones vitales como la respiración o la circulación de la sangre, permanecen funcionando en forma continua. En cambio los que actúan sólo cuando se necesitan, se "encienden" únicamente para cumplir una misión específica. Por ejemplo, si una comida contiene lactosa, nuestro cuerpo responde activando los genes que producen las enzimas (proteínas) para descomponer la lactosa. Si ingerimos grasa, los genes adecuados se encienden para procesarla. Cada tipo de célula, de los 10 billones que tiene el cuerpo humano, se especializa en realizar una función determinada. Las de la piel, por ejemplo realizan funciones distintas a las células del hígado, o las del riñón, distintas a las de corazón, dependiendo del tipo de genes que contengan.

Las funciones celulares

Las funciones celulares son extremadamente complejas. Las principales son la nutrición y la reproducción celular. La nutrición es el conjunto de reacciones enzimáticas que sufren los nutrientes en el interior de la célula para tomar energía de su entorno, construir su estructura y realizar su metabolismo, el cual se divide en dos fases denominadas: *anabolismo* y *catabolismo*. El *anabolismo* consiste en la síntesis de las substancias básicas más complejas como los aminoácidos, las proteínas, los hidratos de carbono y las grasas a partir de las moléculas más simples como el dióxido de carbono, el ácido acético, el ácido lácteo, la urea y otros compuestos. El *catabolismo* es lo contrario, consiste en la degradación de las moléculas más complejas para hacerlas más simples y asimilables, con lo que obtienen las células la energía química que necesitan mientras al mismo tiempo expulsan las moléculas simples que no necesitan.

En palabras más simples, el anabolismo de las células es el conjunto de reacciones químicas mediante las cuales se producen substancias complejas de las más sencillas; y el catabolismo, al contrario, es el conjunto de reacciones químicas mediante las cuales se producen sustancias sencillas de las más complejas, reacción de las que obtiene la energía para subsistir. Algo muy parecido a lo que hacen los seres pluricelulares como las plantas, los mamíferos y el hombre, aunque en escala mucho más pequeña. En las plantas durante su crecimiento predomina el anabolismo (la síntesis) sobre el catabolismo, pero cuando se estabiliza la planta, el catabolismo se iguala al anabolismo, y cuando está a punto de morir, el catabolismo (la destrucción) supera el anabolismo.

REPRODUCCION CELULAR

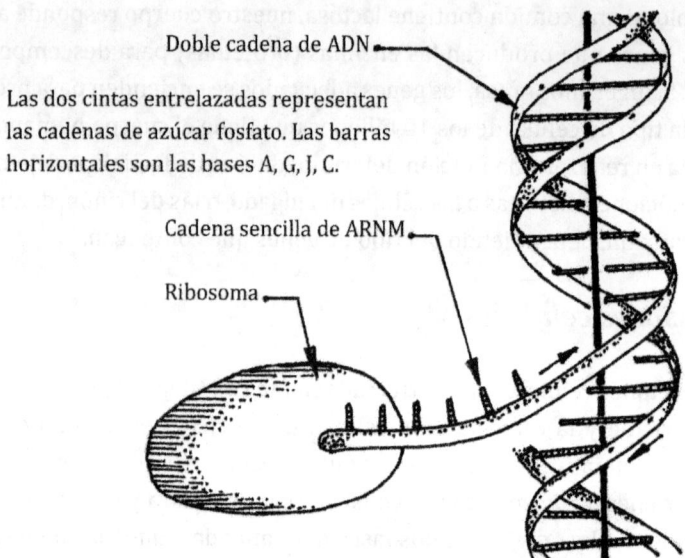

Doble cadena de ADN

Las dos cintas entrelazadas representan las cadenas de azúcar fosfato. Las barras horizontales son las bases A, G, J, C.

Cadena sencilla de ARNM

Ribosoma

FIBRAS DE CROMOSOMAS

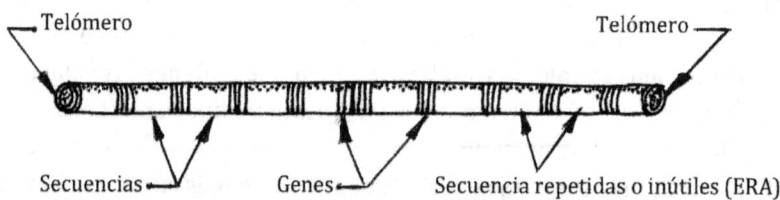

Telómero   Telómero

Secuencias   Genes   Secuencia repetidas o inútiles (ERA)

La reproducción celular. La reproducción celular se realiza por distintos procedimientos como biopartición, gemación, esporulación, fisión binaria, mitosis y meiosis según sea el organismo involucrado. Las tres primeras corresponden a bacterias, hongos, protozoos y vegetales. La fisión binaria es la forma de reproducción de las células procarióticas y las dos últimas la de las células eucarióticas.

Reproducción asexual. La fisión binaria de las células procarióticas es generalmente asexual. En dichas células la reproducción comienza con la división en dos mitades del cromosoma único de una sola molécula de ADN.

Luego estas mitades se unen a puntos opuestos de la membrana celular. Entonces, cada rama del ADN de sus respectivos cromosomas es copiada en una nueva rama idéntica a la de la célula madre. Cuando ésta alcanza el doble de su tamaño, se parte la membrana celular y quedan dos células exactamente iguales.

Reproducción sexual. El sistema de reproducción de las células eucarióticas es mucho más complicado de lo que aparece en la somera e incompleta descripción que vamos a suministrar, aunque similar al de las células procarióticas. Se hace en dos formas distintas: por *mitosis* o por *meiosis.* La primera corresponde a todas las células eucarióticas de los organismos vivos llamadas *somáticas* que son la inmensa mayoría; la segunda es propia sólo de las células *reproductoras o gametos* (óvulos y espermatozoides en el ser humano).

La gran ventaja de la reproducción sexual es su diversidad, pues produce individuos genéticamente distintos, así sea en unos pocos genes, debido a los millones de posibilidades de recombinación de los mismos (250 millones) de modo que cada ser vivo es un ser único que se produce una sola vez y no vuelve a aparecer. En esa forma la población como tal puede resistir a condiciones ambientales adversas y sobrevivir, porque lo que a unos mata a otros los beneficia. Sin embargo, las poblaciones reproducidas sexualmente son menos numerosas, pero compensan eso con su mayor versatilidad para enfrentarse evolutivamente a un entorno hostil.

El cruce de gametos sólo se puede producir entre miembros de la misma especie, muy rara vez entre dos especies distintas, en cuyo caso nace un híbrido. Según este concepto, especie es una población de individuos que pueden cruzarse genéticamente entre sí, pero no con otras poblaciones afines. Las especies, sin embargo, mutan frecuentemente, dando origen a otras especies que adquieren características inéditas, pero conservan algunas o muchas provenientes de sus antecesores.

Mitosis. La mitosis comienza cuando la célula abandona su anterior estado de reposo (interfase) en el que permanece cuando no se está dividiendo, y comienzan a formarse los cromosomas en el núcleo, constituidos por dos filamentos de ADN tomados de la cromatina que había antes en el núcleo, unidos entre sí por el centro (en el centrómero) dejando cuatro brazos extendidos a manera de una equis, como veíamos antes. Aparecen entonces fuera del núcleo un par de *centríolos* que se desplazan hacia los polos opuestos (*profase*) y que a medida que se desplazan, surgen a su alrededor miles de fibras microtubulares, las cuales forman una estructura en

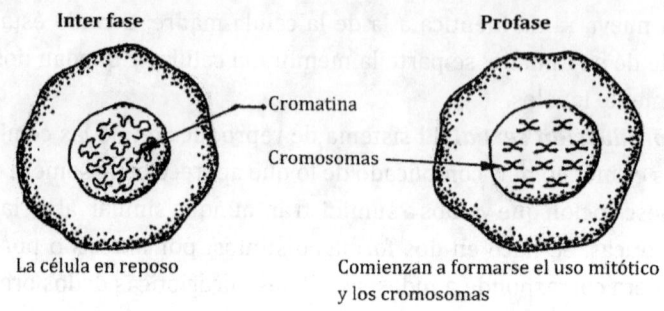

Inter fase

Cromatina

Cromosomas

La célula en reposo

Profase

Comienzan a formarse el uso mitótico
y los cromosomas

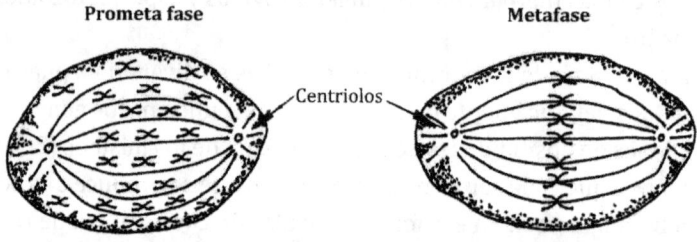

Prometa fase

Centriolos

Los cromosomas se mezclan con las
fibras del uso mitótico

Metafase

Los cromosomas se sitúan en el plano
ecuatorial

Anafase

Los cromosomas se rompen por el
centromero y se colocan en los polos
opuestos de la célula

Duplicación

Se forman dos células idénticas con sus
membranas nucleares y celulares

forma de huso (*el huso mitótico*). Luego, el núcleo se alarga, los *microtúbulos* rompen la membrana nuclear, y aumenta la formación del huso mitótico *(prometafase)*, hasta invadir toda la célula, mezclándose con los cromosomas y ordenándolos en el ecuador de la misma (*metafase*). Posteriormente, los cromosomas dobles se rompen por el centro, por el *centrómero*, y se sitúan en los polos opuestos de la célula (*anafase*). Es, entonces, cuando la célula aumenta de tamaño, el ADN de los cromosomas produce una cadena sencilla (*el ARNm mensajero*), que se trasporta a los *ribosomas* para producir proteínas. En ese momento se estrangula el citoplasma (*citosinesis*) y la célula se parte en dos; cada mitad se recubre con su respectiva membrana celular y el núcleo con su membrana nuclear, quedando constituidas así dos células idénticas listas para volverse a duplicar. Este proceso, que hemos descrito en forma muy esquemática, tiene muchas variantes según sea el origen de la célula en cuestión: animal o vegetal, y su función en el organismo de que forma parte.

Meiosis. Las células sexuales eucarióticas se reproducen por *meiosis*. En el ser humano, como habíamos visto, estas células constan de 23 pares de cromosomas de los cuales dos (un par) corresponden al sexo, que en el hombre es XY y en la mujer XX. En la meiosis el *gameto* (que puede ser el espermatozoide formado en las gónadas o testículos del hombre, o el óvulo formado en los ovarios de la mujer), contiene apenas la mitad del material genético (23 de los 46 cromosomas). Sólo cuando el espermatozoide fecunda el óvulo, (el hombre produce 200 millones de espermatozoides por día, en cambio la mujer un óvulo por mes) se juntan los 23 cromosomas de la madre con los 23 cromosomas del padre y el cigoto (embrión inicial) queda así con los 46 cromosomas de sus progenitores. Se garantiza de ese modo que el nuevo ser tenga siempre el mismo número de cromosomas que sus ascendientes.

La evolución de las especies y la genética

Quien mejor puede explicar este tema es el genetista antes citado, Francis S. Collins con la autoridad que le da el haber sido el director del Proyecto Genoma Humano. Dice Collins sobre ella: "En una primera aproximación uno podría pensar en el ADN como un manual de instrucciones, un programa de computador, colocado en el núcleo de la célula. Su lenguaje de codificación sólo tiene cuatro letras...en su alfabeto. Una instrucción en particular, conocida como el gen, está hecha de cientos o miles de letras. Todas las elaboradas funciones de la célula, incluso en organismos tan complejos como el hombre, tienen que ser dirigidas por el orden de las letras en ese manual. Al principio los científicos no tenían idea de cómo funcionaba el programa en realidad. El misterio fue resuelto elegantemente al identificar el mensajero ARN. La información del ADN que forma un gen específico es copiada en una molécula mensajera de ARN de un solo filamento, algo como una media escalera con sus peldaños colgando de un lado. La media escalera se mueve del núcleo de la célula al citoplasma (el espacio comprendido entre la membrana nuclear y la membrana celular), en donde entra al "ribosoma" lee entonces las bases que salen de la media escalera del mensajero ARN y convierte la información en una proteína específica formada por aminoácidos. Explicado cómo se trasfiere la información, veamos cómo está hecho el genoma humano. Contiene 3000 millones de letras del código de ADN distribuidas a lo largo de 46 cromosomas. Sin embargo, sólo existen aproximadamente 24 000 a 25 000 genes codificadores de proteínas en él, de lo que Collins se maravilla porque durante una década esperaron encontrar al menos 100 000 genes. Y agrega: "Eso fue especialmente impactante por el hecho de que los cálculos de genes de otros organismos más sencillos, como los gusanos, las moscas y las plantas simples, parecían moverse dentro del mismo rango, es decir alrededor de 20 000 genes. Algunos observadores han tomado esto como un insulto a la complejidad humana...Empero, bajo cualquier estimación, la complejidad humana excede considerablemente la de la lombriz intestinal con sus 959 células, pese a que el recuento de genes en ambos es casi igual".

Eso es lo sorprendente, que todos los seres vivos compartimos un genoma semejante. A nivel de ADN, los humanos somos 99.9% idénticos. Y esa similitud del genoma se extiende a los demás organismos. Según Collins: "El estudio de los genomas (de distintas especies) inexorablemente nos lleva a la conclusión de que los humanos compartimos un ancestro común con otras formas de vida". Lo explica poniendo como ejemplo el tamaño del genoma humano en relación con el del ratón, "ambos resultan aproximadamente iguales, pues el inventario de sus genes codificadores de proteínas es notablemente similar," lo cual es un signo inconfundible de un ancestro común. Lo anterior se torna más evidente cuando estudiamos el orden de los genes a lo largo de los cromosomas que con frecuencia es el mismo en el humano y en el ratón, si bien el espacio preciso entre genes puede variar en parte. Y más aún cuando estudiamos los ERA (Ancient Repetitive Elements), los cuales se encuentran truncados precisamente en los mismos lugares en el hombre y en el ratón. También si comparamos el genoma del chimpancé, con el del hombre que es idéntico en un 96% a nivel de ADN. El del hombre tiene 46 cromosomas y el del chimpancé 48, al igual que en los gorilas y los orangutanes. Aduce varias otras pruebas para demostrar la ascendencia común del humano con el simio, y en general con todos los mamíferos y todas las formas de vida.

De lo anterior, Collins concluye: "Los ejemplos aquí reseñados del estudio del genoma...ofrecen una especie de soporte molecular a la teoría de la evolución que ha convencido a casi todos los biólogos en activo de que el marco del trabajo de Darwin sobre la variación y la selección natural es indudablemente correcto. De hecho para aquellos que como yo trabajamos en genética, es casi imposible imaginar la correlación de las vastas cantidades de datos que surgen de los estudios de los genomas, sin los fundamentos de las teorías de Darwin". En resumen, la evolución es un hecho comprobado, sustentado en argumentos tales como el ancestro común de todos los seres vivos y la necesidad de apenas una pequeña variación en unos pocos genes para que surja en la descendencia una nueva especie o una nueva característica en la misma especie, lo que hace al ser vivo muy inestable genéticamente y facilita los cambios evolutivos. Este hecho ha sido confirmado con el estudio de los registros fósiles de innumerables especies en los que se notan claras huellas de esos cambios evolutivos.

Como se ve por la anterior, la vida es de una enorme complejidad. Esa complejidad ha sido interpretada como prueba indiscutible de que ella necesitó de un creador inteligente para hacerla posible. Sin embargo, esa misma complejidad apunta también en dirección contraria, a que la vida pudo ser *producto del azar*. De acuerdo con el principio del monje franciscano *Guillermo de Occam*, nacido en Surrey (Inglaterra) en el siglo XIII, debe eliminarse de cualquier investigación o proceso mental todo aquello que sea superfluo o multiplique innecesariamente el número de opciones. Ese principio ha recibido el nombre de cuchilla de Occam. La biología moderna está lejos de cumplir con ese principio. En ella todo es infinitamente complicado, todo parece estar dando pasos de ciego, en un proceso de ensayo y error. Porque la complejidad no es prueba de inteligencia sino de lo contrario, de que no hubo un creador divino o humano, lo suficientemente hábil para simplificar su creación. ¿Cómo se explica que el 97% del ADN de los genes no sea codificante, esto es, no sintetice proteínas, por estar formado de secuencias repetidas sin función específica? Y aún si esas secuencias tienen alguna función ¿por qué ese creador desperdiciaría energía, al crear material superfluo del que hubiera podido prescindir? Con la hipótesis del diseñador inteligente no podríamos dar respuesta racional a este interrogante, pero si suprimimos a ese creador utilizando la cuchilla de Occam, abrimos la posibilidad de atribuir el origen de la vida a la tendencia comprobada de las moléculas a reaccionar entre sí para producir sin orden, al azar, organismos cada más complejos, la mayoría de los cuales desaparecieron. Los que quedaron, contaron con 3 600 millones de años para evolucionar desde las primeras células procariotas hasta el Homo sapiens.

Bases de la evolución de los organismos vivos

De acuerdo con la teoría de Darwin, para que las poblaciones de seres vivos puedan sobrevivir, se requiere que compitan con las demás, y se adapten mejor al medio ambiente circundante, hasta donde se lo permiten los recursos disponibles de su hábitat en ese momento. Pero como estos recursos son limitados, sólo lo logran las poblaciones que mutan exitosamente cada vez que hay una alteración importante en su ecosistema, o una necesidad de obtener nuevos alimentos para compensar deficiencias orgánicas, o de buscar un entorno más favorable o de defenderse de depredadores, o cualquiera otra acechanza a su supervivencia, mutación que les permite evitar la aniquilación de su especie, reproduciéndose más rápidamente que las demás que terminan desapareciendo.

Hay que tener en cuenta que la historia de la vida es una de extinción y muerte, como dice el genetista *Antonio Barbadilla.* El 99.9 % de las especies que han existido están hoy extintas debido a que sólo proliferan los más aptos y los demás desaparecen. En esa forma la evolución se encarga de ir seleccionando las especies (lo que se llama selección natural) al no permitir la continuidad sino de aquellas que se ajustan mejor a los cambios ambientales y han llegado al punto óptimo en su adaptabilidad al medio en que viven. Sin embargo, si éste vuelve a cambiar, la especie debe volver a cambiar; y, según como muten, unas se extinguen y otras producen ligeras variantes que van amoldando al nuevo ambiente a la población afectada, a fin de darle oportunidad de sobrevivir.

Las mutaciones se suceden no en forma drástica, alterando súbitamente sus genes o su morfología, sino en una serie de lentos pasos. Por ejemplo, cuando los reptiles se trasformaron en aves, no lo hicieron de un momento a otro, sino permitiendo que algunos de ellos perdieran los dientes y las mandíbulas, y los remplazaran por picos, les salieran alas y se les acortara la cola, disminuyeran de peso, y se llenaran de plumas. Así sucedió con el Arqueópterix, el pájaro más antiguo que se ha encontrado hasta ahora. Fue una sucesión de pequeños cambios o sucesivas explosiones evolutivas de esos animales que pudieron durar milenios. Las grandes mutaciones en una sola oportunidad, si las ha habido, han sido muy raras. No cabe duda de que de pequeña mutación en pequeña mutación, los seres vivos han ido evolucionando.

Esto se explica, si consideramos lo complejo que es el proceso reproductivo de los seres vivos, incluso de una célula, que aunque por lo general se desarrolla sin ninguna falla (algo verdaderamente sorprendente) hay momentos en que se producen errores de copia en las cadenas de ADN, ARN de los genes. Dichos errores se deben a que para producir la duplicación de estas largas moléculas poliméricas, se requiere de una transferencia perfecta de las bases nitrogenadas (*adenina, guanina, timina, citosina*, y *uracilo*) de la célula madre a la célula hija. Cada una de estas bases debe encajar en un sitio exacto de la nueva cadena en formación, conjuntamente con proteínas, azúcares, y fosfatos.

Pero como una cadena de ADN puede llegar a contener 3 millones de bases, esto no siempre ocurre. El proceso puede resultar interferido ya sea por la radiación solar (rayos ultravioleta), que en épocas primitivas fue mucho mayor que ahora, o por los rayos gama (fotones que provienen del espacio exterior muy dañinos para las células) cuando no por un caso fortuito, y producir, no sólo errores de copia, sino verdaderas mutaciones, o recombinaciones en el número, forma, tamaño y ordenación interna de los cromosomas. Las mutaciones pueden ser así *neutras, buenas o dañinas*. Son *neutras* cuando no producen ninguna alteración del organismo; son *buenas* cuando ayudan a enfrentar un cambio ecológico o de otro tipo; y son *dañinas*, cuando alteran negativamente el funcionamiento de las células y en ocasiones las matan.

Por otro lado, las mutaciones pueden ser *hereditarias* cuando se trasfieren a la descendencia, o *individuales*, cuando no se trasfieren. Según el *Teorema de la selección natural* de *Fisher*, cuanta más variabilidad genética exista en una población, (como ocurre con los organismos con reproducción sexual), mayor será la velocidad de su evolución. Ésta, siempre ha preferido la supervivencia de su población en general y no la del individuo de una población en particular, al extremo de que las salmonellas más débiles, según ha sido recientemente descubierto, suelen suicidarse para aumentar la virulencia de las más fuertes, a fin darles la oportunidad de crecer con mayor fortaleza en el intestino en una especie de *cooperación autodestructiva*.

Las células parecen tener un mecanismo interno que las hace cambiar, modificar su estructura para no dejarse destruir por los ataques del ambiente exterior. Son capaces de aprender de la experiencia, percibir los estímulos lesivos y sentir estrés, ante lo cual reaccionan adaptando su estructura y comportamiento, ya sea *temporalmente,* lo que se llama *aclimatación*, o *permanentemente*, generando una mutación de los genes que se puede o no transferir a su descendencia.

Su irritabilidad se puede traducir en tres acciones distintas:

1-*En aumento de la actividad celular.*

2-*En disminución de la actividad celular.*

3-*En alteración de su morfología*, o sea, de su estructura celular.

Las distintas células muestran formas diferentes de defenderse. Por ejemplo, la masa muscular aumenta con el aumento de trabajo y disminuye con la disminución del mismo. Si un riñón se daña, el otro se aumenta para suplirlo. Si al feto no le llega suficiente sangre al cerebro por cualquier motivo, disminuye el envío de sangre a las extremidades que menos la necesitan e incrementa la que envía al cerebro que es más importante. Si se produce una herida en la piel, ésta crea más piel para regenerarla o si se la somete a la irradiación solar, se forma melanina para impedir la penetración de sus rayos. Cuando un árbol crece bajo otro, se tuerce para buscar la luz y así se podría citar innumerables modificaciones celulares inducidas por estímulos exteriores que pueden ser reversibles o irreversibles. Estas modificaciones, por lo general, tienden a cambiar a la especie o un órgano, más que a un individuo.

Es como si los cromosomas tuvieran una inteligencia primitiva muy rudimentaria que les diera la facultad de escoger el tipo de alteración que deben acometer para sobrevivir, para protegerse de daños o para repararlos. Es como si la suma de esas pequeñas y muy limitadas inteligencias, pudiera ir acumulándose en los genes y dar origen con el tiempo a organismos tan complejos como el hombre, cuyo cerebro contiene 100 000 millones de neuronas, fuera de los otros miles de millones de células que lo conforman, todo lo cual en su conjunto, le ha permitido evolucionar y perfeccionarse.

Las leyes de la evolución

Sin embargo, la evolución tiene sus reglas. En primer lugar es irreversible, esto es, nada se repite, camina hacia adelante como el tiempo, en un solo sentido: si una especie pierde o se le atrofia un órgano, no lo vuelve a adquirir o a desarrollar. Ya no hay, ni habrá hombres con la cara hocicada como los simios, o peces con muñecas o pequeñas patas como los anfibios. Si una especie desaparece, no vuelve a resurgir. Nadie ha visto a un dinosaurio circulando por ahí, o a un australopiteco caminando por la calle, pese a que este ejemplar desapareció hace sólo 100 000 años.

Por otra parte, la evolución es progresiva, va siempre de lo más simple a lo más complejo sin detenerse nunca. Como vimos anteriormente, las recientes hallazgos de restos fósiles encontrados en los diversos estratos geológicos en distintos puntos de la Tierra, cuya datación se ha podido realizar por medio del carbono 14, han documentado la forma como fueron apareciendo las diversas especies animales y vegetales desde los tapetes microbianos, la esponjas, los trilobites, y los braquiópodos, hasta los moluscos, las estrellas de mar, los escorpiones, los insectos, los primeros peces, los tiburones, los anfibios, los vertebrados, los primeros reptiles, las aves, los dinosaurios, y, a la muerte del éstos, las ballenas, los mamut, los primates, los simios antropoides y por último las varias especies del homo hasta llegar al Homo sapiens. Sólo entonces apareció en el planeta Tierra, después de 3 900 millones de años de evolución, ese ser milagroso que pudo pensar, examinar su entorno, y reconocerse a sí mismo como ser pensante.

Siempre el organismo que remplaza a otro en la cadena evolutiva es más avanzado que el anterior, aunque no siempre los registros fósiles presentan una sucesión regular. Un caso típico es el de los anfibios. *Shubin* ha hallado evidencias de que el potencial para crear dedos, manos y pies en algunos peces, innovaciones cruciales para salir del agua, parecen haber estado presentes mucho antes de que se hubieran atrevido a escapar de su ambiente acuático. Por ejemplo, al pez fósil denominado *Tiktaalik*, se le han encontrado muñecas, simultáneamente con branquias y pulmones, lo que sugiere que fue un ser intermedio entre pez y tetrápodo. Sólo en épocas posteriores se han detectado reptiles y aves, y mucho después mamíferos y simios.

La evolución por lo general se produce muy lentamente, pero también puede producirse en saltos por motivos no bien conocidos. La explosión de la vida en el período cámbrico, ocurrida hace 520 millones de años, de la que hablaremos más adelante, y duró 20 millones de años, puede ser un ejemplo de ello. En ese corto tiempo, corto en términos geológicos, se modificaron casi todas las especies existentes entonces. También ocurren en poblaciones aisladas. Los conejos salvajes traídos de Australia a Europa, sufrieron modificaciones rápidas en su cuerpo para adaptarse a sus nuevas condiciones ambientales. El pico del pájaro chupador de miel de Hawai se le ha acortado para acomodarse a la carencia habitual de néctar en la isla.

Por otro lado, la velocidad con que mutan los microorganismos es grande. Algunas bacterias se reproducen cada media hora, lo que les permite aumentar su población de manera veloz, pero si su hábitat cambia, por ejemplo, por la introducción de un antibiótico, parte de ella muta y se vuelve resistente al cambio, mientras la otra que no se adapta, muere.

Se formó así una increíble diversidad de especies entre las que se podría enumerar; la incontable variedad de bacterias de todo tipo, no menos de

18 000 especies de algas, 90 000 de hongos y levaduras, 20 000 de líquenes, 21 000 de musgos, 230 000 de plantas dicotiledóneas, 60 000 de monocotiledóneas, 9 500 de anélidos, 93 000 de nemátodos y moluscos, 70 000 de arácnidos y crustáceos, 1 300 000 de insectos, 21 000 de peces, 2 500 de anfibios, sólo para citar unos pocos ejemplos.

La composición química de la materia viva

Habíamos dicho que la materia viva comparte los mismos átomos y moléculas de la materia inerte. Eso se evidencia al estudiar un poco más a fondo su composición química. El ácido carbónico se considera inorgánico, empero, está conformado por los mismos tres átomos de carbono, hidrógeno y oxígeno de hidrocarburos como el acetaldehído, el centeno, el glicerol o la glucosa que se consideran orgánicos. El ácido nítrico tiene los mismos tres átomos: hidrógeno, nitrógeno y oxígeno que la timina, la guanina, o la citosina, tres de las bases nitrogenadas del ADN. El amoníaco tiene los mismos dos átomos de nitrógeno e hidrógeno de la adenina, otra de las bases nitrogenadas del ADN. La única diferencia entre estas moléculas es solamente el tipo y número de sus átomos, sus enlaces químicos, y su peso molecular.

Los átomos más comunes presentes en nuestro planeta son el hidrógeno y el oxigeno con los cuales se forma el agua que cubre las dos terceras partes de la Tierra. Y, como cosa sorprendente, estos mismos átomos solos o en adición a los de carbono, nitrógeno y a veces fósforo, son prácticamente los únicos que conforman los largos polímeros orgánicos de aminoácidos, proteínas, enzimas, fosfatos, lípidos y azúcares del ADN y el ARN, lo que estaría en concordancia con el origen acuático de la vida, cuyo desarrollo podría considerarse basado en la molécula de agua complementada con otras cuantas más.

Obsérvese que en general todas las moléculas orgánicas contienen carbono, porque permiten formar numerosos grupos de átomos que se enlazan entre sí para integrar extensas cadenas de alto peso molecular y propiedades muy variadas, razón por la que a la química orgánica se la prefiere llamar química del carbono. Las moléculas inorgánicas, en cambio, sólo a veces contienen carbono como en los carbonatos presentes en las rocas, y el bióxido de carbono, presente en el aire, pero las más de las veces participan en ellas sólo unos veinte átomos principales distintos al carbono, que se insertan de a dos o de a tres o más en las moléculas de esos compuestos.

Todo esto apunta a que la materia viva y la materia inerte no tienen más diferencia que la forma como están constituidas químicamente sus moléculas. Tan es así que los avances de la genética moderna van dirigidos a crear vida en el laboratorio a partir de materia inerte, lo que hubiera sido impensable hace treinta años, y aunque todavía no lo han conseguido, es bien probable que lo obtengan en relativo corto plazo.

Avances en genética

Los avances en el campo de la genética han marcado un antes y un después en la historia de la ciencia. Hoy ya no podemos pensar sobre nosotros mismos y sobre los otros seres vivos que nos rodean de la misma manera como pensábamos hace sólo cincuenta años. Nuestra visión de la vida cambió para siempre. Una de las cosas que se ha descubierto es que la inmensa variedad de especies que existen en nuestro planeta, han sido producidas, no por genomas diferentes sino por unos pocos genes en cada genoma.

Por extraño que parezca, los biólogos moleculares han encontrado que las secuencias de ADN, si bien suelen ajustarse para generar nuevas formas de vida o ciertas modificaciones en las células, no requieren para esto de grandes mutaciones, sino de unos pocos genes. Recientemente *Clift Tabin*, de la Universidad de Harvard, al investigar los pinzones de las islas Galápagos que en el siglo XIX estudió *Darwin*, encontró que sus picos, por lo común cortos y delgados, aptos para extraer semillas diminutas de sus cáscaras, habían sido fruto de un solo gen denominado *BMP4*. Lo comprobó incrementando ese gen en huevos de pollo y obteniendo pollitos con picos similares a los de los pinzones. Estos pinzones han seguido evolucionando según un reciente estudio, acomodando su pico de acuerdo con las necesidades de su hábitat, que cambia de épocas áridas de poca lluvia a épocas húmedas de gran pluviosidad.

La conclusión es que no siempre surgen genes nuevos cuando surge una especie nueva, lo que facilita la evolución. Básicamente, se toman genes existentes y se modifican. Esa es la razón por la cual hay relativamente tan poca diferencia entre el chimpancé y el hombre cuyos genomas son similares en un 96%.

Siguiendo con este tipo de investigaciones se han encontrado otros resultados espectaculares. Se ha llegado a manipular las células como si fueran mecanos de armar, y se ha podido conseguir desde clones hasta nuevos microorganismos o especies vegetales. *Craig Venter*, comenta al respecto: *"Hemos pasado de leer el código genético a adquirir la habilidad de escribirlo.*

Eso nos da la posibilidad hipotética de hacer cosas nunca antes imaginadas".

Y eso es lo que está ocurriendo en la actualidad. En marzo del 2 000, dos grupos encabezados por *Craig Venter* y *Gerald Rubin,* descifraron el genoma de la mosca de la fruta. En junio del mismo año anunciaron tener el primer borrador del genoma humano, que publicaron en febrero del año siguiente en la revista *Science.* La secuencia completa de este genoma se terminó de aclarar en el 2003.

Pero los progresos no pararon ahí. Se logró convertir una bacteria denominada *Microplasma capricolum* en otra, *Microplasma mycoides,* sustituyendo el genoma de la una por el genoma de la otra. En el 2007 *Craig Venter,* introdujo la solicitud de patente No 20070122826 titulada *Genoma bacteriano mínimo* para crear una bacteria con un ADN sintético. En persecución de ese objetivo, insertó un cromosoma artificial hecho con fragmentos de la bacteria E. Coli, levadura y bases nitrogenadas fabricadas en su laboratorio, a una bacteria llamada *Micoplasma genitalium,* microorganismo con sólo 485 genes y un solo cromosoma, y lo puso a funcionar con otras características.

Ahora Venter, de la mano de *C. Huchinson* y *H. Smith* (premio Nobel), pretenden concentrarse en remover todo el material genético de una bacteria y remplazarlo por material genético sintético producido en el laboratorio. En esta forma la bacteria inicial se usaría como un "chasis" para ensamblarle distintos genomas y en consecuencia darle distintas propiedades que puedan ser de beneficio para la industria moderna; como por ejemplo, sirvan para obtener biodísel, limpiar residuos tóxicos, o eliminar exceso de dióxido de carbono en la atmósfera. Esto por fin lo consiguieron en mayo de 2010. Produjeron un genoma artificial y lo introdujeron en el citoplasma de la bacteria *M. Mycoides* creando así, por primera vez, un organismo vivo con ADN sintético.

Craig Venter, no es el único que está participando en la carrera por cambiar la historia de la vida. *C. Church,* profesor de la Universidad de Harvard, está empeñado en hacer para la biología lo mismo que Intel hizo para la electrónica, fabricar pequeños bloques biológicos que al ensamblarlos produzcan organismos capaces de realizar cualquier actividad biológica. Sin embargo, aunque fabricar un cromosoma artificial que remplace a otro natural es un gran paso, no es lo mismo que construir un microorganismo artificial entero. Pero ya lo lograrán. No hay que olvidar que en 1865 *Julio Verne* escribió su novela de: *De la Tierra a la Luna,* que nuestros abuelos tomaron como una de esas fantasías locas, y un siglo más tarde, en 1969, el hombre pisó la Luna.

Y hay más. Hoy hay una clínica de Estados Unidos que ofrece, lo que los medios han dado en llamar: *bebés a la carta,* o sea, bebés que han sido modificados genéticamente antes de nacer para cambiarle algunas de sus características, como el color de la piel o de los ojos, o defectos hereditarios como el albinismo o la diabetes congénita.

Igualmente, se ha podido inyectar la cromatina del óvulo de una mujer fértil en el óvulo de una mujer infértil y conseguir con eso volverla fértil. En esa forma la mujer infértil ha terminado dando a luz un hijo con tres progenitores (dos mujeres y un hombre), condición que se mantiene en el genoma familiar posterior. Con esta técnica se han logrado hacer nacer unos 15 bebes en Estados Unidos.

Lo que prueban esos avances, haciendo a un lado los problemas bioéticos, es que si el hombre está en capacidad de inducir mutaciones en los seres vivos en corto tiempo, con mayor razón la naturaleza pudo producir mutaciones al azar en millones de años de lentos cambios progresivos, sin necesidad de ningún soplo divino para realizarlas, como se pensaba antes, pues la vida se la puede reproducir en los laboratorios e incluso convertirla en un producto comercial como a cualquier otro. En el siglo pasado, se pasó de creer que las enfermedades eran producidas por Dios, a que las enfermedades eran producidas por las bacterias, y luego se pasó, de creer que la materia viva sólo se podía obtener a partir de otra materia viva preexistente, a creer que la materia viva se podía sintetizar químicamente en los laboratorios, y no era la obra de Dios.

El descubrimiento del origen de las enfermedades

Durante cinco mil años, a las enfermedades se les atribuyó un origen sobrenatural. Como se ignoraba por completo su causa, el pensamiento *mitopoético* de las religiones acudió a llenar ese vacío, proponiendo la teoría del castigo divino o la influencia de los demonios malignos como fuente de las mismas. Eso creyeron las civilizaciones mesopotámicas, y eso también el judaísmo. En la antigüedad clásica, en cambio, especialmente en la *Grecia* antigua, se entendía como una impureza física que exigía resignación.

En la civilización romana a la enfermedad se la consideraba en forma parecida, hasta la época de *Galeno,* el médico nacido en Pérgamo en el siglo II d. d. C, residenciado en Roma, donde, continuando con la tradición hipocrática y aristotélica, estudió la localización de los órganos del cuerpo humano en cadáveres y las funciones de los mismos, abriendo así un nuevo espacio para la comprensión fisiológica de las enfermedades. Sus ideas se consideraron dogmas por más de mil años y sólo vinieron a ser revaluadas en el Renacimiento, en el siglo XVI.

El cristianismo creía, igual que en las culturas paganas, que la enfermedad, y su curación o agravación, se debían a los designios divinos. La enfermedad era así una prueba que se debía superar para ganarse la vida eterna. Eso implicaba que sólo Dios, de manera directa o por medio de intermediarios, podía restaurar la salud. Siguiendo esa línea de pensamiento, se creía que *San Valentino* curaba la epilepsia; *Santa Lucía,* los ojos; *San Eutropio,* la hidropesía; *San Cristóbal,* las dolencias de la garganta; *San Gervasio,* el reumatismo; *San Apolonio,* el dolor de muelas, y así con las demás enfermedades. Con el mismo propósito se usaban también las reliquias de los santos y los mártires cristianos. El exorcismo se empleaba para curar enfermedades siquiátricas, arrojando al demonio del cuerpo del poseso por medio de rezos y conjuros, a veces haciéndole tragar al pobre, hígados de sapo, sangre de ranas o de ratas, y otras cuantas inmundicias más. Hoy todavía se emplea en algunos casos, aunque en forma menos brutal, pero con igual desconocimiento de los avances científicos.

La ignorancia sobre las causas de la enfermedades permitió la difusión de las grandes pandemias de la Edad Media, pandemias que barrieron con buena parte de la población europea, pues sólo se contaba con la ayuda sobrenatural, implorada con la oración, la abstinencia, las flagelaciones y el ayuno, así como con algunos medios profilácticos como el encendido de hogueras, la quema de cadáveres, el abandono de ciudades enteras, o al aislamiento de los enfermos, a los que a veces se los encerraba en sus casas, y se los dejaba morir de hambre.

Una de las peores epidemias de este tipo fue la de la peste bubónica, ocurrida entre los años 1348 y 1361 en toda Europa, llamada así por el bubón o agrandamiento de los ganglios linfáticos, que producía la bacteria *Yersinia pestis,* trasmitida por la picadura de la pulga de las ratas o la mordedura de las ratas, peste que se repitió en cuatro oportunidades distintas, diezmando hasta un tercio de los habitantes del continente europeo.

Hubo que esperar a que el anatomista belga *Andrés Vesalio* (1514-1564) y su contraparte italiana, *Gabriel Falopio* (1523-1562), en la época de Carlos V y Felipe II, reestudiaran la anatomía de Galeno, mostraran sus inconsistencias y sentaran las bases científicas de la fisiología moderna, para que las cosas mejoraran un poco, y se les buscara una explicación fisiológica a las enfermedades. Eso permitió conocer mejor el cuerpo humano y desmontar algunos de los mitos de la medicina de la Edad Media.

Sin embargo, fue *Girolamo Fracastoro* (1478-1553), médico y poeta veronés, el primero en proponer el contagio patológico de las enfermedades en un poema didáctico dedicado a *Bembo,* titulado *De contagione et contagiosis morbis,* dado a luz en Venecia en 1546. Por esa época se creía en los *miasmas,* concepto que, por lo menos, arrancaba de los tiempos de la antigua Grecia. Para los griegos, *miasma* era cualquier suciedad o inmundicia, el veneno, el contagio, la peste. El Diccionario de la Academia Española lo define como un efluvio maligno que se desprende de cuerpos enfermos, materias corruptas o aguas estancadas. De allí la palabra *malaria* que significa *mal aire,* porque se creía que provenía del mal aire que arrojaban los pantanos.

En el nuevo continente, los criollos seguían conservando las mismas prácticas médicas de Europa. Dice a este respecto *J.H. Borja* en su libro *Inquisición, Muerte y Sexualidad en la Nueva Granada:* "La explicaciones sobre las enfermedades y la muerte, hasta el siglo XXVIII habían sido otro de los aspectos de control social, ideológico y religioso ejercido por la Iglesia. Sus representantes proclamaban que los orígenes de las enfermedades, y de la elevada mortandad en distintos períodos, tenía fundamento en acciones divinas, eran el resultado directo del enojo divino, de una prueba divina, o de la ingratitud y el pecado...la solución a estos males radicaba en la necesidad de recurrir a los remedios espirituales y poner en práctica las virtudes cristianas (piedad, resignación, compasión, visitas a los enfermos).También era necesario solicitar la clemencia divina, recurriendo a la práctica cotidiana de plegarias y rogativas públicas y privadas, unidas a la confesión y la penitencia".

La desacralización del origen de las enfermedades sólo comenzó con el descubrimiento del microscopio en el siglo XVII, invento atribuido al holandés *Anton van Leeuwenhoek* (1632-1723), con el que observó por primera vez los protozoarios, los glóbulos rojos, los capilares del oído y los espermatozoides. Fue el primero en atacar la teoría de la generación espontánea de los gusanos, los gorgojos y otros organismos, a partir de los productos en descomposición, propuesta por *Aristóteles,* dos milenios antes, todavía en boga en ese entonces.

Sin embargo, la inercia de las ideas hizo que ese descubrimiento tan trascendental, no fuera suficientemente conocido, hasta la época de *Louis Pasteur* (1822-1895) y *Robert Koch* (1843-1910). A mediados de siglo XIX aún se creía que la fermentación de los vinos y de los productos lácteos, era un proceso puramente químico que no requería la intervención de ningún organismo. *Pasteur,* refutó esa teoría, exponiendo caldos hervidos en matraces provistos de un filtro que evitaba la entrada de partículas de polvo, y demostró que si no penetraba polvo a ese caldo y por ende esporas o bacterias, no se producía fermentación.

Probó también que las enfermedades se pueden pasar de un organismo vivo a otro, lo que hasta entonces era un anatema, aunque desde antes en las epidemias se solía aislar a los apestados. Todo lo cual lo basó en el uso del microscopio para acabar de demostrar la existencia de los microorganismos, hallando que éstos morían con el aumento de temperatura, lo que posteriormente recibió el nombre de *pasterización.* Además, desarrolló las vacunas contra la rabia, el anthrax, y el cólera.

Quedó así establecido de una vez por todas, el origen bacteriano de las enfermedades, y se consolidó la bacteriología como una de las ciencias microbiológicas más importantes, en especial con el aporte de *Robert Koch,* quien descubrió que las infecciones eran causadas por microorganismos patógenos específicos distintos para cada dolencia. Koch fue uno de los primeros científicos en concentrarse en la obtención de cultivos puros de bacterias, lo cual le permitió aislar y describir varias especies de bacterias, entre ellas, la del bacilo de la tuberculosis. Estos trabajos los completó *Ferdinand Cohn* (1828-1898), formulando un esquema para la clasificación taxonómica de las bacterias.

Como se ve, no tenemos más de un siglo de haber descubierto las causas de las enfermedades infecciosas. Hasta principios del siglo XX ni siquiera se había generalizado la antisepsia, descubierta en 1867 por *Joseph Lister* (1827-1912), cirujano escocés, quien horrorizado por la mortandad de los pacientes de cirugías en los hospitales de Glasgow, decidió poner en práctica las ideas de *Pasteur* sobre la antisepsia. Sus consejos, empero, tardaron en implementarse y en las primeras décadas del pasado siglo, todavía se hacían cirugías sin antisepsia y sin anestesia. No obstante, según pasaron los años, el avance de la medicina fue acelerándose al punto de que en 1922, *Fleming* descubre los antibióticos, cuya popularizaron se hizo unas décadas después, se crea la industria farmacéutica que produce una amplio espectro de medicamentos sin los cuales no podríamos vivir, se realizan trasplantes de corazón, riñón, pulmones y otros órganos más, y aparece la genética que habría de cambiar por completo nuestros conocimientos sobre la vida.

Desarrollo de las ciencias biológicas y genéticas

Precursores	Fechas.	Descubrimientos
Zacarías Jansen	1610	Construyó el primer microscopio.
A.V. Leeuwenhoek	1950	Descubrió con microscopios construidos por él, espermatozoides, glóbulos rojos, bacterias, protozoarios y en general la vida microscópica
Robert Hook	1665	Vio por primera vez con el microscopio unas "celdillas" en una fina lámina de corcho que él llamó "células"
Kart E. von Baer	1827	Descubrió la existencia del óvulo femenino.
Robert Brown	1831	Descubrió el núcleo celular en las plantas (en orquídeas)
Teo Sohwarm M. Schleiden	1830	Identificaron las células como las unidades elementales de los animales y las plantas, y formularon la teoría celular.
Jan Purquiné	1839	Observó por primera vez el citoplasma de las células eucariotas.
Rudolph Virchow	1850	Descubrió la biogénesis o sea que toda célula nace de otra célula.
Rudoph Kölilker	1857	Descubrió las mitocondrias en el citoplasma celular
Charle Darwin	1859	Descubrió la teoría de la evolución de las especies, la selección natural y el origen del hombre.
Luis Pasteur	1860	Descubrió el origen microbiano de las enfermedades, la muerte de los microorganismos con el aumento de la temperatura y refutó la teoría de la generación espontánea. Iniciador de la bacteriología.
Gregor Mendel	1866	Estudiando la hibridación de los guisantes descubrió las leyes de la herencia que llevan su nombre.
Johann Miesscher	1869	Aisló en el núcleo de la célula una sustancia que llamó nucleína, la cual Altman posteriormente identificó como ácido nucleico.

Walter Fleming y otros	1890	Descubrieron la mitosis o sea la forma como se dividen los cromosomas durante la reproducción celular.
Walter Sutton	1902	Identificaron a los cromosomas como los agentes físicos de las leyes de la herencia de Mendel.
Thomas Morgan	1910	Demuestra que los genes están localizados en los cromosomas.
Robert Feulgen	1914	Descubrió el ADN en los cromosomas del núcleo de la célula eucariota.
P.A. Davine	1920	Descubrió las cuatro bases constitutivas del ADN.
Painter	1923	Descubre los 23 pares de cromosomas sexuales.
Jean Brachet	1933	Demuestra que el ADN se encuentra en los cromosomas del núcleo y los ARN (ARNm, ARNr, ARNt) en el citoplasma y en el núcleo.
Eduard Lowrie	1941	Demuestra que los genes son los responsables de codificar las proteínas.
Alfred Hershey	1952	Descubrió que el ADN era el responsable de transmitir la herencia.
James Watson y Francis Crick	1953	Descubrieron la doble cadena del ADN y el ARN y la forma como estos almacenan y transmiten la información genética.
Walter Gilbert	1985	Convoca a realizar un esfuerzo mundial para descifrar el genoma humano. Se crean grupos con ese fin en diferentes países.
Francis S. Collins	1992	Asume como director del Proyecto Genoma Humano del gobierno de Estados Unidos y comienza la carrera por cumplir con las metas propuestas. La empresa privada pretende patentar los descubrimientos.
Craig Venter	1998	Crea Celera Genomic. En diciembre de 1999 el primer cromosoma secuenciado.
	2000	Se presenta el primer borrador del genoma humano en trabajo conjunto del sector público y el sector privado.
	2003	Se presenta la primera secuencia formal del genoma humano.

Las dos versiones sobre el origen de la vida

La versión que acabamos de presentar sobre el origen de la vida, como posiblemente ya los habrá notado el lector, es distinta a la propuesta por las religiones. La razón para ello es protuberante: la versión incluida en este ensayo, surge de una larga serie de investigaciones realizadas en los últimos dos siglos, que, aunque incompletas y llenas de lagunas, han involucrado mucho tiempo y recursos de la comunidad científica mundial, y están basadas en estudios experimentales, que ofrecen una visión realista de lo que pudo ocurrir en los primeros milenios después de la consolidación de la corteza terrestre.

En cambio, la visión ofrecida por las religiones viene desde la más remota antigüedad, cuando aún no se había descubierto la lógica, y el hombre no tenía el conocimiento que tenemos hoy de las ciencias físicas, por lo que debía recurrir a la fábula y a las supuestas revelaciones divinas para explicar los fenómenos naturales. El interrogante que surge es: ¿Cómo pudo la evolución llevar al hombre a tan alto grado de desarrollo? ¿Es un mandato impreso en su estructura celular? Se entiende que hayan podido formarse los organismos primitivos, pero que se pudieran desarrollar seres tan complejos como el hombre, no deja de sorprendernos. Ésta es una de las muchas inquietudes que acosan la conciencia humana, para la cual el creyente tiene sólo una explicación: Toda esa portentosa creación fue obra de Dios. El asunto, sin embargo, no es tan sencillo. Si la creación fue obra de Dios, ¿por qué le permitió a la vida evolucionar y complejizarse al azar durante miles de millones de años en lugar de crearla tal y como está hoy en un solo acto de su voluntad? ¿Por qué "dejó hacer" a la naturaleza su trabajo, sin intervenir directamente en la evolución?

Porque si hubiera intervenido en su evolución, toda modificación evolutiva debería haber sido exitosa, y producido especies que se reprodujeran más y sobrevivieran más que la otras, lo que, como hemos visto, no siempre ocurrió. No hubiera habido errores en su desarrollo. Si los hay, como en efecto los hay, es porque la evolución no es un proceso dirigido conscientemente, sino un proceso aleatorio.

Podría pensarse que las cosas son como son porque el Universo está conformado por átomos con núcleos poseedores de protones positivos, neutrones sin carga, pero con masa, y diversos niveles de energía que rodean el núcleo hasta con cien electrones de carga negativa. Debido a esa configuración los átomos no pueden existir aislados, sino fuertemente unidos unos con otros por las cargas eléctricas que poseen sus partículas. Como es bien sabido, si estas cargas son de signo opuesto, se atraen, y si son del mismo signo se repelen. Pero como no siempre la carga positiva del protón se encuentra neutralizada por las cargas negativas de los electrones, todo átomo, salvo los gases inertes, cede, toma o comparte electrones con otros átomos, quedando así con una o varias cargas positivas o negativas llamadas valencias, con los que se une para formar moléculas.

Y es esa reactividad la que le permitió al Universo ir creando progresivamente moléculas con mayor número de átomos y mayor peso. En el naciente Universo, sólo había un tipo de molécula, el hidrógeno, la más sencilla de todas por contar con un solo protón, y un solo electrón. Pero esta molécula, sometida a grandes presiones gravitacionales, dio origen al fundirse, a la molécula de helio, produciendo así una enorme liberación de energía. Nacieron de ese modo las estrellas, las cuales todavía continúan realizando la misma reacción y así continuarán por millones de millones de años más.

Y eso hubiera sido todo lo que habría en el Cosmos, si no fuera porque una pequeña fracción de la materia, obligada por las fuerzas gravitacionales, dejó de ser gaseosa y se fue condensando y compactando cada vez más, hasta convertirse en un conglomerado macizo en donde algunos de sus átomos tuvieron oportunidad de acercarse unos a otros y comenzar a reaccionar entre sí generando una infinita variedad de compuestos químicos.

Entre más juntos estos compuestos, más proliferaron y mayor diversidad produjeron. Surgieron entonces las rocas y los mares; las moléculas simples se volvieron complejas; y cuando llegaron a un cierto grado de complejidad, se formaron algunas con la propiedad de reproducirse. Apareció entonces la vida, la cual, al evolucionar, originó una multiplicidad de especies. Especies que comenzaron a mutar con el correr de los milenios, a hacerse cada vez más grandes, a organizarse cada vez mejor, hasta llegar un momento, tras miles de millones de años, en que después de haber desaparecido la mayoría de ellas, se creó otra todavía de mayor complejidad que las demás, la cual tuvo capacidad de pensar, quizás porque toda célula en sí ya desde su comienzo es lo suficientemente intuitiva e ingeniosa para protegerse y replicarse como para tener un principio de inteligencia.

TERCERA PARTE

Las etapas geológicas de la Tierra y su impacto en la vida en formación

Hasta aquí hemos estado describiendo la evolución de la Tierra en su primera época y la manera como posiblemente se originó la vida en ella. Vamos ahora a reseñar, brevemente, sus etapas geológicas y el impacto que éstas tuvieron en el desarrollo de la vida, durante las 4 600 millones de vueltas que nuestro planeta le ha dado al Sol desde que comenzó a condensarse y a configurarse como uno de los satélites solares. Los paleontólogos han dividido dichas etapas en eones de muchos millones de años, a los eones, en eras, de menor duración, y las eras, en períodos más cortos, y por último, en épocas. Los eones son cuatro: el Hadeano, el Arqueano, el Proterozoico, y el Fanerozoico.

El eón Hadeano

El eón más antiguo es el Hadeano, de Hades, que significa infierno, por las altas temperaturas predominantes entonces; eón que se expande desde los 4 600 hasta los 3 900 millones de años antes de Cristo. Corresponde al tiempo de formación de la Tierra cuando aún estaba muy caliente el planeta, y por eso, todavía no había vida en él, pues apenas si se estaba endureciendo la corteza terrestre y la actividad de los volcanes era constante. Fue entonces cuando aparecieron las primeras rocas, y al final de esa etapa, tal vez algunas formas muy primitivas de vida.

Eón	Millones de años	Era	Millo-nes de años	Período	Millo-nes de años	Subpe-ríodo
Hadeano	4600 3900					
Arqueano	3900 2500					
Protero-zoico	2500 570					

Fanerozoico	Paleo-zoico	570 510	Cámbri-co		
		510 438	Ordoví-cico		
		438 408	Silúrico		
		408 360	Devóni-co		
		360 286	Carbo-nífero		
		286 248	Pérmico		
	Meso-zoico	248 213	Triácico		
		213 144	Jurásico		
		144 65	Cretá-ceo		
	Ceno-zoico	65	Tercia-rio	65 55	Pa-leoce-no
				55	Eoceno
				38 25	Oligo-ceno
				25 5.1	Mioce-no
				5.1 1.64	Plioce-no
		Cuater-nario 10 mil		1.64 10 mil	Pleisto-ceno
					Holo-ceno actual

El eón Arqueano

El siguiente eón, fue el Arqueano, del 3 900 al 2 500. En esta etapa la duración de los días era más corta que en la actualidad, de sólo dieciséis horas, y había una rápida sucesión de luz y oscuridad cada ocho horas; la Luna estaba más cerca de la Tierra y en consecuencia las mareas eran gigantescas, la actividad volcánica, si bien era menor que en el Hadeano, no dejaba de ser importante, y continuaba el bombardeo de meteoritos y quizás de cometas contra la superficie terrestre, en la que abrían enormes cráteres, similares a los que se ven en la Luna, Marte y Venus, la mayoría de los cuales han desaparecido por causa de la erosión y la capa vegetal.

Sobre estos 1 400 millones de años lo que se sabe es relativamente poco, porque no hay suficiente cantidad de restos fósiles y rocas de ese tiempo como para reconstruir su historia. Fue la etapa de los primeros organismos vivos, de las bacterias *procariontes* y *procarióticas* del *reino monera,* cuando se produjeron los tapetes microbianos fósiles llamados *estromatolitos* aún visibles en algunos lugares de la Tierra, como en la laguna solar de la península del Sinaí, en la bahía de los Tiburones en Australia y otros sitios.

Fueron estos los primeros ecosistemas con capacidad de defenderse de los agentes externos nocivos. La corteza terrestre comenzó a conSolidarse y se formaron los núcleos o escudos continentales que darían paso a la tectónica de placas. Los primitivos continentes se unieron y formaron uno solo que se llama Pangea.

El eón Proterozoico

Al terminar el Arqueano, comenzó el Proterozoico. El hecho más importante de este tiempo fue la enorme proliferación de las *cianobacterias* o algas verde azules, desde los 2 000 hasta los 1 200 millones de años, bacterias *unicelulares* y *procarióticas,* que por fotosíntesis contribuyeron al aumento del *oxígeno* en la atmósfera terrestre, cuya concentración alcanzó en esa época la actual del 20%, produciendo con ello una gran mortandad en los organismos *anaerobios* predominantes hasta entonces, para quienes éste elemento resultaba nocivo. Por tal razón, a partir de los 1 200 millones de años, estos comenzaron a declinar, y surgieron las *algas eucarióticas pluricelulares* en los océanos, con lo que la vida tomó un nuevo rumbo, comoquiera que dichas algas (*aerobias*) fueron capaces de metabolizar el oxígeno.

Con ellas nació la reproducción sexual y se aceleró el ritmo de la evolución. Se formaron los seres pluricelulares y 800 millones de años después, se inició el desarrollo de los gusanos y otros animales sin esqueleto que al final de ese período desaparecieron, barridos por la selección natural. Por otro lado el clima fue muy irregular. Se presentaron extensas y largas glaciaciones entre los 2 700 y los 2 300 millones de años, y al final del Precámbrico y principios del Paleozoico, se produjo otra entre los 750 y 580 millones de años, que prácticamente cubrió toda la Tierra con una gruesa capa de nieve, cuya duración fue de 170 millones de años. Por esas épocas se estaba formando un nuevo continente llamado Rodimia. ¿Qué produjo esa larguísima glaciación? Aún está por determinar.

El eón Fanerozoico

El eón Fanerozoico, que va desde el 570 hasta el presente o sea cubre la última etapa de la Tierra, es mejor conocido. En ese eón se desarrollaron todas las especies vivas que tenemos hoy. Se divide en tres eras a saber: la Paleozoica, la Mesozoica y la Cenozoica

La era Paleozoica

La Paleozoica se extiende del 570 al 248, y por tanto, tuvo una duración de 330 millones de años que se subdividen en seis períodos así: Cámbrico, Ordovícico, Silúrico, Devoniano, Carbonífero, y Pérmico.

El período Cámbrico

El periodo Cámbrico, va del 570 al 510. Durante dicho período se unen los continentes Gondwana y Rodimia, los únicos que existían, y la vida, vegetal y animal estuvo confinada a los mares, en donde surgieron los vertebrados, filo al cual pertenecemos nosotros, que remplazaron a los organismos de cuerpo blando que proliferaban en el fondo del mar o flotaban en sus aguas, alimentándose de bacterias. Aparecieron los primeros *caracoles* y los *trilobites*, así como los *moluscos cefalópodos*. En el reino vegetal las plantas predominantes eran las algas en los océanos, y los líquenes y hongos, en la Tierra. En este período se produjo lo que se llama la explosión cámbrica de la vida, durante la cual aparecieron por causas no conocidas, la mayor diversidad y cantidad de nuevas especies que haya surgido nunca, algunas de las cuales viven hoy; causas entre las que se mencionan el aumento del oxígeno en la atmósfera terrestre o modificaciones genéticas muy favorables al desarrollo de los seres vivos, que adquirieron bocas, mandíbulas o grandes estómagos con lo que crecieron más rápidamente que antes.

El período Ordovícico

El período Ordovícico va del 510 a 438. En él proliferaron los animales que poseían una estructura anatómica precursora de la espina dorsal, así como los *primeros vertebrados;* también unos peces primitivos recubiertos de placas óseas y esqueletos gelatinosos, y los primeros corales. Los animales más grandes fueron unos *cefalópodos* (moluscos), que tenían un caparazón de unos 3 m de largo. Las plantas de este periodo eran similares a las del periodo anterior. Se diversificó la vida en los mares y hubo un corto período glaciar. Al final de este período aparentemente la Tierra recibió el prmero de los impacto de un meteorito de gran tamaño, cuyas consecuencias no se han podido determinar.

El período Silúrico

Hace 438 millones de años se inició el período *Silúrico* que duró hasta el 408. En este período comienza una incesante actividad volcánica que llegaría a su máximo hacia el 286 en el Pérmico. Los avances evolutivos más importantes de dicho período fueron la aparición del primer animal que respiraba aire, de los primeros escorpiones, y las primeras plantas todavía con los tallos y las hojas no diferenciados, pero con tejidos para transportar el alimento.

El período Devónico

Al Silúrico le siguió el período *Devónico o Devoniano,* que va del 408 a 360. Fue la época en que surgieron diferentes especies de peces junto con corales, estrellas de mar, esponjas y trilobites y comenzaron a volar los primeros insectos. Algunos de esos peces, los *dipnoos,* tenían escamas duras, y de ellos evolucionaron los anfibios primitivos. Se desarrollaron también peces provistos de pulmón, antecesores de los primitivos vertebrados terrestres, que podían respirar aire y arrastrarse por el suelo en busca de agua. En cuanto a la flora, a finales del Devónico, aparecieron ciertas especies de plantas no acuáticas tales como los helechos con semillas, las colas de caballo y los árboles escamosos con los que se conformaron los bosques primigenios.

El período Carbonífero

Del 360 al 286 se desarrolló el período *Carbonífero* en el que aparecieron las primeras especies marinas, entre ellas los tiburones llamados *cestraciontes* que predominaron en el mar, sobre todos los otros grandes vertebrados acuáticos. Aparecieron también las lagartijas anfibias, descendientes de los dipnoos, y en la segunda parte del carbonífero, los reptiles y otros animales como las arañas, las serpientes, los alacranes, las ranas e insectos como las libélulas gigantes, que evolucionaron a partir de los anfibios. Fue entonces cuando comenzaron a diversificarse las plantas y a aumentar de tamaño, sobre todo en zonas pantanosas, debido al incremento considerable en la concentración del oxígeno en la atmósfera que llegó al 35%, con lo que se desarrollaron árboles enormes revestidos de escamas, con troncos de dos o más metros de diámetro y 40 o más metros de altura, parecidos a las *coníferas,* que dieron origen a extensas zonas boscosas, las cuales, al extinguirse y quedar presionadas por varias capas de Tierra, formaron, conjuntamente con los sedimentos marinos y otros compuestos vegetales, algunos de los combustibles fósiles con que contamos hoy.

En cuanto a los continentes, éstos tenían una forma muy distinta a la actual. Europa, parte de Asia y América, estaban unidos formando el continente llamado *Laurasia.* Suramérica, Australia, África y Antártica constituían *Gondwana. Laurasia* y *Godwana* estaban integrados dentro de un solo bloque llamado *Pangea,* llenando casi todo en el hemisferio sur. Este supercontinente, como todos los continentes, no permaneció estable debido al movimiento de las placas tectónicas, sino que comenzó a desintegrarse desde el comienzo y sufrió una glaciación al final de su período que cubrió con una capa de hielo tanto su zona céntrica como la sur.

El período Pérmico

El período Pérmico, que debe su nombre a la región de Perm, en Rusia donde se han encontrado muchos fósiles de ese período, va del 286 al 248, y está caracterizado por sus severos cambios climáticos. Cuando comenzó, todavía estaba la Tierra bajo los efectos de la glaciación anterior, pero a medida que avanzó dicho período, el clima se calentó, se derritieron los hielos de fiordos y polos, aumentó el nivel del mar, los océanos invadieron las costas, se secó la Tierra, y se extendieron los desiertos, lo que obligó a las especies vivas a cambiar. En los océanos predominaron los caracoles, las esponjas, las estrellas de mar y los moluscos.

Como el agua comenzó a escasear, los huevos de los *anfibios* mutaron y se volvieron cerrados, con lo que pudieron incubarse lejos del agua. Esto permitió la trasformación de los *anfibios* en *reptiles* que pudieron deambular por la Tierra lejos de los mares y los lagos de sus antepasados. A finales del Pérmico aparecieron los primeros *arcosaurios,* del que saldrían los *cocodrilos, pterosaurios* y *dinosaurios,* que dominarían más tarde la Tierra durante cerca de 200 millones de años. En general, la fauna de ese período fue básicamente terrestre; no hubo animales voladores, los cuales sólo aparecerían en el Mesozoico.

Sin embargo, el 96% de esa de esa fauna marina, y el 70% de la terrestre, desaparecieron a finales del Pérmico hace 250 millones de años. Fue la mayor mortandad masiva de que se tenga noticia, de las muchas que ha habido en los 3 900 millones de años de desarrollo de la vida en nuestro planeta. La causa de este extraño fenómeno no se ha logrado explicar. Pudo contribuir a ello el intenso vulcanismo de la época que arrojó enormes cantidades de dióxido de carbono a la atmósfera, con cuyo efecto invernadero se calentó la Tierra, o pudo ser que ese vulcanismo liberara hidratos de metano o sulfuro de hidrógeno (ácido sulfhídrico) en el fondo de los mares, que al ascender mataron con su toxicidad las especies marinas, lo que se confirmaría por las evidencias encontradas de que primero murió la vida acuática de aguas profundas, y luego, poco a poco, la de aguas más superficiales, como si la catástrofe ecológica se hubiera producida de abajo hacia arriba.

Otra explicación del fenómeno ha sido dada por los científicos de la NASA, a quienes se les debe la hipótesis de que el cráter gigante de 480 km de diámetro encontrado bajo la Antártica, fue causado por la caída de un meteorito y su devastador impacto generó dicha catástrofe. Un impacto de tal naturaleza debió cubrir la atmósfera con una fina capa de polvo, sumiendo en una noche continua el planeta durante meses o quizás años, poniendo a vibrar la corteza terrestre, desplazando las capas tectónicas e induciendo una actividad simultánea de gran cantidad de volcanes, cuya emisión de gases originó un calentamiento generalizado.

Casi toda la vida desapareció, sólo quedaron los hongos y otros organismos similares. Si bien la *extinción del Pérmico* es la peor que haya habido, fenómenos semejantes, aunque de menor intensidad, se vienen repitiendo cíclicamente desde que se formó nuestro planeta, y si no hacemos algo para evitarlo, podría ocurrir de nuevo en unas pocas décadas.

La era Mesozoica

A la era Paleozóica que concluyó en el período anterior, le siguió la era Mesozoica que se subdivide en tres períodos: el *Triácico* que va del 248 al 213, el *Jurásico* que va del 213 al 144 y el *Cretácico* que va del 144 al 65. El *Mesozoico* suele denominarse *la era de los reptiles gigantes,* debido a que esta clase animales dominó la Tierra durante todo ese tiempo. Los reptiles más destacados fueron los *dinosaurios* que aparecieron por primera vez en el *Triásico.*

El período Triácico

Los dinosaurios del período Triácico eran de menor tamaño al que tendrían sus descendientes en el futuro, pero, al igual que éstos, eran tardos y corrían balanceándose sobre sus patas traseras por los bosques y las pampas semiáridas. El clima en ese período fue más cálido y seco que en el Pérmico, posiblemente, el más caliente de los últimos quinientos millones de años. En ese período surgieron los primeros mamíferos de apariencia similar a la de los reptiles de entonces, y al final parece que la Tierra recibió un nuevo impacto de un asteroide que debió causar gran daño.

El período Jurásico

La época de mayor proliferación de los *dinosaurios* fue el Jurásico. Durante esa época *Pangea* continuó desintegrándose. En su lugar, se comenzaron a formar cuatro continentes: Asia y Europa casi unidas, Suramérica y África en un solo bloque, Australia y Antártico, en el siguiente; Norteamérica, Europa y Asia menos India, en el otro. Se abrieron los océanos Indico y Atlántico. En el *Cretácico,* se desarrollaron los *dinosaurios* de mayor tamaño que hubo jamás y aparecieron las aves primigenias que eran extraños reptiles voladores como el *Pterodáctylus* con alas, plumas, brazos, manos y tres garras cortas, o el *Archeóteryx,* con mandíbulas alargadas, dedos con garras en las alas y patas muy largas. En este período la deriva de los continentes se acentuó, se acabó por fin Pangea y lentamente, Australia se separó de Antártica, Norteamérica de Europa y los cinco continentes tomaron una posición semejante a la del presente.

El período Cretácico

Hace unos cien millones de años en el *Cretácico* la temperatura de la Tierra era de 6 a 12 grados en promedio mayor a la actual, el clima era húmedo y cálido como en todo el Mesozoico, lo que favoreció en muchas zonas el crecimiento de una vegetación abundante de tipo tropical, en la que proliferaron las *coníferas* y los grande bosques, que sirvieron de alimento a los dinosaurios. Estos animales por ser posiblemente de sangre fría, se acomodaban mejor a esas altas temperaturas, y por eso, terminaron reproduciéndose en abundancia y poblando todos los continentes hasta cerca de los casquetes polares, que entonces prácticamente no existían.

Esta situación se prolongó hasta cuando cayó, hace 65 millones de años, el segundo más grande asteroide de que se tenga noticia, de 10 km de diámetro, que dejó un cráter del tamaño del golfo de Méjico, acabó con la luz solar, estimuló el vulcanismo y mató gran parte de las especies, incluyendo, por supuesto, a los mencionaos dinosaurios, después de haber reinado sin competencia en nuestro planeta por 200 millones de años.

La era Cenozoica

A la era Mesozoica le siguió la era Cenozoica que es la más reciente y se divide en dos períodos: el *Terciario* y el *Cuaternario*. El período *Terciario* se subdivide en cinco subperíodos: el *Paleoceno*, entre los 65 y los 54.9 millones de años; el *Eoceno*, entre los 54.9 y los 38 millones de años; el *Oligoceno*, entre los 38 y los 24.6 millones de años; el *Mioceno*, entre los 24.6 y los 5.1 millones de años; y el *Plioceno*, entre los 5.1 y los 1.64 millones de años. El período cuaternario se divide en dos subperíodos: el *Pleistoceno* entre los 1.64 y los 10 mil años y el *Holoceno* desde los 10 mil años hasta el presente que es en el que estamos viviendo.

El subperíodo Paleoceno

En la era Cenozoica el clima fue muy variable; hubo una sucesión de períodos calidos y períodos fríos que se sucedían en forma aleatoria. A comienzos de Paleoceno, hace 65 millones de años, la temperatura ambiente continuó siendo cálida, pero al final disminuyó. En ese subperíodo los cocodrilos y las tortugas habitaban el Ártico, los ofidios y lagartos se multiplicaban, las aves modernas con características distintas a las de los dinosaurios, comenzaban a volar, y hubo una proliferación de mamíferos nuevos que remplazaron a los desaparecidos dinosaurios.

El mar era más caliente que el actual, y por algún motivo desconocido, hubo en él tanto como en los continentes, una *nueva extinción* de la fauna recién aparecida, cuyo origen se le atribuye, entre otras causas posibles, a la liberación de los *hidratos de metano* congelados en el fondo de los océanos, o a los efectos de otro impacto de asteroide que esparció gran cantidad de polvo y bloqueó la irradiación solar, calentando simultáneamente la Tierra, al propiciar el aumento del vulcanismo.

El subperíodo eoceno

Al subperíodo del Paleoceno le siguió hace 54.9 millones de años, el del *Eoceno*, en que el clima fue un poco más frío que en el anterior. Sin embargo, tuvo un pico de mucho calor, al comienzo, para después declinar. Por eso, en el Eoceno abundaron los bosques tropicales en la Antártica, la cual sólo al final tuvo casquetes polares. Este enfriamiento continuó durante el resto del terciario y todo el cuaternario con grandes altibajos de épocas cálidas y épocas frías, en las que buena parte de la Tierra permanecía cubierta de hielo.

Se cree que esto se debió a la pérdida del dióxido de carbono en la atmósfera terrestre, que a principios del Cenozoico era de 2000 miligramos por litro, y en el último millón de años bajó a 300 miligramos por litro, disminuyendo así el efecto invernadero generado por este gas y la consecuente retención del calor irradiado por el Sol. En la actualidad el dióxido de carbono ha aumentado a 370 miligramos por litro por culpa del hombre. En el Eoceno aparecieron unos simios antropoides que vivían en los árboles llamados catarrinos y platirrinos de los que evolucionaron los primates y los homínidos, quienes, al parecer no fueron afectados por la *nueva extinción masiva* del 12% de las especies, cuya intensidad fue menor que la del Triásico o el Pérmico.

El subperíodo Oligoceno

El *Oligoceno* de hace 38 millones de años, fue una etapa de transición entre el *Eoceno* y el *Mioceno* en que la temperatura siguió disminuyendo y se formaron los glaciares de los polos que antes estaban cubiertos de vegetación, con lo que el nivel del mar bajó en todos los continentes y se descubrió en ellos la plataforma continental. Crecieron los pastizales y volvieron los bosques a los trópicos. Surgieron los mamíferos de gran tamaño como los *mastodontes,* incluido el *baluquiterio,* el mamífero terrestre más grande que haya existido con 5.5 m de alzada, los *mamut lanudos,* los *megaterios, perezosos terrestres* de hasta seis metros de alto en posición bípeda, los enormes *titanoterios,* y muchos más, todos extintos, así como también los roedores, las serpientes y los lagartos, al igual que primates como los gorilas, los chimpancés, y los mandriles, que coexistieron con los homínidos más antiguos, entre otros. Se diversificaron también los cetáceos, como las ballenas y en general se renovó la fauna y la flora de la Tierra.

El subperíodo Mioceno

En el Mioceno, que comenzó hace 23 millones de años y es el cuarto subperíodo de la era Cenozoica, se produjeron drásticos cambios climáticos. Continuó el enfriamiento global del planeta, y con el enfriamiento, se generalizó la sequía que extinguió buena parte de los bosques del Oligoceno e indujo la proliferación de *plantas herbáceas* y *pastizales,* por ser más aptos para resistir las bajas temperaturas. Los continentes continuaron su deriva y terminaron colocándose en las posiciones actuales; sólo faltaba el puente entre Suramérica y Norteamérica, que hoy denominamos *Centroamérica.* Al mismo tiempo seguían elevándose cada vez más las grandes cordilleras del Himalaya, los *Andes,* y los *Pirineos,* cuya formación comenzó en el Mioceno. En la fauna predominaron los elefantes y aparecieron los osos y las hienas. Se diversificaron aún más los primates y surgieron homínidos tales como el *Shelanthropus* y el *Ardpitecus,* todavía de aspecto bastante simiesco.

El subperíodo Plioceno

El Plioceno, hace 5.1 millones de años, fue la época en que aparecieron los primeros *Australopitecos,* homínidos más avanzados que los anteriores, y más tarde, entre los 2.5 y los 1.8 millones de años, el *género Homo,* del que evolucionaría el *Homo sapiens* actual. Fue una época en que la Tierra siguió enfriándose. La Antártica se cubrió con la gruesa capa de hielo que tiene hoy. Hace 3.5 millones de años, se estableció el *istmo centroamericano entre Norte y Suramérica,* con lo que se cortó en dos el mar que rodeaba estos continentes y se restringió la circulación de las corrientes marinas, lo que pudo contribuir al enfriamiento global y al comienzo de las glaciaciones que habrían de sobrevenir en el *Pleistoceno*. Se extendieron las selvas tropicales alrededor del ecuador terrestre y desaparecieron en otras partes, para dar paso a los desiertos de Suramérica, África y Asia.

El período cuaternario

El *Pleistoceno* y el *Holoceno* conforman el cuaternario. Se iniciaron hace 1.64 millones de años. El Pleistoceno se caracterizó por ser la época en la que se produjeron las más bajas temperaturas de la Tierra, dando origen a una serie de glaciaciones, en las que se alternaban de manera sucesiva los períodos glaciares con los interglaciares. En medio de esa difícil etapa, el *género Homo* debió sobrevivir y evolucionar desde los primeros ejemplares del tipo del *Homo erectus,* el *Homo hábilis,* el *Homo rodesiensis* y los demás ejemplares del género Homo, hasta el *Homo de Neandertal*, el *Homo del Cro-magnon* y el *Homo sapiens.* Quizás fue el desafío que les impuso el ambiente hostil uno de los factores que los obligó a cambiar genéticamente para protegerse y competir favorablemente con los otros animales. Para ello, se envolvieron en pieles de animales, se guarecieron en cuevas, fabricaron herramientas, descubrieron el fuego e inventaron un lenguaje fonético más sofisticado que el de los otros primates, con el fin de poder socializar y acometer empresas comunitarias como la caza en grupo y la defensa mutua.

Cada edad del hielo era seguida por una edad interglaciar. En total hubo veinte ciclos. De esos veinte ciclos, hubo cinco grandes períodos glaciales fríos, y cinco grandes interglaciales templados, con bruscas oscilaciones del clima, súbitos calentamientos y enfriamientos en cada período, según lo demuestran los estudios sobre la proporción de los isótopos del oxígeno 18 versus el oxígeno 16 en los fósiles marinos acumulados en el fondo del océano.

El primer período glacial ocurrió hace 1.8 millones de años y duró 400 mil años, al que le siguió un interglacial de 300 mil años. El segundo, hace 1.1 millones y duró 350 mil años, al que le siguió un interglacial de 170 mil años. El tercero, hace 580 mil años, y duró 190 mil años, al que le siguió un interglacial de 190 mil años. El cuarto, hace 200 mil años, y duró 160 mil años, al que le siguió un interglacial de 20 mil años. El quinto, hace 115.000 años, alcanzó las más bajas temperaturas hace 20.000 años y concluyó, se cree que abruptamente, cuando comenzó el *Holoceno, hace 10 000 años.* A partir de entonces no ha habido otro período glacial severo. Para hacerse una idea de lo que representan esos tiempos, recuérdese que desde la época de los griegos hasta la nuestra, no hay sino 2 500 años y ésta nos parece muy remota.

En la última edad glacial quedaron bajo un manto de hielo de 1.0 a 3.0 km de espesor, Groenlandia y el norte y centro de Europa. Lugares como París quedaron cubiertos con una capa de un kilómetro de espesor. También se extendió por todo el este de Canadá, incluidas las Montañas Rocosas, y parte de Alaska. En Estados Unidos se expandió por Nueva Inglaterra, y gran parte del resto de la mitad septentrional del centro y el oeste, desde la Bahía de Hudson hasta el Océano Ártico. El glaciar de mayor extensión abarcó un área de 13 millones de kilómetros cuadrados. Un glaciar más pequeño se formó en la Antártica.

En promedio, la temperatura terrestre fue menor en unos 7 grados centígrados a la actual. Las glaciaciones produjeron un descenso del nivel del mar y por consiguiente una expansión del 8 % de la zonas costeras de los continentes. El clima fue al mismo tiempo más frío y más seco, lo que produjo un aumento de las zonas áridas. La menor precipitación incrementó el tamaño de las tundras y los desiertos en muchas partes del mundo.

Al comparar el clima del Pleistoceno con el actual, podemos concluir que estamos pasando por una de esas breves etapas raramente paradisíacas de nuestro planeta, cuyo duración ignoramos, pero de la que sabemos acabará en unos cuantos milenios, si es que antes no lo trastorna todo un asteroide o un cometa peregrino que se cruce en nuestra órbita, sin que podamos evitarlo.

CUARTA PARTE

Nuestro peligroso viaje por el espacio interestelar.

El Universo es un lugar catastrófico desde el punto de vista del hombre. Es un inmenso y desconcertante conglomerado de materia en proceso de desintegración, lleno de galaxias que colisionan a menudo y se funden en medio de pavorosos cataclismos, de estrellas que explotan y se mueren, de hoyos negros que devoran todo lo que se acerque a ellos, de incremento constante de la entropía que lo sumerge todo cada vez más en el frío sideral. Es un Universo con un comienzo fantásticamente cálido y un fin infinitamente helado, del que tan sólo somos una minúscula parte, la más diminuta y vulnerable de todas. En nuestra travesía, hemos venido enfrentando y seguiremos enfrentando incontables peligros tanto *externos,* provenientes del espacio interestelar, como *internos,* de nuestro propio sistema solar y de nuestro propio planeta. Vamos a continuación a describirlos.

Peligros provenientes del espacio interestelar. Estamos viajando sobre uno de los múltiples brazos de la galaxia denominada Vía Láctea (una de las millones de millones de galaxias del Cosmos) orbitando una estrella mediana, el Sol, montados encima de uno de sus nueve planetas, estrella que está agotando su combustible, se está hinchando y en unos cuantos miles de millones de años, nos va a destruir. Por fortuna, este momento está tan lejano que no lo vamos a ver.

Nuestro sistema solar se encuentra ubicado a 27 000 años luz del centro de esa galaxia, sobre cuyo plano galáctico, o plano sobre el que gira la galaxia, nos desplazamos a una velocidad de 220 kilómetros por segundo, no siguiendo una trayectoria paralela al dicho plano, sino, según se cree, ondulando por encima y por debajo de éste, al mismo tiempo que rotando, como si cabalgáramos en el caballito de palo de un gigantesco carrusel interestelar.

Si pudiéramos vivir para contemplarlo, tardaríamos 250 millones de años en darle una vuelta completa a la *Vía Láctea,* conjuntamente con el sistema solar, y en esa largísima travesía, pasaríamos en infinidad de ocasiones por el plano galáctico, a razón de una vez cada 33 millones de años. Como cosa curiosa se ha señalado que ese es el tiempo que demora aproximadamente en producirse un ciclo de extinción masiva de la vida en relación con el siguiente. ¿Coincidencia fortuita o ley determinante?

De ser lo segundo, lo anterior significaría que existen zonas de gas interestelar en el plano galáctico lo suficientemente densas, como para atraer (desde la nube de Oort que rodea el sistema solar, más allá de la órbita del planeta Plutón), las enormes bolas de hielo seco y gases conocidas como cometas, las cuales podrían entrecruzarse con las órbitas de los satélites solares incluida la Tierra e impactarlos; o desintegrarse por el calor del Sol y dejar fragmentos grandes que colisionen con nosotros; cuando no nubes de polvo tan abundante que impidan la irradiación y mantengan en una *larga noche* de millones de años, sobre nuestro planeta. Si se confirma esta hipótesis, eso explicaría las extinciones masivas periódicas de la vida que han venido ocurriendo desde que ésta apareció en la Tierra.

No es menos aterrador la existencia en nuestras vecindades (a solo 650 años luz de la Tierra) de una estrella gigante roja, moribunda, en la constelación de Orión, llamada *Betelgeuse,* descubierta en la antigüedad, en el año 150, por *Ptolomeo,* estrella con una masa 20 veces mayor que la del Sol y un tamaño 40 millones de veces mayor. Dicha estrella parece haber agotado su combustible, está hinchada, a punto de explotar y convertirse en una supernova, lo que puede suceder en un tiempo indeterminado. Si lo llega a hacer, brillaría con la luminosidad de la Luna en cuarto creciente y se la vería inclusive de día. Después se extinguiría en unos cuantos meses o años y terminaría convirtiéndose en una estrella de neutrones de unos 20 kilómetros de diámetro. El daño que causaría a la Tierra no deja de ser preocupante. No tenemos experiencia sobre fenómenos similares.

Colisiones con otros cuerpos celestes. Explicábamos al comienzo del presente ensayo, que durante el proceso de formación del sistema solar, quedó flotando en éste un *cinturón principal* de peñascos sueltos de distinto tamaño en una órbita intermedia entre Júpiter y Marte, y un *cinturón secundario* que se desprende del principal y describe otra órbita que se entrecruza con la de la Tierra. El origen de dicho material sobrante, no está claro. Se cree que pudo deberse a un planeta que se desintegró, o a *basura espacial* que sobró después de la formación del sistema solar, sin que llegara a convertirse en un conglomerado rocoso de tamaño similar al de los otros nueve satélites.

Estos planetoides se clasifican en *asteroides* y *meteoritos.* Los primeros tienen volúmenes del orden de un kilómetro de diámetro como ***Ceres***, o de medio kilómetro como *Vesta,* pero la mayoría no pasan de 100 m lo que de todas maneras constituye un serio peligro para la Tierra. Los *meteoritos,* en cambio, son rocas de menor tamaño, incluso de menos de un metro, que no se desintegran al caer contra nuestro planeta, pero que en su veloz descenso se calientan tanto que con frecuencia se incendian y se convierten en brillantes esferas de fuego o *meteoros,* mal llamados *estrellas fugaces.* Los *cometas,* por su parte, a veces se entrecruzan con la órbita de la Tierra, y por eso chocan con ella, dejando cráteres similares a los producidos por los asteroides.

El número de colisiones de asteroides y cometas que ha sufrido nuestro planeta, ha sido enorme, pero hasta ahora sólo se han descubierto seis, sin que se hayan podido detectar los otros, porque sus cráteres terminaron siendo borrados por los movimientos de las placas tectónicas, por los glaciares, o por la vegetación, cuando no por una combinación de esos tres factores.

Movimientos de las placas tectónicas. Las placas llamadas tectónicas son unos catorce gigantescos bloques rocosos rígidos sobre los que se apoyan los continentes, los cuales se desplazan sobre el manto terrestre inferior fluido, que está aproximadamente entre 100 y 240 kilómetros de profundidad. Como explicábamos antes, estos bloques están sometidos a corrientes de convección causadas por el intenso calor del núcleo central de la Tierra, que está a 4 500 grados centígrados, corrientes que generan la tectónica de placas y la deriva o traslación de los continentes, los que, como veíamos, van cambiando de posición unos con respecto a otros, separándose y volviéndose a juntar a lo largo de los milenios. Estos movimientos alteran el tamaño de los continentes y los mares, así como el de las áreas cubiertas de vegetación, lo cual modifica lo que se llama el *albedo* de la Tierra, o sea la capacidad de reflejar la irradiación solar al espacio exterior y esto influye notablemente en el clima.

Hoy en día la deriva continúa aunque a paso muy lento de 3.0 cm/año, pero aún así, siguen chocando las masas continentales, y provocando deformaciones que en el pasado produjeron el surgimiento de cadenas montañosas y grandes fallas como las de *San Andrés.* El contacto por fricción entre los bordes de dichas placas es el responsable de la mayor parte de los terremotos. La verdad es que el manto terrestre no está consolidado aún y habitamos, por tanto, un planeta inestable en constante cambio, que multiplica las catástrofes naturales.

En la antigüedad estos fenómenos eran atribuidos a los dioses. En Japón se le achacaban a un pez gato llamado *Namazu,* en *Grecia* a un descuido del dios *Atlas* que sostenía la Tierra, en la *Biblia,* a castigos de *Jehová.* Siempre ha habido ciudades enteras devastadas por la inestabilidad telúrica. Se pueden citar los casos de *Creta, Alejandría, Pompeya, Herculano,* y en tiempos menos remotos, *Antigua,* en Guatemala, *Sangra,* en la India, *San Francisco,* en Estados Unidos, *Nan Chan,* en China, y muchos más. Y como si eso fuera poco, los cambios climáticos inducen unas veces sequías y otras, excesiva pluviosidad. Cada año vemos cómo se producen catástrofes de ese tipo que matan a veces o dejan en la miseria a miles de seres humanos.

El vulcanismo. El aumento de la actividad de los volcanes es otro serio peligro para la Tierra. Basta recordar la erupción en 1883 del *Krakatoa* en Indonesia. Se oyó a miles de kilómetros de distancia y la nube de rocas, polvo y ceniza que despidió y envolvió el planeta durante un año, produjo una ola gigantesca de 40 metros de altura que inundó un centenar de aldeas y mató a unas 37.000 personas. Pero eso no sería nada frente a la posible erupción volcánica en *Cumbre Vieja* de la isla *Palmas* en Canarias. De explotar ésta se hundiría en el mar y formaría olas de 900 m de altura que impactarían el Sahara, Marruecos, Florida, y el Caribe. Catástrofe similar a la que ocurrió el la isla *Santorini* en la época de *Moisés,* como veremos en el ensayo cuarto, la cual barrió con la civilización micénica y produjo desastres en todo el Mediterráneo. Si suponemos cadenas de volcanes como éstos en actividad en distintos puntos del globo terráqueo como pudo ocurrir en el Pérmico, y podría volver a ocurrir, lograríamos entender la amenaza que representa el vulcanismo para la vida en la Tierra, debido a los enormes volúmenes de gases, polvo y cenizas que lanzan a la atmósfera, amén de la devastaciones generadas por los consecuentes terremotos y tsunamis.

La intensidad de la energía solar. La temperatura media de la Tierra y las glaciaciones o los calentamientos dependen, en gran medida, de la energía que le trasmite el Sol a nuestro planeta. Como su luminosidad ha ido en aumento a razón de 10 % cada 1 000 millones de años, debido a la combustión del hidrógeno en su interior, y seguirá aumentando en el futuro hasta quemar la Tierra en unos cuantos miles de millones de años, en la actualidad es un 40% mayor que hace 4 600 millones de años. Se agrega a esto las variaciones en el campo magnético solar, ya que la interacción entre las partículas provenientes del Sol genera reacciones químicas que modifican la composición del aire y de las nubes así como la formación de éstas. No obstante, la temperatura media ha ido disminuyendo con el correr de los eones.

La inestabilidad magnética de los polos. La Tierra tiene un campo magnético de tipo bipolar, con un polo positivo en un hemisferio y un polo negativo en el otro hemisferio y líneas de fuerza entre uno y otro, muy al estilo de un enorme imán. Se cree que esta configuración se debe a la generación de corrientes eléctricas producidas por los metales altamente conductores del núcleo exterior de la Tierra combinados con la rotación. Sin embargo, ni la orientación ni la polaridad se han mantenido constantes a lo largo de los tiempos. Existen evidencias de que la intensidad del campo magnético está disminuyendo a razón de un 7% cada siglo y si ésta disminución continua, en 1 500 años la intensidad llegará a ser nula. Esto al parecer ya ocurrió. Hace 730 000 años se invirtió la polaridad, y la brújula, de haber existido, debió en esa época apuntar hacia el sur y no hacia el norte como hoy en día.

Esto podría ser catastrófico para la vida. Sabido es que en el Sol se presentan erupciones periódicas violentas en las que libera grandes cantidades de emisiones de protones de alta energía conocidos como rayos cósmicos, que cuando existe un campo magnético normal penetran sólo por los polos a la Tierra, donde producen compuestos nitrogenados (óxido de nitrógeno) que dañan la capa de ozono. Por eso, si un día se llegara a anular ese campo magnético, esos rayos cósmicos podrían bañar la totalidad del planeta, con desastrosas consecuencias para los seres vivos.

Mutabilidad climática. Todos los factores antes mencionados afectan el clima de la Tierra y de él depende, en buena parte, la supervivencia, la mutación o la destrucción de las especies vivientes. Es, por eso, el principal responsable de las extinciones masivas, pues nunca ha sido constante, sino variable de caliente a frío o de frío a caliente.

Estas variaciones modifican por completo el aspecto de nuestro planeta cada vez que ocurren. En las épocas de calor, el nivel del mar aumenta porque el hielo de los polos se derrite, los océanos invaden las costas, disminuye el área continental seca, crece una vegetación exuberante de tipo tropical en muchas partes, en otras, la tierra se aridece, se aumentan los desiertos y quedan pocos glaciares y fiordos en los polos.

En cambio, en las épocas glaciares, hay menos evaporación, menos desiertos, más vegetación de baja altura, más lagos, más aumento del hielo que se cuadriplica en todos los continentes y en especial en los polos, disminución del nivel del mar en 30 a 130 metros y aparición de grandes extensiones de la plataforma continental en las costas. En las épocas templadas sólo el 10% de la Tierra está cubierta de hielo; en cambio, en las épocas glaciares el 30% del área está cubierta de hielo, y el 75% de agua está congelada.

El clima terrestre, durante los primeros 3 000 millones de años, fue cálido y sólo albergó vida bacteriana, así como esponjas y protozoarios: pero al final del *Proterozoico* ocurrió una prolongada glaciación entre los 750 y los 580 millones de años, debida, entre otras causas, a las *cianobacterias* que con el oxígeno emitido por ellas descompusieron el metano y el dióxido de carbono, los únicos gases de invernadero existentes entonces. La falta de esos gases enfrió el planeta y lo convirtió en una bola de nieve durante 170 millones de años. En las siguientes eras: *Paleozoica, Mesozoica* y *Cenozoica,* en cambio, predominó el clima cálido sobre el frío con sólo dos glaciaciones, una en el 440 y otra más extensa en el 290.

Durante el *Cenozoico* la temperatura fue bajando a partir del *Terciario* con ciclos de calentamiento y enfriamiento. Igual sucedió en el *Cuaternario,* en el que estamos, sobre todo en el *Pleistoceno,* cuando la temperatura siguió descendiendo y produciendo frecuentes glaciaciones. Lo extraño es que en este último subperíodo la vida prosperó más que nunca, el *Homo sapiens* invadió los cinco continentes con 7 mil millones de seres humanos, y el número y variedad de otras especies se multiplicó de manera similar, como si la vida necesitara para crecer más de los climas medios, que de los cálidos.

Sin embargo, durante el *Holoceno,* cuya iniciación coincide con el final de la última edad del hielo de hace 10 000 años, la temperatura del planeta volvió a incrementarse. Su máximo fue en época de los *sumerios,* hace 5 000 años, cuando llegó a subir 5 grados centígrados. Posteriormente, se alternaron las edades frías con las cálidas hasta el fin del Imperio Romano en los años 700. A partir de entonces la Tierra volvió a calentarse entre el 700 y el 1200, para enfriarse de nuevo desde el 1 200 hasta el 1 750 cuando llegó a lo que se ha denominado *pequeña edad del hielo.* En la actualidad la temperatura media ha subido 4 grados, pero si continuamos emitiendo gases de invernadero, continuará su ascenso con gran perjuicio para los seres vivos como ha ocurrido varias veces antes.

Si se comparan estas variaciones del clima con las extinciones masivas desde que la vida apareció hace 3 900 millones de años, encontramos una rara coincidencia. En total ha habido no menos de 17 mortandades de más del 10%. Las primeras fueron hace 500 millones de años en el *Cámbrico* y el *Ordovícico* cuando se sucedieron unas cinco en las que desaparecieron casi la mitad de las especies y otras de menos. Era la época en que el planeta Tierra al parecer estaba demasiado caliente como para conservar la vida.

En el *Carbonífero* medio hubo también otras extinciones pero del 20%. La peor fue en el *Pérmico,* de hace años 250 millones de años, como dijimos, en que la desaparición fue del 95%. Al final del *Triácico,* hace 200 millones de años, hubo otra del 30%, al igual que al final del *Cretácico* que produjo la muerte del 35% de las especies, entre ellas, los dinosaurios. La última fue en el *Eoceno* cuando hubo una extinción del 15% hace 45 millones de años. A partir de entonces no ha habido nuevas catástrofes ecológicas. De lo anterior se deduce que nuestro planeta puede ser cualquier cosa, incluso bello, como en la época actual, pero no seguro.

Y menos seguro será, si el hombre no hace algo para impedir el deterioro acelerado de su nave espacial. En los últimos sesenta años hemos contaminado más el ambiente que en los dos o tres millones de años anteriores en que hemos estado evolucionando en nuestro planeta.

Origen de la mutabilidad climática*.* Sobre el origen de la mutabilidad climática y la periódica aparición de los períodos glaciares y los períodos de calentamiento global, aún no hay claridad, debido a la diversidad de factores que inciden en su génesis. Se han elaborado varias hipótesis para explicarlos, la más conocida de las cuales es la propuesta por el científico ruso *Milankovitch*. Según él, existen tres variaciones orbitales que pueden causar cambios climáticos: la excentricidad de la órbita terrestre, la inclinación axial y la precesión de los equinoccios.

La variación de la excentricidad consiste en el cambio de la órbita terrestre alrededor del Sol cada 100 000 a 400 000 años, desde una cuasi circular a una elipsoidal. Esta modificación incide en el clima, debido a que en una órbita circular la Tierra mantiene aproximadamente la misma distancia media respecto al Sol de 930 millones de kilómetros, pero en una órbita elíptica, el Sol ocupa unos de los focos de la elipse, y la distancia entre el Sol y la Tierra varía a lo largo del año. A primeros de enero alcanza la máxima proximidad (perihelio), mientras que a primeros de julio, la máxima lejanía, (afelio) en el que la Tierra se aparta lo suficiente del Sol como para recibir una menor insolación hasta de un 30%.

La otra variación importante es la inclinación axial del eje de rotación de la Tierra con respecto al plano de giro, que muda cada 41000 años desde 21.5 hasta 24.5 °C. Esto hace que la insolación media en uno y otro hemisferio se modifique, alargando los veranos o acortando los inviernos o lo contrario.

Por último, influye también en las glaciaciones la precesión o bamboleo de su eje de rotación a la manera de un trompo. El eje de la Tierra completa su ciclo de precesión cada 25 800 años.

Algunos de estos fenómenos o los tres en conjunto, producen un aumento en la duración de los inviernos y un acortamiento en la duración de los veranos. En esas condiciones, los inviernos son tan fríos que los veranos no alcanzan a derretir la capa de hielo del invierno anterior, cuando ya llega el nuevo invierno y no la deja derretir. Si este proceso continúa por años, es tanto el hielo que se acumula que alcanza cubrir bastas extensiones del planeta, generando así un enfriamiento progresivo, y en últimas, una glaciación.

También las edades del hielo se han atribuido a las manchas solares. Éstas suelen alcanzar tamaños entre 12 000 kilómetros (igual al diámetro de la Tierra) y 120 000 kilómetros de diámetro. Se cree que dichas manchas están formadas por expansiones localizadas de gases, cuya temperatura es más baja que la del resto del Sol. Por eso, si el número o extensión de las mismas es grande, la luminosidad del Sol puede disminuir. Ése es el motivo por el cual algunos astrónomos han sugerido que determinadas glaciaciones en el pasado pudieran haber sido causadas, en parte, por la persistencia de manchas solares que hubieran ocasionado un descenso prolongado de temperatura en la superficie del Sol. Adicionalmente, el incremento de la actividad volcánica y las variaciones de las corrientes marinas, también pueden tener incidencia en las glaciaciones.

Mutabilidad climática por causas antrópicas. Los seres vivos siempre han estado influyendo en el ambiente terrestre. Las *cianobacterias* cambiaron la atmósfera, la capa vegetal cambió el albedo, pero el Homo sapiens nunca afectó notablemente su entorno hasta el siglo pasado. Es cierto que la construcción de ciudades y la tala de bosques para desarrollar el pastoreo y la agricultura, incidió de algún modo en la producción de metano, óxido nitroso, y amoníaco generados por el estiércol del ganado, gases mucho más peligrosos que el dióxido de carbono; pero como la población humana era relativamente pequeña, y la demanda de alimentos, baja, no se requirió entonces ni de extensas deforestaciones, ni de ganadería intensiva para cubrir las necesidades de los distintos países, de manera que el impacto ambiental no fue mayor.

No así en los últimos sesenta años, en los que el influjo del hombre sobre el ecosistema fue superior a todo el producido por los homínidos en el millón de años en que estuvieron evolucionando sobre el planeta Tierra hasta convertirse en sus dueños, porque en el siglo XX se conjugaron dos factores muy desfavorables: el desaforado aumento de la población, con el tremendo incremento de la producción industrial para abastecer las necesidades de esa población.

El hombre primitivo prácticamente no contribuyó en nada al deterioro del medio. El progreso posterior de la civilización y la multiplicación de sus habitantes, contribuyó al deterioro, pero en forma limitada, debido a que el consumo de energías distintas a la hidráulica y la térmica, era casi nulo, ya que el transporte se hacía en coches tirados por caballos, y la comunicación, por mensajeros. Las cosas cambiaron por completo a partir de la revolución industrial del siglo XIX y todavía más en el siglo XX, cuando apareció la aviación y después de la primera guerra mundial se popularizaron los automóviles,

Fue entonces cuando se inició la mayor degradación ambiental de que se tenga noticia, con el crecimiento del parque automotor mundial que pasó de unos cuantos miles de vehículos a mediados de siglo XX, a 204 millones en el año 2006 en solo Estados Unidos, y se llegó a 800 millones en todo el mundo. La flota aérea mundial alcanzó la cifra de 16 000 aviones de carga y pasajeros, los cuales posiblemente se duplicarán en los próximos veinte años, y otro tanto le sucederá al parque automotor. China sola, planeó adquirir 23 000 aviones entre el año 2007 y el año 2027.

Agréguese a lo anterior, la innumerable cantidad de fábricas que están emitiendo gases a la atmósfera sin ningún control, conjuntamente con las toneladas de basuras que se arrojan, y se comprenderá que el porvenir de nuestro planeta para el futuro próximo no puede ser más sombrío. Se están emitiendo 22 000 millones de toneladas de dióxido de carbono al año, y su concentración se ha aumentado en un 31% desde la época preindustrial de mediados del siglo XVIII; es la concentración más alta de ese gas en los últimos 420 000 años, lo que a la larga va a producir una catástrofe ecológica.

Esta catástrofe va de la mano con el progreso. Entre más progresemos más contaminación generaremos y más cercanos esteremos de una mutación climática de gran magnitud. Sobre todo si se tiene en cuenta que en la actualidad los países que más polucionan son los más desarrollados, como Estados Unidos que emite el 25% de los gases de invernadero y Europa que emite otro tanto, a los que se le van a sumar en veinte o treinta años: China, India, Japón, Corea del Sur, Autralia y otros países emergentes más como Brasil, que van a alcanzar un nivel de desarrollo industrial parecido a Estados Unidos y Europa. En ese instante, no van a ser esos los únicos productores de gases, sino los diez o quince que se industrializarán al máximo y por ende, duplicarán o triplicarán la contaminación por encima de la actual.

Entre más se estimule la sociedad de consumo, más productos industriales deberán fabricarse y más deshechos peligrosos generarse, si no se le pone remedio rápido a esta situación. Pero lo que se está haciendo es estimular el consumo para solucionar la crisis económica en que estamos inmersos, sin simultáneamente proveer los métodos para crear una industria y un sistema de transporte masivo limpios. Sorprende la pasividad con que el hombre actual contempla su negro porvenir. Demoró tanto tiempo la Tierra en llegar al estado de estabilidad climática de que goza desde hace unos diez mil años, para que ahora los seres vivos que más se han beneficiado con eso, terminen destruyendo su paraíso.

El planeta Tierra, cuya turbulenta historia la acabamos de describir en forma sucinta, conjuntamente con la de la vida que se desarrolló en él, ha venido sufriendo toda clase de vicisitudes durante 4 600 millones de años, lo que no deja de sorprender. Lo primero que llama la atención, es la manera como todo esto ha sucedido, sin orden ni concierto, puramente al azar. Desde el comienzo de la formación de la Tierra, nada ha permanecido constante. "*Todo fluye, y cambia*" como decía Heráclito de Éfeso, todo, desde la configuración del globo terrestre, los caminos interestelares por donde anda, los continentes que navegan como barcos a la deriva, hasta el clima que se modifica sin cesar, las células que se diversifican hasta el infinito, las especies que evolucionan, los seres vivos cada vez más complejos, los primates que se trasforman en homínidos, los homínidos que devinieron en Homos, los *Homos* que se llaman a sí mismos *sapiens* en un gesto de infantil arrogancia, y los *Homo sapiens* que dominan la Tierra y se escapan de ella para conquistar el espacio.

Lo extraño es que entre todos esos hechos no hay un hilo conductor. Nada parece dirigido ni orientado hacia un propósito. Las cosas se hacen y se deshacen siglos o milenios mas tarde; los seres vivos aparecen y desaparecen; las especies se extinguen. ¿Cómo se puede explicar esto? ¿Por qué ha habido periódicamente mortandades hasta del 50% de los seres vivos? ¿No constituye esto un esfuerzo inútil de Dios, si es que existe, crear algo tan complejo como son los millones de organismos vivientes para destruirlos después y crear otros?

De haber habido un diseñador inteligente no habría necesitado producir tantas especies de seres vivos distintos que fallaron y se extinguieron antes de que surgieran las que existen en la actualidad, estimadas en unas 1.75 millones, cifra que algunos elevan a 13.5 millones como la más probable, debido a la diferenciación de especies antes consideradas iguales que la biología molecular está realizando últimamente. Sin embargo, esos 13.5 millones no alanzan a ser ni el 1 % de los varios billones de especies que se cree han existido desde que aparecieron las primeras células procarióticas, hace 3 600 millones de años; las demás se extinguieron, muchas de ellas en algunas de las grandes catástrofes ecológicas de los últimos 500 millones de años, una de las cuales, como vimos, acabó con los dinosaurios, hace 65 millones de años.

¿Por qué Dios habría de hacer tantos seres destinados a perecer, si supuestamente era un Dios bueno y omnisciente? Más parecería la obra de la casualidad pues se diría ejecutada por el método de ensayo y error, consistente en escoger una solución cualquiera y probar si funciona, si no funciona, seleccionar otra y volver a ensayar, y así continuar hasta dar con la solución definitiva. Si de lo que se trataba era de crear un Universo para que el hombre admirara la grandeza de Dios como preconizan las religiones, por qué no se le facilitó todo al ser humano en ese Universo para que quedara agradecido, por qué se lo puso en un lugar lleno de peligros y calamidades, como si no se hubiera encontrado algo mejor que hacer que arrojarlo, indefenso, donde menos le convenía.

Por milenios las catástrofes fueron consideradas castigos divinos por los pecados de los hombres o por su ingratitud con los dioses, razón por lo que, para aplacarlos, se les elevaban oraciones y se les hacían sacrificios, incluso de seres humanos. Esas oraciones y esos sacrificios, sin embargo, en nada redujeron la diaria sucesión de infortunios y desgracias que nos depara un planeta presuntamente hecho para nosotros, pero que no por eso deja de perseguirnos con desastres. Son adversidades que nos caen encima sin que sepamos por qué, a unos más que otros, sin que los que menos daño hacen a los demás, sufran menos, que los que más daño inflingen a los otros. No hay justicia en la manera como se nos distribuyen las desventuras.

¿Cómo se entiende que haya habido un ordenador inteligente capaz de crear un mundo tan absurdo sin sentir remordimiento? Sólo el azar ciego puede proceder de esa manera, el azar implacable que domina el Universo y lo hizo caótico y perecedero, regido por unas leyes cósmicas aleatorias.

A diferencia de los cuerpos celestes que existen por miríadas y miríadas de milenios, y por eso no necesitan multiplicarse, la vida tiene que reproducirse para darle paso a sus descendientes porque sólo dura un instante y muere. Nos reproducimos porque morimos pues si no morimos no cabrían físicamente en nuestro pequeño planeta las miríadas de seres vivos que se han gestado en los 3 500 millones de vueltas al Sol que ellos le han dado desde que comenzaron a nacer en mares, lagos y continentes con una fecundidad desbordante. Fecundidad que se explica por la agresividad del ambiente en que debieron desarrollarse esas frágiles moléculas capaces de perpetuarse sólo donde existen condiciones muy especiales de temperatura, humedad, y energía solar, tan escasas en el Universo.

Debían, por eso, reproducirse en exceso para conseguir que algunos ejemplares supérstites lograran conservarse y transmitir el misterioso secreto de sus cromosomas a las nuevas generaciones, las cuales a su vez seguían amenazadas y tenían que luchar permanentemente para modificar su organismo y adaptarlo a los constantes cambios del entorno. La vida quedó, entonces, compelida a nacer, replicarse, y morir, para que sus descendientes pudieran también nacer, replicarse y morir y así lo siguieran haciendo los descendientes de sus descendientes hasta que llegue la hora de la destrucción final.

∽

ENSAYO TERCERO

HISTORIA DE LA EVOLUCIÓN DEL HOMBRE Y SUS REDES NEURONALES

Del simio al Homo sapiens

Trazar la evolución del hombre en los últimos cinco millones de años durante los períodos denominados *Plioceno* (5.3 a 1.8 millones de años) y *Pleitoceno*, (1.8 millones de años al presente) no es tarea fácil, pues sobre esta materia se encuentran discrepancias notables entre los paleontólogos, tanto en la cronología como en el nombre de las distintas especies.

Dicha evolución se la ha tratado de rastrear de tres maneras distintas: por medio de los *registros fósiles* encontrados en los últimos tres siglos; por medio de la *paleoneurología* y por medio del *ADN cromosomal* y *mitocondrial,* esto es, el ADN que se trasmite por vía paterna y materna a los descendientes.

El primer método se basa en el estudio de los restos fósiles de seres humanos y sus ascendientes humanoides desde el momento en que aparecieron los primeros ejemplares de ese tipo, hasta el presente, lo que nos revela sólo parte de la historia, pues apenas si nos aclaran cuándo comenzaron a andar erectos, o a desarrollar herramientas, pero nada nos dicen, por ejemplo, sobre cuándo empezaron a perder el pelo y a remplazarlo por prendas de vestir.

El segundo método se basa en la nueva ciencia de la *paleoneurología* que estudia e interpreta las impresiones dejadas por la masa encefálica en los cráneos para determinar las capacidades mentales de nuestros ancestros y saber cómo vivieron y pensaron las distintas especies.

El tercer método sólo puede aplicarse a especímenes a los cuales se les consigue tomar muestras para determinar la secuencia de su ADN, lo que sirve para investigar el origen geográfico de las diferentes razas humanas y sus rutas migratorias. Este método ha permitido conocer la similitud de genomas entre el hombre actual y los simios, los cuales están estrechamente emparentados, y nos da algo de luz sobre en qué momento comenzó a diferenciarse el *Homo sapiens* del mono.

Todo esto comenzó con el naturalista inglés Charles *Darwin* (1809-1892). *Darwin* fue un hombre creyente que inicialmente pensó abrasar la carrera eclesiástica, pero que a la edad de 22 años, después de estudiar en la Universidad de Edimburgo y más tarde en la de Cambridge se embarcó en 1831, en el Beagle, en una expedición científica, que lo llevaría a Sur América, Brasil, las islas Malvinas, la Tierra del Fuego, Chile, Australia y otros sitios más. Durante su viaje se dedicó al estudio de la fauna y la flora de las distintas localidades visitadas, y a su regreso a Inglaterra, en 1836 publicó sus primeros estudios hasta que en 1859, se atrevió a dar a luz su más importante obra: *El Origen de las Especies.*

En ella se planteaba la tesis de que una especie se podía mutar en otra mediante la selección natural, una idea, para ese entonces, escandalosa, tesis que él explica del siguiente modo: "Como de cada especie nacen muchos más individuos de los que pueden sobrevivir, y como, en consecuencia, hay una lucha por la vida, que se repite frecuentemente, se sigue que todo ser, si varía de algún modo provechoso para él bajo las complejas y a veces variables condiciones de la vida, por poco que sea, tendrá mayor probabilidad de sobrevivir, y, de ser así, será seleccionado para eso por la naturaleza. Según el poderoso principio de la herencia, toda variedad seleccionada tenderá a propagar su nueva y modificada forma".

Esta teoría se difundió rápidamente y desconcertó a muchos que lo refutaron y lo criticaron acerbamente. Pero sus ideas se impusieron con el tiempo, y aunque se han sugerido algunas modificaciones, en lo esencial perduran, en buena parte debido a la ayuda de otros investigadores que han hecho nuevos descubrimientos los cuales confirman sus puntos de vista. Estos descubrimientos fueron tres: las leyes de la herencia *Mendel;* el hallazgo de la existencia de los *cromosomas* y el desarrollo de la *biología molecular.*

Las leyes de la herencia fueron formuladas por el monje agustino: *Gregor Mendel* (1822-1884), quien se consagró durante años en el pequeño jardín del monasterio de *Santo Tomás* en Brunn, Austria, a estudiar las características de los entrecruzamientos de distintos tipos de semillas de guisantes, y encontró que si se autofertilizaban, sus hijos siempre salían idénticos a los padres, si estos eran altos, salían altos y si eran bajos, bajos; si tenían flores blancas, salían blancas y si rojas salían rojas. Pero si se fertilizaban cruzados: altos con bajos, blancos con rojos, los hijos siempre resultaban altos o blancos indistintamente. En cambio, si se tomaban las semillas de estas especies cruzadas y se las sembraban, se producían en la segunda generación a veces guisantes altos o rojos y a veces guisantes bajos o rojos en una proporción de 1 a 3. Al carácter que aparecía le llamó: *dominante* y al que no aparecía: *recesivo*. Partiendo de ahí, se pudo determinar que existía un *factor* que rige la herencia entre los seres vivos con reproducción sexual, factor que más tarde se lo identificaría con los *genes*. Sin embargo, su trabajo no fue comprendido cuando lo publicó en 1866, siete años después de que *Darwin* publicara el suyo en 1859, quien nunca al parecer lo conoció, a juzgar por lo que escribió en 1872: "Las leyes que gobiernan la herencia nos son desconocidas en su mayor parte. Nadie puede explicar por qué la misma particularidad unas veces se hereda y otras no... ni por qué a veces un niño nace mostrando características de su abuelo a abuela o de un ancestro más remoto."

El otro descubrimiento fundamental fue el de los *cromosomas*. Como explicamos en el ensayo anterior, los cromosomas están constituidos por pequeños filamentos con apariencia de equis de cuatro brazos, unidas al centro, por lo general en parejas (número diploide), que se forman con la cromatina del núcleo durante la división celular. A lo largo de los cromosomas se sitúan los genes que transmiten la herencia de padres a hijos. Fueron *Walter Sutton* y *Theodor Boveri* los primeros en proponer en 1902 que los *factores* de *Mendel* eran unidades físicas que se localizan en los cromosomas. Estas ideas no fueron aceptadas hasta cuando *Thomas H Morgan* realizó los experimentos sobre los rasgos genéticos ligados con el sexo, publicados en 1911. Sin embargo, ya en 1889 *August Weismann,* había descubierto la interrelación entre los cromosomas y la herencia.

El tercer aporte fundamental a la confirmación de la teoría de *Darwin* fue el desarrollo de la *biología molecular* que se inició a principio del siglo XX. Ésta se enfoca a entender cómo la composición y posición de un gen en el cromosoma, cuyo ADN fue descubierto por *Watson* y *Crick* en 1953, trasmite la información genética de una célula madre a una célula hija; cómo el ADN nuclear codifica el ARN mensajero que traspasa la membrana celular y entra en los ribosomas, dónde realiza la síntesis de la proteínas específicas, y otras funciones durante la reproducción celular.

La biología molecular ha sido aplicada a la evolución, y, gracias a ella, se ha podido descubrir lo que se llama la deriva genética al azar, así como la función del ADN mitocondrial en el origen de las razas. Además en 1977 se descifraron las cuatro bases nitrogenadas del ADN, y poco después, en el 2003, se hizo el desciframiento del genoma humano que nos mostró las similitudes entre los hombres y los simios.

Basándose en este cúmulo de información, así como por medio de los registros fósiles complementados con los nuevos descubrimientos de la paleoneurología, en la actualidad se cree que las diversas ramas de homínidos antecesoras del Homo sapiens, fueron una profusión de especies, de distintas épocas, algunas de las cuales convivieron con él, pero no sobrevivieron. El proceso evolutivo, al parecer, comenzó en el *Jurásico* hace 200 millones de años, cuando surgieron los primeros mamíferos a partir de los reptiles que en ese momento dominaban la Tierra, entre los que se destacaban los dinosaurios. Al desaparecer éstos, los mamíferos tomaron su lugar, en especial un grupo de primates cazadores de insectos de pequeño tamaño que se adaptaron en el *Paleoceno* (65 a 54.9 millones de años) a vivir en las copas de los árboles y con el correr del tiempo se dividieron en dos subórdenes: los *prosimios* y los *simios antropoides*, los cuales se desarrollaron rápidamente en el *Eoceno* (54.9 a 24.6 millones de años). Los *simios antropoides* a su vez, se dividieron en monos *catarrinos* (nariz hacia abajo) y monos *platirrinos* (nariz ancha), como lo sugirió en el siglo antepasado *Darwin* en su libro: *El Origen del Hombre.*

De los *catarrinos,* descienden los *macacos, los mandriles,* y *los grandes simios* como los gorilas, los orangutanes y los chimpancés, especie a la que pertenecen los humanos, constituyendo con ellos la familia de los homínidos. Todos ellos comparten propiedades comunes tales como tener 32 piezas dentales, fosas nasales hacia abajo, omoplatos en la espalda, cerebros grandes, clavículas largas, esternón y caja toráxica ancha y ausencia de cola. Los homínidos no humanos aparecieron en África ecuatorial, Sumatra y Borneo en el *Oligoceno* (38 a 24.6 millones de años).

Dice al respecto el zoólogo inglés *Desmond Morris* en su libro: *El mono desnudo*: "Hay ciento noventa y tres especies vivientes de simios y monos. Ciento noventa y dos están cubiertos de pelo. La excepción la constituye un mono desnudo que se ha puesto a sí mismo el nombre de Homo sapiens." Más adelante nos cuenta como se sucedió la evolución de los antecesores del Homo sapiens: "El grupo de los primates al cual pertenece nuestro mono desnudo, proviene del primitivo tronco insectívoro. Al evolucionar hacia las formas más toscas de los primates, su visión mejoró, sus ojos se fueron desplazando hacia la parte delantera de la cara y las manos se le desarrollaron para agarrar comida. Con el correr del tiempo, algunas de estas criaturas parecidas a monos, crecieron y adquirieron mayor peso." Hace aproximadamente quince millones de años, sus dominios boscosos se vieron considerablemente reducidos en extensión, por lo que: "Salieron de los bosques y se dieron a competir con los ya eficazmente adaptados moradores del suelo. Al bajar al suelo, no les faltó comida... animalitos de todas clases, indefensos o enfermos, se ofrecían a su rapiña y este primer paso en el camino de comer carne les resultó sumamente fácil. Entonces se volvieron más erectos más veloces, mejores corredores. Su cerebro se hizo más complejo, más lucido, más rápido en sus decisiones".

Los australopitecos. Fue entonces cuando en la familia de los homínidos aparecieron dos géneros nuevos: los Australopitecos, hoy extinguidos, y los *Homos*. Los australopitecos o *simios del sur*, son los más antiguos; aparecieron en el *Plioceno* hace 5.1 millones de años. Fueron descubiertos por *Raymond Dart* en 1924. De ellos se han encontrado no menos de cinco especies distintas entre las que se cuentan la *Anamesis*, que existió desde los 4.2 hasta los 3.9 millones de años, la *Aferensis,* descubierta por *D. Johanson* en 1972, que existió desde los 3.9 a 2.3 millones de años, (la famosa Lucy), la *Africanus* que existió desde los 3 a 2.3 millones de años y los *Australopitecos robustos (Parántropos)* que se dividieron posteriormente en vegetarianos y carnívoros. Sus restos fósiles se han encontrado en Etiopía, Chad, Sudáfrica y quizás en Kenia (Kenyantropos).

Los australopitecos eran bípedos, aunque caminaban inclinados por las sabanas arboladas de África; su cerebro tenía una capacidad de 450 centímetros cúbicos, tamaño similar al de los grandes simios actuales, mostraba una cara hocicada y una frente huidiza, arcos superciliares pronunciados y no podían hablar, sino sólo emitir rugidos. Su cráneo no era el de un mono, pero tampoco el de un Homo sapiens. Se han encontrado huellas de los pies de esta especie en ceniza solidificada de hace unos 3.7 millones de años que demuestran su andar perfectamente bípedo, semejante al del hombre actual.

El género Homo. Millón y medio de años después, entre los 2.5 y los 1.8 millones de años y por tanto en la segunda mitad del *Plioceno*, surgió, a juzgar por sus restos, un género distinto al de los australopitecos, el género de los *Homo*. Por ahora se cree que el más antiguo de los Homo es el *Australopitecos Sediba*, un espécimen intermedio entre los homos posteriores y los australopitecos anteriores. Consisten en los esqueletos de un niño y de una mujer encontrados en Sudáfrica, cerca de Johannesburgo, en el 2008 cuya antigüedad es de unos 1.78 y 1.95 millones de años. Eran de cerebro pequeño, brazos largos como los de los simios actuales, cara de humanoide pero con arcos superciliares abultados, nariz y dientes pequeños, pelvis adaptada al desplazamiento bípedo y piernas cortas.

¿Qué motivó la aparición del género Homo? Los paleontólogos le han dado diversas explicaciones. Una de las más plausibles es la del clima. Durante el *Plioceno* (2.5-1.8 m.d.a), el clima siguió enfriándose y comenzaron las glaciaciones que continuarían con más rigor en el *Pleistoceno*. Las precipitaciones se suspendieron y África empezó a secarse. El nivel de los mares bajó y se descubrieron grandes áreas de territorios continentales. Los Homos habitantes de la selva no sufrieron mayormente, pero los habituados a las sabanas comenzaron a sentir la carencia de alimentos y debieron migrar en busca de mejores tierras. Muchos de ellos murieron en el intento; otros, más capaces, sin embargo, sobrevivieron. Esto los obligó a desarrollar más el cerebro para encontrar una manera de salir airosos de su crítica situación.

El *Homo hábiles*. Fue entonces cuando apareció el llamado Homos hábilis con un volumen craneal de 650 a 800 centímetros cúbicos, y capacidad para fabricar herramientas muy simples en piedra. Los *Homo habilis* eran más desarrollados que sus ancestros, tenían su lóbulo frontal más crecido, lo que podría ser indicio de alguna capacidad para el habla, aunque todavía tenían los arcos superciliares abultados, las mandíbulas hocicadas y un tamaño igual al de los Australopitecos: 1.3 m de altura y unos 40 kg de peso. Desaparecieron también como ellos.

El *Homo erectus*. Los sucesores de los Homos hábiles fueron los *Homos erectus*, originarios asimismo de África, pero del que se han encontrado ejemplares en sitios tan lejanos de su cuna como en el Extremo Oriente, (China y Java), ejemplares a los que se les han dado distintos nombres según el sitio tales como el *Homo ergaster* (1.8 millones de años) descubierto en Georgia, Rusia, lo que prueba la temprana salida de estos Homos de África; el *Homo antecesor* de España e Italia (de hace un millón de años) que elaboraban en forma sofisticada la piedra; el *Homo heilderbergensis* de Europa, el rodesiensis de África y otros más. Esto implica que a comienzos del segundo millón de años antes de la época actual, ya los antecesores del hombre habían migrado a los continentes cercanos.

El *Homo erectus* existió durante 1.2 millones de años y se extinguió hace sólo 100 000 años por lo que llegó a ser contemporáneo de especies más avanzadas como el *Homo neandertalensis* y el *Homo sapiens,* de los que trataremos más adelante. El Homo erectus era similar al Homo hábilis en su volumen craneal y otras características, pero su modo de trabajar la piedra era más elaborado, y usaba rudimentarias hachas de piedra, lo que sugiere un grado de desarrollo mental mayor. Fue el descubridor y domesticador del fuego y poseía aparato de fonación que le permitía hablar. Solía vivir en pequeñas comunidades en cuevas y hogares rupestres; los más antiguos asentamientos encontrados datan de hace 500 000 a 400 000 años.

El Homo del Neandertal y el Homo sapiens. La fase final de la evolución concluyó con la aparición del hombre de *Neandertal* y su contemporáneo: el Homo sapiens. El hombre del Neandertal perteneció a la misma especie, o a una subespecie del Homo sapiens, otros afirman que era una especie aparte de la familia de los homínidos. Era más robusto que el hombre actual, un poco más bajo, con una estatura de 1.60 m, sobrecejas o arcos superciliares abultados, hombros más anchos, antebrazos y pantorrillas más cortas, y tronco más amplio casi sin cintura. Los humanos eran, en cambio más altos, de huesos más livianos y de rostros más pequeños, sin arcos superciliares pronunciados y la frente hacia adelante. Los Neandertal se extinguieron hace 30 000 años por motivos desconocidos, mientras el Homo sapiens continuó existiendo y conquistando el planeta y sus alrededores hasta el presente.

Restos fósiles de los antecesores del hombre actual. En Europa se han encontrado no menos de 180 sitios distintos, sobre todo en Francia y España, con restos de los antecesores del hombre. Uno de los más sorprendentes es el de la sierra de *Atapuerca* en Burgos, España. Las muchas cuevas de ese lugar fueron usadas como residencia por tres especies distintas del género Homo: el *Homo antecessor*, la última generación de los neandertales, el *Homo heidelbergensis,* una especie pre-neandertal y el *Homo sapiens* sapiens. Grupos de las tres especies vivieron allí desde el *Pleistoceno* inferior, hace un millón de años.

En los más de cincuenta yacimientos de las sierra de Atapuerca se han ubicado toda clase de objetos, como útiles de piedra, abundantes huesos fósiles, cráneos, y pelvis, entremezclados con osamentas de animales, incluso de fieras como los tigres de dientes de sable, o una especie de oso ya extinguida. Por la manera como partían los huesos humanos, se ha podido deducir que practicaban el canibalismo. Al parecer ya tenían una religión a juzgar por la forma ritual como enterraban a los muertos hace 300 000 a 400 000 años. En algunas cuevas se observan actividades propias de los humanos como pinturas rupestres de animales, lo que induce a pensar que para ellos esos animales eran dioses zoomorfos a los que se les rendía un culto de zoolatría.

Otro hallazgo importante, para citar sólo dos, fue el de la cueva de *Cro-Magnon* en la Dordoña francesa, en donde se descubrieron cinco esqueletos (tres adultos mayores, una mujer y un feto) que pertenecen claramente a la especie Homo sapiens. Son de estatura elevada, uno de los especimenes es de 1.80 m, capacidad craneana grande ((1 590 centímetros cúbicos), frente alta, protuberancias superciliares algo pronunciadas, cara ancha, nariz estrecha, mandíbula inferior robusta y alargada (prognata) y las tibias de las piernas aplanadas.

Vivió entre los 40 000 y los 10 000 años antes del presente. Los cromañones poseían un aparato de fonación eficiente, una industria lítica elaborada, cazaban los animales en grupo, con trampas, los pequeños, y con piedras y flechas, los grandes, mientras las mujeres recogían los frutos. Eran, pues, cazadores recolectores seminómadas, pero con alguna organización social.

Se puede concluir de lo dicho hasta aquí, que los antecesores del hombre actual habían venido adquiriendo a partir del último millón de años, costumbres humanas, como celebrar ritos religiosos, labrar la piedra, utilizar un lenguaje, así fuera rudimentario, y vivir en comunidad. Por eso, cuando el Homo sapiens sapiens en el centro de África hace unos 250 000 o 200 000 años, comenzó a conquistar la Tierra, las otras especies precursoras ya llevaban un gran recorrido en su camino hacia la hominización.

La evolución del genero Homo.

El hombre fue la única especie del género Homo que perduró hasta hoy. Posiblemente se debió al cambio de unas pocas letras específicas en su ADN durante el Plioceno, cuando hubo una dramática alteración del clima en la Tierra. Los primeros en sufrir este cambio fueron los australopitecos, lo que les permitió distanciarse genéticamente de los monos, cambio que se trasmitió a sus descendientes y estuvo presente en otras especies de homínidos. Poco a poco, estas especies fueron adquiriendo una combinación de genes que les activaron notablemente la corteza cerebral, y los dotaron de extensas redes neuronales, así como de un inmensamente intricado sistema nervioso central y periférico. Esto les aumentó la rapidez con que saltan las señales eléctricas de una neurona a otra, posibilitándoles procesar un mayor volumen de información en menor tiempo.

Simultáneamente, se les desarrollaron los lóbulos frontales y otras partes de su cerebro, cuyo peso en relación con el de su cuerpo llegó a ser unas 30 veces mayor al de los simios que se quedaron en los bosques y no evolucionaron. Tan importantes modificaciones morfológicas y orgánicas, con el correr del tiempo les permitió adquirir conciencia de sí mismo, y los dotó de pensamiento abstracto y simbólico, con el que comenzaron a estudiar su entorno y a tratar de comprenderlo. Pudieron así establecer sociedad de intereses con sus congéneres para acometer proyectos comunes en lo económico, político, ideológico, y religioso, que fue lo que les dio una superioridad incuestionable sobre las otras especies.

Contrario a lo que se cree, este proceso evolutivo no se ha detenido. El biólogo John Hawks, profesor de la Universidad de Wisconsin, en un estudio reciente considera que el ritmo evolutivo del hombre moderno ha aumentado 100 veces desde que terminó la última glaciación hace 10 000 años, cambio debido al incremento de la población cuyo número ha crecido unas mil veces en ese tiempo, lo que ha inducido una modificación de su genoma en un 7% aproximadamente. Estas mutaciones se van a acelerar en el futuro con la creación de genes sintéticos y nuevos fármacos.

Árbol genealógico del Homo sapiens

Hace 10 000 años. Holoceno.	Homo sapiens sapiens
Hace 10 000 años. (200 000)	Homo Neandertal (230 000-30 000) Homo sapiens
	Homo erectus (1.2-100 000)
Pleistoceno (500 000-250 000)	Homo antecesor (1.0) Homo heilderbergensis
	Homo ergaster (2-1)
	Homo hábiles (2.4-1.44)
Hace 1.64 m.d.a.	
Hace 1.64 m.d.a. Plioceno Hace 5.1 m.d.a.	Parántropos (2.6-1.1) Género Homo (2.5-1.8) Australopitecos (5.1-1.9)
Hace 5.1 m.d.a.	Familia Homínido (2.4)
Mioceno Oligoceno	Grandes simios Gorilas, orangutanes, etc.
Hace 38 m.d.a.	

Hace 38 m.d.a. Eoceno Hace 55 m.d.a	Catarrinos	Platirrinos
Hace 55 m.d.a. Paleoceno Hace 65 m.d.a.	Simios antropoides Mamíferos insectívoros primates Tersidae (Tarsios) Adapidae (lemures)	Prosimios
Hace 65 m.d.a Cretáceo Jurásico Hace 213 m.d.a.	Mamíferos Aves Peces Anfibios Reptiles	
Hace 213 m.d.a. Triácico Pérmico Carbonífero Hace 360 m.d.a.	Vertebrados	
Comentario: Obsérvese que el Homo sapiens coexistió con el Homo erectus, así como con el Homo del Neandertal y los cromañones en la Europa de entonces.		

Hoy en día el hombre tiene una mayor estatura promedio, una expectativa de vida más larga, hay indicios de que los lóbulos frontales están tratando de expandirse dentro del cráneo, y tiene mayor coeficiente intelectual. Su creatividad se ha ampliado considerablemente en todos en los campos en los últimos tres milenios, en el arte, en la ciencia, en la industria, en el lenguaje hablado y escrito. Por algo se dice que el 90% del conocimiento científico lo ha adquirido en la última centuria y su progreso sigue creciendo en una forma exponencial.

¿Desde cuándo se puede decir que el hombre comenzó a ser hombre? Es una pregunta difícil de responder. Hay que recurrir a la biología molecular y hacerla concordar con los hallazgos paleontológicos. Pero el momento exacto del cambio no se ha podido determinar.

La realidad es que la evolución del hombre comenzó con sus primeros ascendientes del género Homo, como se dijo antes, cuyo representantes más antiguos fueron los Homo hábilis, en épocas tan tempranas como mediados del Plioceno. Las distintas especies de este género sufrieron innumerables mutaciones que los fueron modificando morfológica y mentalmente, mutaciones que no necesariamente debieron producirse en una sola pareja, y menos aún en un solo individuo, sino simultáneamente en muchos o todos los miembros de una misma comunidad, pues eran estimulados por los cambios climáticos, alimenticios y de otra índole en el hábitat de poblaciones obligadas a adaptarse a severas alteraciones ambientales. Estas alteraciones afectaban por igual a todos los miembros del mismo grupo familiar o a la misma tribu o conjunto de tribus, dueñas de una zona de la que obtenían su sustento. Se deduce de aquí que es altamente improbable la aparición de mutaciones hereditarias importantes en sólo uno o dos individuos de una de esas comunidades y no en el resto de sus miembros.

Desmond Morris en su libro *El Zoo Humano* describe esas comunidades primitivas así: "Imaginen ustedes un pedazo de tierra de treinta y cinco kilómetros de longitud por otros tantos de ancho. Represéntelo agreste, habitado por animales grandes y pequeños. Figúrese un grupo compacto de sesenta seres humanos acampando en medio de ese territorio. Trate de verse a sí mismo allí, como miembro de esa minúscula tribu, con el paisaje, su paisaje, extendiéndose en torno más allá de cuanto se puede abarcar con la vista. Nadie ajeno a su tribu utiliza ese vasto espacio. Constituye su ámbito exclusivo, su terreno de caza tribal. Periódicamente, los hombres de su tribu se ponen en marcha en busca de presas. Las mujeres recogen bayas y frutos. Los niños juegan ruidosamente en torno al campamento imitando a los mayores. Si la tribu aumenta de tamaño, se desgajará de ella un grupo que se dispondrá a colonizar un nuevo territorio. Y poco a poco se irá extendiendo así la especie".

Ahora trasportémonos al Paleolítico, unos 30 000 años atrás e imaginemos otra tribu en África. Sus condiciones de vida no diferirían mucho de las descritas por Desmond Morris. Tribus como éstas, sometidas a condiciones similares, debieron proliferar en el África central. Supongamos que paulatinamente el clima cambió en donde estaba esa tribu como tan a menudo ocurría en el Pleistoceno, y en unas cuantas centurias sobrevino otra era glacial.

La temperatura bajó, las sabanas se congelaron y nuestra tribu tuvo que emigrar en busca de mejores oportunidades de supervivencia. Como debió viajar largas jornadas, se vio forzada a caminar más erecta que antes para economizar energía. Posiblemente el pequeño grupo tuvo que detenerse por temporadas en diferentes sitios para dedicarse a la caza, y luego continuar su travesía en busca de mejores aires.

De tanto trajinar por las semiáridas estepas de escasa vegetación, centurias después, sus descendientes, se irguieron por completo sobre sus extremidades inferiores a fin de poder otear mejor el terreno por donde andaban y prevenir los peligros. El tiempo siguió pasando, y, poco a poco, la morfología de sus cuerpos comenzó a modificarse. La bipedestación alteró su esqueleto, incluso su cerebro, colocando el orificio occipital vertical sobre la base de cráneo para que la columna vertebral, ahora con una nueva arquitectura, se pudiera acomodar mejor. La frente se les proyectó hacia adelante, perdieron los arcos superciliares abultados y las mandíbulas hocicadas, así como el pelaje que los recubría como aislante para conservar la temperatura del cuerpo y que les fue remplazado por un sistema de termorregulación más eficiente para soportar períodos de gran actividad sin recalentarse.

Se les ampliaron las caderas con lo que consiguieron abrirle campo a sus vísceras para que les cupieran dentro de la pelvis estando en posición erecta. Esto, por supuesto, les dificultó el parto a las hembras de la tribu (sin necesidad de ninguna maldición bíblica), porque las vaginas se les alargaron, lo que a la postre produjo el incremento de la longitud del pene de los machos, la cual es mayor al de cualquiera de los otros homínidos y la erección se les produjo por inyección de sangre en los cuerpos cavernosos y no por medio de un hueso peneal como en los primates. Los miembros inferiores se les robustecieron y el fémur giró hacia adentro para facilitarles la marcha bípeda. El pie se les prolongó, en especial en los talones, y el dedo pulgar dejó de ser prensil, capaz de agarrar objetos con él, pues ya no lo usaban para colgarse de los árboles. Las manos, en cambio, al quedar libres, desarrollaron un dedo pulgar opuesto a los otros dedos, lo que le dio una habilidad increíble para labrar objetos con gran precisión.

Su visión se volvió estereoscópica y pancromática, y las crías comenzaron a nacer con un cerebro pequeño, cuya relación entre su peso y el de su cuerpo, apenas si era similar al de los grandes simios (orangutanes, gorilas y chimpancés) pero como dichas crías continuaban su evolución posparto, sus neuronas crecían a una tasa de 25 000 unidades por minuto y no menos de 30 000 uniones de las células nerviosas (sinapsis) por segundo, de modo que a los cinco años la relación de pesos entre el cerebro y el cuerpo se volvía 3.5 veces mayor que el los grandes simios. Por esta razón se ha dicho que los bebés humanos son fetos extrauterinos.

Esta cualidad es la que indujo a un crecimiento de la capacidad craneana mucho mayor en los Homo sapiens que en los otros homínidos, cuyo tamaño máximo alcanza los 600 centímetros cúbicos, mientras en el hombre adulto es de 1 350 a 1 500 centímetros cúbicos, debido a que su crecimiento no está restringido por el tamaño del útero de la madre, sino que se acaba de formar por fuera de la matriz. Y no sólo es una cuestión de tamaño, sino también de complejidad de su córtex, así como del aumento y especialización de sus redes neuronales, lo que entre otras cosas les permitió aprender a usar un lenguaje más eficiente para comunicarse con sus compañeros, a fin de contarse sus aventuras, planear ataques y defenderse de sus enemigos

Sabido es que las mutaciones se realizan generalmente por pequeños pasos y tan despacio que a veces tardan siglos en completarse, antes de entrar en la siguiente, aunque hay paleontólogos que creen en mutaciones a saltos. En unos individuos esas mutaciones adoptan una línea distinta que en otros, unos mutantes resultan incapaces de sobrevivir y desaparecen como especie, otros, en cambio, logran transmitir sus genes por generaciones hasta el momento en que sufren una nueva mutación y adquieren características inéditas para su especie que trasmiten a sus descendientes, y de esa manera se repite el mismo proceso en forma indefinida centuria tras centuria.

Existen por tanto dos mecanismos básicos que controlan la evolución: uno, genera cambios en las células y a través de ellas en los organismos; y otro, acepta o rechaza esos cambios por parte del ambiente en el que éstos se producen. Si son aceptados, debido a que se adaptan bien al entorno circundante, se trasmiten a la descendencia y la especie mutante sobrevive, pero si son rechazados porque no logran adaptarse, se destruyen a corto plazo y la especie mutante desaparece, lo que, como habíamos visto, se conoce con el nombre de selección natural.

Las mutaciones aparecen tanto en el ADN nuclear como en el de las organelas, sobre todo en las mitocondrias. Puede resultar también del intercambio de genes entre cromosomas homólogos o por transferencia de material genético entre individuos durante el acople sexual. Estos procesos ocurren al azar de las circunstancias y por eso precisamente, existe la inconmensurable variedad de los seres multicelulares en especial los dotados de reproducción sexual como el hombre.

¿Cómo se realizó la evolución del hombre?

En forma aleatoria, no ordenada. La evolución ordenada, sólo sería posible si se acepta que ésta fue programada así por un diseñador inteligente. Pero como en realidad los géneros Homos aparecían y desaparecían en forma enteramente aleatoria, o al azar, y unas duraban más que otras, era bien posible que dos o más especies de distinto grado de evolución fueran contemporáneas, y las más modernas, menos adaptadas, se extinguieran antes que las más antiguas, más avanzadas, o al contrario. El Homo erectus, por ejemplo, existió durante 1.2 millones de años y por consiguiente debió coexistir con muchas otras especies del género Homo. Por tanto, resulta irrelevante que se encuentren restos fósiles de una especie, en el estrato de otra más moderna o más antigua.

La facilidad con que se producen mutaciones morfológicas en los organismos, se puede explicar si consideramos que la materia viva, a diferencia de la materia inerte, está dotada de una gran plasticidad biológica, plasticidad que la induce a dejarse moldear fácilmente por las condiciones medioambientales imperantes, porque todo ser viviente está formado de células con una plasticidad similar, cuya supervivencia se debió a su enorme capacidad de adaptación a los cambios de todo orden que sufrió nuestro planeta en los últimos 3 600 millones de años.

De ahí la inmensa variedad de especies que aparecieron, todas las cuales tienen características similares como contar con boca, dientes, ojos, sistema de locomoción, sistema digestivo, sistema nervioso, sistema respiratorio, sistema de reproducción, sangre, cerebro, piel, y en el caso de los vertebrados, algún tipo de esqueleto. Sorprende que en medio de tanta multiplicidad de especies, exista tanta uniformidad en los organismos, lo que sólo se explica aceptando que todos ellos tienen un ancestro común.

Como dijimos antes, la biología molecular aclara la posible causa de la plasticidad de los seres vivos. Todo se debe, de acuerdo con ella, a que no es necesaria la mutación de muchos genes para conseguir una alteración morfológica importante en un individuo o en una especie. Basta la modificación de unas relativamente escasas letras en el código genético de su ADN, para obtener la aparición o desaparición de un órgano o cualquiera otra innovación en un conjunto de seres pluricelulares.

Por eso, si un día ocurriera uno de los frecuentes cataclismos que convulsionan periódicamente a nuestro planeta, de resultas del cual desparecieran todas las especies vivas actuales, no sería absurdo pensar en que si milenios después surgieran nuevos seres inteligentes y se dieran a la tarea de excavar nuestros restos fósiles, se encontrarían con la sorpresa de que sería tal su diversidad que en los polos encontrarían cráneos dolicocéfalos de esquimales parecidos a los neandertales, al lado de herramientas primitivas, y en Ecuador, cráneos de tribus reducidoras de cabezas, junto a arcos y flechas o vasijas de barro muy simples; mientras en Norteamérica o en Europa, toparían con esqueletos de dos o más metros de altura, mezclados con las ruinas de imponentes edificaciones o máquinas de alta tecnología. Ante estos hallazgos los nuevos habitantes del planeta podrían sacar la errónea conclusión de que se trataba de especies completamente distintas pero contemporáneas, unas más primitivas que otras.

Eso se debe a que los registros fósiles son relativamente tan pocos, que no constituyen una muestra estadística válida. Nadie sabe cuantos habitantes tuvo la Tierra hace cinco millones de años y menos aún hace 500 000 años. Si hubieran sido sólo el uno por mil de la población mundial actual, serían unos seis o siete millones de Homos los que habría entonces, repartidos en cinco continentes. Ahora bien, de esos seis o siete millones de Homos, se han encontrado apenas unos cuantos centenares de huesos y cráneos incompletos. Se comprenderá que una muestra tan pequeña no puede ser representativa de tan gran número de individuos, esparcidos en tan grande área.

Eso le quita toda relevancia al hecho de que no haya sido posible descubrir suficiente cantidad de especies intermedias precursoras de las actuales como para llegar a un consenso sobre de qué manera se desenvolvió la evolución humana a través del tiempo, máxime si se tiene en cuenta que los sistemas de datación no son muy precisos en la mayoría de los casos.

Sin embargo, esto no da pie para descreer de la evolución. Cualquiera sea la forma como ésta procedió, no es posible negar, ante la evidencia suministrada por los registros fósiles y los descubrimientos genéticos recientes, que en el pasado, en los últimos cinco millones de años, hubo una multiplicidad de seres bípedos semejantes al Homo sapiens que labraban herramientas y no eran, ni propiamente simios, ni propiamente hombres, sino especies intermedias que fueron desapareciendo, para ser remplazadas por otras con evidentes similitudes morfológicas a las antecesoras, a veces sin que desapareciera la una antes de que apareciera la otra, aunque con importantes innovaciones anatómicas, pero con grandes semejanzas en su código genético.

Implicaciones religiosas del proceso evolutivo

Cuánto tiempo tardó el homínido primitivo en ese proceso hasta convertirse en el Homo sapiens moderno que hoy conocemos, nadie lo sabe.

Bien pudo durar cuarenta mil, cincuenta mil años, un millón de años (el Universo lo que tiene es tiempo para desarrollar sus procesos). Frente a este panorama cabría preguntar: ¿En qué etapa de la evolución pudo adquirir el Homo sapiens un alma inmortal como lo proclama el cristianismo siguiendo la tradición grecorromana? ¿Fue antes de que tuviera conciencia de sí mismo o después?

Lo más lógico es que fuera cuando su sistema nervioso alcanzó un grado de desarrollo mayor que el del simple animal, lo que le permitió raciocinar y darse cuenta de que raciocinaba. Sin embargo, los animales también tienen inteligencia, sentimientos y recuerdos porque todos los vertebrados compartimos el mismo tipo de redes neuronales, aunque con una complejidad distinta según la especie. ¿Será, entonces, que existen varias clases de almas, de acuerdo al grado de evolución de las neuronas? De ser así, como la cerebrización tomó millones de años, no hay en el cerebro humano o animal cómo precisar el instante en que quedó preparado para recibir esa alma. Instante a partir del cual, en el caso del Homo sapiens, éste no pudo volver a morir completamente según el cristianismo; su parte principal, el alma, se volvió inmortal y los miles y miles de millones de almas de los hombres que desde entonces hasta ahora han existido y quedaron sin cuerpo donde habitar, se fueron al cielo, al infierno, o al limbo y no podrán morir nunca, así se multipliquen de manera astronómica con el correr de los milenios. ¿Cómo se puede explicar que el hombre haya adquirido una inmortalidad que le fue negada a las constelaciones, a las estrellas, a los planetas y a los demás seres del Universo? ¿Puede Dios crear un alma sin necesidad de que haya un cuerpo que la reciba? Posiblemente no; podrá crear un espíritu, pero no un alma humana, porque toda alma humana tiene una identidad, es el alma de una determinada persona, al punto de que cada alma carga con las culpas y los méritos de esa persona y sólo de esa.

Si esto es cierto, y el alma y el cuerpo están tan ligados ¿Cómo puede existir el alma sin el cuerpo como lo pretende el cristianismo? Porque supuestamente cuando el hombre muere, el alma sigue viviendo sola por toda la eternidad. Es el cuerpo, cuyos actos, hasta los más insignificantes están gobernados por su cerebro mortal, quien peca o acumula virtudes, pero es el alma la que recibe el castigo o el premio cuando ese cerebro, que ordenó tales actos, se destruye. ¿Tiene eso algún sentido?

Sea de ello lo que fuere, de lo registros fósiles cuya existencia es indiscutible, se deduce que el hombre no fue hecho en un solo acto de creación tal como está en la actualidad, con ladrillos de barro como lo sugerían los sumerios, ni con limo de la tierra, como lo pretende la *Biblia,* sino por lenta evolución durante varios millones de años, hasta adquirir una estructura cerebral superior a la de sus antecesores, estructura que lo hizo capaz de labrar mejores herramientas y armas más mortíferas, con las que pudo sojuzgar y destruir otras especies y extender su área de influencia por el planeta Tierra. Se convirtió así en el único género Homo superviviente y dominante del mundo en menos de 100 000 años, mientras el Homo erectus, que existió durante 4.0 millones de años, se extinguió sin dejar huella después de un tan largo periplo.

Cabría preguntar: ¿El Homo erectus tuvo alma? Él podía no poseer la capacidad de raciocinio del hombre moderno, pero pensaba racionalmente, a juzgar por la configuración de su cráneo y las herramientas que labraba, lo cual establece el siguiente dilema: Si tenía alma, no podía heredar el pecado original, porque pertenecía a una especie distinta al Homo sapiens, pese a que convivió con ésta durante muchos años; y si no tenía alma, quiere decir que el pensamiento en los seres vivos puede existir sin necesidad de que tengan un alma, lo que iría en contra de la creencia de que el pensamiento es sólo producto del alma.

¿Hubo un pecado original?

Para responder a esa pregunta, debemos primero considerar que el progreso del hombre nace de su capacidad para vivir y trabajar en sociedad. Es precisamente esta tendencia a asociarse para acometer empresas en común lo que lo distingue de las otras especies, que si bien pueden andar en manadas nómades deambulando por bosques y praderas, no establecen verdaderas sociedades comunitarias agrícolas y urbanas, con lenguaje abstracto y simbólico, proyectos de mejoramiento colectivo, y mayor capacidad de invención, aprendizaje y transmisión de conocimientos. Dicha tendencia gregaria se manifestó desde la aparición de los homínidos y continúa hasta el presente sin detenerse.

De lo anterior se deduce que es ilógico pensar en que los progenitores del género humano debieron ser un individuo o una pareja que vivieron en total aislamiento de las otras especies en un jardín del *Pleistoceno* o del *Holoceno,* en compañía de un dios paternal, una culebra habladora, una manzana prohibida y dos árboles, uno del conocimiento y otro del bien y del mal. Nadie hubiera podido subsistir sin ayuda de otros, defendiéndose de animales feroces y de congéneres no menos feroces. El biólogo molecular *Francis Collins*, una de la voces más autorizadas en su campo, afirma al respecto: *"El análisis genético sugiere que cerca de unos 10 000 ancestros dieron origen a la población entera del mundo actual de seis mil millones de seres humanos".*

Lo contrario no es sino una fábula ingenua, pergeñada hace unos cinco mil años por mentes que desconocían el origen del hombre y su evolución, de la que no se supo nada sino hasta la época de *Darwin* (1859). Antes de esa época, se creía firmemente en que la materia viva no tenía nada en común con la materia inerte, como se explicó en el ensayo anterior; que todos los organismos vivos, incluso el hombre, habían sido creados perfectos con el limo de la Tierra por el soplo divino, y que la creación era muy reciente, al punto de que el obispo inglés *James User*, en el siglo XVII, basándose en la *Biblia,* llegó a la peregrina conclusión de que la Tierra fue creada exactamente el 25 de octubre del año 4 004 a. d. C, a las 9 en punto de la mañana, con lo que pasó a la historia.

Para gentes con tales ideas, la fábula del paraíso tenía que resultarles incuestionablemente válida. Lo que no se entiende es que aún hoy día, después de que se conoció la teoría de la evolución y el lento y progresivo desarrollo de las especies, incluida la del Homo sapiens, muchos hayan seguido considerándola válida, prueba de la inclinación del ser humano a continuar, contra toda evidencia, con los mismos preconceptos del pasado. Quizás esto se daba a que el mito del paraíso es una explicación piadosa y consoladora del origen del hombre, cuyo orgullo de haber sido moldeado a imagen y semejanza de Dios, termina herido cuando se enfrenta al hecho de que no es la obra maestra de un creador omnipotente, sino un simple simio mejorado, para colmo, con un genoma igual en un 96% al de los orangutanes, chimpancés y gorilas.

No se debe, sin embargo, criticar a los que así piensan, ni burlarse de su ingenuidad. Los nuevos descubrimientos paleontológicos, confirmados por los recientes avances en antropología, climatología, geología, y biología molecular, comenzaron a aparecer apenas hace unos 150 años, y algunos, de ellos hace menos de cincuenta años, como sucedió con el desarrollo de la biología molecular y el desciframiento de la doble cadena del ADN por Crick y Watson en 1953.

Es por tanto lógico que un tiempo tan corto, no sea suficiente para que creencias religiosas tan arraigadas como las de la creación del hombre por Dios, fueran revisadas y puestas a tono con los avances de la ciencia. Aún hoy en día, por eso, algunos grupos creacionistas no han acabado de asimilar esos descubrimientos y se oponen decididamente a ellos con argumentos seudo científicos de dudoso valor probatorio, como asegurar que todos los fósiles de los antecesores del hombre son un montaje de algunos paleontólogos tramposos, como *Charles Dawson,* descubridor del cráneo de *Pitdown* en 1912, o *Stephen Szerkas,* descubridor del dinosaurio emplumado en 1999, para citar sólo los dos casos más sonados.

En la historia de las relaciones humanas, el fraude ha estado a la orden del día, pero sería erróneo basarse en eso para tachar de falsas la totalidad de las evidencias incuestionables demostradas y aceptadas por la comunidad científica sobre la existencia de los homínidos, pues sus restos han sido hallados en cientos de lugares distintos de la Tierra por diferentes investigadores, restos que no dejan la menor duda sobre la realidad de la evolución humana, la cual contradice la historia del paraíso terrenal y la posibilidad de que hubiera habido una primera pareja que, según la *Biblia,* cometió un terrible pecado, y que por su misma naturaleza de desobediencia a un precepto divino, se trasmitió de padres a hijos durante miles o quizás millones de años, hasta la venida del Hijo de Dios, hace apenas unos 2 000 años (como quien dice ayer en términos cosmológicos).

Si de lo que se trata es de encontrar al responsable o los responsables de aquella falta primigenia, o sea a los progenitores más antiguos del género humano, nos toparíamos, si vamos lo suficiente atrás, quizás con unos monos *adapidaes,* cuyos descendientes al parecer fueron unas especies de lemures que vivieron hace 50 millones de años, y que algunos pretenden asimilarlos al tan buscado eslabón perdido, o quizás, con unos monos *catarrinos* del *Eoceno,* braceando de rama en rama en los árboles, los cuales no podían hablar, ni menos tener conciencia moral de sus actos, por lo que mal se los podría culpar de trasgresión alguna a presuntos mandatos sobrenaturales.

En cambio, si lo que queremos encontrar es al ancestro común del *Homo sapiens* del que todos presuntamente descendemos, para señalarlo con el dedo por habernos enemistado con el vengativo Jehová bíblico, vamos a terminar en una o varias tribus de África de hace unos 200 000 años, descendientes colaterales de los *Homos erectus,* menos capaces que ellos es cierto, pero ya quizás con un genoma similar al nuestro y al de los grandes simios actuales.

Sin embargo, el hecho de que dos especies compartan genomas semejantes, no significa necesariamente que sean idénticos en todo, pues, como hemos visto, pequeñas diferencias pueden inducir grandes discrepancias.

Por eso, aunque el genoma del chimpancé se distancie del hombre apenas en un 1.2 a 4.0 %, hay un abismo entre ambos en lo que respecta a su estructura física y a sus capacidades mentales.

A los primeros Homo sapiens no se los debe uno imaginar con el aspecto de los adanes lampiños y musculosos de cara caucásica, y a las evas de caderas y senos espléndidos con que los pintaban los pintores medievales y renacentistas. Muy al contrario, debían ser especímenes toscos y primitivos al nivel de los de bosquimanos de África, o de los indígenas del Amazonas, y probablemente, todavía más atrasados, porque se trataba de homínidos o a lo sumo de Homos, que aunque más racionales que sus congéneres, les tocó comenzar a buscarle una explicación al mundo que los rodeaba, y que, no obstante haber desarrollado el culto a los muertos y la idea de un dios zoomorfo, eran nómades, que practicaban el canibalismo, vivían de la caza, y no conocían la agricultura.

Además, como carecían por completo de una tradición cultural verbal o escrita, dado que eran una especie muy nueva en la Tierra, debían inventarlo todo, desde el lenguaje simbólico y los conceptos abstractos hasta el nombre de las cosas. Teniendo en cuenta estos antecedentes, uno se pregunta: ¿Qué pecado horrible pudieron cometer unos seres así, con la mente aún virgen, seres que aunque tuvieran el mismo genoma del hombre actual, no eran entes morales, con pleno conocimiento del alcance de sus determinaciones?

Y en el supuesto de que esos progenitores de la especie humana lo tuvieran, no podían ser un solo individuo o una sola pareja por las razones expuestas antes, sino una multiplicidad de individuos o de parejas pertenecientes a una o varias tribus, que al abandonar África central hace una 40 000 o 50 000 años, y migrar en busca de zonas mejores, fueron procreando, con el paso de los años, una descendencia propia a medida que se trasportaba con su grupo familiar por regiones y continentes.

Sabido es que el hombre de finales del Pleistoceno se diseminó por todo el planeta siguiendo las más variadas rutas, primero en las zonas más cercanas como Egipto y Mesopotamia, y más tarde por India, China, Eurasia, Oceanía y América, en donde esas tribus invasoras dieron origen a las diferentes razas humanas, todas con genomas prácticamente iguales, pero con características morfológicas, orgánicas y culturales bien diferenciadas.

Sentado lo anterior, cabe investigar si todas esas razas se pueden considerar descendientes genéticos directos de los Homo sapies que salieron entonces de África, y, consecuentemente, si todas heredaron el presunto pecado original, y por tanto, necesitaron ser redimidas por Jesucristo, de acuerdo con las enseñanzas de San Pablo y los santos padres de la Iglesia; o si no fue así y sólo a algunas les corresponde ese estigma. No se me escapa que esto suena un poco a discusión bizantina de clérigos y nobles holgazanes dedicados a debatir, para solaz de su soberano, cosas tan inútiles como si Adán tuvo ombligo.

Pero el tema del pecado original contiene mucho más enjundia de lo que se percibe a primera vista, por sus profundas implicaciones sobre las bases mismas de la cristiandad. Porque si no hubo una primera pareja verdaderamente procreadora de todo el género humano, no pudo haber pecado original, y si no hubo pecado original, el hombre no requería redención, y si el hombre no requería redención, el sacrificio de Cristo en la cruz fue innecesario, y la totalidad de la doctrina cristiana se derrumba como un castillo de naipes. Sorprende, por eso, que no se le haya dado más importancia a este tema.

¿Pudo haber una pareja primigenia?

La biología molecular nos dice que efectivamente hubo un Adán y una Eva, pero no se crea que corresponden al estereotipo de los dos felices habitantes del paraíso. Se trata del Adán cromosomal y la Eva mitocondrial. El Adán cromosomal es el Homo sapiens más antiguo que poseía el cromosoma Y del cual descienden todos los cromosomas Y de los hombres actuales. Y la Eva mitocondrial es la mujer más antigua que posee el ADN mitocondrial de las mujeres actuales. Conviene explicar un poco mejor este galimatías.

Como habíamos visto en el ensayo anterior, la reproducción sexual se hace por la duplicación de las cadenas de ADN, en la que el padre aporta la mitad de la información genética (23 cromosomas) y la madre, la otra mitad (otros 23 cromosomas) para completar los 46 cromosomas del hombre actual, de los cuales dos pares son los cromosomas sexuales, que en el hombre son XY y en la mujer XX. Sin embargo, no sólo el núcleo contiene ADN, sino también la mitocondria, que es uno de los 13 o más corpúsculos intracelulares, cuyo ADN se tramite sólo por vía materna, y es distinto al del núcleo.

Sin embargo, a pesar de que la información genética contenida en el ADN de un individuo es idéntica en todas las células de su organismo, dentro de su ADN se encuentran en ciertas regiones del mismo, segmentos de secuencias que son variables de una persona a otra, y que se heredan intactos de padres a hijos. Estas secuencias constituyen los marcadores moleculares propios de cada persona que se usan hoy ampliamente en toda clase de estudios genéticos, y son los mismos de los padres, los abuelos y demás ascendientes de ese individuo o de la población a la que pertenece. Tales marcadores están ocultos en el genoma, y se los detecta sólo en los cromosomas Y del hombre, y en el ADN proveniente de las mitocondrias que se trasmite íntegro de la madre al hijo y es el que más rápidamente muta con el tiempo.

Basándose en este descubrimiento, el biólogo molecular *Allan Wilson* en 1962 y su colega de la Universidad de Berkeley: *Vincent Sarich,* pensaron que como las mutaciones se producen continuamente a un paso estable, podían servir como una especie de reloj genético para determinar cuánto tiempo había trascurrido entre un individuo y su ascendiente más lejano. Aplicando estas ideas, el mismo científico y sus colegas: *Rebeca Cann* y *Mark Estoneking* en 1980, se dieron a la tarea de descubrir la época y el lugar en donde aparecieron los primeros humanos, por medio de la comparación del cromosoma Y, y del ADN mitocondrial de grandes grupos de hombres modernos de distintas razas y distintos continentes.

En su estudio encontraron que las mujeres de descendencia africana tenían el doble de mutaciones en sus marcadores genéticos en comparación con las de otras regiones del mundo. De allí concluyeron que, por tener un número de mutaciones del ADN mitocondrial mucho mayor, las mujeres originarias de África central debían haber adquirido dicho ADN, mucho antes que las demás, posiblemente hace unos 150 000 a 175 000 años. A esta primera mujer la llamaron la Eva mitocondrial. De manera similar encontraron que el hombre heredó el cromosoma Y de un primer ejemplar macho africano de hace unos 70 000 a 75 000 años, al que denominaron Adán cromosomal.

Y fue así como terminamos sabiendo que todos los hombres poseemos los mismos marcadores genéticos de los primeros Homo sapiens africanos, sin importar raza o lugar de nacimiento. Sin embargo, esto no implica que la ciencia haya descubierto por fin al Adán y a la Eva del edén bíblico, porque estos dos primeros ascendientes encontrados por los biólogos moleculares, no fueron contemporáneos entre sí, ni pudieron cohabitar en el mismo paraíso, toda vez que el primer hombre apareció cerca de 75 000 años después de la primera mujer. ¿Qué fue entonces lo que ocurrió?

En primer lugar hay que tener presente que cuando se habla de la primera mujer y el primer hombre, no se quiere decir que eran los únicos seres humanos de su época, pues para el *Cuaternario* o *Neoceno*, hace 200 000 a 150 000 años, cuando vivió la Eva mitocondrial, ya había miles de ellas y ellos en los distintos continentes. Lo que se quiere decir es que la descendencia directa de esa Eva (o de ese Adán) fue la única que por algún motivo no se extinguió y llegó hasta nosotros. Pero bien pudo haber muchos otros antecesores de los que no conservamos huella genética en nuestro genoma, debido a que se perdió con el correr de las centurias, ya sea porque vivieron en época muy remota o porque no pertenecían a la especie Homo sapiens.

Esto no es difícil de entender si se piensa que un varón si procrea solamente hijas, no va a poder trasmitir su cromosoma *Y* a nadie, el cual se extinguirá en la primera generación. Lo mismo sucede con una mujer que sólo tenga hijos varones, no podría transferir su ADN mitocondrial a ellos y éste se extinguiría. En cambio, si cualquiera de ellos procrea cierto número de varones y cierto número de hembras, sus genes permanecerán hasta que se interrumpa la cadena de descendientes y no haya ya un varón o una hembra que herede tales genes.

Por eso, si un hombre hace parte de la progenie por línea materna de un determinado tatarabuelo, y no hubo en su generación una mujer, el hombre heredaría el cromosoma *Y* de éste, pero el ADN mitocondrial de la tatarabuela habría desaparecido, a no ser que existiera una tataranieta mujer proveniente de otra rama del mismo tatarabuelo. De donde se deduce que la herencia genética de las personas no necesariamente se conserva a través de los siglos o los milenios, sino que puede desaparecer en cualquier etapa del pasado, sin que eso implique negar la existencia de los que no dejaron descendientes.

Entonces, ¿qué posibilidad hubo de que todos los seres humanos heredásemos los cromosomas *Y* y el *ADN* mitocondrial de una primara pareja y con ellos el pecado original? De acuerdo con la biología molecular, muy poca, para no decir, ninguna. Se necesitaría que se hubiera producido simultáneamente en un solo hombre y en una sola mujer de una cierta tribu o comunidad perteneciente a una especie antecesora del hombre actual, como por ejemplo el Homo erectus, una mutación hereditaria importante, con la que hubieran surgido los primeros dos Homo sapiens, mutación en sólo esa pareja y no en los otros miembros de la misma comunidad, lo que sería muy improbable, si se piensa que toda ella estaría sometida a idénticos factores medio ambientales y biológicos.

Y la descendencia de una sola pareja seguiría siendo muy improbable, aun si concedemos que esa mutación importante se produjo en un Adán y una Eva, que tuvieron dos hijos llamados *Caín* y *Abel*. En ese supuesto, queda por averiguar con quienes, siendo ellos cuatro en ese momento, según la *Biblia*, los únicos de su especie en todo el mundo, *Caín* y *Abel* se pudieron aparear para reproducirse. No pudo ser con los de su misma especie porque partimos del supuesto de que no los había, y por tanto, tuvo que ser con miembros de una especie antecesora distinta. Pero como las especies siempre tratan de mantener su identidad, (el cruce entre especies diferentes es casi imposible) si ocurre, resulta un hibrido, el cual es menos propenso a sobrevivir, y, con contadas excepciones, sale estéril, como sucede con las mulas. Y en los raros casos en que esos híbridos llegan a sobrevivir y reproducirse, terminan formando una nueva especie con el tiempo, que es lo que hubiera ocurrido con los descendientes de *Caín* y *Abel*, porque necesariamente hubieran tenido que seguirse cruzando entre híbridos. De haber acontecido eso, no sería propiamente un elogio a la bondad y justicia divinas, pensar que el colérico Yahvé resolvió transmitirle también el pecado original a esa nueva especie de Homo sapiens, especie colateral a la de los que se comieron la fruta prohibida en el paraíso.

Como se ve, cualquiera sea el escenario planteado en relación con el origen del hombre, tal origen, como lo relata la *Biblia*, resulta en un imposible biológico. La aparición del Homo sapiens, debe estudiarse en concordancia con lo que los biólogos llaman especiación, o mecanismos de formación de nuevas especies surgidas al azar por pequeñas mutaciones de pocos genes en aquellos grupos de seres vivos afectados por cambios ambientales, o por haber quedado aislados en un nuevo hábitat, o como subproducto de extinciones masivas, lo que casi nunca acontece en uno o dos individuos sino en comunidades enteras, y cuando por casualidad acontece produce un ser inviable. Por eso, de lo único que podemos estar ciertos respecto al origen de hombre, es que hace unos 100 000 años o más en África, una o varias tribus de Homos comenzaron a mutar por motivos desconocidos hasta diferenciarse de las especies coetáneas, las cuales se extinguieron para dar paso al Homo sapiens.

Recuérdese lo que sostiene el genetista y fiel creyente Francis Collins, citado antes: que cerca de 10 000 ancestros debieron intervenir para dar origen a la población humana actual. O sea que la aparición del hombre a partir de un solo ancestro, o monogenetismo, no tiene campo dentro de la ciencia moderna, ni menos su creación a imagen y semejanza de Dios, en lugar de por un lento proceso de evolución aleatoria. No hubo, pues, un Adán y una Eva, sino muchos adanes y muchas evas. Porque si Dios intervino directamente en nuestra creación, ¿por qué no quedaron rastros de ese milagro en nuestro genoma?

Está claro que quien nos legó la ingenua fábula del Edén desconocía por completo la historia evolutiva de la especie humana, y ni qué decir, de los más elementales conceptos de la biología. Si es cierto que la *Biblia* es la palabra de Dios ¿cómo puede ser que ese Dios omnisciente desconociera lo que el hombre conoció milenios después sobre su origen? Y si lo conocía, ¿Por qué se lo calló, a sabiendas de que de habernos dado muestras de su sabiduría infinita, ésa hubiera sido prueba ineludible de la verdad de su revelación?

Evolución del cerebro humano

Desde el reptil hasta el hombre, el cráneo y el cerebro de los animales ha venido cambiando de morfología y tamaño. El cráneo inicial de los reptiles era alargado, con la nariz poco definida y casi horizontal, las mandíbulas proyectadas hacia adelante y el encéfalo pequeño. Los primates conservaron esa configuración pero menos pronunciada y con un mayor volumen encefálico. En los grandes simios se nota ya una cierta verticalidad del rostro, aunque conservando los arcos superciliares muy abultados y una cresta sobre la cabeza en el caso de los gorilas, similar a la de los *australopitecos* que todavía conservaban una apariencia simiesca. En todos estos casos se ha visto que a medida que iba creciendo el cerebro y aumentaba de complejidad, la especie era más exitosa, se reproducía más y permanecía más tiempo. En general, la probabilidad de sobrevivir de una especie tiende a ser mayor a medida que posee un cerebro más grande, como se ha podido demostrar con aves llevadas a ambientes distintos a los nativos, las cuales han conseguido adaptarse mejor al nuevo hábitat, en la medida en que su cerebro se vuelve de mayor tamaño.

Un caso curioso es que de los australopitecos hay dos tipos: los *A. robustus* y los *A. africanus*. Sin embargo, siendo el robustus posterior al africanus su cráneo es más primitivo, tiene cresta como el de los gorilas actuales y un aspecto más feroz. El hecho de que una especie aparentemente posterior en el tiempo, tenga características menos desarrolladas que la inmediatamente anterior, ha sido motivo de controversia, pues esto, supuestamente, no está en concordancia con las leyes de la evolución de *Darwin,* según las cuales los organismos menos avanzados preceden siempre a los más avanzados.

Varios casos como estos se han presentado en los últimos 60 años. En

1947 en la cueva de *Fontechevade,* en Francia, se encontró un cráneo similar al del Homo sapiens junto a herramientas de piedra y utensilios, en estratos correspondientes a los del *Homo erectus,* anterior a los del *Neandertal* y al Homo sapiens. Lo contrario sucedió con los restos encontrados en *Swascombe,* en Inglaterra (1935) donde se halló un hueso occipital con forma similar a la del hombre de Java y Pekín en un estrato relativamente reciente. Parecería como si estos especímenes hubieran aparecido en unos casos antes y en otros después del tiempo que les corresponde de acuerdo con su grado de evolución, lo cual supuestamente violaría el principio de que lo más primitivo siempre precede a lo más evolucionado, hecho que los enemigos de la teoría de *Darwin* proclaman como prueba capital de su inconsistencia.

Sin embargo, si analizamos los hechos en forma menos superficial, encontraremos que no necesariamente la evolución fue regular, esto es, que sólo cuando se extinguía una especie aparecía la que la remplazaba, sino que se desarrolló con múltiples ramas que se traslapaban en el tiempo y a veces evolucionaban a saltos. Existen al respecto dos teorías: una, la teoría *neutralista* que sostiene la tesis de que la evolución fue ordenada y ocurrió en pequeños pasos con una velocidad uniforme como lo postuló *Darwin,* y otra, la teoría *puntualista* que sugiere una evolución por explosiones evolutivas periódicas en distintas épocas como la *cámbrica,* después de las cuales, se produjeron relativamente pocos cambios durante un buen número de años hasta la nueva explosión. Cuál de las dos teorías interpreta mejor la aparición de una tan gran variedad de registros fósiles, es un asunto por dilucidar.

El doctor *Arthur Cunstance* en su libro titulado *La supuesta evolución del cráneo humano,* sostiene la tesis de que las modificaciones morfológicas del cráneo son más producto de los hábitos de la especie, sobre todo de la dieta, que de la evolución. Considera que si la dieta es dura las mandíbulas y los músculos masticatorios se crecen, modificando el cráneo, cuya parte posterior se hecha hacia atrás y la de adelante se acorta, lo que hace agrandar los arcos superciliares sobre las órbitas, e incluso produce una cresta sobre la cabeza como en el gorila y en el australopiteco, además de que desgasta los dientes.

Ese es el motivo, según él, por el cual las especies que tienen que arrancar la carne de sus víctimas con los dientes, poseen más poderosas y hocicadas sus mandíbulas, como los felinos, los saurios (cocodrilos) o los grandes simios que se alimentan de frutos y material vegetal duro. En cambio, los que comen una dieta blanda como alimentos cárnicos y vegetales cocinados, la región frontal se eleva, las arcadas superciliares se disminuyen o se suprimen, el ancho de la cara se aumenta, las orbitas de los ojos se colocan a mayor altura en el rostro, el cráneo incrementa de tamaño, y las facciones se vuelven más redondeadas.

Según eso, podría pensarse que la evolución de los Homos comenzó cuando descubrieron el fuego los *Homo erectus,* hace unos 1.2 millones de años, y empezaron a cocinar sus alimentos, lo que les redujo el tamaño de sus mandíbulas y de sus músculos masticatorios, modificándoles la configuración del cráneo, y permitiéndoles el crecimiento del encéfalo hasta alcanzar el tamaño y el grado de sofisticación del hombre actual. Para ello, estas características debieron ser trasmitidas genéticamente a la descendencia, pues de los contrario, las crías al nacer tendrían un cráneo que sólo adquiriría su forma hocicada con el tiempo, lo que no ocurre nunca.

El largo camino hacia el cerebro racional

El Homo sapiens es el único animal que camina completamente erguido en sus dos pies, y al mismo tiempo puede usar las manos para cargar objetos. O puede usarlas para labrar herramientas, o pintar obras de arte. Esta propiedad la adquirió con el incremento y especialización de su cerebro que aumentó un kilo de peso desde las épocas de los *australopitecos* con *400* a *450* gramos de cerebro, hasta las épocas del *Homo sapiens* con cerebro de *1500* gramos de peso, pasando por los estadios intermedios del *Homo hábi-*

LOBULOS DEL CEREBRO

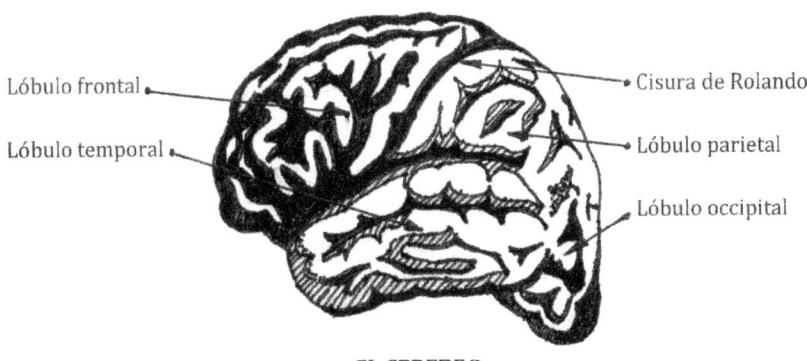

Lóbulo frontal

Lóbulo temporal

Cisura de Rolando

Lóbulo parietal

Lóbulo occipital

EL CEREBRO

lis, con *700* a *750* gramos de cerebro y el *Homo erectus* con *900* gramos.

Con esto, el porcentaje del peso del cerebro a peso del cuerpo, en los humanos pasó de 0.07 % a 2 %. Sin embargo, este porcentaje no es necesariamente indicativo de la capacidad mental, si se considera que el ratón tiene una relación semejante a la de los hombres, y no por eso su inteligencia es similar al de estos, aunque a veces, oyendo a ciertos individuos, uno estaría tentado a creerlo. Siendo el cerebro un órgano relativamente pequeño, consume el 25% del oxigeno que entra a los pulmones y tiene 100 000 millones de neuronas, separadas por 100 a 500 billones de sinapsis o uniones entre las mismas. ¿Cuál fue la causa para que el cerebro humano adquiriera tan enorme grado de complejidad jamás alcanzada por ningún otro vertebrado? Hasta ahora no hay una explicación satisfactoria.

Hace unos 500 millones de años aparecieron los primeros animales con cerebro. Se trataba de los peces sin mandíbulas, unos de los primeros vertebrados (animales con esqueleto interno). Poseían ya el modelo básico del cerebro que perduraría a lo largo de toda la evolución, desde los vertebrados inferiores (peces, anfibios, y reptiles), hasta los superiores (aves y mamíferos), y el hombre. El cerebro está constituido por una masa encefálica, protegida por una caja ósea resistente a golpes, que se comunica a través del tronco encefálico con la medula espinal, por entre cuyas vértebras descienden sus redes neuronales a lo largo de la columna vertebral.

Mediante la biología molecular se ha establecido que la separación de las ramas del hombre y los simios ocurrió hace unos 5 a 2.5 millones de años, justo en el *Plioceno* cuando el clima de la Tierra se volvió más frío y se intensificaron los períodos glaciares. Los *australopitecos* todavía tenían grandes diferencias en el lóbulo frontal con respecto al hombre del *Neandertal,* especie de la que el *Homo sapiens* se separó genéticamente hace 340 000 años y adquirió el cerebro actual, dividido en dos hemisferios asimétricos, ligeramente diferentes: el izquierdo y el derecho. Esta asimetría la heredó posiblemente del *Homo erectus,* su inmediato antecesor.

La superficie de esos hemisferios resulta aumentada por el plegamiento en circunvoluciones que genera una multiplicidad de surcos y cisuras en su capa externa. Los dos hemisferios se comunican por medio del cuerpo calloso para interactuar en forma cruzada: el derecho se relaciona con el lado izquierdo y el izquierdo con el derecho, como es bien sabido.

Cada uno de esos hemisferios contiene cuatro lóbulos: el *frontal,* adelante, el *parietal,* atrás del frontal, el *temporal,* debajo del frontal y el temporal y el *occipital,* en la parte posterior del cráneo. El cerebro se formó por etapas. Las más antiguas corresponden al *tronco cerebral* y al *cerebelo* (el cerebro reptil) que controla los movimientos, y el sistema límbico compuesto por el *bulbo raquídeo, el tálamo, el hipotálamo, el hipocampo, la amígdala cerebral, el cuerpo calloso, el septum, y el mesencéfalo.* Fue el primero que apareció cuando los vertebrados comenzaron a tener movimiento autónomo.

Estos centros nerviosos que ya funcionaban en forma muy primitiva en los primeros reptiles y en los peces, se relacionan con el subconsciente y los instintos complementarios de supervivencia y reproducción. Modulan por tanto los instintos sexuales, las emociones (placer, miedo, agresión), la personalidad y la conducta. Así mismo regulan el sistema endocrino y el sistema nervioso, así como respirar, hacer la digestión, mantener el ritmo cardíaco, la vigilia y el sueño, el hambre, la sed, la presión sanguínea, la búsqueda de abrigo o las respuestas automáticas a la defensa o el ataque. Muchos experimentos han demostrado que el comportamiento animal del ser humano se origina en esas zonas enclavadas en lo más profundo de nuestro cerebro.

Típico del sistema límbico es la *amígdala cerebral* centro de control de las emociones. Pacientes con la amígdala lesionada no son capaces de reconocer la expresión de un rostro o determinar el estado de ánimo de otra persona. Monos, a quienes se les extirpó la amígdala, alteraron su comportamiento social en forma notable. Chimpancés con la amígdala dañada fueron incapaces de reconocer su comida preferida, por el desinterés que manifestaban hacia ella, a diferencia de los que la tenían intacta, con lo que demostraron la importancia de la amígdala en el ejercicio del aprendizaje y la memoria.

Sin embargo, en el hombre, el sistema límbico está interconectado con la *corteza cerebral* por medio de unos cordones de fibras llamadas *pedúnculos superiores,* corteza que contiene el *cerebro racional* o el *neocórtex,* cuya función es atemperar nuestros impulsos animales y hacer primar la razón sobre las emociones, y por tanto, constituye el órgano con el que la evolución del cerebro experimentó un salto gigantesco en relación con el de los primates.

El *neocórtex* no es solamente el área más accesible del cerebro, sino la parte más nueva de la corteza cerebral que adquirimos posiblemente hace un millón de años o más. Es una fina corteza que recubre por fuera los hemisferios cerebrales compuesta por una mezcla de células nerviosas, fibras nerviosas y vasos sanguíneos. Tiene un espesor de 1.5 a 4.5 mm y consta de seis capas que albergan 19.000 millones de neuronas en el varón y 16 000 millones en la mujer.

Contiene la llamada sustancia gris de 2 a 3 mm de espesor, cuyas células carecen de *mielina* (envoltura protectora) debajo de la cual hay otra capa interior denominada *sustancia blanca,* ésta si, con envoltura protectora. La parte interior del cráneo así como la de la columna vertebral están recubiertas por tres membranas llamadas meninges: *duramadre, piamadre* y *aracnoides,* dentro de las cuales existe un líquido espeso, transparente e incoloro denominado *cefalorraquídeo.*

En el *neocórtex* es donde se elaboran el pensamiento abstracto, el lenguaje, la imaginación, y la creatividad. Gracias a él podemos plantear y solucionar ecuaciones matemáticas, aprender otras lenguas, desarrollar sistemas filosóficos, predecir el futuro, y lo más importante, tener conciencia del "yo", darnos cuenta de que existimos y pensamos, de que hay cosas que son ciertas y otras, falsas. Sin el *neocórtex,* ni yo hubiera podido escribir el presente ensayo, ni usted, lector, lo hubiera podido leer y entenderlo. Amor y venganza, altruismo e intrigas, arte y moral, sensibilidad y entusiasmo son reacciones del neocortex. Los lóbulos *prefrontales* y *frontales* juegan un papel especial en esas funciones.

El cerebro se prolonga hasta la parte más baja del cráneo donde se convierte en el *bulbo raquídeo,* el cual penetra por el *agujero occipital* dentro de la columna vertebral, formando la médula espinal, un cordón blanco de un centímetro de diámetro que mide 50 centímetros de longitud hasta la región lumbar, y desciende por entre las vértebras para irse ramificando a partir de ellas en 31 pares de nervios que se diseminan por toda nuestra anatomía, a fin de recibir los impulsos nerviosos generados allí, y trasmitirlos al *encéfalo* para que éste emita las órdenes pertinentes, sin las cuales no podríamos conservar la vida.

Resumiendo, nuestro cerebro consta, entre otras muchas partes, de dos muy importantes que conviene destacar: El *sistema límbico* o emocional, y la *corteza cerebral.* La primera nos impulsa a dejarnos llevar por los impulsos animales determinados por los genes, y la segunda, a luchar por mantener esos impulsos a raya. Éste podría ser el origen de la antigua distinción entre la materia y el espíritu o la carne y el alma, que viene desde los filósofos griegos, especialmente de *Platón* y *Aritóteles,* concepto que a través de *Plotino, Agustín* y otros neoplatónicos, fue adoptado por el cristianismo.

Para ellos la carne mortal era el origen de los deseos corporales, y el alma inmortal, de la razón y las virtudes intelectuales. La biología moderna confirma esta distinción. La *carne* bien podría asociarse en un sentido lato con el *sistema límbico,* y la *corteza cerebral* o el neocortex, con el *alma espiritual.* Eso explica por qué en lo profundo de nuestro ser sentimos la compulsión de cumplir con los imperativos de la selección natural, que nos impele a la concupiscencia, al afán por reproducirnos; a anteponer nuestro interés al de los demás para competir mejor con ellos, a ser crueles y despiadados. En cambio, dentro de nosotros hay algo que busca regular esas instintos primarios, que promueve la conciencia moral, la bondad, la compasión, la generosidad, en fin todo lo que se le atribuye al alma, sin lo cual no sería posible la supervivencia de la humanidad.

Las neuronas y el sistema nervioso

La evolución del cerebro de los vertebrados comenzó en el *Cámbrico,* hace más de 500 millones de años, en los seres vivos que requerían contar con movimiento autónomo para buscar formas de subsistencia a las que no tenían acceso en su hábitat natural, no así en los que no lo necesitaban como los vegetales. El componente básico de la mente son las neuronas, cuyo número no cambia a lo largo de la vida. Las neuronas son células nerviosas eucarióticas, excitables, descubiertas por *Santiago Ramón y Cajal,* cientifico

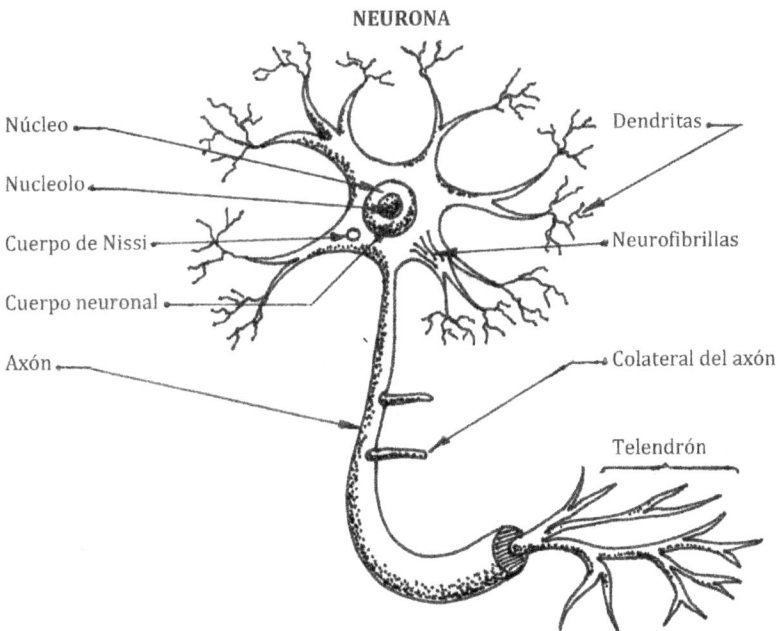

NEURONA

Núcleo
Nucleolo
Cuerpo de Nissi
Cuerpo neuronal
Axón
Dendritas
Neurofibrillas
Colateral del axón
Telendrón

español quien por esa causa recibió en 1906 el premio Nobel de Medicina, las cuales, una vez adultas, no se reproducen ni se dividen en condiciones normales por ninguna de los sistemas conocidos sino en forma excepcional, y se especializan en recibir estímulos nerviosos y trasmitirlos de una parte a otra de nuestro organismo.

Constan de un cuerpo celular central de 5 a 135 micras de dimensión mayor, desde el cual salen diversas prolongaciones de fibras nerviosas a manera de ramajes que se denominan *dendritas,* (de dendros en griego ramas) cuya función es recibir la información proveniente de las células receptoras en forma de impulsos eléctricos y químicos, y conducirla hacia el dicho cuerpo celular. Entre las *dendritas* existen algunas que carecen de ramas, o sea, están formadas por una sola cuerda larga que alcanza un metro de longitud o más, las cuales reciben el nombre de *axones.* Estos *axones* son los llamados vulgarmente *nervios,* o fibras nerviosas, y pueden a veces conectar entre sí neuronas relativamente apartadas.

El conjunto de neuronas y fibras nerviosas constituye el sistema nervioso, que se divide en *Sistema Nervioso Central* y *Sistema Nervioso Periférico.* El primero está formado por el encéfalo y la *médula espinal* y es donde se genera el pensamiento y las emociones, se conserva la memoria y se producen los impulsos nerviosos para contraer o destensar los músculos o activar y desactivar las secreciones glandulares.

El segundo, está formado por la intrincada red de nervios raquídeos que nacen en la médula espinal y se dispersan por todo el organismo para captar la información y llevarla al sistema nervioso central. Esto se hace por medio de tres funciones básicas: una función sensitiva, una función analítica, y una función motora. La primera función es la que le permite al sistema nervioso *sentir* lo que está sucediendo tanto en el interior del cuerpo (hambre, cansancio muscular, indigestión) como en el mundo exterior (un aroma, un pinchazo, un sonido).

La segunda es el análisis y almacenaje de la información recibida a través de las neuronas sensitivas y la preparación de una respuesta a esos estímulos. Y la tercera, es el envío de impulsos nerviosos a los órganos de donde provino la información suministrada por las células sensitivas, para que realicen la acción correspondiente a la señal procesada (retirar la mano del fuego, generar más adrenalina, aumentar los latidos del corazón).

El cerebro y las emociones

Ya hemos explicado cómo el cerebro con sus dos hemisferios: el derecho y el izquierdo, y sus cuatro lóbulos, es el encargado de recibir e interpretar las señales que le llegan desde su propio organismo o del exterior, y convertirlas en acciones y emociones. Ahora vamos a ver como trabajan estos órganos. Con el hemisferio derecho reconocemos objetos y personas, recordamos caras, voces y melodías, nos orientamos en el espacio y tenemos imaginación y creatividad; y con el izquierdo, nos expresamos verbalmente, (salvo en los zurdos que tienen centros del habla en ambos hemisferios), analizamos problemas, descomponiéndolos; hacemos cálculos matemáticos; comprendemos el lenguaje hablado y conservamos la memoria verbal. Sin embargo, no existen zonas de acción exclusivas para cada estímulo como se creía hasta hace poco.

Fue la imagenología de resonancia magnética la que permitió observar que si bien ciertas áreas del cerebro se "encienden" durante la realización de determinadas acciones, estas áreas se localizan simultáneamente en diferentes regiones del encéfalo. Por ejemplo, cuando tenemos la intención de mover un brazo, aparecen activadas varias zonas al mismo tiempo y cuando realizamos el movimiento, muchas más. Lo mismo si vemos una imagen, o escuchamos un sonido. Por eso al cerebro se lo ha comparado con una orquesta en la que cada músico toca cierta nota, y el conjunto constituye la sinfonía. Esto permite que si un área cerebral no especializada se daña, otra puede reemplazarla, al menos parcialmente.

Sin embargo, no por eso deja de haber una cierta especialización en las diferentes partes del encéfalo, lo que se ha podido comprobar porque si se extirpa o lesiona una parte del cerebro, las funciones que esa parte cumplen, se restringen o suspenden. El lóbulo frontal, por ejemplo, se relaciona con el sistema motor de los músculos del cuerpo, así como con el razonamiento, la planeación, el habla, y la resolución de problemas. En el lóbulo temporal se encuentra el área auditiva y los centros que rigen la personalidad, la memoria y el comportamiento. En el lóbulo parietal se localiza el área sensorial, que recibe información de los receptores ubicados en la piel y las articulaciones. Si se lesiona el lóbulo frontal, la persona se vuelve apática, inhibida, o lo contrario, impulsiva y egocéntrica. Si se afecta cierta zona central del cerebro (la ínsula) los sentimientos de amor y odio se exacerban, pero al mismo tiempo se desactivan otras zonas: en el amor, las del juicio y el razonamiento, y en el odio, sólo una pequeña área de la corteza central. De donde se concluye que el amante pierde en parte el sentido común y la capacidad de raciocinio, tanto más cuanto más enamorado esté; y en cambio, el que odia, conserva intactas sus facultades y puede recapacitar fríamente sobre sus actos.

Últimamente se ha encontrado que pacientes a los que se les ha tenido que hacer una intervención quirúrgica en la corteza parietal para extirpar un tumor, en dichos pacientes se les incrementa el sentimiento de auto trascendencia después de la operación. Cosimo Urgesi, neurobiólogo de la Universidad de Udine, y sus colegas, han sugerido que lo que ocurre es que hay dos partes del cerebro que, cuando están dañadas, aumentan la espiritualidad en los enfermos: el lóbulo parietal inferior izquierdo y la circunvolución angular derecha. Según ellos, estas áreas están involucradas con la manera como percibimos la relación espacial de nuestro cuerpo con el mundo exterior, y por consiguiente, con la espiritualidad. Tal descubrimiento ha causado mucha controversia debido a sus implicaciones sobre las creencias religiosas. Hay quienes lo han interpretado como demostración de que la espiritualidad es innata en el hombre, lo que es perfectamente válido y conocido de tiempo atrás. Otros, por el contrario, consideran que con él se ha demostrado que no existe el alma. Vandenberghe, neurólogo del Hospital Universitario Gasthuisberg en Lovaina, Bélgica, es más cauto cuando opina: "El documento es muy interesante, pero como muchos otros estudios pioneros, deja muchas cuestiones sin responder".

Sin embargo, no tiene nada de extraño que sentimientos y emociones tales como el de sentirse en unión con el Universo, con el más allá, típicos de la espiritualidad, tengan una base neurobiológica y una zona específica donde se producen en el encéfalo, tanto como acaece con otros sentimientos y emociones del tenor del odio, la alegría, la tristeza, la depresión, la fobia, la pereza, la gula, la envidia, al igual que el hambre y la sed y las demás necesidades fisiológicas como la sexualidad monogámmica o poligamámica, heterosexual u homosexual. Todas tendencias tienen su base en la configuración o funcionamiento de nuestro cerebro como ha sido demostrado con el estudio del comportamiento de los animales, comoquiera que nosotros sólo podemos percibir lo que procesan nuestras neuronas. Por eso, si estas tendencias no surgen de ellas, no existen.

El funcionamiento de las redes neuronales

El idealismo de *Berkeley* podría tener una mejor aplicación a los fenómenos biológicos que a los físicos. Como los fenómenos biológicos se suceden dentro del organismo vivo, no existen en el mundo exterior. Por consiguiente, si las representaciones del mundo exterior no han pasado por la mente, no existen dentro de la misma, aunque los objetos externos que generaron esas representaciones puedan existir independientemente de la mente. En el caso de la inmensa cantidad de sentimientos y emociones que procesan constantemente las redes neuronales, su existencia es puramente interna dentro de cada individuo. El mundo exterior puede ser sólo un disparador de esos procesos que varían de una persona a otra, pero a partir de que se inician, siguen su curso por su cuenta. En ese sentido las redes neuronales constituyen un mundo aparte distinto para cada ser humano que debemos conocer y aprender a manejar, pues sólo podemos percibir lo que ellas nos trasmiten y actuar como ellas nos lo permiten.

Las redes se forman porque las neuronas son células independientes que tienen que trabajar al unísono, para lo cual deben interconectarse unas con otras, interconexiones que se llama *sinapsis*. Al unirse se pueden ramificar por todo el cuerpo para pasar la información generada en el cerebro o a la médula espinal hasta los órganos donde dicha información se necesita, por ejemplo, un músculo; o al contrario, desde los órganos donde se produce, por ejemplo la piel, hasta el cerebro o la médula espinal.

La actividad neuronal se realiza por medio de mensajeros químicos, producidos por pequeños pulsos eléctricos de bajo voltaje obra del intercambio de iones, o átomos eléctricamente cargados, que, al llegar a la *sinapsis,* originan alteraciones en el potencial de corriente eléctrica en ambos lados de la misma y se propagan en forma de ondas, con los que abren los canales de calcio y terminan emitiendo moléculas denominadas *neurotransmisores,* que a su vez activan unos *neurorreceptores* en los puntos de contacto entre neuronas.

La conexión entre las *dendritas,* los *axones,* o el *cuerpo celular* de dos o más neuronas puede establecerse en una variedad de formas, y, como explicamos antes, la transmisión de los impulsos nerviosos es de carácter químico y no eléctrico, y por tanto puede ser interferida por sustancias químicas. Esa es la razón por la cual la cantidad de *neurotransmisor* generado en la actividad neuronal puede aumentar o disminuir para responder a los cambios fisiológicos o a la presencia de otros compuestos químicos capaces de ocasionar trastornos neurológicos o de curarlos. Cada neurona puede estar comunicada simultáneamente con miles de otras neuronas, lo que hace que el número de sinapsis en el cerebro del hombre adulto sea inmenso.

También las *hormonas endógenas,* que pertenecen al mismo grupo de mensajeros químicos que los neurotransmisores, pueden actuar conjuntamente con ellos, para regular el funcionamiento del organismo y regir por medio de procesos bioquímicos muy complejos los estados de ánimo y el modo de pensar que éstos generan. Las hormonas son producidas por las glándulas endocrinas, especialmente la glándula pituitaria, por el cerebro, los riñones, los órganos sexuales, la glándula tiroidea, el hígado y muchos otros órganos más. Existen dos tipos de hormonas: las *pépticas* y las *lípidas.* Ambas pueden ser estimuladas o inhibidas por el clima, por los alimentos, o por la actividad mental. Se trasportan con el flujo sanguíneo hasta el órgano receptor.

Un estudio reciente de la Universidad de California publicado en la revista *Science* concluye que el dolor físico y el dolor emocional causan secuelas idénticas en el organismo humano. Esto no es nuevo. Desde antes se había detectado que cualquier cambio psicológico produce un cambio bioquímico y neuronal y viceversa. Por ejemplo, un impacto emocional fuerte como la muerte de un ser querido, la pérdida del empleo, o un divorcio, acostumbran a inducir una gran variedad de enfermedades como daños digestivos, insomnio, taquicardia, cansancio, incremento exagerado del colesterol, cardiopatías, y otras.

Sin embargo, hay sustancias químicas como el *propanolol* que puede borrar estos recuerdos postraumáticos, según acaba de descubrir el Departamento de Psicología Clínica de la Universidad de Ámsterdam, así como hay elementos químicos como el *litio* que pueden curar la depresión o falta de ánimo, o la *paroxetina,* los ataques de pánico. Otras moléculas tales como el *alcohol,* y los *alucinógenos* pueden alterar de igual manera nuestras percepciones, desconectándonos de la realidad y distorsionando nuestras ideas.

La *oxitocina,* usada frecuentemente para acelerar el parto, se la conoce como la *hormona del amor,* porque aumenta en forma notable después del orgasmo e interviene de manera decisiva en los lazos de afecto o de rechazo que nos ligan a otras personas. Se ha observado que se incrementa unas 7 000 veces, en conjunto con la *dopamina* (un *neurotransmisor*), en los que están enamorados en comparación con los que no lo están y es capaz de inducir una especie de adicción a la persona amada, que bloquea la capacidad de raciocinio. En cambio, la disminución o ausencia de la *oxitocina* puede llevar a la indiferencia hacia ella, lo que de todas maneras ocurre en dos o tres años, en la medida que el organismo se va acostumbrando a su estímulo.

Algo parecido sucede con otras moléculas como la *fenilananina,* que genera entusiasmo, o las *endorfinas,* similares a la *morfina,* que dan una sensación de plenitud, combaten el dolor e inducen sueño; o la *serotonina* que causa buen humor y apetito, o la *adrenalina,* que incrementa la alerta ante el peligro y contrae los vasos sanguíneos para evitar posibles hemorragias por heridas, y así con los demás mensajeros químicos.

Es por eso la química de nuestro organismo la que modula nuestros estados de ánimo, nuestra conducta, nuestro pensamiento y en últimas, nuestra vida. Lo anterior no implica que estemos fatalmente condenados a seguir sólo los impulsos de nuestros mensajeros químicos y de nuestros genes, antes llamados pasiones o bajos instintos, porque para regularlos poseemos un cerebro racional capaz de distinguir, aunque a menudo no lo hagamos, entre lo que nos pide el cerebro del reptil que llevamos adentro y lo que debemos hacer moral y racionalmente; entre lo que nuestro sistema neuronal y genético nos manda y lo que la ley y la conveniencia nos permite. Es precisamente esa desarticulación de las distintas partes del cerebro, lo que nos lleva a adoptar conductas perjudiciales tanto para nosotros mismos, como para la sociedad.

Hay que tener en cuenta que el cerebro, al igual que las células que lo componen, está dotado de una gran plasticidad biológica, y pueden así reacomodar sus uniones neuronales, creando nuevos circuitos para reacomodarse de acuerdo con nuestras necesidades y voliciones. Para ello, almacena en la memoria la información enviada por los sentidos, así como la que adquirimos por repetición de ciertas acciones o por el aprendizaje de conocimientos y habilidades, a fin de poderla usar en situaciones en las que el organismo deba responder con alguna acción específica a determinado estímulo.

Eso explica por qué la enseñanza se basa en someter a los estudiantes al manejo de determinadas disciplinas para inducirles una manera de pensar acorde con sus futuras actividades. Por ejemplo, a los que cursan carreras técnicas, a menudo se les entrena en física y matemáticas, muchas veces muy por encima de lo que van a necesitar posteriormente en la práctica profesional, sólo para inculcarles el criterio técnico y analítico indispensable para su desempeño ulterior.

De igual modo se capacita en anatomía y disciplinas biológicas a los que se postulan para las ciencias relacionadas con la medicina, a un nivel que en la práctica, muchas veces no van a requerir. Y así con las demás profesiones, porque lo que se busca, no es sólo instruir al estudiante en determinadas materias, sino inculcar en el profesional un criterio, esto es, reacomodar sus circuitos neuronales a fin de que estén preparados para tomar decisiones correctas en los momentos críticos.

No es menos evidente este reacomodo neuronal en la vida diaria. Pequeños sucesos, modifican también nuestro funcionamiento cerebral, porque terminan imprimiendo un patrón de conducta en nuestras redes neuronales como ocurre cuando nos acostumbramos a despertarnos a cierta hora, y así lo hacemos aun cuando nos hayamos ido a la cama pocas horas antes; o cuando debemos leer previamente algo para poder dormir, o cuando tenemos un tic nervioso y nos tocamos la barbilla cada vez que estamos preocupados. Igual ocurre con los deportistas a los que se los entrena a través de la repetición de los mismos ejercicios por años para permitirles nadar en un tiempo record cien metros o correr en bicicleta ocho horas sin desfallecer. No son sólo su cuerpo y sus músculos los que sufren modificación con ese adiestramiento, sino también las neuronas de su sistema nervioso central.

Esto prueba hasta qué punto esas redes, son maleables, pero al mismo tiempo hasta qué punto puede llegar a ser difícil quitarse de encima fobias y vicios si, para conseguirlo, debemos reprogramar nuestro cerebro. Cuando adquirimos un hábito o una dependencia aprendemos un patrón de conducta que se almacena en el cerebro, y, cuando queremos dejarlo, debemos luchar por borrar ese patrón, lo que significa un enorme esfuerzo, ya que éste raramente se borra del todo, sino que queda larvado y reaparece a la menor reincidencia en los antiguos hábitos.

Lo anterior no implica, como algunos los han sostenido, que el comportamiento del hombre es sólo fruto de su entorno cultural, del aprendizaje por medio de las recompensas y los castigos, de la imitación de los mayores. La verdad es que el hombre es producto de los genes tanto como del adoctrinamiento recibido en su etapa de formación. Dice al respecto *Antonio Vélez:* "Es falso que el hombre *nace* y es igualmente falso que el hombre se *hace.* El hombre *nace* y se *hace.* Y agrega: "Los que miran al hombre como un hijo de su medio cultural únicamente, o los que lo miran como un ser puramente biológico, sólo lograrán averiguar una parte de la verdad, y una parte de la verdad, escribía con sabiduría el filósofo inglés Bertrand Rusell, es muchas veces una gran mentira".

El hombre en realidad es cincuenta por ciento producto del medio cultural en que crece y un cincuenta por ciento producto de los genes que lo condicionan y limitan. Sócrates tenía razón cuando creía que el hombre nacía con un conjunto de conocimientos innatos, y lo atribuía al hecho de que nuestra alma existía desde antes de nacer. Lo que no sabía, ni podía saber, es que esa alma no era espiritual sino biológica, integrada por nuestras neuronas.

Conocido es el hecho de que todos los hombres somos distintos, no hay dos hombres iguales ni física, ni culturalmente, lo que prueba el carácter puramente aleatorio de la evolución. Los que más se parecen entre sí son los gemelos idénticos nacidos de un solo óvulo, y en menor grado, los gemelos hermanos, nacidos de dos óvulos diferentes. Sin embargo, se ha encontrado que los gemelos idénticos criados en hogares separados, difieren menos en personalidad, inteligencia, habilidad lingüística, religiosidad, liberalidad, simpatía, introversión-extroversión, que los criados en el mismo hogar. También son heredables las adicciones como la dependencia a la nicotina, al alcohol, a la televisión, al sexo, lo que demuestra que el ambiente no es el único determinante del carácter y el comportamiento del hombre.

La raíz del pensamiento racional

Sobre el origen del pensamiento racional existen dos enfoques: el *filosófico* y el *neurológico*. El *filosófico* parte de la creencia de que la aproximación neurológica al surgimiento de imágenes sensoriales y de ideas abstractas en el cerebro humano, no es suficiente para explicar la totalidad de este fenómeno, y distingue entre el *cerebro* como centro biológico que recibe los estímulos interiores y exteriores, y la *mente* como el conjunto de actividades y procesos síquicos conscientes e inconscientes que se desarrollan dentro de la corteza cerebral y generan la conciencia, o conocimiento de nosotros mismos y de nuestro entorno. El *cerebro* viene a ser así el órgano con el cual trabaja la *mente,* y la *mente,* la autora del pensamiento, la conciencia y el raciocinio. Queda por aclarar qué es la mente, si es algo distinto al cerebro o es sólo el producto de la actividad cerebral, punto sobre el que los *neurocientíficos* no han podido ponerse de acuerdo.

La relación *mente-cerebro* ha sido por eso objeto de permanentes debates. Al respecto existen, básicamente, dos posiciones: la primera es la del *dualismo* que considera a la mente como algo inmaterial (el alma) y al *cerebro,* como el instrumento del alma. Según esa corriente, neurofisiólogos como *John Eccles* opinan que el cerebro no es una estructura lo suficientemente compleja como para generar la conciencia, por lo que hay que aceptar la existencia de una mente autónoma independiente del cerebro.

La segunda, es el *monismo.* Para ésta, el cerebro y la mente, al contrario de lo que piensa el dualismo, es inmensamente complejo, y por eso, cualquier distinción entre cerebro y mente es arbitraria, producto de la insuficiencia de nuestros conocimientos actuales. Esa es la tesis, entre otros muchos, del premio Nobel de medicina de 1972, *Gerald Eldelman* quien nos recuerda que: "Una sección de cerebro del tamaño de la cabeza de un fósforo contiene alrededor de mil millones de conexiones, que se pueden combinar en una cantidad de maneras calificable de hiperastronómica: del orden de diez seguido de millones de ceros". Agréguese a eso que contamos con 25 000 millones de neuronas que unidas forman 150 000 kilómetros de configuraciones de fibras nerviosas posibles por donde viaja la información a 90 metros por segundo, y nos daremos cuenta de la casi infinita complejidad de nuestro organismo, en el que hasta la última de sus células está interconectada con otras y con el cerebro por medio de las redes neuronales del sistema nervioso y las del sistema circulatorio. Con razón, el médico *Richard Bergland,* dice: "El pensamiento no está encerrado en nuestro cerebro sino disperso por todo el cuerpo." De aquí que las *emociones* puedan desencadenar *cambios químicos,* y los *cambios químicos, emociones.*

Por su parte, el neurocientífico colombiano *Rodolfo Llinás,* sostiene que: "Las neuronas del sistema nervioso central son capaces de generar movimiento, crear imágenes sensoriales, y generar pensamientos, gracias a sus capacidades intrínsecas, soportadas por actividades neuroeléctricas, denominadas: oscilación, ritmicidad, resonancia, y coherencia. La mente no es algo tangible como tampoco lo es el "yo".

Según él, no tenemos cerebro, sino que *somos nuestro cerebro,* y no podemos ser nada distinto a nuestro cerebro. El yo es un estado funcional de nuestro cerebro, dominado por la actividad oscilatoria y eléctrica de las neuronas, que generan frecuencias denominadas *estados funcionales.* Los grupos de neuronas suenan al unísono como las cigarras o las cuerdas de un piano, incluso estando distantes unas de otras, para crear una especie de resonancia con la información que le envían los sentidos. Esta simultaneidad en la actividad neuronal, sigue explicando, es el origen y la raíz de nuestra capacidad de conocer y de pensar. La mente viene a ser así un estado *funcional modulado* no sólo por nuestros sentidos sino también por las oscilaciones o danzas neuronales. Según los sitios en que se produzcan estas oscilaciones o danzas, generan emociones, pensamientos o conciencia.

Por tal razón podríamos decir que la realidad no está tanto afuera en el mundo exterior, sino adentro, en esa especie de realidad imaginaria que forjamos en nuestro cerebro. Y concluye diciendo que cuando soñamos dormidos, oímos, vemos, y sentimos sin usar los sentidos, y al contrario, cuando fantaseamos en estado de vigilia, soñamos despiertos, pero usando los sentidos, pues al fin y al cabo los *hombres no somos sino unas máquinas de soñar* que construyen modelos virtuales del mundo exterior. Una afirmación muy al estilo de Calderón de la Barca, cuando escribe: *Pues toda la vida es sueño y los sueños, sueños son.*

En cierta manera los estados fisiológicos complejos semejan la condición virtual entre el software y el hardware, aunque el cerebro es mucho más que un simple computador. Entre ambos existen grandes similitudes y grandes diferencias. Ambos son binarios, esto es, trabajan adoptando dos posiciones: encendido o apagado. Las neuronas de la corteza prefrontal, que son las que comandan la inteligencia y el razonamiento, actúan así: el ganglio basal los enciende y los apaga.

Sin embargo, el cerebro es *analógico,* pues emplea circuitos eléctricos para su actividad; en cambio, el computador es *digital,* toda vez que resuelve los problemas, desarrollando cálculos matemáticos en serie uno tras otro. El cerebro puede trabajar simultáneamente con muchos circuitos a la vez, el computador sólo con uno, aunque se están desarrollando nuevos modelos con dos o más circuitos. El cerebro es un procesador de materia orgánica, de carbono y estado líquido; el computador es un procesador de materia inerte, de cilicio y estado sólido. El cerebro toma sus propias decisiones, el computador sigue solamente la programación preestablecida. El cerebro tiene conciencia y emociones, el computador no. En resumen, el cerebro tiene *mente,* el computador no.

Pero una mente que no se puede poner en contacto directamente con el mundo exterior, sino a través de los sentidos que a menudo nos engañan y nos presentan una versión distorsionada de la realidad externa. Son nuestras redes neuronales en conexión con nuestros sentidos las que traducen los estímulos que éstos captan por medio de las llamadas neuronas receptoras y las traducen en las imágenes mentales con las que construimos nuestra visión del mundo exterior, una visión virtual, propia nuestra, de nuestra mente, que no existe más allá de nuestro cerebro. Como dice el citado *Vélez,* el cerebro es un procesador biológico que: "simula la realidad, realiza inferencias, resuelve problemas, calcula, y tal vez lo más importante, predice. De manera más general, es un dispositivo para generar comportamiento lógico y coherente con la realidad, con las circunstancias de cada momento. Comportamiento inteligente".

Para ello, cada sentido está provisto de un conjunto de neuronas distintas, así: el gusto está provisto de no menos de 10 000 *quimiorreceptores* denominados *papilas gustativas* para percibir los sabores; la epidermis, de *termorreceptores* capaces de detectar la sensación de calor y frío, así como de *mecanorreceptores* en toda su superficie, en unos sitios de mayor sensibilidad que en otros, adaptados para sentir cualquier deformación mecánica de la piel; los ojos, de *fotorreceptores,* que transforman en color y forma las ondas *electromagnéticas luminosas;* el oído, dotado de *fonorreceptores, llamados células ciliadas, que pueden traducir las vibra*ciones del aire en sonido; la nariz, dotada de unas *proteínas receptoras* que hacen contacto con las moléculas olorosas presentes en el aire, para convertirlas en sensaciones placenteras o desagradables, según el caso.

Para eso, esas distintas neuronas receptoras deben manejar distintas clases de energía, como la electromagnética, mecánica y química para disfrazarlas de sensaciones visuales, olfativas o táctiles que no existen en un Universo insensible a ellas. Un Universo de tan sólo partículas y fuerzas elementales, que nos creó para soñar en el color, la forma, los aromas, la música, la luz, el tacto, el calor, el frío, las nubes que se desplazan por el cielo, los árboles agitados por la brisa, las fuentes que corren por el bosque, y los cantos y los atardeceres y las caricias, representaciones éstas exclusivas de la mente humana que nunca han existido sino en esa maravillosa *máquina de soñar* que es nuestra corteza cerebral, en donde forjamos un mundo de fantasía para nuestro solaz y en el que aceptamos lo sobrenatural, lo ilógico, lo mítico y otras creencias muchas veces sin cuestionarlas. Y cuando se nos agota nuestra capacidad de soñar, recurrimos a las sustancias alucinógenas para seguir soñando. A ratos piensa uno si no serán necesarios otros cien mil años para que nuestro cerebro acabe de perfeccionarse.

La prehistoria del Homo sapiens

La prehistoria del Homo sapiens comenzó cuando los primeros ejemplares de esa nueva especie de *cazadores-recolectores* dejaron el África central, hace más o menos unos 70 000 a 50 000 años, y partieron en busca de nuevos horizontes a conquistar el mundo. De aquí que el genetista *Kenneth Kidd,* dijera: "La conformación genética del resto del mundo, es sólo un subconjunto del que hay en África".

Al primer país al que se trasladaron algunos grupos fue a Egipto y de ahí, atravesando el Mar Rojo o bordeándolo por el norte, llegaron a Israel, Mesopotamia y el Golfo Pérsico entre el Tigris y el Éufrates donde se dice que estuvo el paraíso terrenal, lo que no puede ser cierto, porque cuando los hombres se asentaron en ese lugar, ya había millones de ellos en otras partes, y por tanto, no pudo surgir entre ellos una pareja primigenia. Fue ahí, en *Mesopotamia* al terminar la última glaciación hace unos 10 000 años, cuando comenzaron a abandonar su vida nómada, remplazando la caza por el pastoreo de animales domésticos; y la recolección de frutos silvestres, por la agricultura, uno de los descubrimientos más trascendentales en la historia evolutiva de la especie humana.

En los primeros tiempos la siembra se hacía esparciendo las semillas en el campo; más tarde, se inventó el arado con lo que se incrementó la productividad de las cosechas, luego el uso de animales de tiro, los fertilizantes y el regadío, todo lo cual permitió el abastecimiento de grupos humanos sedentarios, lo que hizo posible la aparición de ciudades como Ur de Caldea, la supuesta patria de Abraham.

Los países de África central están poblados por una variedad de razas y etnias descendientes de los primeros emigrantes que iniciaron su peregrinaje cincuenta mil años atrás. En Kenia están los Kikuyos, los Masais y los Kambas, entre otros, y en Etiopía, los Oromos, los Abisinios, los Falashas (que se dicen judíos descendientes de un hijo del rey Salomón en la reina de Saba) y muchísimos más. Hasta qué punto estas razas son las mismas que se regaron por los cinco continentes, no es fácil determinarlo, pero es de esperarse que hayan sufrido cambios substanciales en el decurso de los milenios, pues el cierto grado de culturización que tienen hoy en día, de seguro no lo poseían entonces, ya que a ellos les tocó inventarlo todo, desde las ideas abstractas hasta la agricultura.

Además, el cambio de clima, de costumbres y de dieta debieron producir mutaciones tanto en sus genes y en su corteza cerebral, como en su conducta que se volvió más cooperativa y en su cuerpo que aumentó de estatura, en su piel que se aclaró, en sus mandíbulas que redujeron su tamaño, en la nariz que dejó de ser chata, en la frente que se les proyectó hacia adelante, y en general, en sus facciones que se volvieron menos toscas, y en el pelo corporal que acabó por desaparecer, no se sabe si entonces o mucho antes de que iniciaran su viaje a lo ancho y lo largo de la Tierra.

Dicha peregrinación se prolongó por no menos de treinta mil años (seis veces más de lo que tardaría el hombre en pasar de la invención de la rueda a la conquista del espacio) y no cesó hasta ocupar el último rincón de nuestro planeta. Mientras unos se asentaban en el continente africano, otros, siguiendo las costas de Asia, se aventuraban a alejarse del mar Caspio, y, atravesando la Meseta Iraniana, seguían hacia la India, en tanto que algunos continuaban por las estepas del Himalaya, remontaban las altas cordilleras y llegaban a China, Malasia, Japón, e Indochina. De allí, cierto número de ellos, partía para a Australia, cuyos descendientes son los aborígenes australianos de hoy.

Nuevos grupos, que según se cree debieron antes haber habitado en la India, porque así lo muestra su ADN, se desplazaron por el Levante en dirección a Europa. Inicialmente fueron a Grecia, Creta e Italia y las costas del Mediterráneo, y después al resto de los países europeos, incluso a Rusia. Los últimos fueron a Inglaterra, España y la península escandinava. Milenios más tarde (unos 20 000 a 15 000 años atrás) otras partidas recorrieron la Siberia central, y, aprovechando el congelamiento del estrecho de Bering llegaron a Alaska y Norteamérica. A partir de ahí continuaron avanzando por América Central hasta América del Sur, aunque algunos sugieren que hubo migraciones de malayos directamente por el océano Pacífico, que pasaron de isla en isla y recalaron en México y tal vez en Perú y Chile.

Parece increíble que esas comunidades primitivas, con escaso o nulo desarrollo mental, sin más herramientas que sus manos, o rudimentarias hachas de piedra y lanzas de palo con puntas endurecidas al fuego, hubieran podido desplazarse a la deriva por selvas impenetrables, pantanos, estepas heladas o áridos desiertos, hasta llegar a regiones menos hostiles y acampar en ellas un tiempo suficiente como para establecerse y dominar una amplia zona en la que ejercerían su dominio como únicos cazadores-recolectores en sus inmediaciones.

Siglos más tarde, un grupo de descendientes de esa supertribu, cuya número habría crecido, quizás más allá de lo que permitían los recursos de su entorno, continuaría su marcha rumbo a otras latitudes donde se instalarían para iniciar un nuevo asentamiento. Y así, de sitio en sitio y de región en región, se irían expandiendo los primeros hombres de origen africano durante más de treinta mil años, hasta cubrir casi toda la Tierra.

En ese peregrinaje, los migrantes de seguro se toparon con condiciones medio ambientales y alimenticias variadas, lo que produjo algunas mutaciones en las secuencias de su ADN, mutaciones que, como sabemos, no requieren ser importantes para producir genotipos diferentes con características morfológicas distintas a las de sus antecesores (color de piel, estatura, posición de los ojos, facciones de la cara). Eso explica la gran diversidad de razas y etnias que se desarrollaron, todas descendientes de los mismos ancestros.

Durante ese proceso, si bien el hombre prehistórico pudo crear un lenguaje hablado como lo demuestra su aparato de fonación, no sabemos hasta qué punto podía expresar pensamientos abstractos y emitir algo más que ruidos guturales y de otra índole con los que se comunicaba con los otros miembros de su tribu. Sólo con el tiempo, quizás, logró descubrir un modo gramatical para expresarse y un vocabulario común que le facilitara el intercambio verbal. Esto, por supuesto, no pudo suceder sino únicamente cuando se comenzaron a diferenciar por razas y lenguas, tras milenios de habitar en distintas regiones, con distintos climas y entornos, posiblemente aisladas por grandes distancias, debido al escaso número de pobladores existentes entonces.

Sin embargo, lo que no consiguieron desarrollar hasta mucho más tarde fue la escritura. Durante quizás 50 000 años se esparcieron por los cuatro puntos cardinales sin saber a dónde iban ni qué sorpresa los esperaba en su largo recorrido por lugares inhóspitos y desconocidos, y no nos dejaron ningún documento escrito, así fuera en jeroglíficos, que narrara las peripecias de su milenaria gesta.

Uno se pregunta ¿qué motivó a los hombres a realizar esta hazaña? Bien pudo ser la curiosidad innata de la mente humana, o la presión poblacional en el lugar donde habitaban, o tal vez las drásticas mutaciones del clima. Hay que recordar que en el *Pleistoceno* o Cuaternario (entre los 10 000 años y 2.5 millones de años) hubo unos 20 ciclos de períodos glaciares intercalados con períodos interglaciares. Los períodos de calentamientos bruscos, quizá producidos por la actividad volcánica que saturaba la atmósfera de dióxido de carbono, se alternaban con los enfriamientos pronunciados.

La última glaciación fue la de *Würm* o *Wisconsin* que comenzó hace 80 000 años y terminó hace 10 000, es la que coincide con la época de las grandes migraciones, cuyos integrantes debieron vivir a menudo en cavernas para protegerse de la bajas temperaturas. Al final de ésta, el nivel del mar había bajado 120 metros, los casquetes polares iban hasta Norteamérica y parte de Europa y Asia, los desiertos se extendían más que nunca y los bosques escaseaban. Resulta, por eso, difícil de entender cómo estos grupos humanos desapercibidos de todo pudieron deambular por la Tierra en medio de un ambiente tan adverso y no perecer de frío, sed o hambre.

Para explicar este fenómeno, podría recurrirse a la tesis del historiador inglés *Arnold Toynbee,* según la cual toda civilización es fruto del *desafío* que le ofrece un medio anormalmente hostil a una población. Cita como prueba de su hipótesis el hecho de que las más grandes de esas civilizaciones han aparecido sólo en Europa y Asia, en donde la vida es más difícil por sus condiciones ambientales (inviernos helados y veranos cálidos) y se requiere un mayor esfuerzo para sobrevivir y progresar, y no en Latino América o África, donde la ausencia de estaciones pronunciadas, hace la vida más fácil. Quizás se deba esto a que el cerebro humano al igual que las células de que está hecho, se encuentra preparado para reaccionar y adaptarse a los estímulos externos, y por tanto, entre más estímulos reciba, más se desarrolla. Sea de esto lo que fuere, la verdad es que sin la gesta heroica de la conquista de la Tierra por parte el hombre primitivo, no hubiera habido el avance actual de la humanidad.

¿Somos frutos de un diseñador inteligente o frutos del azar?

Como conclusión de lo anterior, podemos afirmar sin lugar a dudas que, al contrario de lo que pretenden algunos creacionistas recalcitrantes y lo que dice la *Biblia,* el hombre no fue creado en su forma actual por Dios, forma con la que ha permanecido desde el momento de su creación, bajo el supuesto erróneo de que Dios lo hizo perfecto desde el primer momento, ("Y vio Dios que lo hecho era bueno", reza el Génesis) al igual que a los demás seres vivos del reino animal y vegetal, creados por Él para servicio del hombre.

Dice al respecto *Darwin* en su autobiografía: "No podemos seguir afirmando que la bella charnela de una concha bivalva es el resultado de un ser inteligente, igual que la bisagra de una puerta, de la mano del hombre. La vasta variabilidad de los seres vivos y la acción de la selección natural, parecen no tener otro diseño que la dirección hacia donde sopla el viento" o sea, el azar.

En el mundo biológico nada es *determinístico,* esto es, a nada se le puede encontrar una causa que necesariamente produzca siempre el mismo efecto. Si yo dejo caer al piso una copa de cristal desde cierta altura predeterminada, siempre se va a romper, o si yo enciendo una linterna, el chorro de luz siempre va salir con la misma velocidad, aunque no podemos confirmarlo experimentalmente porque no hay cómo repetir esos fenómenos un número infinito de veces. Pero si yo adiciono una cierta dosis de desinfectantes al agua, sólo puedo obtener una probabilidad de inactivar un 90, 99, o 99.9 % de las bacterias, podrían ser más, podrían ser menos. Cuando los médicos dicen que el cigarrillo produce cáncer al pulmón o enfisema pulmonar, sólo hablan de una probabilidad, pues todos sabemos que hay personas que nunca han fumado y terminan con estas enfermedades, y otras que fuman la vida entera, y no las adquieren. Igual se puede decir de la cirrosis hepática por el consumo habitual de alcohol, y en general, de todos los demás procesos biológicos porque la vida no es determinística sino aleatoria o regida por el azar.

Y ese azar le impuso a los seres vivos una atroz carga de sufrimiento. Se arguye que este sufrimiento se debe a que Dios les concedió graciosamente el albedrío a los hombres y ellos pecaron; en otras palabras, que el sufrimiento es la consecuencia del pecado y la necesidad de su purificación. Pero el pecado presuntamente es del hombre y las calamidades recaen a menudo sobre todas las especies vivas. *Darwin* se refiere a este hecho, diciendo: "Nadie discute todo el sufrimiento que hay en el mundo. Hay quien intenta explicarlo, imaginando que su objetivo es la mejora moral del hombre. Pero el número de seres humanos no es nada en comparación con la de todos los seres vivos que sufren también sin que ello les suponga una mejora moral".

La realidad es que la vida empezó a sufrir una variedad de catástrofes, desde el mismo momento en que comenzó a solidificarse la Tierra y a formarse las primeras células como explicamos en el ensayo anterior. Ante tales hechos cabe preguntar: ¿Cómo se puede creer en una creación diseñada por un ser inteligente que somete a tantas calamidades y extinciones masivas a sus criaturas?

Nacemos con dolor, aprendemos con dificultad, nos acosan las enfermedades, debemos sufrir las injusticias de nuestros semejantes, no pocos padecemos hambre, nos sentimos insatisfechos, penamos por el desamor, vemos morir a nuestros seres queridos, y, por último, como premio, tras acaso una feroz agonía, nos ganamos la tumba que hemos estado esperando desde el nacimiento.

Y como si eso fuera poco, vivimos inmersos en la violencia. Iguales a todos los seres vivos, necesitamos alimentarnos de otros seres vivos para subsistir. Sacrificamos a los animales para consumir su carne, talamos los vegetales para aprovecharnos de ellos, arrancamos los frutos de los árboles para nuestro deleite, descuajamos bosques para construir ciudades o empresas agrícolas, atrapamos peces para beneficiarlos, y, en crueldad, no le vamos a la zaga a los leones, los tigres, los cocodrilos, las arañas, y el resto de los seres vivientes, porque como ellos, todos matamos para vivir.

¿Viola la vida la segunda ley de la termodinámica?

El genetista norteamericano y devoto creyente, *Francis S. Collins,* ex director del Proyecto Genoma Humano, en su libro: *¿Cómo habla Dios?* se hace la siguiente pregunta, la misma que desde hace más de un siglo todos los hombres nos venimos haciendo: ¿Cómo podría ensamblarse espontáneamente una molécula autorreplicante, portadora de información a partir de los compuestos básicos? Y responde: "El ADN con su columna vertebral de azúcar fosfatada y sus bases orgánicas, intrínsecamente organizadas, superpuestas con precisión una sobre otra y en pares en cada uno de los peldaños de la doble hélice, parece una molécula totalmente improbable de haber surgido por casualidad, sobre todo porque el ADN parece no contar con un medio intrínseco de copiarse a sí mismo... Muchos investigadores han apuntado, en cambio, hacia el ARN...ya que el ARN puede portar información y en algunos casos también catalizar reacciones químicas en formas que el ADN no puede... En cambio, el ARN se parece más a un dispositivo móvil que va de una parte a otra llevando su programación y es capaz de hacer cosas solo. Sin embargo, a pesar de los esfuerzos sustanciales de muchos investigadores, no se ha logrado la formación de los elementos básicos del ARN." Todo esto lleva a la conclusión de que por ahora no sabemos cómo se formaron las primeras macromoléculas que originaron la vida.

Lo que sí sabemos es que la vida se formó en pleno acuerdo con las leyes de la naturaleza y no viola flagrantemente, como algunos seudocientíficos proclaman a los cuatro vientos, la segunda ley de la termodinámica y por tanto no es una clara excepción a las leyes del Universo. Esta segunda ley postula que la cantidad de entropía o desorden de un sistema termodinámicamente aislado, aumenta con el tiempo, comoquiera que cada vez que se hace un trabajo, (pongo a andar un auto o una máquina), parte de la energía que empleo en eso se pierde y esa energía que se pierde es la que se denomina entropía.

Obsérvese que se habla aquí de un sistema termodinámicamente aislado, esto es, de uno que no recibe energía de ninguna fuente externa. Tomemos como ejemplo una rueda hidráulica impulsada por una caída de agua de 5.0 m de altura, a la que el golpe del fluido en los álabes la hace girar. Como el eje de esa rueda gira dentro de unos cojinetes, se produce una fricción que los calienta, calor que se disipa sin que se haya utilizado para mover la rueda. Por tanto, no toda la energía de los 5.0 m se emplean en mover la rueda, sino apenas, digamos, unos 3.0 m o menos, y el agua que cayó desde lo alto, perdió su capacidad de volver a subir, a no ser que le restituyamos la energía que perdió, usando una bomba para elevarla. En este caso, la entropía es la energía perdida por fricción en los cojinetes, y el sistema aislado es la rueda hidráulica, que dejaría de ser aislado, si se le añade una bomba para subir el líquido a su nivel original. Lo mismo ocurre con todos los sistemas termodinámicos. Si se ponen en contacto dos trozos de metal con distinta temperatura, el trozo caliente se enfría, y el trozo frío se calienta, hasta lograr una temperatura uniforme en ambos trozos, pero no podrá ocurrir lo contrario. Eso hace que el Universo (el único sistema verdaderamente aislado) tienda al desorden, al incremento de la entropía con el tiempo, aunque la energía total permanezca constante, por la ley de conservación de la energía y la masa. Al irse incrementando la entropía va a llegar un instante en que la energía consiga nivelarse a un estado tal en que ya no pueda haber más transferencia de la misma entre un cuerpo y otro. En ese instante, se producirá la muerte entrópica, porque ya no se podrá ejecutar ningún trabajo.

La vida, sin embargo, aparentemente, no parece seguir ese camino; no va del orden al desorden, del calor al frío, sino por el contrario, del frío del espacio sideral al calor del organismo vivo, de lo más simple a lo más complejo, de la bacteria al Homo sapiens. Sin embargo, no contradice la segunda ley de la termodinámica. El error está en considerar que la Tierra es un sistema aislado, y la Tierra es lo que se quiera, menos un sistema aislado, toda vez que recibe enormes cantidades de energía proveniente del Sol. *James E.Lovelock, en Las edades de Gaia*, dice a este respecto: *"La vida no tiene manera de violar la segunda ley, pues ha evolucionado con la Tierra como un sistema estrechamente acoplado a ella para asegurarse la supervivencia."* Y no podría ser de otra manera, ya que de lo contrario, tendríamos que aceptar que la aparición de las primeras macromoléculas fue un milagro de Dios que se produjo en contra de las mismas leyes fundamentales impuestas por él mismo a la naturaleza, pese a lo cual, ha seguido existiendo durante 3 600 millones de años sin desaparecer. ¿Puede ser esto posible? ¿Qué sentido tiene que Dios haga unas leyes que inexorablemente se cumplen en el Universo y él mismo las viole? Lo que ocurre es todo lo contrario, que la vida apareció en la Tierra porque nuestro planeta, como todos lo planetas, tenía una fuente de energía externa proveniente de su estrella matriz que propició la aparición de la vida.

No debe en consecuencia considerarse la vida como una excepción en el Universo sino como un fenómeno natural inducido por el sistema termodinámico imperante en la Tierra. Comenzó posiblemente con la síntesis de los ácidos nucleicos y de las proteínas que eventualmente dieron paso a las moléculas de ARN (pudo ser una célula simple que encerraba ARN) la cual indujo la formación de las primeras bacterias, las *cianobacterias,* que habrían de dominar la Tierra por 2 500 millones de años y que vivían y viven de la *fotosíntesis oxigénica,* con cuyo concurso llenaron de oxígeno nuestro planeta. Por tanto, la vida surgió, gracias a la irradiación solar que en sus comienzos era mucho mayor que la actual. Sin esa energía la vida no se hubiera podido desarrollar porque la termodinámica terrestre se lo hubiera impedido. No se necesitó sino ensamblar los primeros seres vivos, para que se iniciara el fenómeno de la vida, que partió de un único ancestro común como se demostró cuando se descifró el genoma humano, y se hallaron huellas de ese ancestro común en los cromosomas de la totalidad de los organismos vivos.

Es así como sabemos que la vida toma la energía solar venida del espacio exterior, para convertirla en calor y degradarla al consumir los alimentos producidos con su ayuda, desechando la sobrante. De esa manera los organismos vivos van generando un aumento de entropía, y disminuyendo las desigualdades de energía en su entorno como en cualquier otro proceso termodinámico ordinario. Pero sólo los que captan y distribuyen más y mejor esa energía en busca del estado estable, son los que sobreviven en una suerte de selección natural. Por tanto, al contrario de lo postulado por los creacionistas, la vida emerge en pleno acuerdo con las leyes de la física básica.

Eso es posible porque el Universo es un macrocosmos totalmente cerrado que no recibe energía externa pero oculta en su interior un microcosmos abierto que constantemente la recibe. Un macrocosmos de dimensiones inconmensurables con un número y variedad cuasi infinito de cuerpos celestes, todos integrados por sólo 92 átomos de tamaños diminutos, que forman los millones de millones de moléculas de los cuerpos, en el que el hombre, si se lo mira desde el punto de vista de las estrellas, haría parte del microcosmos, y si desde los átomos, haría parte del macrocosmos. Véase la tabla adjunta.

Tamaños de los seres del Universo
Macrocosmos   *Microcosmos*

Tamaño	Cuerpo	Tamaño	Cuerpo
9 a 30 masas solares	Estrellas	1/100 de mm	Célula
1 132 000 km	Diámetro del Sol	1/1000 de mm	Bacteria
12 756 km	Diámetro de la Tierra	1/10 000 de mm	Virus
3476 km	Diámetro de la Luna	1/ 100 000 de mm	Molécula
1.75 m	**Altura del hombre**	1/1 000 000 de mm	Átomo
1/10 mm	Objeto más pequeño que ve el ojo humano.	1/10 000 000 de mm	Átomo de hidrógeno
		1/ 100 000 000 de mm	Partícula elemental

Como se ve en la tabla anterior, el carácter intermedio del ser humano entre lo infinitamente pequeño y lo infinitamente grande, entre las diezmillonésimas de milímetro y los millones de kilómetros, ha superado su capacidad de comprender a simple vista la enormidad del macrocosmos y la infinitud del microcosmos. Si bien el hombre pudo estudiar por observación directa éste desde la más remota antigüedad, no comenzó a enterarse de sus verdaderas dimensiones, sino a partir de Galileo. En cambio del microcosmos, sólo lo descubrió hace unos tres siglos, cuando el holandés Leeuwenhoek vio los primeros microorganismos en el rudimentario microscopio de su invención.

Esos descubrimientos, cuyos avances se multiplicaron en el siglo XX, nos hicieron comprender la descomunal complejidad de la materia, tanto de la inerte que viaja en el Cosmos en forma de estrellas, galaxias, nubes de polvo, cuasares, agujeros negros y miles de cuerpos más, como la del mundo atómico con sus nubes de electrones, y sus embrolladas maneras de unirse en moléculas, siguiendo unas leyes físicas aleatorias o la de lo organismos vivos, con sus complicadísimas células y sus no menos intrincados métodos de reproducción. Nada en el Universo es simple, todo es complejo, abstruso.

¿Como se pudo formar un Universo así? Los creyentes lo atribuyen a Dios como siempre que encuentran un vacío en el conocimiento. Pero si Dios existe, debe poseer inteligencia y la inteligencia planea, crea un orden, no hace nada superfluo. En cambio el Universo no da la impresión de tener un orden. Nadie, seriamente, puede negar que en él todo ocurre al azar, sólo que dentro de ciertas leyes preestablecidas que son inviolables. Todo es probabilístico en él, desde la posición de un electrón en un átomo, hasta el último de los fenómenos biológicos.

De haber sido fruto de una inteligencia superior, se esperaría lo contrario, que todo tuviera su puesto en el Universo, no hubiera nada aleatorio, nada impredecible, nada superfluo que debiera ser eliminado para dar paso a otros como ocurre con la vida sometida a la selección natural. Por desgracia, ni el mundo físico, ni los ecosistemas terrestres, ni la sociedad humana se aproximan a un orden perfecto, sino a un sistema caótico. Debemos, pues, resignarnos a existir en el caos y a hacer parte de ese caos universal.

ENSAYO CUARTO

HISTORIA DE LAS PRIMERAS CIVILIZACIONES Y DE SUS CREENCIAS RELIGIOSAS

La fuerza del mito.

Desde que el ser humano comenzó a explicar con metáforas lo que no podía explicar racionalmente, se vio forzado a crear mitos. Los mitos, por eso, son una creación colectiva que no surge del raciocinio, sino de las emociones, emociones éstas que hacen parte esencial del pensamiento humano, y que, frecuentemente, dominan al pensamiento racional. Es una forma de pensar desde puntos de vista tan distintos como el psicológico, el sociológico, el antropológico, el religioso, el filosófico, ninguno de los cuales por separado dilucida el problema. Al respecto *Blumberg* dice: "El mito es una forma de expresar el hecho de que el mundo y las fuerzas que lo gobiernan, no han sido dejados a merced de la arbitrariedad".

Jung y Freud, asimilaban los mitos a los sueños. Sostenían que ambos eran expresiones del subconsciente y se parecían en muchos detalles. La mayor diferencia radicaba, según ellos, en que los sueños son una experiencia individual, y el mito, en cambio, es una experiencia comunitaria, en la que el conjunto de una sociedad da por ciertos una serie de hechos fantasiosos contra toda evidencia racional, los incorpora a su cultura, y los tramite de generación en generación sin hacerles ningún juicio de valor.

Y es en eso en lo que los mitos se parecen a los sueños, en que se apartan de la realidad y en lugar de recurrir a investigar la historia real para explicar los hechos del pasado y el presente, dejan, como en el sueño, vagar la imaginación y estructuran todo un mundo de irrealidades, con el que conviven sin ser conscientes de ello.

Lo que pasa es que el cerebro humano está hecho para eso, para soñar como lo manifestábamos en el ensayo anterior. Los neurobiólogos modernos han confirmado este punto de vista, al descubrir que la corteza cerebral se fatiga de tal modo durante la vigilia en la que permanece recibiendo constantemente los impulsos eléctricos para informarlo de los que ocurre en el exterior, impulsos enviados por los 15 mil millones de neuronas de nuestro organismo, que necesita desconectarse por lo menos la tercera parte del tiempo, a fin de dejar descansar el sistema nervioso.

Durante ese descanso, nos sumerge en una realidad virtual de imágenes, escenas, sensaciones y personajes relacionados con las experiencias vividas, almacenadas en nuestro cerebro. Empero, ese mismo mecanismo puede funcionar también durante la vigilia y hacernos perder el contacto con la realidad. El novelista que escribe una obra de ficción, o el poeta que elabora poemas, o el compositor que desarrolla partituras, y en general el artista al momento de la creación, se encuentra muchas veces como soñando despierto, ausente de todo lo que lo rodea.

Por algo el poeta usa metáforas para expresarse, similares a las que emplea el lenguaje *mitopoético* de las religiones. Mito, poesía, arte y sueño, a menudo se confunden en la mente del hombre, cumplen una función biológica y psicológica indispensable para el cerebro, pues son una forma de liberarse de las tensiones producidas por su entorno. De aquí la fuerza del mito, su indestructibilidad ante cualquier argumento lógico, comoquiera que es un impulso emocional que se niega a racionalizar la realidad.

Mitos existen en casi todas las culturas, muchos ligados con las religiones que nacieron hace cinco mil años. Ellos constituyen una manera de narrar la historia de antes de la historia, de recrear el pasado por medio de símbolos y ficciones que con frecuencia se contradicen entre sí sin que pierdan veracidad, ya que la veracidad del mito está en su carácter metafórico y alegórico que no resiste el análisis lógico. Es la forma de pensar del hombre antes de que existiera el pensamiento racional, el pensamiento *mitopoético* que se inventó el hombre cuando no tenía herramientas para analizar su entorno, y en su defecto, establecía comparaciones y analogías para descubrir los porqués del mundo exterior. Los mitos más significativos se podrían clasificar así:

Mitos teológicos y cosmológicos

Son los que se refieren al origen del Cosmos y la forma como éste fue creado. La primera pregunta que se hizo el hombre ante la belleza e inmensidad del Universo fue cómo surgió algo tan maravilloso. Y en casi todas las culturas se respondió esta pregunta, atribuyéndole la creación a un ser sobrenatural. No había alternativa distinta, pues un hombre mortal y perecedero, que apenas le alcanzaba la fuerza para levantar una roca o tirar una lanza, no podía haber sido el hacedor de todo ese misterioso Universo, y si no era el hombre, debería ser alguien superior a él, éste sí más poderoso e inmortal. Así nació el concepto de la divinidad. Pero como no podía imaginar un ente sobrenatural puro por carecer de suficiente poder de abstracción, lo concibió a imagen y semejanza de sí mismo, esto es como un superhombre con poder sobre todas las cosas, como un humano sublimado, pero al fin y al cabo un humano, con los mismos vicios y las mismas virtudes de los humanos terrestres.

Por eso, filósofos tales como *Jenófanes* se quejaban de lo adulteras y perversas que eran muchas de las divinidades del Olimpo. Llegó a afirmar que Homero y Hesíodo les atribuían a los dioses todo lo que era más vergonzoso para los hombres como el robo, el adulterio y el engaño mutuo, y observó, con fino sentido del humor, que si los asnos tuvieran dioses, de seguro éstos tendrían la forma de asnos. *Platón* atacó esos relatos míticos tachándolos de: "Parloteo de viejas viudas", y *Aristóteles* consideró insensato tomar en serio a los autores que escribían sobre ellos.

Los pensadores romanos no se quedaron a la zaga de los griegos en ese campo. *Cicerón* reputaba ingenuos a los que creían en el hades, en Escila, o en los centauros y otras criaturas semejantes. *Séneca* era de la misma opinión. Sin embargo, estas críticas no calaron en la mayoría de los pueblos antiguos, los cuales siguieron aceptando toda clase de historias sobre monstruos y dioses tomados no sólo de su propia cosecha sino de pueblos vecinos.

Mitos fenomenológicos

Son los que se refieren a la explicación de los fenómenos naturales o de otra índole por medio de mitos. Ejemplo, para culturas como la griega, que vivía del comercio con los países vecinos a los que viajaba en barcos de vela, el viento era esencial. No conociendo su origen, lo personalizó en el dios *Eolo,* señor de las tempestades, hijo de *Helena,* a quien con tanta frecuencia se lo invoca en la *Ilíada* y la *Odisea.* A los cuerpos de agua como los ríos, los mares, los arroyos, los océanos, le tenían deidades tutelares: ninfas, náyades, neréidas, oceánidas, a las que se les rendía tributo, habida cuenta de su incapacidad para distinguir entre seres animados e inanimados. Los truenos y los relámpagos cuyo génesis ignoraban, los hacían proceder de *Júpiter,* las grandes tormentas marinas de *Neptuno,* y así de los demás fenómenos naturales.

Mitos históricos

La historia también fue contada en forma mítica. Los historiadores de la antigüedad no hacían distinción entre hechos reales y hechos tomados de las leyendas populares. La fidelidad a la veracidad histórica, tal como la entendemos hoy, no les preocupaba. Lo importante era contar los acontecimientos del pasado más como una fábula religiosa que como una narración ajustada a la forma como ocurrieron los acontecimientos, echando en el mismo saco los dioses con los hombres, y las supersticiones con las tradiciones. De ese modo se refirieron los mitos de *Troya,* o la aventuras de *Ulises* o la leyenda de cómo *Perseo* le cortó la cabeza a la *Gorgona.* Los mitos históricos no fueron sólo patrimonio de los pueblos primitivos, sino continúan campantes en la actualidad. Muchos de los hechos que se dan por ciertos en los textos de historia contemporánea a veces sólo recogen mitos sin ningún fundamento.

Mitos heroicos

El culto a los héroes nació desde que el hombre comenzó a pensar en sus orígenes, en sus antepasados y a glorificarlos como una forma de glorificarse a sí mismo. Aparecieron así los mitos de los fundadores, los patriarcas, los titanes y los superhombres. No todos los pueblos le dieron un tratamiento similar a sus héroes.

Historia y religión de las civilizaciones de la antigüedad
Las primeras civilizaciones

Las primeras civilizaciones aparecieron después de terminada la última glaciación cuando el hombre abandonó su vida nómada y fijó su residencia en lugares determinados, donde se congregó en ciudades, en cuyas cercanías se dedicó a la agricultura. Pasó así de las pequeñas tribus andariegas a las supertribus urbanas, en las que sus miembros a menudo no se conocían entre sí, como ocurre en la actualidad. Esto las forzó a desarrollar leyes, religiones y gobiernos para regular los hábitos, las creencias y los comportamientos comunitarios.

¿Cuánto tiempo transcurrió antes de que comenzáramos a tener noticia de esos primeros pueblos que no conocían la escritura? Difícil estimarlo. Quizás fueron diez mil o veinte mil años, durante los cuales comenzaron a formarse las razas, las lenguas y las tradiciones que habrían de trasmitir a las antiguas civilizaciones mesopotámicas de hace 5 300 años y estas a su vez a nosotros, una nada si se piensa en que la vida inició su evolución hace 3 600 millones de años.

Para visualizar mejor el enorme lapso de tiempo que separa estos dos cruciales acontecimientos, veamos lo que ocurre si ponemos en las siguientes páginas un punto por cada millón de años transcurridos desde que apareció la vida; o sea, si colocamos 3600 puntos para representar 3 600 períodos de un millón de años.

....
....
....
....
....
....
....
....
....
....
....
....
....
....
....
....
....
....
....
....
....
....
....
....
....
....
....
....
....

....

....

....

....

....

....

....•

En la serie de puntos anteriores, el punto final más gordo que los demás representa el último millón de años en los que los Homos se convirtieron en Homo sapiens. Un millón de años, sin embargo, es un tiempo tan corto, que los descendientes de esos Homo sapiens no han logrado adaptarse aún del todo al entorno en que viven. No obstante, en solo 40 000 años, partiendo de África, se dispersaron por toda la Tierra, y la conquistaron. Y en los últimos 5 000 la llenaron por completo e incluso recalaron en los planetas vecinos. Se habla de la explosión de la vida en el Cámbrico como algo extraordinario, pero la explosión de la vida humana en el Cuaternario supera con creces cualquiera otra. En unos pocos milenios pasamos de 7 millones a 7 000 millones de habitantes. Hasta ahora hemos sido la especie más exitosa que haya surgido en el planeta Tierra, una especie recién aparecida en un Universo con 13 400 millones de años de antigüedad.

De los 2.5 millones de años en que los homínidos comenzaron a evolucionar en el paleolítico, conocemos muy poco, porque no contamos con testimonios escritos, sino sólo con lo que deducimos de las evidencias geológicas y biológicas y de los registros fósiles. Por eso, para nosotros en occidente, la historia de la humanidad empieza en el neolítico, alrededor del año 8 000 antes de Cristo, cuando una multiplicidad de pueblos de distintas razas, religiones y lenguas comenzaron a asentarse entre el río *Éufrates* y el *Tigris,* en lo que hoy es *Irak, Irán,* y *Siria,* y a conformar una amalgama de civilizaciones que sentaron las bases de la cultura occidental moderna.

Los primeros asentamientos se hicieron en la *Alta Mesopotamia* y fueron los del *Halaf* hacia el año 8 000, o sea dos mil años después de que se acabó la última glaciación, y el clima de la Tierra cambió definitivamente; se hizo más templado, lo que le permitió al hombre abandonar las cavernas y comenzar a desarrollar la agricultura, en lugar de depender de la caza y la recolección de frutos, como en la era paleolítica anterior. La agricultura propició la aparición de las ciudades, cuyo abastecimiento pudo hacerse por medio del pastoreo y el cultivo de las tierras aledañas, relegando al pasado la vida nómada, mucho más azarosa y difícil que la vida urbana.

A la cultura del *Halaf* le siguió en la baja Mesopotamia, la de *Jarmo* (6 700-6 500 años), la de *Hasuna Samarra* (5600-5000) y la del *Obeid* ((5 600-3 700), que se pueden considerar civilizaciones presumerias. La de *Uruk*, en cambio, (4 000-3 200) corresponde más al período puramente sumerio como también la de *Ur*, la supuesta patria de Abraham, así como la de *Kish, Nipur, Lagash, Eridu*, y algunas más.

El área geográfica poblada por dichas civilizaciones podría dividirse en dos grandes regiones: la de *Mesopotamia* y sus alrededores y la del *Mediterráneo* y los países con costas en ese mar. Los principales pueblos que se asentaron en Mesopotamia, fueron los *Sumerios*, los Caldeos, los Asirios y los *Persas*. Y los que se asentaron en el Mediterráneo, fueron los *Judíos*, los *Egipcios*, los *Hititas*, los Griegos, los *Fenicios* y los *Romanos*. La historia de esos pueblos se reduce a una sucesión de luchas intestinas para lograr la supremacía, en las que constantemente unos invadían a los otros y arrasaban con sus ciudades. Fue una época de masacres inmisericordes, de exterminio de poblaciones enteras, como ha sido la costumbre desde entonces.

Los *Sumerios* y *Acadios*, habitaron en la Baja Mesopotamia, cercana al Golfo Pérsico; los *Caldeos* en el centro de la Mesopotamia, en Babilonia; los *Asirios* en Assur y Nínive en la Alta Mesopotamia; y los *Medos* y *Persas* entre los montes Sagros y el mar Caspio. Por su parte los *Egipcios* se desarrollaron junto al río Nilo; los *Hititas* en lo que hoy es Turquía, los *Hebreos* en Canaán o Palestina, entre el mar Mediterráneo y el río Jordán, los *fenicios* en el Líbano y Cartago, los *Griegos* en la península ática y en el Asia Menor, y los *Romanos* en la península itálica.

Las civilizaciones mesopotámicas
Sumerios y Acadios

Fue en Uruk, donde se encontraron los primeros textos escritos en tabletas o cilindros de arcilla, con letras en forma de cuña, grabadas con punzones, escritura denominada por eso cuneiforme, que el profesor *Grotenfend* descifró en 1802, permitiéndonos desde entonces conocer la historia y las costumbre de las primitivas ciudades sumerias. El origen de los sumerios no se ha podido establecer, pues estos no eran semitas, ni hablaban lenguas semitas, ni tenían costumbres semitas, ya que se rapaban la cabeza y la barba, a diferencia de sus vecinos extranjeros semitas que usaban barba y pelo largos.

Como los semitas no conocían la escritura, tiempo andando concluyeron por adoptar los jeroglíficos sumerios, así como su religión y no pocos de sus hábitos, aunque mantuvieron intacto su idioma que al final se impuso como lengua cotidiana, relegando el sumerio a lengua litúrgica al modo del latín para el cristianismo. De los semitas había dos ramas: los *acadios* y los *amorreos.* Estos últimos devinieron en los pueblos *fenicios, israelitas y arameos,* cuya escritura era *alfabética,* razón por la cual terminó imponiéndose en el mundo occidental sobre la muy complicada escritura *jeroglífica.* Pronto el arameo se convirtió en el idioma de mayor uso en el medio oriente, incluso en Israel, por lo que se cree que fue el que empleó Jesucristo en sus prédicas. No obstante, los evangelios inicialmente fueron escritos en griego y no en arameo.

La civilización sumeria fue sorprendentemente creativa en casi todos los campos; en la agricultura, las matemáticas, la geometría, la astronomía, la jurisprudencia, la medicina, la mecánica y la religión. Aunque parezca increíble, muchos de sus descubrimientos continúan vigentes. En agricultura fueron los pioneros en emplear el riego para los cultivos y en sembrar cereales como el trigo y la cebada, así como muchas de las verduras y los árboles frutales de los que usufructuamos hoy.

Se les atribuye también la invención de la rueda, la primera de las cuales apareció en Ur en el año 3 200, fabricada de barro con un hueco al centro, lo que dio origen al carro tirado por equinos, cuyo uso se generalizaría en el mundo, y se convertiría en una verdadera revolución en el campo de las comunicaciones y la guerra.

La primera etapa de la civilización sumeria duró seis siglos a partir del 2900, y se eclipsó en el año 2 300, cuando las tribus semitas del norte de Uruk, en los alrededores de Babilonia, lideradas por *Sargón,* se tomaron la antigua capital de los sumerios, y se convirtió así el primer rey asirio del imperio Acadio, cuya capital estuvo en *Akkad* o *Agadé* y llegó a dominar toda Mesopotamia, desde el Mar Arábigo hasta las costas del Mediterráneo.

De *Sargón* se dice en un poema de la época: "Yo soy Sargón, el poderoso rey de Agadé...he aquí que mi madre me concibió en secreto y me puso en una canasta calafateada con betún. Ella me llevó al río, y, flotando sobre las aguas, el jardinero Akki me recogió." Como cosa curiosa, ésta es la misma historia que se contaría años más tarde de Moisés, el conductor del pueblo judío, también de origen semita.

Este imperio duró sólo siglo y medio, y se eclipsó en el 2150, cuando oleadas de pueblos nómades del Kurdistan se tomaron Agadé.

Después de su derrota los sumerios tuvieron una segunda oportunidad, en el 2100, cuando el gobernador de *Ur* se sublevó contra el rey de *Uruk,* se hizo fuerte, y formó el reino de Sumer y *Agadé* que se extendió a toda la Mesopotamia. Ese fue el período más brillante de la cultura sumeria acadia en el que los escribas, en lugar de dedicarse como antes a llevar en sus tabletas de arcilla sólo los registros de los almacenes, comenzaron a escribir obras literarias de gran valor.

De esa época es *Gudea,* rey de *Lagash,* considerado el *Pericles* de los sumerios. Durante su gobierno se redactaron los primeros códigos jurídicos como el *Ur-Nammu* que se convirtió en modelo para otras civilizaciones de la región. En ciencias, dieron los primeros pasos en el desarrollo de las matemáticas y la geometría, creando un sistema duodecimal con base en la docena (número sagrado para ellos), que todavía se usa en la división del círculo en cuatro cuadrantes de 90 grados, y 360 grados para el círculo completo, así como en el calendario y en el sistema inglés de medidas.

En matemáticas descubrieron el número pi, la raíz cuadrada, la elevación a potencias, la forma de calcular los volúmenes y las superficies de las figuras geométricas, así como el modo de computar intereses de capital y medir áreas para dividir propiedades. Su calendario de doce meses, el primero de la historia, tenía un año de 354 días, a los que se les añadían 11 días más para asimilarlo al año solar de 365 días. En astronomía, descubrieron que los eclipses de sol se repiten cada 18 años.

Además, inventaron el primer alcantarillado urbano, la primera aleación metálica (el bronce), el primer congreso bicameral, la primera moneda, los primeros proverbios y dichos, los primeros impuestos, las primeras escuelas públicas, el uso de alcohol para la desinfección de las heridas y muchos descubrimientos más. Sus ciudades eran amuralladas como lo serían después todas las urbes del mundo. Los sumerios, por eso, pueden considerarse como los iniciadores de la cultura mesopotámica, y a través de ella, de la cultura occidental.

Pero su mayor legado fue el religioso. El pueblo sumerio fue especialmente religioso y muchos de sus mitos terminaron siendo reciclados por los pueblos mesopotámicos vecinos como los persas, los asirios, los babilonios, y los hebreos quienes durante su larga cautividad en Babilonia, los incorporaron a la *Biblia,* y a través de ella han llegado hasta nosotros.

La Babilonia de los acadios y amorreos

Cuando los sumerios se eclipsaron, surgió el imperio babilónico que duró alrededor de 1 400 años. Babilonia fue fundada, según la *Biblia*, por *Namrod* hacia el 2500 antes de Cristo a las orillas del río *Éufrates*. Babilonia fue un crisol de razas y pueblos, varias veces destruida y varias veces vuelta a reconstruir, pasó por muchas manos y sufrió el influjo de casi todas las civilizaciones mesopotámicas, comenzando por la sumeria de la que tomó gran parte de sus creencias, mitos y costumbres.

Las principales etapas de la historia de babilonia son: la *amorrea*, la *asiria*, la *caldea*, y la *persa*. Los amorreos adquirieron importancia en 1800 con la llegada al trono de Babilonia de *Hamurabi*, el sexto de los reyes de la primera dinastía babilónica. *Hamurabi* se hizo famoso por sus conquistas. Su imperio llegó a extenderse más allá de Mesopotamia, desde el Mediterráneo hasta Susa y desde el Kurdistán hasta el Golfo Pérsico. Se lo recuerda por su famoso código, grabado en un bloque de diorita negro, compuesto por 282 artículos, cuyo encabezado comienza así: "Para que el fuerte no dañe al débil, para hacer justicia al huérfano y a la viuda, el rey Hammurabi de Babilonia ha escrito sus preciosas palabras en esta estela..." En ella se incluyen prescripciones de todo tipo acerca de la agricultura, la navegación, el comercio, así como el derecho matrimonial y familiar. Las penas impuestas a los transgresores son de una crueldad digna de su raza.

Por ejemplo: "Si un hombre acusa a otro de brujería, el acusado será llevado al río y echado al agua. Si se ahoga, el acusado tomará posesión de su casa. Si el acusado se salva, el acusador será condenado a muerte, y el acusado tomará posesión de la casa del acusador." Un procedimiento similar para hacer justicia se usó en la Edad Media; se llamaban las ordalías o juicios de Dios, a las que se sometía especialmente a las mujeres acusadas de brujería, a quienes se las echaba amarradas de pies y manos a un río; si flotaban eran culpables y se las quemaba vivas, si se hundían, eran inocentes, pero a menudo se ahogaban.

Otras disposiciones de Hamurabi no son menos bárbaras: "Si una vendedora de vino usa una medida falsa, será arrojada al río". "Si un hombre daña el ojo de otro hombre, se le sacará su ojo." "Si un hombre le tumba un diente a otro, se le tumbará un diente". "Si un doctor opera a un hombre con la lanceta para extirparle una catarata y le vacía el ojo, se le cortará al doctor la mano". " Si se sorprende a la esposa de un hombre acostada con otro hombre, se atará a los dos adúlteros juntos y se los arrojará al río". Y de ese tenor son las demás prescripciones legales.

Después de la muerte de Hamurabi, lo sucedieron varios reyes que no fueron capaces de mantener el esplendor de la ciudad. El rey hitita *Mursil I* la atacó en 1595, la destruyó y robó las estatuas del dios *Marduk* y su esposa *Sarpanitú*, un procedimiento típico de la época, lo que constituyó el golpe final a la dinastía amorrea. A partir de entonces Babilonia pasó por un largo período de revueltas que marcó su decadencia.

Babilonia bajo los asirios

En 1 115 a.d.C llegó al trono asirio *Teglatfalasar I*. En 1 103 a.d.C atacó y venció a Babilonia, se hizo coronar rey y se dedicó en forma sistemática a la tarea de conquistar toda la Mesopotamia y los pueblos vecinos por medio del terror. Sus crueldades escalofriantes las describía en las estelas que grababan para la posteridad. "Los habitantes de las sierras huían como pájaros". Dice en una de ellas. "La sangre cubría los barrancos y la cima de los montes". En 854 *Salmanasar III* se vanagloriaba de haber matado: "catorce mil guerreros. Como el dios Acad hice llover destrucción sobre ellos... no había bastante lugar para los muertos, con ellos hicimos un presa de cadáveres en el río Orontes." Años más tarde, *Assurbanipal* o *Sardanápalo* en 669 no fue menos bárbaro: mandaba a cortar las piernas a todos los jefes enemigos, los hacía despellejar y arrasaba las ciudades. En una estela dice: "Yo iba matando a uno sí y a otro no. Hice construir una muralla frente a la ciudad. Hice desollar a los cabecillas y con la piel tapizar esa muralla. Unos cuantos fueron emparedados vivos, otros empalados. Mandé desollar a gran cantidad y recubrí el muro con la piel. Hice colocar sus cabezas formando coronas y sus cuerpos formando guirnaldas".

Sin embargo, este rey pasó a la historia por haber continuando con la formación de la *biblioteca de Nínive* iniciada por su padre, *Sargón II*, consistente en 22 000 tablillas en escritura cuneiforme que acopian todo el saber y la literatura científica y religiosa mesopotámica, incluido el poema épico sumerio, la Epopeya de *Gilgamesh*. Este tesoro invaluable en parte se perdió cuando el rey caldeo *Nabopolasar I* en el 612 arrasó a Nínive de la que no dejó piedra sobre piedra y el poder de los asirios comenzó a resquebrajarse.

La brutalidad de los Asirios no era sólo en las guerras sino también en sus hábitos, especialmente en sus ritos funerarios. Cuando moría un gran jefe o un rey no se lo enterraba solo, sino en compañía de su esposa y toda su servidumbre, incluidos los animales domésticos, a todos los cuales se les empalaba con una estaca puntiaguda. Así se los ha encontrado en sus sepulturas. El empalamiento para los asirios fue como la crucifixión para los romanos, el suplicio favorito para aterrorizar a sus enemigos y a veces a sus mismos conciudadanos.

Salmanasar V mantuvo buenas relaciones con los babilonios, no así sus sucesores. *Sargón II* inició su reinado en 722 a.d.C, y fundó la flamante ciudad de *Nínive* a donde se trasladó con su corte. Derrotó a Babilonia en el 709 y se coronó como su rey, instaurando así la dinastía asirio babilónico de los *sargónidas* que llevó al apogeo al imperio asirio. Derrotó a cuantos pueblos no quisieron aceptar su dominación y pagarle tributos. Entre ellos, a *Samaria* (Israel), a la que antes había combatido cuando era general de Salmanasar V. Samaria no pudo resistir la superioridad bélica de los nuevos dueños del mundo antiguo, y fue destruida, la mayoría degollados y buena parte de su población, deportada a Babilonia. En esta ocasión se llevó cautivos a otros 27 290 de sus habitantes, pero le perdonó a *Judá* y a su capital *Jerusalén* a cambio de un cuantioso tributo. Cabe advertir que las deportaciones en masa fueron el instrumento preferido de la dominación asiria.

A Sargón II lo sucedió su hijo *Senaquerib,* del 705 hasta el 681, quien volvió a conquistar Babilonia y esta vez la destruyó por completo en el 689, incluso tomó prisionero al dios *Marduk* (en ese tiempo los dioses eran un botín de guerra) y se lo llevó a Nínive. *Senaquerib* combatió a *Elam, Uratu* y *Egipto,* entre otros, y también acometió a *Judá,* gobernada entones por Ezequías, a quien le escribió para intimarlo a rendirse, diciéndole que no confiara en su dios *Jehová* porque le iba a resultar tan impotente como los dioses de los otros países a los que había vencido. Y la atacó, pero no pudo conquistarla. Sin embargo, la *Biblia* relata que Ezequías debió pagarle un exorbitante tributo de 300 talentos de plata y 30 talentos de oro que le pidió para dejarla en paz.

Babilonia bajo los caldeos

En 625 a.d.C Babilonia fue arrasada por bandas de medos y escitas. Por esos años subió al trono *Nabopolasar I,* quien instauró la doceava dinastía, llamada *caldea* o neobabilónica. Nabopolasar no sólo reconstruyó la ciudad, sino que llevó a Babilonia a su etapa de mayor esplendor. Esa etapa duró un siglo y tuvo su apogeo durante el reinado de *Nabucodonosor II,* quien la embelleció hasta transformarla en una de las más hermosas ciudades de la antigüedad. Entre otras maravillas, construyó los célebres jardines colgantes de Babilonia sobre los que tanto se ha especulado. Nabucodonosor, sin embargo, al igual que sus antecesores, no paró de hacer la guerra a sus vecinos. Una de sus campañas, la dirigió contra los judíos. Los derrotó y a los que quedaban de las deportaciones anteriores realizadas por *Salmanasar V y Sargón II*, los deportó a Babilonia, donde permanecieron hasta cuando *Ciro el Grande* en el 588, ocupó la ciudad, y *Antajerjes* en el 457 permitió por decreto su salida.

Babilonia bajo los persas

En el año 539 *Ciro I*, rey de Persia, se coronó como rey de Babilonia, *tomando de la mano a Marduk* según dicen los textos de la época, o sea con el beneplácito del dios Marduk, lo que se consideraba indispensable para ser reconocido como rey, toda vez que la divinidad local era la que ostentaba el poder, poder que delegaba en el gobernante de turno. Lo que no dice la historia es cómo la silenciosa estatua de piedra que debía representarlo en el Zigurat, trasmitía su complacencia a los que se la solicitaban.

A Ciro lo sucedió *Cambises II*, (529-522), quien conquistó a Egipto. Su heredero, *Darío II* (521- 486) organizó el imperio babilónico en satrapías gobernadas por un sátrapa, .y la construcción de la nueva capital de los Persas en Persépolis. A Darío lo remplazó su hijo *Jerjes*, asesinado poco después de subir al trono, razón por la cual lo remplazó *Antajerjes I*, quien trató con respeto a Babilonia, le devolvió las tierras y las riquezas a los sacerdotes de Marduk, confiscadas por Darío, y acabó con las satrapías.

Antajerjes murió en 424 y el trono pasó a manos de su hijo *Jerjes II*, a quien asesinó su hermanastro. De ahí para adelante el imperio Persa comenzó a eclipsarse con los siguientes reyes (*Antejerjes II, Antajerjes III, y Darío III*) hasta la llegada de *Alejandro Magno* en el 330 con el que se inicia la dominación macedonia del antiguo imperio, el cual cayó en poder de la dinastía seléucida.

Las religiones mesopotámicas
La religión sumeria

Las religiones mesopotámicas emergen a partir de la religión sumeria. Su religión se basaba en la observación de la naturaleza, a la que deificaron como suele suceder en la culturas primitivas: al cielo lo trasformaron en el dios *An;* a la Tierra y la fertilidad, en la diosa *Ki;* al agua, en el dios *En-ki;* y así con los demás seres inanimados. En-ki y Ki crearon a los hombres. *Nammú* creó el cielo, y se la dio a *Ki,* y la Tierra y se la dio a *An.* An y Ki tuvieron un hijo que se llamó *En-lil,* el dios más importante de su mitología.

Estos dioses sumerios eran antropomorfos: bebían, comían, se peleaban, se enamoraban, se enfermaban, cometían adulterio, se maldecían, se condenaban a muerte mutuamente o se mataban entre ellos, aunque eran inmortales. Constituían una prefiguración antropomorfa de los jefes tribales y de los ancianos míticos a los que consideraban como a dioses muertos, mientras a los del cielo, los consideraban como a dioses vivos.

Para los sumerios había dos estados: el *estado terrestre* de los hombres y el *estado cósmico* de los dioses, en cuyo nombre los gobernantes de turno dictaban sus leyes y regían los pueblos, idea que hasta hace poco acogían los reyes de occidente y aún siguen preconizando los jerarcas católicos encabezados por el papa. Cada ciudad tenía su dios particular que la defendía y protegía de sus enemigos, concepción que adoptaron prácticamente todos los puebles del Medio Oriente.

Varios mitos que hoy todavía subsisten son de origen sumerio. Uno de ellos es la historia del paraíso terrenal que aparece en el poema *En-ti y Ninhursag* cuyo resumen es el siguiente: La diosa *En-ki* crea un día un edén para ella y los otros dioses llamado *Dilmun* en donde: "El cuervo no grazna… el león no mata… el lobo no se apodera del cordero…" pero que carece de agua. *En-ki,* entonces, ordena al dios sol, *Utu,* dotarlo de una fuente y en cuanto éste le obedece, el jardín se vuelve un vergel *puro sin enfermedad, ni muerte,* lo que recuerda el texto bíblico que dice: "De ese lugar de delicias salía un río para regar el paraíso, río que se dividía en cuatro brazos" *En-ki,* sin embargo, ha cometido tiempo atrás el pecado de comerse ocho plantas del dios Ninhursag. Este, entonces lo maldice y abandona el cielo, ante lo cual *Nin-ki* enferma. Pero cuando ya casi entra en agonía, una zorra se compromete a hacer regresar *Ninhursag* y lo logra. Ninhursag, al verla en ese estado, se apiada de *Nin-ki* y crea ocho dioses para curar las ocho partes enfermas de su cuerpo. Uno de esos dioses es la *dama de la costilla, Nin-ti,* o la *mujer sacada de la costilla. Ti,* significa costilla en sumerio y también *dar vida.*

Cabe advertir que esta sinonimia no existe en el hebreo. La analogía entre la versión sumeria y la bíblica es sorprendente. En ambas interviene un Edén, un río, una mujer sacada de la costilla, la ingestión de un fruto vegetal prohibido, una zorra en un caso y una culebra en otra, un pecado y un castigo. Se ve claro que son dos historias distintas con un solo tema, contadas por dos pueblos diferentes.

Otro tanto pasa con el relato de Caín y Abel que dice: un día *Emesh*, (¿Abel?) dios del verano, encargado por *En-lil* de las cosechas y la agricultura, y su hermano *En-ten*, (¿Caín?) dios del invierno, encargado por *En-lil* de los animales y el ganado, se trenzaron en una disputa, y se sentaron el uno frente al otro para dialogar, degustando un vaso de cerveza hasta que se pusieron de acuerdo. En este caso los hermanos no se matan como en el relato bíblico, sino que toman cerveza, la bebida más popular en la Mesopotamia de entonces.

El diluvio universal se narra en la epopeya del prototipo del héroe, *Gilgamesh*, del que se dice que era: "Dos tercios un dios y un tercio un hombre," así: En cierta oportunidad, *En-lil* quiso destruir a la humanidad porque no le estaba haciendo los sacrificios y libaciones de Año Nuevo. Ordenó que lloviera durante seis días continuos y al séptimo, escampara. Pero *Utnapishtim* o *Ziusudra*, (¿Noé?) avisado por el dios del sol, *Utu*, fabricó un arca donde metió a su familia, y a numerosos animales y aves. El arca fue llevada por la corriente hasta el monte *Nisir* donde echó a volar una *paloma*, la cual, al no encontrar sobre qué posarse, regresó. Soltó entonces un *cuervo* y no regresó. Esto le dio a entender que podía salir, desembarcó entonces, y en agradecimiento al dios *Utu*, sacrificó una oveja en su honor. La analogía de este relato con el texto bíblico es casi literal, relato que de alguna manera se trasladaría posteriormente a otras culturas.

Fenómeno similar ocurrió con mitos sumerios como la existencia de los ángeles, la lucha de los ángeles buenos con los malos convertidos en demonios, y el mundo de los muertos o el infierno, mitos que aparecen en el poema de *Gilgamesh* y más tarde adoptaría el zoroastrismo, y lo difundiría entre los persas, de donde pasaría a los babilonios, y de ellos lo tomarían los hebreos durante su cautiverio en Babilonia.

En los escritos anteriores se observa que los dioses poseían grandes poderes, causaban catástrofes naturales o eran dadores de bienes, y por eso, había que halagarlos con ofrendas y oraciones a fin de evitar su enojo. Si perdían una guerra, era porque sus dioses les habían vuelto la espalda, si se enfermaban era porque sus dioses los querían castigar. En cambio, si lograban destruir a sus opositores, era porque sus dioses los favorecían o eran más poderosos que los dioses contrarios. Por eso les construían grandes templos, los Zigurat o pirámides escalonadas, en las que se suponía habitaba la divinidad de la ciudad, y en ocasiones, cuando sufrían una derrota, arrasaban sus templos para vengarse de su incompetencia.

Las religiones babilónicas

El panteón babilónico es muy similar al sumerio presentado antes, pero con los nombres de los dioses cambiados para adaptarlos al idioma acadio que se impuso durante un milenio en toda la Mesopotamia y aún en Egipto. Dicho panteón está constituido por dioses cósmicos, como *Ain*, dios del Universo, *Ab*, dios padre, *Anu*, dios del cielo; dioses astrales como *Shamash*, dios sol, *Sin*, dios luna, *Ishtar*, diosa del planeta Venus; y dioses terrestres, como *Enkimdu*, dios de los ríos y canales, *En-lil*, dios del clima y las tormentas. De todos ellos los principales dioses son *Marduk* e *Ishtar*.

Desde la época de *Hamurabi*, los dioses *Ea* (En-ki de los sumerios) y *En-lil*, también de los sumerios, fueron remplazados por *Marduk*, quien recibió sus poderes de dichos dioses y terminó siendo el dios central de los babilonios. El libro *Enuma Elish* refiere cómo *Ea*, sabiendo que su padre lo va a matar, se le anticipa, lo embriaga y lo asesina, y después engendra a *Marduk*. Entonces *Tiamat* (el dios del agua salada, prefiguración del caos) se rebela contra los dioses *Annunaki*. Éstos, asustados, nombran a *Marduk* para combatir a *Tiamat* y *Marduk* acepta con la condición de ser elegido dios supremo. Los dioses le conceden esa gracia, y *Marduk* se enfrenta a *Tiamat*, lo vence y lo mata. *Tiamat*, sin embargo, no muere del todo, sino sigue amenazando a la humanidad. Se establece, entonces, la lucha entre el orden y el caos, tema recurrente en las cosmogonías mesopotámicas.

Ishtar es la otra divinidad cósmica del panteón babilónico. Es la *Inanna* sumeria. Aparece en casi todas las religiones mesopotámicas y mediterráneas con distintos nombres. Es la *Astarté* de los fenicios, la *Ester* o la *Astaroth* de los hebreos, la *Stara* de los Persas, la *Athar* de los árabes y de ella se deriva la palabra latina *stela* o las palabras españolas *estrella* o *estelar* y la palabra inglesa *star*. Era hija de *Sin* (la *Nannar* sumeria) prefiguración de la luna y se la representaba con el símbolo de la luna creciente que después adoptaría la religión musulmana.

Ishtar era la diosa del amor, de la guerra, de la concupiscencia y se la asociaba al planeta Venus, así como a la luna, al sol, y a las constelaciones, especialmente a la constelación de Virgo, y por eso en ocasiones se la representaba como una estrella de ocho puntas. Era la diosa de las prostitutas, y de las infieles. "Prostituta compasiva soy", se la hace decir en una tablilla babilónica. Toda mujer debía ir una vez en la vida a prostituirse en su templo donde esperaba a que un forastero le echara en el regazo una moneda, diciendo: "Invoco para ti el favor de Milita." Sólo después del acto carnal podía regresar a su casa. Cabe advertir que la prostitución sagrada fue muy común en casi todos los pueblos de la antigüedad. No sólo estaba extendida en Babilonia, sino que venía practicándose desde la época sumeria en honor de la diosa *Ishtar*. En Uruk, tenía un templo burdel que albergaba a tres tipos de mujeres, las que se involucraban en los ritos sexuales religiosos, las guardianas del santuario que atendían a los visitantes, y las rameras que vivían dentro de él, pero podían buscar clientes por fuera. Incluso en la *Epopeya de Gilgamesh* se cuenta cómo este rey le envió un meretriz a *Enquidú* para que lo agotara y así poderlo vencer. En Egipto la prostitución sagrada era fuente de ingresos fiscales tan generalizada que el faraón *Keops* construyó con su producto algunas de sus pirámides, incluso obligó a su hija a prostituirse. Lo mismo ocurriría más tarde en *Grecia* donde la hetaira *Friné* ofreció pagar la reconstrucción de las murallas de Tebas a condición de que se pusiera en ellas la siguiente inscripción: "Destruidas por Alejandro, restauradas por Friné".

La diosa que mayor acogida tuvo en los pueblos antiguos aunque con distintos nombres, fue *Mitra*, personificación del Sol, a quien se la asociaba con el fuego y los toros, por haber matado al toro sagrado y esparcido su sangre para que crecieran los animales y las plantas.

En cuanto al premio o al castigo del difunto, y al juicio después de la muerte, esta creencia aparece claramente expresada en varios de sus documentos. Todos los difuntos van al *Arallu* mesopotámico, morada que se describe con tintes sombríos, similares a los del *Sheol* bíblico, que unas veces es el lugar indeterminado al que van a parar los muertos y otras el infierno propiamente dicho. Para el babilonio, la muerte no podía ser más horrible. El muerto bajaba a los infiernos donde tenía que compartir su existencia con esos dioses, dándose cuenta de que estaba muerto, pero con una muerte de características similares a las de la vida en suspensión. Y así debía permanecer por toda la eternidad.

La religión de Babilonia sufrió un cambio importante cuando fue conquistada por los persas bajo el mando de *Darío II*, quien, tras derrotar a los caldeos, se coronó como rey del antiguo imperio en el 538. Los persas gobernaron la ciudad por 200 años hasta la llegada de Alejandro Magno en el 330. Durante todo este tiempo, la religión oficial fue el *zoroastrismo*, una doctrina predicada por el mítico Zaratustra o Zoroastro, sacerdote nacido, según unos, en el siglo XII, y según otros, en el siglo VII o VI, creador de la primera religión monoteísta de que se tenga noticia.

Su monoteísmo, sin embargo, era de carácter dual, con un dios principal llamado *Ahura Mazda,* u *Ormuz* personificación del bien, la sabiduría y la bondad, y su hijo *Ahriman* o *Angra Mainyu,* personificación del mal, la enfermedad y la muerte, con quien se peleó porque trató de pervertir la creación, pues valiéndose del libre albedrío, escogió el caos, corrompió el fuego al que le agregó el color y el humo contaminante, y deberá ser vencido al final de los tiempos, mito que evoca la imagen del Lucifer bíblico.

La religión zoroástrica se compiló en *El Avesta,* en doce mil pieles, según antigua tradición, textos que fueron destruidos por *Alejandro Magno* y reescritos en forma resumida siglos más tarde en el *Send Avesta* y los *Gathas.* El *Avesta* se compone en buena parte de las preguntas que *Zaratustra* le hace a *Ahura Mazda* y de las respuestas de éste. Los *Gathas* son diecisiete himnos o cánticos litúrgicos. El zoroastrismo se destacó no sólo por ser la primera religión monoteísta del mundo sino por proclamarse basada en una revelación divina, como después lo serían el judaísmo, el cristianismo y el islamismo, todas las cuales se distinguieron por su vocación misionera para hacer adeptos y su fanatismo a rajatabla.

Nos enseña que las almas después de la muerte, si han sido buenas, van al paraíso (*Goronmance*) si malas, al *infierno,* y si no han cometido mayores pecados, pero son buenas, al *purgatorio,* a esperar el día de la *resurrección de los muertos,* día en que se presentará la última lucha entre el bien (Ahura Mazda) y el mal (Ahriman) y triunfará el bien. En el versículo IX nos cuenta que *Ahriman* trató de asesinar a *Zaratustra* pero falló, y entonces quiso seducirlo, ofreciéndole todas las propiedades del mundo si se venía con él. Pero Zaratustra, seguro de las leyes que su dios bueno le había dado y de que un día triunfará sobre los poderes del mal, las rechazó. Sorprende la similitud de la tentación de *Zoroastro* con la tentación de *Jesucristo,* tal como nos la narra el evangelio.

Los seguidores de *Zoroastro* adoraban el fuego. No tenían templos, ni altares, ni imágenes. Para ellos el mayor pecado era la mentira. Creían que primero fue creado el cielo y la tierra, y en el sexto día, el hombre y la mujer como lo afirma el Génesis. Por último, en el séptimo, el fuego. Practicaban un culto muy particular a los muertos. Los cadáveres no podía ser enterrados ni cremados sino expuestos encima de las llamadas *Torres del Silencio* para que las aves de rapiña los devoraran. Si alguien se cortaba la uñas o el cabello debía enterrarlos para no contaminar a los demás.

El poder de los reyes provenía de Ahura Mazda. En un inscripción de la época de Darío II aparece la siguiente sentencia: "Darío, el rey dice: Por el favor de Ahura Mazda yo soy el rey. Ahura Mazda me concedió el reino". Lo mismo decía los reyes caldeos y los otros reyes que vinieron más tarde, hasta hace apenas dos siglos, aunque atribuyéndole el favor a otro Dios. Cuestionar este principio en la España de don Felipe II se pagaba con la pena de muerte. Era lo que se llamaba el origen divino de la monarquía.

La dominación persa coincidió durante algún tiempo con el cautiverio de los judíos en Babilonia. Eso explica el influjo que tuvo en el judaísmo, y a través de judaísmo, en el cristianismo y en el islamismo. Durante la dinastía *Sasánida* el zoroastrismo, llamado entonces, *mazdeísmo*, se convirtió en la religión oficial del último imperio persa, el cual fue fundado por el rey de reyes *Ardarcher I* en el 226 d. d. C. y terminó en el 636, tras la muerte de Mahoma en el 632, con la conquista de Persia por el califa *Omar* y la introducción del islamismo en Persia.

Sin embargo, el mazdeísmo no murió del todo. El dualismo entre el bien y el mal siguió siendo la religión de los *parsis* de India, de los seguidores de *Manes* (216-275 a.d.C), fundador del *maniqueísmo*, y de los *gnósticos* que tanta influencia tuvieron en las primeras etapas del cristianismo. También fue recogido, siglos más tarde, en la Edad Media por los *cátaros* o *albigenses* que como veremos fueron ferozmente exterminados en la hoguera por el papado de entonces.

La civilización egipcia

Mientras en las vecindades de los ríos *Éufrates* y *Tigres* se desarrollaban las civilizaciones mesopotámicas, a lo largo del río *Nilo* crecía la civilización egipcia. Sus inicios se remontan al neolítico, por la misma época en que prosperaban en Mesopotamia las civilizaciones de Jarmo (6700-6500), y el Obeid (5600-3700).

El período predinástico se extiende desde el 5500 hasta el 3200 a. d. C. cuando aún no se había formado el estado egipcio propiamente dicho, pero ya comenzaba a desarrollarse la agricultura en el valle del Nilo. En el período siguiente, denominado *Imperio Antiguo*, (2700-2550) los faraones de las dinastías III, IV, V, VI, adquirieron tal poder que se divinizaron, por las mismas épocas en que la civilización sumeria de *Uruk, Ur, Kish, Lagash* y otras ciudades mesopotámicas, pasaban por el período predinástico.

Uno de esos faraones, *Necherjet*, trasladó la capital a *Menfis* y extendió su imperio hasta Nubia y el Sinaí. Su visir, *Imhotep*, hombre sabio como pocos, diseñó la pirámide escalonada de *Saqqara* que recuerda los *Zigurat* babilónicos. Años más tarde, los faraones de la IV dinastía, *Keops, Kefren* y *Micerino* emprendieron la construcción las pirámides que llevan sus nombres en *Giza,* cerca de Cairo, alrededor del 2500 a.d.C, unas de las más grandes del *Antiguo Imperio.* En el 2550 a.d.C éste se sumergió en el caos debido a una serie de revueltas sociales que dieron al traste con el orden establecido.

Al final de este período, hicieron su aparición los *hicsos,* posiblemente de origen *cananeo* o *palestino,* tema que ha sido objeto de debate. Los *hicsos* o extranjeros entraron primero como inmigración pacífica, lo que hoy llamaríamos inmigrantes ilegales, procedentes de Canaán y Siria, pero poco a poco fueron trayendo sus huestes, armadas con sofisticados arcos y flechas, petos de bronce, caballos y carros de guerra desconocidos en Egipto y se tomaron la ciudad de *Avaris* sobre el delta del Nilo, al mando de *Salitis,* quien fundó su propia dinastía y se coronó como faraón de Egipto. Comienza así, a partir del 1670 a,d,C. el segundo período intermedio que duraría dos y medios siglos hasta el 1570 a,d.C. e introduciría un cambio drástico en la civilización egipcia.

Los *hicsos,* sin embargo, no pudieron establecer un control efectivo sobre todo el territorio egipcio, gobernaron desde la ciudad de Avaris, y se asimilaron bien con los conquistados, adoptaron su lengua, su escritura jeroglífica y sus costumbres, pero no lograron vencer su hostilidad. Por último, cuando los soberanos de la dinastía XVII en el 1570 se tomaron a Menfis, los egicios no soportaron más y se desató una insurrección general liderada por el faraón *Taa II* de Tebas, quien declaró la independencia y comenzó la reconquista de Egipto para expulsar a los invasores, la cual terminó con su derrota definitiva durante el reinado de *Ahmose I.*

Se inició, entonces, el *Imperio Nuevo,* época la más brillante y conocida de la historia de Egipto que duró 520 años, desde el 1550 a,d.C. hasta el 1070. *Ahmose I,* una vez desembarazado de los hicsos, emprendió varias compañas contra las ciudades cananeas de Palestina, para lo cual conformó un ejército veterano, modernizado con las armas, caballos y carros de guerra introducidos antes al país por los derrotados conquistadores.

Los sucesores de *Ahmose I, Amenofis I* (1524-1504) y *Tutmosis I* (1504-1494) continuaron su labor y extendieron sus conquistas a Nubia y Siria hasta llegar a la Mesopotamia. A *Tutmosis I* lo sucedió *Tutmosis II,* pero como los faraones se casaban sólo entre hermanos para conservar la pureza de sangre, lo sucedió su esposa y media hermana *Hatshepsut,* una de las pocas mujeres que accedió al trono de Egipto. A ella la sucedieron una serie de faraones que lucharon por conservar su poder en Canaán y Gaza así como en Asia, con el propósito de acumular botín y tributos, expediciones que llegaron hasta Chipre, Creta y Babilonia.

En 1375 subió al trono *Akhenatón*, hijo de *Amenofis III,* cuya esposa era la bellísima *Nefertiti,* faraón que revolucionó las creencias del antiguo Egipto. Posiblemente para controlar a los sacerdotes de Amón que habían adquirido demasiado poder, abjuró de *Amón* y proclamó a *Atón,* el disco solar, como único dios, proscribiendo las demás divinidades del panteón egipcio, con lo que estableció la segunda religión auténticamente monoteísta del mundo. Sin embargo, en su obsesión por imponer a *Atón,* confiscó las riquezas de los antiguos sacerdotes de *Amón-Ra* y se trasladó de Tebas a su nueva capital, llamada *Amarna,* donde dedicó más tiempo a sus nuevas creencias que al gobierno del imperio. Esto incomodó tanto a las clases dirigentes que aparentemente lo marginaron o mataron tras veinte años de melancólico reinado.

En 1335 a.d.C sucedió a Akhentón su hijo *Tutankamón,* quien accedió al poder a los nueve años, y restauró a *Amón* como dios principal en conjunto con el resto del panteón egipcio. Murió en 1327 y su tumba fue encontrada por *Howard Carter* en 1922, llena de una increíble cantidad de objetos preciosos que maravillaron al mundo.

En 1295 ascendieron al trono los ramésidas con *Ramsés I,* cuyo nieto *Ramsés II* fue uno de los más grandes faraones del antiguo Egipto; su reinado puede compararse con el de *Pericles* en *Grecia* o el de *Augusto* en Roma. Fue un faraón guerrero que desde temprano en la vida acompañó a su padre *Seti I* en la campaña contra *Nubia.* Apenas llegó al poder, atacó a los habitantes del delta, los derrotó y los incorporó a su ejército. Luego se dirigió a *Palestina* y la dominó a fin de tomarla como base para emprender campaña contra hititas y sirios e invadir a Libia.

Mientras tanto en Egipto terminó la gran sala hipóstila del *templo de Karnac,* construyó el templo de *Abu Sibel* en *Nubia* y edificó una nueva capital en *Avaris,* la destruida capital de los *hicsos,* en cuyos trabajos se cree que utilizó a los judíos capturados en Palestina como esclavos en una fecha incierta, muchos de los cuales no salieron de Egipto cuando los hicsos fueron expulsados. Se hizo erigir innumerables estatuas que lo representaban como dios, hijo de *Amón Ra.*

A *Ramsés II* lo sucedió *Ramsés III,* último soberano importante del Imperio Nuevo. Gobernó del 1184 al 1153. Los sucesores de Ramsés III, desde *Ramsés IV* hasta *Ramsés XI,* fuera de sus tumbas, dejaron poco para recordar. Durante ese período, los faraones, acosados por el desorden general, se debatían por conservar su antiguo esplendor, pero cada vez perdían más poder, mientras los sumos sacerdotes de Amón, lo adquirían hasta el extremo de hacerse representar sobre los muros de los templos como si fueran faraones.

Hacia el 650 Persia comenzó a ganar preponderancia en el Medio Oriente con la llegada al poder de la dinastía *aqueménida,* fundada por *Aquemenes,* y continuada por *Ciro I, Cambises I* y *Ciro II,* con quien alcanzó su máxima expansión al conquistar Babilonia en el 539 y su hijo *Cambises II,* Egipto, en el 525. A la muerte de éste en el 521, el imperio persa se expandía desde el Mediterráneo hasta Afganistán. A partir de entonces Egipto quedó de hecho bajo la dominación persa, la cual continuó hasta el 332 a,d.C. cuando *Alejandro Magno* de Macedonia derrotó a *Darío II* en la célebre batalla de *Issos* y se proclamó *Hijo de Amón,* título reservado a los faraones. Con él comienza el *período helenístico* de Alejandría que habría de prolongarse por cerca de cuatro siglos hasta el siglo I, incluso después de la toma de Egipto por los romanos en el año 30, y la muerte de *Cleopatra.*

La religión egipcia

La religión egipcia como la mayoría de las religiones mesopotámicas, se basaba en la divinización de las fuerzas de la naturaleza y por eso sus dioses a menudo eran híbridos de animal y hombre. La vida estaba regida por las periódicas inundaciones del Nilo que fecundaban las riveras con sus limos orgánicos, de los que dependían para desarrollar la agricultura. Por eso, las inundaciones desempeñaron un papel crucial en la civilización de Egipto. Comenzaban y comienzan en julio, en septiembre, se hacía la siembra y la recolección en abril, antes de que llegara la siguiente crecida. Pero como este ciclo no siempre se repetía de manera igual sino variaba de año en año, confiaban en que los dioses les hicieran el milagro de enviársela porque de ellas dependían para su subsistencia.

Su dios principal era el Sol que recibía los nombres de *Amón,* quien también era divinidad del aire y se lo asoció con el dios solar *Ra* de Heliópolis por lo que se lo llamó *Amón Ra.* En el reinado de *Akhenatón* se lo denominó *Atón,* y se lo consideró el único dios, como lo expresamos antes. Se consideraba que estaba en todas partes pero no se lo podía ver, por lo que se lo llamaba "el oculto." Algo similar al dios del cristianismo y el islamismo que se los considera ubicuos, pero invisibles. Se lo representaba de piel negra o con forma híbrida de animal y carnero.

Después de Amón, el dios más importante era *Osiris*. Hace parte de la trinidad adorada en Egipto, la de *Osiris, Isis y Horus*. *Osiris* era la divinidad de la resurrección de los muertos, de la fertilidad y del renacimiento de la Tierra después de las inundaciones del Nilo. "Osiris es aquel que hace crecer el trigo y la cebada", decía un papiro. Se encargaba de juzgar a los muertos en compañía de *Anubis* y 42 jueces que pesaban sus corazones, y según su peso en obras buenas, decidían el futuro del difunto. Esta labor la hacía porque Osiris murió como hombre y resucitó como dios, por lo que se lo asociaba con la resurrección y la inmortalidad. Ese mito introduce por primera vez la resurrección de un dios como objeto de culto. Posteriormente vendrían otros similares.

Entre los ritos de *Osiris* estaba la *comunión con el cuerpo del dios*. Los egipcios tendían a creer que el hombre puede recibir la inmortalidad si se alimenta con un dios inmortal en una especie de eucaristía. En una inscripción se lee: "Yo soy la divina alma de Ra...quien es dios...yo soy el alimento divino que no es corruptible." Y en otra se proclama: "Todos lo dioses te den su carne y su sangre... y no morirás." Sobre este tema se vuelve una y otra vez.

El dios Sol para todas las religiones antiguas representaba la muerte y la resurrección porque se ocultaba en la noche y reaparecía al amanecer, sobre todo en la egipcia que giraba alrededor de la muerte como punto central. Ella, la muerte, le insufló al hombre esa ansia de inmortalidad, esa terca negación de nuestro destino contingente y perecedero. Eso fue lo que dio origen a los dioses inmortales, a las almas inmortales y a la vida eterna de hombres y dioses.

Para lo egipcios, el embalsamamiento era su forma de conseguir la inmortalidad, toda vez que asimilaban la incorruptibilidad del cuerpo con la incorruptibilidad del alma, a la que llamaban *Ba,* el soplo vital, representado por un pájaro con cabeza humana, que iba a encontrarse en el cielo (*Aaru*) con su doble llamado *Ka,* y una vez allí resucitaba como *Akh* (espíritu) y vivía para siempre.

Ba y Ka no morían nunca, pero necesitaban rodearse de todo cuanto el muerto había tenido en vida, razón por la que se colocaban innumerables objetos y presentes en su tumba. Entre estos objetos a menudo se encontraba *El libro de los Muertos*, un papiro, a veces con más de 20 metros de largo en el que se incluían rezos, conjuros y formulas mágicas para ayudar al difunto a hacer el tránsito al más allá donde lo esperaba el tribunal de *Osiris* y sus jueces en el que debía justificarse y recibir un premio o un castigo según el caso. Ese sentido moral de la religión egipcia se trasmitió a otras religiones como la judía y la islámica.

Consideraciones generales sobre las grandes religiones iniciales

Los dioses de las religiones iniciales más antiguas eran considerados como:

-*Fuerzas esenciales de la naturaleza.*
-*Gobernantes o reyes de las ciudades en las que residían.*
-*Padres protectores del pueblo.*

Sólo en los primeros tiempos se los identificaba como fuerzas esenciales presentes en todos los seres animados e inanimados, así fueran cuerpos siderales, plantas, animales, objetos o fenómenos naturales, a los que se los asociaba con un cierto dios o espíritu, en un enfoque puramente animista. Posteriormente, los dioses devinieron en seres superiores que estaban por encima de todos, en cuyo nombre y con cuyo beneplácito se posesionaban y gobernaban los reyes y por eso se lo trataba como a jefes de un estado sobrenatural, cuyos súbditos humanos debían pagarles tributo. También se los consideró como padres benefactores o abuelos ancestrales, concepto que venía de mucho antes, pero que se popularizó más tarde.

El cielo representaba para ellos el centro de las fuerzas cósmicas. Lo que acontecía en el cielo determinaba los acontecimientos en la Tierra. En eso la astronomía se confundía con la astrología. El conocimiento de los astros, sus características y evoluciones, no eran una ciencia como lo es para el hombre moderno, sino parte integral de la religión del respectivo pueblo, porque era en el cielo donde residían los dioses, todos los cuales estaban representados por un cuerpo celeste o eran un cuerpo celeste. Llevaban, por eso, registros exactos del movimiento de las estrellas que se desplazaban en la parte del firmamento llamada *Zodíaco*, así como de los planetas que juzgaban estrellas errantes debido a que no se desplazaban por el *Zodíaco*; esto con el objeto de poder predecir a partir de su posición, lo que ocurriría en el futuro a los hombres. *Marte* fue considerado por su color rojizo dios de la guerra, *Venus,* por su brillo, diosa del amor, *Júpiter,* por la lentitud con que se traslada, dios de la vejez, la luna era la diosa *Artemisa* en *Grecia* y *Diana* en Roma, el Sol, por ser el más grande de los astros, era el dios superior y así con los demás.

El templo o los templos del dios de la ciudad eran edificios piramidales, rectangulares, o cuadrados, por lo general erigidos en una posición tal que correspondiera con los puntos en el firmamento donde aparecían o desaparecían determinados cuerpos celestes. Los templos en Sumeria eran construidos sobre cuatro o más plataformas en cerros artificiales llamados zigurat, en la última de las cuales se encontraba la casa en donde éste se suponía habitaba y dormía como cualquier parroquiano. En el caso de Babilonia, según *Heródoto,* el dios en una cama, en la que por las noches, debía quedarse una mujer para acompañarlo. Se les protegía su privacidad, sólo se permitía la entrada a sus aposentos privados a ciertos sacerdotes privilegiados, tenían cantores que los apaciguaban con sus cánticos, y se les ofrecía sacrificios, en ocasiones de seres humanos, cuando se quería conseguir sus favores o se celebraban fiestas en su honor.

La humanización del dios local llegó a tal extremo que al dios del vencido se le arrasaba su santuario o se lo tomaba preso y se lo llevaba como rehén a la ciudad del vencedor, como hemos visto; y cuando eso ocurría, en veces se hacían expediciones guerreras para rescatarlo, porque se consideraba que en su imagen vivía él o su imagen era él, y por eso, no sólo se le rezaba, sino que se le consultaba, y se esperaba su respuesta, por boca de los sacerdotes que asumían su vocería.

Los reyes les atribuían mucho poder a sus dioses, porque les temían, y el temor es una forma de poder que el hombre siempre buscó desde que comenzó a pensar. Tener poder, significa tener capacidad de hacer daño, y por lo mismo, capacidad de hacerse temer. Y la mejor manera de hacerse temer era hacerse pasar por delegado de los dioses en la Tierra en cuyo nombre y con cuya aquiescencia el respectivo monarca dictaba las leyes; concepción de la divinidad que no ha cambiado tanto como parece.

La historia del pueblo judío

Palestina, Canaán o *Judea,* fue, desde siempre, una tierra de paso; un puente de comunicación entre Egipto, Mesopotamia, y el Asia Menor, ubicado entre el Mediterráneo y el desierto, de modo que para ir por tierra a cualquiera de los países de la región, era necesario atravesarla, si no se quería internarse en los arenales. Por eso, para asegurar el tránsito por aquella estrecha faja montañosa hundida a cuatrocientos metros bajo el nivel del mar en el valle del Jordán, todos los imperios de la época trataron de conquistar previamente a Palestina para poder transportar sin tropiezos sus grandes ejércitos por ahí, en sus frecuentes expediciones de castigo de los pueblos conquistados cuando se rebelaban contra ellos, o de conquista, cuando pretendían dominarlos.

Esto hizo que en muchas oportunidades los judíos fueran presa fácil de sus vecinos más poderosos, como los sumerios, babilonios o persas, y que al menos en dos ocasiones fueran deportados en masa y esclavizados, primero por Egipto, y más tarde por Babilonia. Tan traumáticas experiencias convirtieron al pueblo judío en un pueblo migratorio que por eso mismo estuvo en contacto frecuente con casi todas las culturas y religiones de su época, lo que le proporcionó en contraprestación una cohesión étnica, religiosa y cultural que le ha permitido conservar su identidad de diáspora en diáspora por más de cuatro mil años hasta el presente. La historia de Palestina suele hacerse comenzar con el patriarca *Abrahán*. La exacta datación de la época en que vivió éste, el hijo de *Teraj* y descendiente de *Sen,* sigue siendo un misterio. Algunos retrasan su nacimiento a tiempos tan remotos como el siglo XXI o tan próximo como el siglo XII debido a que el sistema de contar los años a partir de los reinados de los diferentes gobernantes en las antiguas civilizaciones, hace difícil precisar las fechas. Por otro lado, no hay certeza sobre si el patriarca *Abrahán* y los demás patriarcas fueron personajes míticos o históricos. La mayoría les atribuye una existencia histórica. El problema es que el relato de sus vidas no fue escrito por sus contemporáneos sino muchos años o quizás siglos después de su muerte, en la época de *Salomón,* en el siglo X y recopilados y revisados muchas veces después del regreso de los judíos de su cautiverio en Babilonia.

No es el caso de entrar a narrar en detalle la historia del pueblo de Israel que todos en los países occidentales aprendimos de memoria en la *Biblia* o en la Historia Sagrada que nos enseñaron en la escuela. Sin embargo, vamos a hacer un repaso de los principales acontecimientos. *Abrahán,* quien nació en *Ur de Caldea* en época incierta, celebró un pacto con *Yahvé,* y éste le ordenó abandonar su patria chica y viajar a *Canaán,* y en contraprestación, él le prometió aceptarlo como su único Dios.

En cumplimiento de esa pacto, partió con *Sara,* su mujer; *Lot,* su sobrino y sus criados, rumbo a Palestina. Lot escogió para vivir las ciudades de *Sodoma* y *Gomorra* en la zona del *Jordán,* y *Abrahán,* escogió la zona de Canaán. Como *Sara* era estéril, le pidió a su marido tomara como esposa a la esclava *Agar,* de acuerdo con la costumbre semita, la cual le dio un hijo llamado *Ismael,* de quien habría de descender el pueblo árabe. Con el tiempo Sara también tuvo un hijo, y éste se llamó *Isaac.*

Jehová le dio, entonces, a *Abrahán,* la orden de ofrecerle en sacrificio a su hijo *Isaac* según la usanza de la época. Él aceptó, pero cuando lo iba a matar, un ángel se apareció y lo detuvo. Posteriormente, *Isaac,* ya adulto, casó con *Rebeca* y tuvo dos hijos de ella: *Esaú* y *Jacob.* Un día éstos se pelearon por un plato de lentejas y Jacob se marchó. Años después, luchó con un ángel que no se identificó y lo dejó cojo, el cual le pidió cambiar su nombre por el de *Israel* (el que pelea con Dios). Más adelante, Jacob, ahora Israel, casó primero con *Lea,* la hija de Labán, el arameo, y con Raquel, siete años después. Un día Jacob huyó con sus mujeres y sus rebaños y Labán, el arameo, salió en su persecución, pero Jehová acudió en su ayuda, y no dejó que le hiciera daño.

Jacob alcanzó a tener *doce hijos* que con el paso del tiempo llegaron a ser los progenitores de las *doce tribus* de Israel. Luego, se trasladó a Egipto con su familia debido a una hambruna que asoló la región donde vivían, en la que permaneció por algún tiempo, y en el que su hijo *José* fue vendido a una caravana de mercaderes árabes por sus hermanos, después de lo cual regresó a Canaán. Empero, cuando le informaron que su hijo José había llegado a ser el favorito del Faraón, volvió a Egipto con sus parientes, en total unas 70 personas, y murió allá, pero fue embalsamado y devuelto a su tierra natal.

Los descendientes de Jacob (Israel) vivieron largo tiempo en Egipto, la *Biblia* habla de 430 años, país en el que se multiplicaron mucho y en el que al parecer terminaron siendo esclavizados por el faraón hasta el día en que, tras las supuestas diez plagas enviadas por Jehová a sus opresores, se les permitió salir de Egipto con el liderazgo de *Moisés* y su hermano *Aarón.*

Vino, entonces, la contraorden del faraón, la fuga, el paso del *Mar Rojo,* la errancia inútil del pueblo judío por el desierto durante cuarenta años como tribu nómada, donde, al acampar frente al monte Sinaí, *Moisés* recibió de Yahvé las tablas de la ley, las que guardó en el *Arca de la Alianza* que mandó construir, y éstas a su vez en el *Tabernáculo,* pero antes de llegar a la *Tierra Prometida,* por haber pecado, murió sin poder entrar en ella, no sin dejar como reemplazo suyo a *Josué,* en cumplimiento de las órdenes de *Jehová.* Existe un curioso paralelismo entre *Moisés* recibiendo de las manos de *Yahvé* las tablas de la ley, y *Hammurabi* que en su famoso estela se lo pinta recibiendo la Ley de las manos del dios *Shamash.*

Los hicsos y las diez plagas de Egipto

La presencia de pueblos semitas en el Egipto del siglo XVII al XV o XIII, es innegable. Ha sido confirmada recientemente por las inscripciones alfabéticas, no jeroglíficas, encontradas en Avaris, antigua capital de los hicsos, en las que se menciona el "Pueblo de Dios," expresión típica del pueblo hebreo. Ahora bien, es sabido que los hicsos, eran una etnia semita como la de los hebreos que gobernó a Egipto por 250 años, y fue expulsada hacia el 1500 a.d.C, durante el reinado de Ahmose I (1550-1525). ¿Fueron los hicsos y los judíos el mismo pueblo? El Génesis narra que José tuvo gran influencia en Egipto, y sus hermanos, por eso, inmigraron allá, pero fueron expulsados como los hicsos, en el siglo XIII a.d.C, según se cree, durante el reinado de Ramsés II, (1279 y 1213 a.d.C.) La confirmación de este hecho se ha hallado en una pintura descubierta en la ruinas de Avaris, que muestra un pueblo vestido a la usanza cananea desplazándose en masa con todos sus enseres, lo que no pudo ocurrir en el siglo XIII, cuando Avaris ya había sido destruida, sino antes, cuando todavía existía. Si fue antes bien pudiera coincidir con la expulsión de los hicsos (1500 a.d.C) y ser el mismo hecho histórico o haber dos expulsiones que la *Biblia* confunde y convierte en una sola. En tal caso, la primera habría ocurrido en tiempos de la explosión del volcán *Santorini,* la mayor catástrofe natural registrada, mayor que la del volcán Krakatoa de Indonesia en 1883.

Esa gigantesca explosión hizo desaparecer el centro de la isla donde estaba el volcán, de la que no quedan sino los bordes del antiguo cráter, cambió la topografía de las costas del mar Egeo, produjo un maremoto que barrió con la isla de Creta a 110 km de distancia, cuya civilización se extinguió desde entonces, inundó a Grecia, parte de Italia y la mayoría de las costas del Mediterráneo oriental. Las cenizas volcánicas oscurecieron durante varios días toda la región y llegaron a Egipto, a 800 km de *Santorini* y a otros países, incluso a China. Esa catástrofe se la ha asociado con el mítico hundimiento de la Atlántida.

Si bien esto no parece ser cierto, ofrece una explicación racional para las famosas diez plagas de Egipto. Según la *Biblia,* la primera plaga, fue la del mar que se transformó en sangre, lo cual pudo deberse a los escapes de gas provenientes del subsuelo producidos por la actividad volcánica, cuyo contenido de hierro, al oxidarse y disolverse en el agua, le dio una coloración rojiza, fenómeno que se ha detectado en otras partes del mundo como el lago Nyos en Camerún. La segunda plaga, la de la proliferación de ranas, lo explicaría la contaminación del agua con hidróxido férrico que acabó con la vida acuática y sólo las ranas, por ser anfibias, pudieron escapar, refugiándose en tierra. La tercera plaga, la de los piojos, se pudo deber al desaseo que generó esa epidemia por falta de agua limpia. La cuarta, la de las úlceras, a la producción de bióxido de carbono de origen volcánico, un gas que induce úlceras en la piel cuando está en concentraciones elevadas, fenómeno que también ocurrió en el lago Nyos de Camerún. La quinta, la del granizo, es un fenómeno muy conocido por los geólogos; se debe a las cenizas volcánicas calientes que al llegar a gran altitud, se condensan y caen como lluvia a la tierra. La sexta, la de las tinieblas, fue producida por el mismo fenómeno de las cenizas volcánicas que cubrieron la Tierra y no dejaron penetrar la luz solar. La séptima, la de la muerte de los primogénitos, es otro de los efectos del bióxido de carbono, cuya toxicidad no sólo produce úlceras, sino, en concentración elevada, una niebla toxica que se arrastra por el suelo, por ser más pesada que el aire, y asfixia a quienes estén en la partes bajas, como sucedió en el lago Camerún, donde se salvaron sólo los habitantes de las partes altas. Lo mismo pudo pasar en Egipto donde los primogénitos que dormían en los primeros pisos fueron los que murieron y no los que dormían en las terrazas. En cuanto al milagro del cruce del Mar Rojo, se ha descubierto que hubo un error de interpretación, no se hizo por el Mar Rojo sino por el Mar de los Juncos, que queda cerca y que ocasionalmente forma vados de corta duración. Eso explicaría por qué los hebreos pudieron pasar a pie enjuto y los ejércitos del faraón, que cruzaron después, se ahogaron.

Lo anterior prueba que las historias bíblicas en sí son ciertas, mas no la interpretación mítica que se hace de ellas, debida a la falta de conocimiento de las causas de los fenómenos naturales de ese entonces. Por eso, a medida que la ciencia ha ido avanzando y descubriendo dichas causas, el milagro, como obra de un ser sobrenatural, ha ido desapareciendo. No sorprende, en consecuencia, que en casi todos los libros de la antigüedad se encuentre este tipo de interpretaciones fantasiosas, pero sí sorprende que eso ocurra en un libro que se supone inspirado por Dios. ¿Cómo es posible que nos haya querido engañar, atribuyéndose acontecimientos no causados milagrosamente por Él, sino por las inescrutables fuerzas de la naturaleza? Una de dos: o participaba de la ignorancia de los hombres de hace 3 500 años y no sabía la verdad, o la sabía, y trató de embaucarnos. Si lo primero, no era omnisciente; si lo segundo, era omnisciente, pero no veraz. Como ambas suposiciones son incompatibles con la noción de divinidad, no queda sino aceptar que las Sagradas Escrituras, no fueron obra de su inspiración, sino de la de los escribas que las redactaron.

Josué tomó el mando de los israelitas y procedió a la conquista de Canaán con una superioridad bélica que sólo los hicsos hubieran podido desplegar. Hizo, primero, circuncidar al estilo egipcio (los egipcios practicaban la circuncisión desde muy antiguo) a todos los que no se habían circuncidado todavía. La primera ciudad que tomó fue *Jericó*, donde exterminó sin piedad hombres mujeres y niños, siguiendo las órdenes de Jehová, según reza la *Biblia*, a excepción de la prostituta *Rajab*, célebre por su belleza, espía de los invasores, a quien no sólo perdonó, sino también a sus parientes, y con quien luego se casó.

En seguida tomó a *Ay* y masacró con igual ferocidad a sus habitantes. Poco después derrotó una alianza de cinco reyes amorreos y los ejecutó personalmente. A continuación conquistó y arrasó las ciudades de *Maquedá, Libná, Laquis,* y *Debir* y: "Exterminó todo lo que tenía vida, como Jehová, Dios de Israel, se lo había mandado", según dice textualmente el libro de Josué. Ese alarde de crueldad era muy común entonces. Ya hemos visto cómo los asirios presumían de la bestialidad de sus depredaciones, pero sorprende que un libro, supuestamente inspirado por Dios, pueda registrar con complacencia semejantes degollinas.

La fecha en que ocurrieron estos hechos es también objeto de debate. Seguramente fue posterior a la invasión de los hicsos, concluida a mediados del siglo XVI, y anterior al reinado de *Akhenatón,* el faraón místico promotor del culto monoteísta a *Atón,* proscrito tras su muerte en 1336.

Menatón, el sacerdote que escribió una *Historia de Egipto* en treinta volúmenes en el siglo III por encargo de *Ptolomeo I,* sugirió que *Moisés* fue un sacerdote instruido en todas las ciencias en Heliópolis, y que su nombre era *Osaref.* Bien pudo ser, pues en los *Hechos de los Apóstoles* (7-22) se dice que "fue instruido en toda la sabiduría de los egipcios y fue poderoso en sus palabras y obras." También se afirma que era tartajoso lo que se podría explicar porque su idioma paterno era el egipcio y no el de los israelitas, el cual hablaba con alguna dificultad. Por otro lado, la terminación "mosis" en egipcio antiguo significaba "niño," y estaba presente en muchos otros nombres como *Tutmosis, Ammosis, Mosis* etc. Esta tesis fue acogida por *Freud* quien la adornó con hipótesis sicológicas un tanto extrañas de su propia cosecha.

La verdad es que Moisés, fuera o no de origen egipcio, tuvo buenos contactos en la corte del faraón, y pudo ser un temprano adorador de *Atón,* culto que bien podía existir en pequeñas comunidades antes de *Akhenatón.* Su afinidad con los israelitas durante su cautiverio, se hizo patente por la manera como mató a un egipcio en defensa de un judío agredido, lo que lo obligó a huir. ¿Fue Moisés quien hizo cambiar a los israelitas a *Atón* por *Yahvé,* ambos dioses solares en sus comienzos? No hay cómo saberlo. Sólo se pueden hacer conjeturas, dada la escasez y precariedad de las fuentes históricas distintas a los relatos bíblicos.

Sea de eso lo que fuere, lo cierto es que una vez dueños los judíos de la tierra prometida, establecieron el llamado gobierno de los jueces, que no eran jueces en el sentido actual de la palabra, sino caudillos, gobierno que duró desde la muerte de *Josué* hasta el advenimiento de *Samuel.* Los jueces más famosos fueron *Gedeón, Jepté, Sansón, Helí y Samuel,* el último de ellos, quienes pelearon contra los madianitas, amonitas, amalecitas, filisteos y otras tribus vecinas hasta consolidar su poder en la región. Terminado ese período, se organizó, pese a la oposición de *Samuel,* la monarquía, integrada por una serie de dinastías que se iniciaron con *Saúl,* nacido a finales del primer milenio antes de Cristo. *Saúl* se enemistó con *David,* el vencedor del gigante Goleath por celos y terminó suicidándose con su propia espada.

Fue así como llegó este último al trono de Israel. Era nacido en Belén, y de la Biblia dice de él que *Jehová* estaba tan satisfecho de su desemeño que prometió hacer durar su linaje por siempre. Los profetas más tarde vaticinarían que de ese linaje y en su ciudad de nacimiento, Belén, nacería el mesías, profecía que, como veremos en el próximo ensayo, no se cumplió en Jesús de Nazaret. Su hijo Absalón se rebeló contra él y terminó colgado de su cabellera a un árbol y asaeteado por *Joab.*

Salomón fue el tercero y último rey de todo Israel. Ascendió al trono en el 970. Durante su reinado el pueblo judío tuvo su mayor época de esplendor. Construyó el primer Templo de Jerusalén para albergar el Arca de la Alianza, fue el autor del *Cantar de los Cantares* y del *Libro de los Proverbios* y pasó a la historia como un hombre sabio, quien según las crónicas de la época casó con 700 mujeres y contaba con 300 concubinas, harén de distintas razas, traído de varios lugares, razón por la que, para satisfacerlas, toleró cultos paganos a dioses como *Baal, Moloch* y *Astarté* condenados por las Escrituras. Su famoso templo estaba adornado con símbolos fálicos y en sus predios se permitía la prostitución, lo que fue común en casi todos los pueblos de la antigüedad. Las mujeres de la época eran muy aficionadas al maquillaje excesivo, se pintaban las cejas con galena, con lapislázuli, los ojos, con carmesí, los labios, el pelo y las uñas, con henna, lo que concitaba la ira de los profetas. La vanidad femenina siempre ha sido igual. A la muerte de *Salomón* las diez tribus del norte se unieron y formaron el nuevo reino de Israel con Siquén (hoy Nablús) como capital, cuyo primer rey fue *Jeroboán,* y las dos tribus restantes formaron el reino de Judá con Jerusalén como capital, cuyo primer rey fue *Roboán.*

El último de los reyes fue *Oseas* en Israel y *Sedecías* en Judá. *Oseas* fue impuesto por los asirios pero se rebeló contra ellos y fue derrotado en el 722 por *Salmanasar V;* tomado prisionero, cegado y llevado a Babilonia, su capital, conjuntamente con 27 290 de sus ciudadanos, en especial de la clase alta, a los que se los remplazó por caldeos y arameos, más tarde conocidos como samaritanos que terminaron siendo odiados por el pueblo judío. Los israelitas deportados a Babilonia se confundieron con sus captores y fueron considerados, por eso, como las diez tribus perdidas de Israel.

El reino de Judá escapó esa vez a la destrucción que sufrieron sus hermanos israelitas, debido a que Ezequiel consiguió el perdón del rey asirio a cambio de pagar cuantiosos tributos. Su libertad, no obstante, fue corta, pues en el 597, el rey caldeo *Nabucodonosor II*, el Grande, hijo de *Nabopolasar*, el vencedor de los Asirios, accedió al trono de Babilonia, y prosiguió con las guerras de su padre. Lo primero que hizo fue conquistar el reino de Judá y destruir a Jerusalén y su templo. Entre los sobrevivientes de esa masacre, escogió, como Salmanasar V, a la gente más importante para llevársela a Babilonia, donde aún permanecían los prisioneros tomados antes por este rey. El largo exilio del pueblo judío en el imperio caldeo le facilitó entrar en contacto con las religiones locales, en especial con el zoroastrismo o mazdeísmo, fundado por el legislador religioso Zaratustra o Zoroastro (¿660-583?) del que ya hemos hablado.

Del mazdeísmo el pueblo judío adoptó algunas de sus creencias tales como la idea del infierno para los malos y del cielo para los buenos, la del juicio particular para el difunto y la del juicio final para todos los hombres, así como el culto a los ángeles, cuyo origen puede remontarse a los siete espíritus benefactores de esa religión. Los ángeles se convirtieron así para los judíos del exilio en espíritus poderosos, mensajeros de Dios, y los imaginaron con alas como los dioses asirios A unos los consideraron buenos, protectores de su pueblo, y a otros malos como los demonios que fueron derrotados por los ángeles buenos, aceptando de ese modo la misma dualidad zoroástrica entre el bien y el mal.

El cautiverio en Babilonia terminó cuando el rey Ciro II el Grande conquistó dicha ciudad en el 538, y liberó a los judíos. Regresaron, según dice el libro de Esdras, unas cincuenta mil personas, quienes al volver a su tierra prometida tras setenta años de cautiverio, reconstruyeron el templo de Jerusalén, se dieron a la tarea de recopilar y restaurar los antiguos manuscritos del pueblo judío, y sus sacerdotes se aplicaron a convencer al pueblo de regresar a las creencias ancestrales de antes del exilio, proscribiendo, entre otras cosas, el exceso de veneración por los ángeles.

Uno de los fenómenos religiosos más característico de Israel fue la periódica aparición de profetas a lo largo de su historia. Los profetas podían ser gobernantes como Samuel, sacerdotes como Ezequiel o simples iluminados que vaticinaban el futuro de su pueblo o lo recriminaban por sus pecados. Israel tuvo no menos de 48 profetas, el último de los cuales fue Jesús de Nazaret.

Se considera que hubo seis profetas mayores y doce menores. Los mayores fueron: *Elías, Eliseo, y Jeremías* de antes del cautiverio en Babilonia y *Baruc, Esquiel y Daniel*, de la época de ese cautiverio. Los menores fueron *Oseas, Joel, Amós, Abdías, Jonás, Miqueas y Nahún*, de antes del cautiverio y *Habacuc, Sofonías, Zacarías, Ageo, y Malaquías*, posteriores a éste.

La mayoría de esos profetas se distinguieron por su supuesta capacidad de hacer milagros sorprendentes. Elías resucitó al hijo de la mujer que lo alimentó, acostándose tres veces encima del niño; también volvió a la vida un cadáver que arrojaron a sus pies, lo que recuerda la resurrección de Lázaro; separó las aguas del río Jordán para abrirse paso, como Moisés las del Nilo, en este caso con sólo tocarlas; multiplicó el aceite de una viña para salvar de la pobreza a una mujer y hartó a cien personas con unos cuantos panes, como Jesús a las multitudes que lo seguían; y por último, fue llevado por una carroza de fuego al cielo, nadie sabe si a un planeta lejano o un asteroide próximo, con lo que quizás fue el primer astronauta.

Otro profeta, *Jonás*, viajó a Nínive por barco y topó con una tempestad. Echaron suerte para conocer quien era la causa y la sindicación recayó sobre Jonás. Lo arrojaron al mar, pero una ballena se lo tragó y lo sacó sano y salvo en la playa. Del profeta Daniel se cuenta que fue echado al pozo de los leones y estos no lo tocaron porque lo defendió un ángel, y así podrían seguirse refiriendo multitud de milagros atribuidos a los profetas, todos tan fantásticos que al hombre moderno alejado de la mentalidad mágica, le queda difícil aceptarlos.

La época de la restauración del pueblo hebreo en la tierra prometida duró doscientos años desde el 538 en que volvieron de Babilonia hasta el 331, cuando Alejandro Magno conquistó el Oriente Medio, incluida Palestina, la cual quedó bajo el dominio de los *Ptolomeos*. En el año 63 pasaría a manos de los romanos hasta la toma y destrucción de Jerusalén ejecutada por el Emperador Tito en el año 70 de nuestra era y la consiguiente dispersión del pueblo judío por los cuatro puntos cardinales.

La religión judía

La religión judaica no es, como predican los creyentes judeocristianos, una creencia que nació sin influjo de ninguna religión foránea, porque fue inspirada directamente por Dios. Nada más falso. Al contrario, su doctrina se formó, como la de todas las religiones, con sus propios mitos y con los

que tomó prestados de los pueblos con quienes entró en contacto, principalmente, el sumerio, el asirio, el egipcio y el persa. Este legado lo transmitió
al cristianismo y al islamismo, las dos grandes religiones monoteístas deri-
vadas del judaísmo, las cuales heredaron su fe en una revelación divina.

Ya hemos visto que mitos tales como el de la creación del mundo, del
que se presentan dos versiones en la *Biblia,* es un calco del poema *Emuna
Elish* babilónico, o el del paraíso terrenal y el del diluvio universal que están
tomados del poema de *Gilgamesh* sumerio, o el de Caín y Abel que es similar
al del poema *En-ti* y *Ninhursag* sumerio, o el de *Moisés* flotando en un cesto,
que es la misma leyenda atribuida a *Sargón I* de Akhad y a *Ramsés II,* o el del
juicio particular a los muertos, y el de la resurrección de los muertos, que
aparece en los mitos sumerios y babilonios, o el de la circuncisión que la
practicaban desde mucho antes los egipcios y los sumerios y otras leyendas
más que se han encontrado impresas en caracteres cuneiformes o jeroglíficos, sobre estelas de piedra, cilindros de arcilla o papiros.

Se ha insistido mucho en el monoteísmo del pueblo judío pero éste no
fue tan fiel a esa doctrina como se supone. Inicialmente practicó el animis-
mo como muchos pueblos primitivos y después tuvo varios dioses conjuntamente con *Yahvé,* nombre que fue usado por las tribus nómadas marianitas
y quenitas antes de la época de Moisés, debido a que al emigrar a Palestina
desde Ur, donde estaban los hebreos bajo la influencia sumeria, se encontraron con otras culturas semíticas politeístas como la cananea, la fenicia, la
cartaginesa, la caldea, la babilonia y la filistea.

El dios principal de esos pueblos era *Baal,* una divinidad del Asia Menor.
A *Baal* se lo consideraba un anciano todopoderoso creador del cielo y de la
Tierra, dios de la lluvia, la tempestad y la guerra. En su honor se le sacrificaban toros o becerros y por eso a menudo se referían a él como Baal, el toro,
o Baal, el carnero. Estaba casado con su hermana y esposa *Anat,* la diosa de
la guerra, venerada especialmente en la ciudad mediterránea de *Ugarit,* al
norte de Siria. También tenían como dios a *El,* cuyo significado era dios en
acadio, quien para los cananeos era el padre de todos los dioses, creador de
la raza humana y de todas las criaturas. Además tenían a *Dagón,* el dios de
la fertilidad del campo, a *Astarté,* la diosa fenicia prefiguración de la Ishtar
sumeria, y a *Yaw,* el dios cruel y terrible, del que algunos sugieren se deriva
la palabra *Yahvé,* también un dios cruel y terrible.

Todos estos dioses semitas convivieron con el dios o los dioses de los hebreos desde que ellos se trasladaron a Palestina, a los que frecuentemente
adoraban contra la voluntad de sus dirigentes religiosos. La *Biblia* está llena

de referencias a esos casos. Cuando Moisés subió al Sinaí, al bajar, encontró a su pueblo adorando un becerro de oro, representación de Baal, con la complicidad de su hermano Aarón. Después de que Josué murió, los judíos se dedicaron de nuevo al culto de Baal. El rey Salomón, en su vejez tributó culto a los dioses vecinos. En el libro de los Reyes se lee: "Salomón se volvió contra Yahvé, su dios, al edificar un altar en Kenos, en el monte fronterizo de Jerusalén, siguiendo los ritos de Astarté, la diosa de los sidonios". Jeroboán, primer gobernante del reino del norte después de la escisión de las tribus de Israel, volvió a organizar el culto al becerro de oro, o sea de Baal.

Su hijo *Acab,* casado con la princesa fenicia *Jezabel,* famosa por su lascivia y crueldad, abiertamente cambió el culto de Yahvé por el de Astarté, la consorte de Baal, deidad a que le sacrificaba niños. El profeta Elías se opuso a ese culto y retó a los sacerdotes del dios a demostrar su poder, y como no lo lograran, los degolló a todos, pero tuvo que huir de Jerusalén por miedo a la venganza de la reina. Cuando Acab murió en combate, atravesado por una flecha, lo sucedió su hijo *Ocozías,* quien continuó con el culto a Baal, lo que concitó de nuevo la ira del profeta *Helías.* Jezabel, ahora convertida en reina madre, mantuvo el culto a Baal por un tiempo más hasta que murió defenestrada y destrozada por unos perros rabiosos. De allí para adelante siguieron una serie de reyes, algunos de los cuales volvieron a los cultos paganos. En Elefantina, tan tarde como en el siglo IV, se le levantó un templo a *Anat,* la esposa de Baal, y así podrían citarse otros casos.

El Dios de Israel

Si bien el dios de Israel fue Yahvé o Jehová, nombre usado 5 321 veces en las escrituras, existían una serie de otros nombres para ese dios principal como *Adonai,* nombre plural que significa soberano o señor, o *El,* que significa dios, y es el dios principal cananeo, nombre que está presente en *El*-loah, *El*-yón, Isma-*El,* Emanu-*El,* Isra-*El,* Samu-*El,* y *El*-ohím, citado en el Pentateuco unas 300 veces en lugar de *Yahvé* o *Yahvé Elohím.* Es posible que inicialmente los hebreos fueran politeístas o henoteístas, esto es, que admitieran un dios predominante, conjuntamente con otros dioses secundarios. Tan es así que *Yahvé,* en la *Biblia,* se presenta con características distintas a *Elohím.* Yahvé es más antropomorfo, más vengativo y colérico. Elohím, en cambio, es más poderoso, pero más protector. En el libro de Henoc, se llama "vigilantes" a los hijos de Elohím y se los describe como un grupo de ángeles. En otras ocasiones se menciona a *Sabaoth,* como el dios de los ejércitos, un término que encaja mejor con los dioses nacionales mesopotámicos, o *Shaddai,* que significa el todopoderoso. No es de extrañar, por eso, que el pueblo judío, rodeado como estaba por pueblos politeístas, no lograra olvidar la existencia de los dioses vecinos y acudiera a tributarles culto cada vez que se les presentaba la oportunidad.

El reconocimiento a la existencia de esos dioses vecinos está implícito en la *Biblia.* En el cántico después del paso del Mar Rojo, Moisés dice: "El mal que hicieron (los egipcios) se volvió contra ellos y en esto reconozco que Yahvé es el dios más grande". No es el único dios, sino el más grande. En el Éxodo, uno de los mandamientos reza: "No te postrarás ante otros dioses ni les darás culto, porque yo, Yahvé, soy un dios celoso". En otras palabras es un dios que no acepta codearse con los otros dioses que también existen porque es celoso. Podrían transcribirse varias citas de ese tenor.

Yahvé comenzó como dios tribal, después fue un dios territorial, esto es, el dios de la tierra prometida, comoquiera que el pacto entre *Abrahán y Jehová,* fue un pacto defensivo, en el que Abrahán, a nombre de sus descendientes, se comprometió a adorar solamente a ese dios, y en retribución, ese dios se comprometió a entregarle a Abrahán y su familia una tierra, la tierra prometida, y a defenderla con todo su poder, tierra donde pudieran asentarse, abandonando la vida nómada que desde antes practicaban.

En eso Yahvé no se diferenciaba mucho de los dioses mediterráneos o mesopotámicos. No cabe duda de que Jehová fue un dios nacional del pueblo hebreo como los dioses mediterráneos y mesopotámicos lo eran de sus respectivas ciudades o países, un dios exclusivamente del pueblo hebreo, pueblo al que defendía o castigaba según su comportamiento, con cuyos dirigentes y sacerdotes constantemente hablaba.

Sin embargo, el judaísmo tiene algunas desemejanzas con las creencias de los otros pueblos del Cercano Oriente que vale la pena destacar. Yahvé, a diferencia de las divinidades paganas, no cuenta ni con ascendientes ni con descendientes; es un dios único increado, sin historia familiar, una abstracción pura con una multiplicidad de nombres, uno de los cuales, YHWH, llamado *tetragrámaton,* es el nombre sin las vocales para que no se pudiera pronunciar, porque pronunciar ese nombre se lo consideraba una blasfemia.

No tenía imágenes, ni ídolos, no aceptaba más símbolo que el Arca de la Alianza, una caja de acacia revestida de oro puro por dentro y por fuera, mandada a construir por Yahvé a Moisés, en la que se guardaban las tablas de la ley, la vara florecida de Aarón, y un vaso con maná. "Allí me encontraré contigo," dice el Éxodo que Dios le advirtió a Moisés. Esta arca se guardaba dentro del Tabernáculo, y a partir de Salomón, dentro del santa santorum del templo de Jerusalén, templo destruido por los babilonios en el año 587 cuando se tomaron la ciudad. Desde entonces se han tejido toda clase de leyendas sobre su paradero, las cuales impulsaron a los caballeros templarios en la Edad Media a ir en su búsqueda, incluso a lugares tan remotos e improbables como Etiopía, en donde la tradición dice que el supuesto hijo de Salomón en la reina de Saba, Menelik, fundador de la dinastía etíope, la llevó allá.

Sin embargo, ese dios abstracto, increado, se presenta en la mayoría de los pasajes de la *Biblia* como un dios antropomorfo y tribal, al punto de que a veces se mencionan sus brazos, su boca y sus manos. No hay hecho en que no intervenga. Los patriarcas y los reyes judíos se mantienen hablando todo el tiempo cara a cara con él, o con un ángel mensajero suyo. Come y bebe con Abrahán, le toma cuentas, es prácticamente su compañero permanente, aunque un compañero un tanto díscolo.

Y así con todos los demás protagonistas de las historias bíblicas, a los que se les aparece a cada paso para darles órdenes o anunciarles castigos por sus culpas, como si fuera un titiritero oculto que tirara de los hilos invisibles de esas sus marionetas para inducirlas a moverse a su amaño. Para citar un ejemplo, en el libro de Samuel se dice que por el pecado de David, el Señor le pidió escoger entre tres castigos, y como no se decidiera a seleccionar uno, le envió la peste al pueblo de Israel desde aquella mañana hasta el tiempo señalado, en la que murieron setenta mil personas desde *Dan* hasta *Bersabée.*

Uno esperaría que Yahvé se mostrara más inalcanzable; siendo un dios abstracto e impersonal como se proclamaba, no debería rebajarse a ser un protagonista más, no siempre justo, de las historias de su pueblo, muy al estilo de los otros dioses mesopotámicos. Un dios que no permite ni siquiera pronunciar su nombre, no debiera involucrarse en el diario acontecer de Israel y de sus dirigentes.

Historicidad de las escrituras del pueblo judío

Eso, por supuesto, no impidió que el Antiguo Testamento, como ocurre con toda obra producida por varios autores de distintas épocas, quedara plagado de mitos e historias completamente inverosímiles para el hombre moderno, como la de Nabucodonosor cuando se convirtió en animal y vivió siete años perdido en el bosque, antes de volver a ocupar el trono; o como la de Israel que juntó un ejército de 800 000 hombres y Judá de 500 000 mil, en total 1 300 000 hombres, algo imposible en esa época; o como la del burro del profeta Balaán, al que Dios le abrió la boca para que hablara y reprendiera al dicho profeta por haberlo maltratado; o las de los diversos prodigios que debió hacer Moisés para mostrarle su poder al faraón en competencia con los magos de su corte, pruebas que no siempre ganaba, como echar una vara al agua y convertirla en una culebra, o meter la mano en el seno y sacarla llena de lepra; o la del pozo de agua que gracias a la hermana de Moisés, Miriam, desapareció con su muerte, pero Moisés lo hizo brotar de nuevo con sólo golpear en la roca; o las ya citadas sobre Daniel que se salvó del pozo de los leones por la intervención de un ángel; o de Elías que ascendió en una carroza de fuego al cielo, o la de Jacob que peleó con Dios y quedó cojo y muchas más que sería largo referir, pero que los textos bíblicos las intercalan con la mayor naturalidad, a veces en dos o más versiones distintas cuando no contradictorias.

Se agrega a las inverosimilitudes anteriores el trato constante de tú a tú de los gobernantes y profetas judíos con Dios, que mencionamos antes, trato que no volvió a repetirse ni en Israel, ni en ninguna otra parte del mundo después de las esporádicas apariciones de Jesús de Nazaret a los apóstoles. Ni papas, ni santos, ni rabinos han vuelto a hablar con él, y menos con Jehová o con el Padre Celestial en los últimos dos mil años. Sólo *San Esteban,* según se dice, antes de morir lo hizo, o *San Pablo,* en el camino de Damasco, o la monja francesa *Margarita María de Alacoque* en 1673, la propagadora del culto del Sagrado Corazón, aseguraron haberse entrevistado con Dios. ¿Será que Dios olvidó a los hombres, y ya no se interesa por ellos? Lo extraño es que haya habido, en cambio, tantas apariciones de la Virgen María como la de Lourdes, la de Garabandal, la de Chiquinquirá, la de Guadalupe, la de Fátima y unas cien más.

Lo que pasa es que a medida que el hombre ha ido encontrando explicaciones científicas para los fenómenos aparentemente sobrenaturales, se le ha ido cerrando el espacio a lo mágico y lo fantástico. Por eso, si hoy día un papa dijera que ha tenido un diálogo con Dios, ni el sacristán de San Pedro le creería. Si un mandatario de un país declarara lo mismo, se lo mandaría a un siquiatra. Napoleón Bonaparte estaba tan conciente de ello, que refiriéndose a las épocas en que los emperadores de Roma y Egipto se proclamaban dioses, anotaba con nostalgia: "Si yo me proclamara dios como ellos, hasta la última verdulera de París me chiflaría".

Antes, los historiadores como Heródoto, Tucídides, Salustio o Tito Livio, para citar sólo cuatro, poco se preocupaban por comprobar la veracidad de sus relatos; no había lo que hoy se llama crítica histórica. Los autores anónimos del Antiguo y el Nuevo Testamento procedieron de igual manera. Mezclaban mitos con hechos que realmente acontecieron, volviendo prácticamente imposible diferenciar entre lo uno y lo otro. De aquí las inconsistencias en que incurrían los escritos bíblicos seguramente de buena fe. Vamos a presentar algunos ellos.

Según la Biblia, Abrahán provenía de *Ur de Caldea.* Pero resulta que los caldeos fueron un pueblo semítico de origen árabe que apareció en Mesopotamia sólo en el primer milenio antes de Cristo, cuando ya Ur había perdido toda su influencia, mucho después de que Abrahán y los patriarcas hubieran salido de ahí. Por consiguiente, Abrahán no pudo provenir de Ur de Caldea.

Se supone en la Biblia a Abrahán usando camellos como bestia de carga en dos ocasiones, pero no se han encontrado restos de estos animales en la época en que Abrahán vivió, sino por lo menos seis siglos después, dado que su domesticación no se hizo hasta el siglo XI.

En la historia de *José* se menciona que fue vendido como esclavo por sus hermanos a una caravana de mercaderes árabes o ismaelitas. Sin embargo, los registros de esas caravanas sólo aparecen a partir del siglo VII, cuando José hacía siglos estaba muerto.

Labán, el arameo, suegro de *Jacob,* no pudo ser arameo, porque este pueblo nómada no se menciona en los archivos mesopotámicos de la época de Labán. Sólo en el siglo XIII aparecen las primera referencias a dicho pueblo, pero la etnia como tal, con su lengua escrita ya con caracteres alfabéticos, que se convertiría en la más hablada en el Medio Oriente, sólo comienza a actuar en el siglo XI, cuando se la reporta formada por bandas de asaltantes que amenazaban a Babilonia.

En el Génesis (26:1) se dice que debido a una hambruna, *Isaac* se fue a vivir, por consejo de Yahvé, a Guerar, ciudad filistea gobernada por el rey Abimelec. La excavaciones arqueológicas han demostrado, sin embargo, que esa ciudad sólo tuvo importancia en el siglo VII, y por tanto en el siglo XIII, si existía, debía haber sido muy pequeña y mal podía tener un rey.

Según Crónicas (29:7), David recogió 10 000 daricos para la construcción del Templo de Jerusalén. El darico, sin embargo, era la moneda del rey Darío I, rey de Persia que vivió en el siglo VI, cuatrocientos años después de David, y por tanto, en su época, no pudo existir el darico.

En el *Éxodo* (14:9) se cuenta que toda la caballería y los carros del faraón estaban ya frente a los israelitas para atacarlos antes de que huyeran. No obstante, unos versículos antes, en el 9:3 y siguientes, Moisés le había anunciado al faraón que la peste y la pedrisca matarían asnos, caballos, camellos, bueyes y ovejas, lo que lo habría dejado sin caballería a los egipcios para perseguir a los fugitivos.

En el *Génesis* (46:34) se deja en claro que los hebreos habitaban en la tierra de Gosén o Gesén, pese a que los egipcios miraban con abominación a los pastores de ovejas y los judíos eran mayoritariamente pastores de ovejas. Sin embargo, en otras secciones del Pentateuco se da a entender que los israelitas cohabitan con los egipcios en los mismos lugares sin mayores problemas.

En el *Éxodo* (12:40) se dice que los hebreos estuvieron 430 años en Egipto, mientras en el *Génesis* (15:13) Jehová le pronostica a Abrahán que su descendencia vivirá en tierra ajena 400 años, donde será oprimida. Como se ve no coinciden las cifras.

En los capítulos de 7 al 12 del *Éxodo* se mencionan diez plagas, pero en el Salmo 104 se mencionan sólo ocho (V.44-55).

La conquista de *Jericó* y la destrucción de las murallas realizada por *Josué* en el siglo XIII con el sólo tañir de las trompetas de sus sacerdotes, no pudo haberse ejecutado tal como se describe, porque esa ciudad, como casi todas las ciudades cananeas, fue arrasada en el siglo XVI (1562 a.d.C, según las pruebas de carbono 14 realizadas en 1995 por *Bruins* y *Plicht* en 18 muestras) mucho antes de la época del *Éxodo*. Lo que la arqueología afirma, no es que no haya habido destrucción de Jericó, pues existen en sus restos claras muestras de haber sido incendiada, sino que no pudo haberla realizado Josué.

En el libro de los Jueces no aparece la toma de Jericó, no obstante estar refiriendo, aunque en forma distinta, la conquista de Canaán. En el capítulo VII, sin embargo, este libro incluye la narración de una batalla contra los amalecitas en la que Gedeón ordena tocar las trompetas y marchar alrededor de sus enemigos, como en Jericó, con lo que estos se enloquecen y se matan entre sí. La misma historia pero diferentemente contada.

Ni la genealogía de Adán que se presenta en el capítulo XI del Génesis, ni las otras genealogías de los capítulos I, II, III del libro de los Números, son creíbles. Ya demostramos en el ensayo anterior que el Adán bíblico no existió, y que de haber existido, las pocas generaciones listadas en esos libros, no cubren los cien mil o más años que transcurrieron desde la aparición del Homo sapiens hasta la época de los patriarcas. Se ve claro que quien o quienes prepararon dichas genealogías estaban muy lejos de imaginar lo que se descubriría en el futuro sobre la evolución humana.

Según *Fernando Klein* en su obra: *La Biblia desnuda,* varias ciudades supuestamente conquistadas por Josué, presentan problemas para la Arqueología. *Ay* y *Arad* estaban abandonadas en la época en que se supone las conquistó Josué, mientras que *Heshbon* no fue fundada hasta el año 1200 a.d.C, época posterior a esa conquista. La información disponible indica que *Hazor* fue incendiada por los pueblos del mar y no tomada por Josué, y que ciudades como *Laquis y Megido,* de acuerdo con inscripciones de la época de Ramsés III y Ramsés IV, tuvieron presencia egipcia hasta el siglo XII; no obstante, la Biblia no ha dejado constancia de ello.

En el Génesis (9:6) se dice: "Derramada sea la sangre de cualquiera que derrame sangre humana, porque a imagen de Dios fue creado el hombre." Esto contradice de manera flagrante la forma como el mismo Dios ordena en el Éxodo exterminar a los enemigos de Israel con parecida saña a la de los asirios. Basta recordar las degollinas narradas con la más absoluta naturalidad en el Pentateuco para darse cuenta de que el mismo Dios no puede haber ordenado dos actitudes tan opuestas, de defensa de la vida en un caso, y del peor desprecio por ella, en el otro.

El mito de la revelación divina

De las cinco grandes religiones del mundo: el Judaísmo, el Cristianismo, el Islamismo, el Hinduismo y el Budismo que comenzaron a aparecer a partir del segundo o tercer milenio antes de Cristo, las tres primeras están basadas en una supuesta revelación divina. Las otras dos, son doctrinas filosóficas de culturas específicas (chinas, hindúes, japonesas, o malayas) con miras a guiar al hombre por el sendero de la vida, pero no, religiones mesiánicas de carácter universal.

Sin embargo, de ninguna de las tres que se consideran inspiradas por Dios, se predica que la revelación fue comunicada directamente por Él, sino por un intermediario suyo. Ni Jehová, ni Jesús, ni Alá nos entregaron un testimonio escrito fehaciente de su puño y letra del que no pudiéramos dudar. En los tres casos, fue un profeta o un discípulo que dice haber conversado con ése Dios o haberlo escuchado, quien nos trasmite su mensaje.

En la religión judía hay algo todavía más particular y es que no hay un momento histórico preciso conocido en que esta revelación se produce. Ni Abrahán, quien hizo el pacto con Dios quizás en época de Hammurabi, en el siglo XVII a.d.C, ni ninguno de los patriarcas posteriores, dejaron escrito nada al respecto, porque posiblemente desconocían la escritura, aunque ya se había descubierto ésta en Sumeria.

Hubo que esperar 400 años hasta la época de Moisés, para que se pusiera por escrito la historia del pueblo judío desde la creación del mundo hasta la huída de Egipto y la conquista de Canaán, historia que hasta entonces se había transmitido por tradición oral y que se consignó en los cinco libros del *Pentateuco* que son: *Génesis, Éxodo, Levítico, Números* y *Deuteronomio.* Muy probablemente estos libros no fueron redactados de puño y letra por Moisés como se creía originalmente, o si lo fueron, recibieron gran cantidad de adiciones, correcciones y modificaciones por parte de un buen número de revisores anónimos en diferentes épocas. Según la hipótesis documentaria del teólogo y lingüista alemán *Julius Wellhausen,* las fuentes de que se valieron aquellos anónimos escribas del Pentateuco son cuatro, a juzgar por los cambios de léxico y estilo que muestran las distintas secciones.

La primera fuente, fue de la *época del rey Salomón,* a comienzos de primer milenio antes de Cristo, unos cuatro siglos después del éxodo de Egipto, y la posterior división del pueblo judío en dos monarquías independientes: Israel al norte y Judá al sur. Esa fuente es la conocida como *yavínica,* porque en ella a dios se lo llama *Yahvé.*

La segunda fuente, corresponde al *reinado de Ezequías,* en el siglo VIII, contemporáneo del profeta Isaías, y es conocida como la *elohinista,* porque a Dios se lo denomina sistemáticamente *Elohím* y no *Yahvé.*

La tercera fuente, es la conocida como la *deuteronómica,* que viene de la época de las reformas religiosas del rey *Josías* (640-609 a.d.C) y presenta parte de lo ya dicho en el Éxodo, y agrega nuevos preceptos.

Por último, la cuarta, quizás la más importante, es del período del *cautiverio de los judíos en Babilonia* en el siglo VII, y se le atribuye a *Esdras.* Esdras fue un escriba que después de la liberación de los hebreos, logró permiso del rey persa Artajerjes I para regresar a Israel a devolver los utensilios y los tesoros del templo judío que les fueron robados por sus antiguos opresores. Esdras, no sólo cumplió con su misión, sino que se consagró a recolectar y revisar las viejas escrituras. La redacción final, empero, fue del año 450 a.d.C, pese a lo cual, en el período siguiente, hasta el siglo primero antes de Cristo, se le agregaron otros libros más al Viejo Testamento.

Por otra parte, las sucesivas revisiones hicieron más homogéneos los textos bíblicos, mejor redactados que en la mayoría de los de las otras civilizaciones contemporáneas o anteriores. Al comparar, por ejemplo, el poema de *Gilgamesh* con la *Tora,* ésta última da al lector moderno la impresión de ser más coherente, no obstante sus repeticiones. Se ve que hubo quienes se preocuparon por pulir y corregir las viejas escrituras y en ocasiones llegaron a redactar páginas o incluso libros enteros de una belleza extraordinaria como sucede con *El Cantar de los Cantares* o los *Salmos.*

Si bien todos estos anacronismos, inconsistencia e imprecisiones encontradas en el Viejo Testamento, mirados correctamente son en su mayoría detalles de menor importancia, pues en nada alteran el mensaje religioso y doctrinal de la *Biblia,* no por eso dejan de arrojar un manto de dudas sobre la posibilidad de que las Sagradas Escrituras hayan sido inspiradas por Dios. Si estuviéramos haciendo la crítica de un libro profano cualquiera, cuyo autor fuera un historiador de la época, un *Heródoto,* por ejemplo, esos errores podrían pasarse por alto, porque en ese entonces eran muy frecuentes.

Pero si quien está hablando es un *Ser omnisciente,* creador del Universo, abstracto e impersonal, como nos lo presenta la Tora, y lo dicho por él debe considerarse como la mismísima palabra de Dios, su mensaje tendría que ser perfecto. En él no cabría el menor gazapo, o contradicción, como por ejemplo proclamar la inviolabilidad de la vida en unos versículos y ordenar masacres de pueblos enteros en otros, ni confabularse con su pueblo elegido, para aniquilar a otros pueblos que también son hijos de Dios, actuando así como los hacían *Marduk, Assur, Baal* o *Amón* o cualesquiera de las otras divinidades antropomorfas y tribales mesopotámicas y egipcias. Del supremo ordenador inteligente e intemporal de todo lo creado, uno esperaría no sólo que no se equivocara, sino que se adelantara a su tiempo en conocimientos, y no participara de la misma ignorancia de sus contemporáneos, con lo que nos hubiera dado una prueba irrefutable de su concurso personal en el desarrollo del mensaje bíblico.

Al menos que no justificara las atroces costumbres de la antigüedad, como mandar a Josué a degollar a todos los habitantes de Jericó, hombres, mujeres, niños, y ancianos después de su victoria, o pedir y aceptar sacrificios humanos. Lo mínimo que se le podría exigir a un creador inteligente del Universo, es que no introdujera falsedades en las revelaciones que le hace a los hombres, como poner a Josué ordenándole al Sol: *detenerse en Gabaón,* en lugar de ordenárselo a la Tierra. Con esto, incurrió en dos grandes torpezas: por un lado, mandarle al sol que se detuviera cuando debió habérselo pedido a la Tierra; y segundo, que si la Tierra le hubiera hecho caso y se hubiera detenido súbitamente, se habría producido un inmenso cataclismo, del que nada nos dice la *Biblia.*

Dios, como creador de Universo, de ser él quien inspiró las Sagradas Escrituras, debió saber eso mejor que nadie, sin embargo, indujo a error al hombre, un error que después pagaría *Galileo,* curiosamente un científico cuyo nombre recordaba la provincia de Israel donde nacería el Redentor. Y que no se diga que se expresó así, porque quería que pudieran comprenderlo las gentes de su época, pues las Sagradas Escrituras están llenas de frases esotéricas y versículos indescifrables, y uno más que no se hubiera entendido en la antigüedad, porque estuviese dirigido a nosotros los hombres de hoy y no a ellos, no significaba nada. Lo que pasó es que no fue Dios quien inspiró los textos bíblicos; fueron escritores anónimos que usaban el lenguaje de su época y que no podían por menos que dejar en ella su impronta.

Dice a este respecto *Carl Sagan:* "¿Cómo es posible que el creador eterno y omnisciente descrito en la Biblia afirmara con tanta rotundidad cosas tan erróneas sobre la creación? ¿Por qué el Dios de las escrituras iba a estar peor informado sobre la naturaleza que nosotros, recién llegados...al Universo?

Podría argüirse que la inspiración fue de Dios, pero la redacción fue del hombre de entonces, y que como el hombre de entonces no sabía redactar sino como lo hacían sus coetáneos, terminó siendo escrito con el mismo lenguaje mítico y el mismo estilo metafórico que se usaba en los países de la región. Pero cuesta trabajo creer que Dios le haya dejado a su revelación una semántica puramente humana de hebreos de su época para hebreos de su época, y se haya olvidado de nosotros, los hombres que habríamos de venir y leer su mensaje veinte o treinta siglos después.

Dificultad para obtener información fiable en la antigüedad

Un libro que muestra las mismas dificultades de los antiguos escribas para conseguir información fiable, no puede ser de origen divino. Los antiguos escribas vivían casi totalmente incomunicados, toda vez que sólo tenían dos fuentes de transmisión de conocimientos: la *oral* y la *escrita.* La *oral* primó hasta el primer milenio antes de Cristo, cuando el relato de los mitos y tradiciones pasaban verbalmente de padres a hijos o de sacerdotes a fieles o de maestros a alumnos, si es que no existía algo parecido a los rapsodas de la Grecia antigua. En cambio, la escrita, que apareció desde el año 3000 en Ur o quizás antes, estuvo restringida al registro de los inventarios de almacenes y otras actividades comerciales hasta el año 2000. Sólo a partir de entonces se empezó a utilizar con propósitos culturales.

Sin embargo, cuando se conformaron las primeras bibliotecas como la de *Ebla,* al norte de Siria, en el año 2250, de 20 000 tablillas en escritura cuneiforme e idioma sumerio y ebraita, o la de *Asurbanipal,* en Nínive, iniciada por *Sargón II* en el siglo VI, también en tablillas de escritura cuneiforme, éstas no fueron públicas sino exclusivas de los templos, manejadas por sacerdotes y escribas. Sólo en el siglo III, *Ptolomeo Soter* construyó una biblioteca con carácter publico, la de *Alejandría,* constante de 50 000 volúmenes, la cual fue cuna de grandes descubrimientos científicos, como vimos en el ensayo primero. A esa le siguió la de *Pérgamo,* fundada por el rey *Atalo I* en siglo II y las varias de Roma como la *Octaviana* y la *Palatina,* creadas por *César Augusto* en el siglo I a.d.C, así como la de *Upía* de la época de *Trajano* en la segunda mitad del siglo I después de Cristo.

En Grecia no existían propiamente las bibliotecas públicas, sino las escuelas de los filósofos como la Academia de *Platón* o el Liceo de *Aristóteles,* en las que se conservaban libros producidos por editores con varios escribas a su servicio. El libro como negocio de editores empezó en Roma, donde se estableció una incipiente industria de manuscritos que se vendían a muy buen precio a las gentes ricas, las que a veces ni siquiera los leían. El editor de *Cicerón,* por ejemplo, era *Ático.*

Dentro de este panorama se comprenderá que la investigación bibliográfica en la antigüedad era menos que imposible. En primer lugar los sistemas de escritura eran muy diferentes los unos de los otros. Unos, como los sumerios y babilonios, usaban la escritura *pictográfica,* otros, la *alfabética.* Lo primero que el hombre hizo cuando comenzó a pensar, fue pintar imágenes de lo que veía o le llamaban la atención. Después, cuando quiso comunicar algo a los demás, produjo conjuntos de imágenes simplificadas, o sea, *pictogramas,* en los que se representaba un suceso. De allí le fue fácil pasar a la escritura *cuneiforme* y *jeroglífica,* agregándole símbolos para configurar mejor las frases.

Fue así como apareció la escritura en *Sumeria* y *Egipto* como una combinación de ideogramas (dibujos de ideas) y pictogramas (dibujos de objetos), método que algunos países semitas lo simplificaron hasta llegar a los silabarios o alfabetos fonéticos, en los que el signo no representaba ya una imagen o una idea sino un sonido. Estos alfabetos estaban formados, en unos casos, por vocales y consonantes, y en otros, como en el *Biblos* en el siglo XI, sólo por consonantes, sistema que adoptó el fenicio, árabe y hebreo, los cuales se escribían y se escriben de derecha a izquierda. El hebreo antiguo fue el más empleado en el Antiguo Testamento.

Por otro lado, los idiomas eran también múltiples. Estaba el sumerio, el acadio, el hurrita, el eblaíta, el ático, el vánico, el elamita, el arameo, el hebreo, el egipcio, el griego, el latín y muchísimos más. Además, viajar de una ciudad a otra era difícil y riesgoso. En estas condiciones el escritor sólo podía echar mano de la tradición oral local que se había venido deformando de generación en generación y no era fiable, pero como no tenía más, todo quedaba librado a su imaginación e inventiva, aún en el caso de que se tuviera acceso a alguna de las pocas bibliotecas de que se disponía entonces.

En este último caso, el problema consistiría en encontrar entre los miles de tablillas, rollos y papiros la información que se buscaba, y una vez hallada, saber si estaba escrita en caracteres e idiomas inteligibles para el sufrido lector. Pero ahí no paraba la dificultad. Si quería copiar algo o tomar notas, no le iba a ser fácil, porque el sistema disponible de escritura en tablillas o papiros, era muy dispendiosa y la caligrafía complicada. Lo que leía tenía que confiarlo a la memoria y después recordarlo para buscar la manera de introducirlo en lo que pensaba redactar.

Los escribas israelitas, que por estar a relativa corta distancia de Nínive, podrían haber tenido acceso a la biblioteca de *Asurbanipal* durante su cautiverio en Babilonia, debieron vencer esos escollos; aunque no sabemos qué tanto hicieron uso de ella, si es que le dieron algún uso. Y en el caso de que la hubieran utilizado, lo que nos transmitieron muestra que no pudieron evitar las tan frecuentes equivocaciones, contradicciones y repeticiones involuntarias, típicas de los escritos de la antigüedad, que se acrecientan cuando son un trabajo colectivo, redactado por varios grupos en distintas épocas como ocurrió con la Biblia hebrea. Lo que a uno le sorprende es que haya resultado más coherente que otros documentos contemporáneos, a excepción de la Ilíada y la Odisea, de las que hablaremos más adelante.

Qué diferencia con la manera como se escriben los libros hoy. Tres mil años después el autor de los presentes ensayos, por ejemplo, habitante de un mundo globalizado al que le pudo dar dos vueltas completas en su vida y pudo pasar sumergido en los libros sesenta años leyendo cuanto le cayó en las manos, logró contar para hacer su trabajo con una biblioteca particular bien apertrechada; pudo conservar sobre la mesa medio docena o más de tratados abiertos frente a sus ojos; mantener encendidos uno o dos computadores conectados con la enorme y laberíntica recopilación de datos del Internet; disponer de lápiz y papel para hacer rápidos resúmenes o tomar notas de fechas importantes, y facilidad para consultar en bibliotecas cercanas a su hogar temas específicos, así como para hacer ágilmente en la pantalla de su laptop cualquier tipo de corrección o alteración del texto, algo impensable tres mil años atrás. Si se piensa en que cualquier escritor de nuestra época puede tener con facilidades semejantes, se comprende por qué hay una abrumadora cantidad de información disponible anualmente en la actualidad, cuya lectura tomaría muchas vidas enteras, si uno la quisiera revisar en su integridad.

Historia del pueblo griego

La historia del pueblo griego se desarrolla en forma paralela a la del pueblo judío. Sin embargo, esos dos pueblos que tanta influencia tendrían sobre el devenir de la humanidad, vivieron aislados el uno del otro, y no vinieron a conocerse sino mil quinientos años después de haber comenzado a desarrollar su cultura.

Mundo Antiguo

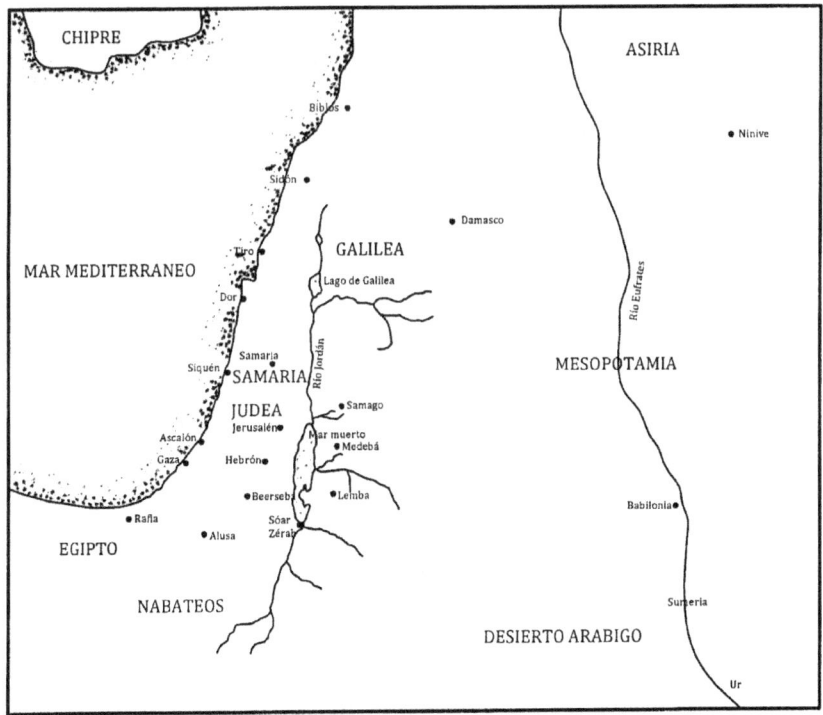

Los primeros pobladores que se instalaron en el *Ática* y en la isla *Eubea* fueron los *aqueos* cuyo origen no se ha podido establecer con seguridad. Se cree que fueron de raza indoeuropea, quizás prevenientes de los Balcanes, de donde salieron para llegar como inmigrantes a la península griega alrededor del siglo XVIII. Allí establecieron colonias en *Tebas, Atenas, Pylos* y sobre todo *Micenas* y se adaptaron a las costumbres de sus habitantes. Por eso su cultura suele ser denominada micénica. También llegaron a *Creta* en la que prosperaron más que en ninguna otra parte, creando la civilización llamada minóica o cretense, con capital en *Knosos.* Ambas civilizaciones compartieron una lengua similar y muchos de sus dioses. Esta civilización se expandió con los jonios a Siria y Asia Menor hacia el siglo XIV.

La historia de esa época prehelénica fue narrada en la *Ilíada* y la *Odisea,* poemas atribuidos a un poeta mítico conocido como Homero, del que no se tiene mayor noticia, y de cuya existencia se duda, quizás, sin fundamento. Estos libros cuentan, al igual que el *Pentateuco* hebreo, las vicisitudes de sus antepasados remotos, una tendencia común en escritos de la antigüedad, toda vez que la veneración por los ancestros es parte esencial de la tradición de todos los pueblos primitivos, razón por la que algunos etnólogos han sugerido que el concepto de *dios* nació inicialmente de la idea del padre fundador de la tribu, el *gran abuelo* que sigue viviendo en el más allá y vigilando a su descendientes para premiarlos o castigarlos según su comportamiento.

En eso la Biblia y los poemas de Homero son parecidos, ambos corresponden al mismo período histórico: el siglo XIII o XII a.d.C y ambos son obras de ficción, en la Biblia, de ficción religiosa y en los poemas de Homero, de ficción literaria, que mezclan narraciones históricas, a menudo distorsionadas, con hechos imaginarios, fruto de la fantasía del autor, como pasa en casi todas las novelas.

La Biblia, empero, no sólo cuenta leyendas del pueblo judío, sino que intercala entre ellas preceptos morales y cánticos piadosos, pues es un texto religioso centrado en lo mágico, típico producto de un país asiático, con dioses adustos y severos como *Yahvé* o *Eloihsin,* cuya actuación estaba regida por propósitos morales, aunque a veces se dejaban llevar de la ira y tomaban decisiones injustas.

Los poemas homéricos, en cambio, son un relato poético en verso de una gesta guerrera entre los *troyanos* y los *aqueos,* antecesores de los griegos, acompañados por unos dioses más risueños y antropomorfos que los hebreos, los cuales se involucraban en las batallas con sus protegidos a la par de los demás combatientes, sin preocuparse por la legitimidad moral de la causa por la que peleaban.

Podría decirse así que la Biblia es la representante clásica de la cultura oriental, encaminada hacia la ética y la religiosidad, mientras la Ilíada y la Odisea son las representantes clásicas de la cultura occidental, encaminada, menos a lo religioso y más hacia los valores humanos como el sentimiento del deber, de la amistad, del valor y de la gloria. En eso estos dos textos difieren, como corresponde a dos pueblos con distintas traiciones que nunca se comunicaron.

Empero, la mayor diferencia entre la ficción religiosa y la ficción literaria está en que en la primera el lector considera cierto todo, incluso los relatos más fantásticos, porque los admite como frutos de una inspiración divina; en cambio, en la ficción literaria, el lector sabe de antemano que lo narrado no corresponde sino parcialmente a la realidad de los hechos que refiere, pero eso no lo tiene si cuidado. Sin embargo, muchas veces se involucra tanto con los protagonistas, que sus hazañas las da por ocurridas. Desde este punto de vista *don Quijote* es un personaje tan real como *Jesucristo*, aunque cada cual ocupe un nicho distinto en la mente del lector.

La otra similitud entre estas dos grandes obras es la forma de compilarse, pues tanto el *Pentateuco* como las *epopeyas griegas* se trasmitieron oralmente por más de dos siglos. El Pentateuco tardó en tener su versión escrita desde los tiempos de Moisés en el siglo XIII, hasta los de Salomón en el siglo IX. Y las epopeyas griegas, desde los tiempos de Troya en el siglo XII hasta los tiempos de Homero en el siglo IX.

La historicidad de la guerra de Troya como la de la Tora hebrea, ha sido un asunto de mucha controversia. Se debe esto a que no existen otros documentos fuera de los homéricos que se refieran a los mismos hechos, lo que constituye un problema común a la totalidad de los escritos de la antigüedad. No se tiene claro quienes fueron lo troyanos, que algunos consideran hititas, ni quienes fueron los aqueos. Troya fue fundada hacia el 2 500 a.d.C y fue destruida y vuelta a reconstruir, una sobre otra, diez veces durante 2 000 años, de acuerdo con las excavaciones arqueológicas. Se cree que la séptima Troya del 1 200 a.d.C, fue la que soportó la guerra con los aqueos.

La cultura micénica o prehelénica prácticamente desapareció después de la guerra de Troya. Se ha atribuido este hecho a las invasiones de los pueblos del mar, una serie de poblaciones que dominaban el manejo del hierro y contaban, por eso, con mejores armas, comoquiera que la mayoría de los países de la región aún estaban en la edad del bronce. Se dieron a la mar en busca de nuevas tierras, primero como inmigrantes pacíficos y después en plan de conquista. Arrasaron el Asia Menor, Ugarit, Tarso, se asentaron en Palestina, donde recibieron el nombre de *filisteos,* incursionaron en Egipto de donde fueron rechazados, y sumergieron la civilización micénica en lo que los historiadores han dado en llamar la *edad oscura.*

Por el mismo tiempo ocurrió la invasión de los *dorios* al *Peloponeso,* a las islas *Cícladas,* y a la costa del *Asia Menor,* cuyo origen también se desconoce, lo que ha inducido a algunos investigadores a atribuirles a ellos y no a los pueblos del mar la decadencia de la antigua civilización griega. La tradición helénica hacía descender a los dorios de *Heracles,* un héroe y semidiós mítico, hijo de Zeus, razón por la que se los llamaba los *heraclidas.* Se asentaron en la península del Peloponeso, aunque no la conquistaron totalmente, antes poblada por los *egeos* (2600) luego por los *anatolios* (2400), más tarde por los *jonios* (2000) y los *aqueos* (1600) y por último por los *dorios,* creadores de la cultura espartana. Sus ciudades más importantes fueron *Esparta,* la capital y *Corinto.* Su lengua era el *dórico* un dialecto del micénico del que también procede el griego, tanto el homérico como el clásico.

Desde el principio *Esparta* se enfrentó con *Atenas,* como correspondía a dos culturas opuestas. *Esparta* era una ciudad estado guerrera, cuyo principal legislador fue *Licurgo* (700-630 a.d.C). Tenía solamente dos castas: los *dorios* y los *ilotas* que eran los griegos derrotados que debieron someterse a los invasores, quienes los miraban como enemigos de raza. La dureza con que por eso los trataban era tal que un día al año se les permitía a los niños espartanos salir de cacería a matar a los ilotas que a su juicio consideraran culpables. En las reformas de Licurgo se conservó la monarquía, pero con la colaboración de cinco *éforos* o magistrados y se dividieron las tierras en 9 000 lotes que se adjudicaron a los únicos 9 000 ciudadanos admitidos como tales, los que no trabajaban sino se dedicaban a prepararse para la guerra, dejando a los ilotas la despreciada tarea de la producción agrícola, siempre y cuando entregaran a los aristócratas las 5/6 partes de lo que produjeran.

Practicaban la eugenesia, permitiendo a las esposas tener hijos de los personajes considerados de mayor prestancia o más aptos que sus maridos. No tenían templos y la única imagen que veneraban era la de *Apolo,* una estatua enorme de varios metros de altura. Pero como jamás se preocuparon por las labores intelectuales, no dejaron ningún legado distinto al recuerdo de su heroísmo en el combate.

Atenas, por el contrario, fue con Israel la creadora de la cultura occidental. Inicialmente era una monarquía gobernada por un rey que poco a poco fue perdiendo parte de sus poderes al serle transferida su obligación de preparar y conducir los ejércitos, a unos funcionarios llamados *polemarcos,* y la de dirigir la administración publica, a unos magistrados elegidos por el *areópago* de los nobles, llamados *arcontes.* Se pasó así del gobierno vitalicio de los reyes, al gobierno por períodos fijos de los aristócratas. Los reyes quedaron relegados a ejercer las funciones sacerdotales.

La sociedad estaba dividida en *eupátridas y siervos.* Éstos debían entregarles a los eupátridas las 5/6 partes de lo que produjeran en sus tierras como en Esparta, o en su defecto, resarcir, con la entrega de sus personas y las de su familia, lo que habían dejado de pagar. Era lo que se llamaba *hipoteca corporal,* una forma de esclavitud que recaía sobre los hijos si el padre moría. Una situación tan injusta (los siervos eran la inmensa mayoría) fue creando un hondo resentimiento que *Solón* (638-558 a.d.C) se propuso suavizar cuando llegó al poder en el año 594 a.d.C como arconte máximo y *tesmotete,* esto es, legislador, y comenzó a ejercer sus funciones en forma dictatorial. Su prestigio lo ganó impulsando la reconquista de *Salamina,* tomada hasta entonces por los dorios de *Megara.*

Solón disminuyó las cargas económicas de los siervos, prohibió las hipotecas personales, creó un cuerpo legislativo de quinientos miembros, el *Consejo de los Quinientos,* quitándole poder al *Areópago* o Consejo de los Ancianos, puso la administración en manos de nueve *arcontes* elegidos por diez años, uno de los cuales sería el gobernante de turno y creó la asamblea popular llamada *ekklesia* (de donde se deriva la palabra *iglesia*), a la que podían asistir todos los ciudadanos de Atenas considerados como tales, que eran apenas 38 000 de los 200 000 habitantes, una minoría del 20%. Los demás residentes de Atenas eran extranjeros, esclavos tomados en las guerras, e inmigrantes. En el caso de discrepancia entre el Areópago y los Quinientos, la *ekklesia* tenía la decisión última. Ésta venía a ser algo parecido al *cabildo abierto* que existía en la España del Renacimiento y en sus colonias.

Solón dividió a los ciudadanos en cuatro clases: los *terratenientes,* o latifundistas como los llamaríamos hoy; los *caballeros* eupátridas, poseedores de menor extensión de tierras; los *labradores,* dueños apenas de sus parcelas; y, por último, los carentes de rentas que hoy llamaríamos *proletarios.* De las tres primeras clases se elegían los magistrados. Lo arcontes, sólo de la primera. En esa forma se estableció la democracia electiva más antigua de que se tenga noticia, con una cámara alta, el Areópago, y una cámara baja, el Consejo de los Quinientos, organización que, con variantes, se conserva en casi todas las democracias modernas.

Sin embargo, esa organización, fue desarticulada por la aparición de caudillos, llamados *tiranos*, como *Pisístrato*, amigo de Solón, a quien en el año 561 derrocó. Pisístrato asumió el poder y a su muerte, en el 528 a.d.C, sus hijos *Hipias* e *Hiparco* lo sucedieron, hasta que *Harmodio y Aristogitón* asesinaron a *Hiparco*, pero no pudiendo matar a *Hipias*, éste continuó gobernando, y sólo se retiró cuando fue derrotado militarmente por los *Alcmeónidas* con la ayuda de los espartanos.

Para evitar el resurgimiento de nuevos tiranos, *Clístenes* (570-507 a.d.C), contemporáneo de *Pisístrato*, introdujo reformas a las leyes de Solón, con las que reguló el sistema electoral, la que se conservó hasta la llegada de Alejandro Magno. *Platón* (427-347), refiriéndose a las tiranías populares, idénticas a las de nuestra época, escribió: "Cuando un rico (entiéndase un político) no consigue el poder, lo obtiene apoyándose en la democracia. Se hace pasar primero por el protector del pueblo y termina convirtiéndose en tirano...El campeón del pueblo, encontrando una multitud desesperada dispuesta a seguirlo, esclaviza, y amenaza a ese pueblo...Cuando alguien procede de este modo, acaba necesariamente aniquilado por sus enemigos o ... convertido de hombre en lobo..."

La democracia no le dio la paz a Atenas. Al contrario debió enfrentarse a una serie de guerras contra los persas, la potencia más poderosa entonces, y contra sus vecinos, en especial contra Esparta. Las guerras contra los persas comenzaron en el 491 a.d.C., cuando el emperador persa *Darío I,* envió un emisario a Grecia para solicitarle a los griegos la entrega inmediata "de la tierra y el agua". Pero los griegos echaron al emisario a un pozo y se coaligaron contra ellos. Si inició así la primera guerra médica. Darío desembarcó en *Maratón* y los atenienses enviaron un mensajero desde Atenas a Esparta para pedirle auxilio a los espartanos, lo que éste, llamado *Filípides,* hizo en día y medio, una prueba de resistencia física excepcional que se convirtió en clásica. Los espartanos se demoraron, empero, en acudir y los atenienses debieron atacar solos a los asiáticos en *Maratón,* lo que hicieron con una carga tan imprevista que los derrotaron en corto tiempo.

Diez años después, los persas volvieron a atacar con un ejército más grande la península griega. Reinaba para entonces el hijo de Darío, llamado *Jerjes,* el mismo que acabó de liberar a los israelitas. Entraron por Tesalia, y en el desfiladero de las *Termópilas* un puñado de hoplitas espartanos comandados por el rey Leónidas, trataron de impedirles el paso, pero no lo consiguieron, y murieron heroicamente en el intento. Ante esta derrota las tropas espartanas restantes se retiraron al Istmo de Corinto para proteger el *Peloponeso,* mientras las atenienses se replegaban a la isla de *Salamina.*

Hasta allí llegó la flota persa y bloqueó el golfo de *Sarónica*. Temístocles, el estratega que comandaba la armada helena, mandó un esclavo a *Jerjes* para engañarlo, haciéndoles creer que la flota griega se aprestaba a huir. Los persas le creyeron y se adentraron en los estrechos canales que conducen a la bahía de Eleusis para impedirles la fuga, pero eran tantas las naves que no pudieron maniobrar, lo que aprovecharon los griegos para atacarlos y hacerlos pedazos.

Sin embargo, como el ejército persa de tierra siguiera casi intacto, en venganza éste cayó sobre Atenas, para entonces desguarnecida, y la arrasó. Luego continuó merodeando por el Ática, y en las faldas del monte *Citerón* se encontró con las fuerzas griegas. Ambos ejércitos estuvieron ocho días frente a frente buscando atacarse, pero sólo al octavo día los persas bajaron a la llanura de *Platea* y se generalizó el combate en el que los persas resultaron derrotados, y muerto *Mardonio,* su jefe. Con esa batalla terminó por entonces la pretensión de Asia de dominar al occidente.

Las brillantes victorias de los griegos le permitieron convertirse en el mayor poder marítimo en el mar Egeo y pudieron así devolverles la libertad a los jonios del Asia Menor que habían caído bajo el yugo babilónico. Los estados griegos, sin embargo, temerosos de nuevos ataques de los persas, crearon una alianza defensiva, llamada la *Liga Délfica.* Esto les dio la estabilidad suficiente para dedicarse al desarrollo del comercio y la cultura.

En el año 461 ganó el poder *Pericles.* Su filosofía política se resume en el siguiente párrafo de uno de sus discursos, que ojalá nuestros dirigentes actuales hicieran suya: "Nuestra política no copia las leyes de los países vecinos, sino que somos la imagen que otros imitan. Se llama democracia, porque no sólo unos pocos sino muchos pueden gobernar. Si observamos las leyes, aportan justicia por igual a todos en sus disputas privadas; porque el nivel social, el avance en la vida pública depende de la reputación y la capacidad, no estando permitido que las consideraciones de clase interfieran con el mérito. Tampoco la pobreza interfiere, puesto que si un hombre puede servir al Estado, no se le rechaza por la oscuridad de su condición". Esto dicho en el siglo V a.d.C, cuando el mundo estaba gobernado por sátrapas y reyes tiránicos, con frecuencia adorados como dioses, no deja de ser sorprendente.

En el gobierno de *Pericles* se construyó la *Acrópolis de Atenas,* donde se erigió el *Partenón* y la estatua gigante de *Atenea Parthenos,* la diosa de la ciudad. *Fidias, Praxiteles* y *Mirón* produjeron sus esculturas, *Esquilo, Sófocles* y *Eurípides,* sus tragedias para el teatro, *Aristófanes,* sus comedias, *Anaxá-*

goras y *Sócrates,* impulsaron la filosofía, *Heródoto* escribió sus nueve libros de la historia, *Tucídides,* la historia de la guerra del Peloponeso, *Jenofonte,* la historia de la retirada de los diez mil, *Píndaro,* sus magistrales odas. Nunca hasta entonces un país había creado tanta cultura en tan poco tiempo.

Lo único que empañó esos años fueron las guerras del Peloponeso que sumieron a los griegos en un prolongado conflicto entre *Atenas* y *Esparta,* a finales del gobierno de *Pericles.* La primera comenzó en el año 460 y la segunda en el año 446, guerra que Atenas perdió porque Pericles dio la orden a la población del Ática de abandonar sus tierras y concentrarse dentro de las murallas de El Pireo. Ese sangriento conflicto sólo terminó con la paz de *Nicias* en el 421.

Desde entonces la civilización griega comenzó a decaer, pero todavía siguió produciendo extraordinarios frutos, sobre todo en el campo de la filosofía con *Platón*(427-347 a.d.C) y su discípulo *Aristóteles* (384-322 a.d.C), maestro de *Alejandro Magno,* quienes sentaron la bases del pensamiento lógico. Su liderazgo se eclipsó cuando Alejandro Magno conquistó Grecia en el 334. A partir de entonces el movimiento cultural helénico se trasladó a Alejandría en Egipto, bajo los *Ptolomeos,* lo que se conoce como el período *helenístico* o *alejandrino.*

La biblioteca de esa ciudad se convirtió en centro de estudios para filólogos, filósofos, astrónomos y matemáticos, cuyos descubrimientos marcarían un hito en la historia de la ciencia. En ella trabajaron sabios como *Arquímedes,* recordado por su tornillo, *Euclides,* por su geometría, que todavía se usa, *Hiparco,* por su trigonometría, *Aristarco,* por su teoría heliocéntrica precursora de la de *Copérnico, Heratóstenes,* por su Geografía del mundo entonces conocido, *Apolonio,* por su teoría de las secciones cónicas, *Herón* de Alejandría, por sus cajas de engranajes y otros más. Nunca en la antigüedad la ciencia había avanzado tanto.

Si estudiamos detenidamente la historia de Grecia, encontraremos que sus logros no tienen paralelos con los de los otros pueblos de antigüedad. Ni los egipcios con sus pirámides y sus libros de los muertos, ni los babilonios y persas con sus confusas epopeyas y sus narraciones fantásticas, ni los hebreos con su Tora, llena de mitos e historias, mezcla de verdad y magia hicieron un legado tan valioso para siempre a la humanidad. Dos fueron sus contribuciones más importantes: la *democracia* y el *pensamiento lógico.*

La democracia según *Churchil:* "Es la peor forma de gobierno, exceptuando todas las otras que se han venido probando de tiempo en tiempo". Básicamente no ha habido sino tres tipos de organizaciones del estado: La monarquía, la aristocracia y la democracia. Grecia pasó sucesivamente por las tres y muchos países en Europa han seguido su ejemplo, especialmente en el siglo XX. La democracia en realidad, sólo fue adoptada por Roma hasta la llegada de los césares. A partir de entonces, desapareció tanto en las estapas posteriores del imperio romano como en la Edad Media y en el Renacimiento, cuando se acogió la monarquía absoluta. Hubo que esperar hasta el siglo XVII, y a la revolución francesa para que las monarquías existentes se convirtieran en democráticas, o en democracias de distintos tipos, todas, en el fondo, con las mismas ideas del modelo griego.

El Mundo Mediterraneo

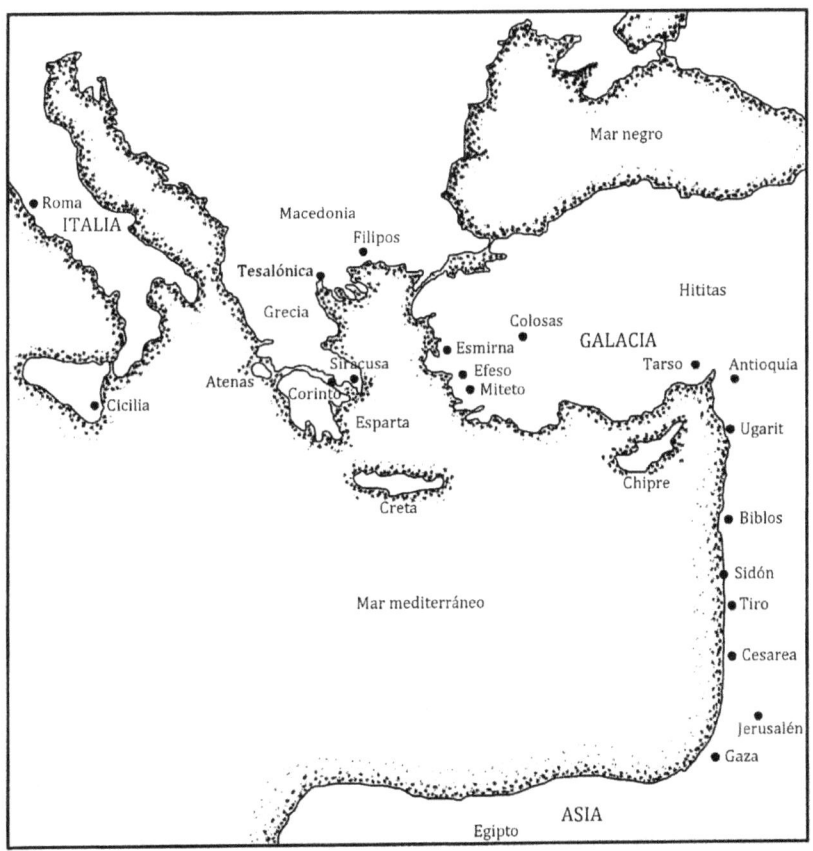

El pensamiento lógico, sin embargo, fue el mayor aporte de Grecia al progreso de la humanidad. En el ensayo primero estudiamos las diferencias entre el pensamiento *mitopoético* y el pensamiento lógico. Contrario a lo que se hubiera podido esperar, el pensamiento lógico, no obstante ser una forma más apropiada para descubrir la verdad, no anuló el pensamiento *mitopoético*. Ambos han coexistido hombro a hombro durante dos mil quinientos años, pese a la frecuente contradicción entre estos dos tipos de pensamiento.

Historia de Roma

El origen de los romanos se remonta a los etruscos que fueron una de las varias tribus de origen indoeuropeo asentada en la región central de Italia, llamada el Latium o Lacio, cuya lengua era el latín, región no muy extensa que debieron compartir con los latinos, y otros grupos étnicos más como los sabinos, los umbros, los sículos etc. La leyenda dice que *Roma* fue fundada por el mítico rey *Rómulo* con la oposición de su hermano *Remo,* al que terminó asesinando. Sin embargo, existen una variedad de hipótesis sobre su fundación que se le atribuye también a *Eneas,* el derrotado héroe de Troya, a los etruscos, a una unión de varios poblados establecidos en la siete colinas, pero la verdad es que nada se sabe de cierto. Se cree que comenzó a existir a mediados del siglo VIII a,d.C. en territorio latino, por la misma época del auge del imperio persa en Babilonia, y hasta se celebra su fundación el 21 de abril con el tañido de la campana del capitolio.

Inicialmente *Roma* fue gobernada por la monarquía de los *Tarquinos,* hasta cuando el último de ellos: *Tarquino el Soberbio,* fue expulsado del trono en el año 509 y se creó la República, en tiempos de *Darío I* y las guerras médicas. Ya para entonces *Grecia* tenía bien establecida la democracia introducida por *Solón* y *Clístenes.* Los antiguos reyes fueron remplazados por dos *cónsules* elegidos por voto popular cada año, los cuales, en un principio, debían ser siempre dos *patricios,* miembros del senado, pero a medida que las costumbres republicanas progresivamente fueron adoptando formas cada vez más democráticas, permitieron elegir cónsules de clase *ecuestre* e incluso *plebeya* que disfrutaban de grandes privilegios.

Este estado de cosas comenzó a cambiar cuando Cayo Mario llegó al consulado por primera vez en el 107 a.d.C. y fue reelecto siete veces en distintos períodos, algo que jamás había sucedido antes. Comenzó así el deterioro del sistema republicano, el cual sufrió un nuevo revés en el año 88 a.d.C., con la guerra civil que el lugarteniente de *Mario, Lucio Cornelio Sila,* le promovió a su jefe, y en la que terminó derrotándolo y obligándolo a refugiarse en el norte de África. Pero Mario volvió después y fue de nuevo nombrado cónsul de Roma. Sila, sin embargo, no se quedó quieto y lo expulsó una segunda vez del poder para declararse dictador y desatar una sangrienta represión contra sus enemigos.

Incluso a Julio César, sobrino de la mujer de Mario, lo forzó a exiliarse, y sólo pudo volver a la muerte del dictador en el año 78. A partir de entonces *Julio César* inició su fulgurante carrera política que lo llevaría a ser nombrado cónsul en el año 59 con el apoyo de *Pompeyo* y *Craso* con quienes formó un triunvirato. Al terminar su consulado fue nombrado procónsul en las *Galias,* a las que dominó con mano de hierro, y luego regresó a *Roma* donde se fraguaba una conjura contra él, ganó la guerra civil y asumió todos los poderes del estado como *imperator* o jefe militar supremo. Con *Julio César* comienza así el período de los doce césares que dominaron a *Roma* durante 157 años.

Tras su asesinato por *Bruto* y *Casio* en el año 44 a.d.C, lo sucedió su sobrino nieto *Octavio César Augusto* y a éste los emperadores: *Tiberio, Calígula, Claudio, Nerón, Galba, Otón, Vitelio, Vespasiano, Tito,* y *Domiciano,* quienes continuaron gobernando a *Roma* hasta el año 96 de nuestra era, con un corte puramente monárquico, integrado por príncipes emperadores de carácter hereditario de padres a hijos legítimos o adoptados, y a falta de hijos, de familiares cercanos.

Esta fue la época del inicio y la expansión del cristianismo, en la que nació Jesús en Nazaret,pequeño pueblo de Galilea, sojuzgado, como todo Israel, por los romanos, por las mismas calendas en que *César Augusto* gobernaba en *Roma* (19 a.d.C a 14 d.C). La crucifixión de Jesús ocurrió cuando todavía reinaba *Tiberio* (14 d.C a 37 dC). Los apóstoles *San Pedro* y *San Pablo* vivieron y predicaron bajo los emperadores *Tiberio, Calígula* y *Claudio.* La mayoría de los evangelios se escribieron bajo los empreadores qu van desde *Nerón* hasta *Domiciano,* aunque algunos los sitúan más tarde. A los evangelistas *Marcos* y *Lucas* los martirizaron durante los reinados de *Vitelio o Vespasiano.* Las persecuciones de la naciente iglesia comenzaron con *Nerón* en el año 64 y continuaron hasta el reinado de *Diocleciano* en el 305. Sólo vinieron a concluir definitivamente con el edicto de *Constantino* en el 313, pese a lo cual, durante todo ese tiempo se comenzaron a estructurar las doctrinas y los ritos cristianos que habrían de consolidarse en el primer concilio de Nicea convocado por el papa *San Silvestre* en el año 335.

Importa conocer el ambiente de esta época. La civilización romana fue de una crueldad desbocada semejante a la de los asirios. Basta recordar el circo, los combates de los gladiadores, las batallas campales de cientos de combatientes, incluyendo mujeres, que morían en ellas atrozmente sólo para divertir al pueblo, las crucifixiones públicas de habitantes de ciudades enteras, las torturas presentadas como espectáculo público en el circo, la esclavitud de los vencidos. Se agrega a eso la corrupción de la clase dirigente, y de los emperadores, la abyección del pueblo romano y de los políticos frente a sus mandatarios, así como la práctica de una religión que no calaba hondo en la sociedad.

Consideraciones sobre las religiones grecorromanas

Como todas las religiones de la antigüedad, excepto la judía, las religiones grecorromanas eran politeístas y sus dioses, inmortales, adúlteros, crueles, deicidas, tramposos, y en general antropomorfos, una personificación de las fuerzas naturales con los mismos defectos de los seres humanos. En esto en nada se diferenciaban de los dioses persas o egipcios. Los romanos adoptaron muchos de los dioses etruscos y griegos pero le pusieron nombres distintos. Por ejemplo, la *Afrodita* griega era *Venus, Apolo* era *Febo, Poseidón* era *Neptuno, Ares* era Marte y así los demás. La cosmogonía era un poco diferente. Según los romanos, comenzó con el Caos, mito que también aparece en Egipto, del que nacieron 2 hijos, la *Noche* y *Erebo* (la muerte). De estos dos nació el *Amor* que creó la *Luz* y el *Día.* Después la *Tierra* y el *Cielo.*

El dios supremo era el Sol, prefigurado en *Júpiter* o *Febo,* que para los griegos era *Zeus* o *Helios,* para los semitas *Baal,* para los sumerios, *Shamash,* y para los egipcios *Amón- Ra,* o *Atón,* creador de los dioses y hombres. Su mujer, era *Juno,* que se asimila a la Hera griega, la reina de los cielos y guardiana del matrimonio, similar a la *Anut* de los cananeos. *Minerva,* quizás de origen etrusco, era la *Pallas Atenea* griega, la diosa virgen de la sabiduría y la guerra, creadora de la música, con *Artemis* y *Hestia,* las otras dos diosas vírgenes. Tenía también las vestales que eran vírgenes porque la virginidad siempre ha sido apreciada como un signo de pureza. No es de extrañar, por eso, que a la madre de Jesús se la hubiera creído virgen. Otros dioses eran *Vulcano,* dios del fuego y los herreros, *Vesta,* diosa del hogar, y *Mercurio,* mensajero de los dioses. *Atlas,* era uno de los doce titanes, que fue condenado a soportar sobre sus hombros el planeta Tierra por toda la eternidad como castigo por haber participado en la lucha de los gigantes contra Júpiter. La trinidad capitolina estaba integrada por *Júpiter, Juno,* y *Minerva,* representación del estado.

Pero los romanos no tenían sólo sus propios dioses; también adoptaban los dioses enemigos, haciéndoles la promesa de darles culto en Roma; otro ejemplo clásico del siempre presente antropomorfismo de los dioses de la antigüedad. Por ejemplo, *Melkart,* dios fenicio, fue nombrado *Hércules,* y *Baal,* patrono de *Cartago, Saturno.* Se halagaba al dios para congraciarse con él. Pero esta tolerancia desaparecía cuando se desafiaba al estado, como lo hicieron los cristianos y judíos, negándose a aceptar el carácter divino del linaje del emperador, criticando ácidamente a la sociedad romana por sus depravadas costumbres, y esquivando el pago de impuestos por razones religiosas, con el argumento de que divinizar al emperador era caer en la idolatría, y apoyar a una sociedad pagana y corrupta, era traicionar su fe, actitud con la que se granjearon la antipatía de todos, debido a que fue interpretada como un ataque contra su sistema político. Ésta, y no su creencia en un Dios crucificado, fue el origen de la brutal persecución a que los sometieron.

Hay que tener en cuenta que la religión romana era la religión del Estado romano que tenía en la cúspide al emperador divinizado del que todo dependía y nadie se atrevía a contradecir; los sacerdotes eran funcionarios del estado, los dioses eran deidades del estado, las fiestas, que era numerosísimas, eran patrocinadas por el estado, con participación de las autoridades del estado. Por otra parte, el pueblo acataba esa religión, se descubría al pasar frente a los templos o frente a las estatuas de las divinidades, le rezaba a los penates antes de salir de casa, prestaba juramento por sus dioses para cualquier gestión pública o privada. La religión romana se había convertido así en una ideología de estado, y no hay nada peor que una ideología de Estado; todos sabemos que quien se oponga a ella, siempre ha sido perseguido en cualquier época, en la España del Renacimiento, en la Inglaterra de Enrique VIII, en la Francia de la revolución, en la Alemania nazi o en la Rusia comunista

Los cristianos al rechazar la religión oficial del imperio, al denostar de sus ídolos, al no concurrir a las ceremonias religiosas, al no pagar impuestos, al negarse a adorar al emperador, al segregarse de los demás ciudadanos, tenían que concitar la ira de todos, pese a que no vestían de manera especial, hablaban en latín no en dialecto vernáculo, y en general, adoptaban las costumbres locales que no iban contra su religión. Por eso, cuando el incendio de Roma, se los acusó de haberlo provocado. Sin embargo, según nos cuenta Tácito, primero: "Consultáronse los libros sibilinos por cuya consejo se hicieron procesiones a *Vulcano,* a *Ceres* y a *Proserpina,* también las matronas aplacaron con sacrificios a *Juno*… las mujeres se tendieron por devoción en el suelo de su templo y velaron toda la noche. Mas ni con socorros humanos ni donativos y liberalidades del príncipe… se logró borrar la opinión de que el incendio había sido voluntario." En consecuencia, no sólo Nerón sino el populacho, terminó sindicándolos del desastre.

"Y así Nerón…" sigue contando *Tácito*, "comenzó… a castigarlos con exquisito género de tormentos…Añadióse a la justicia que se hizo, la burla y escarnio con que se les daba muerte. A unos se los vestía con pellejos de fieras para que los despedazaran los perros; a otros los crucificaban; a otros los ponían sobre arrumes de leña y les prendían fuego para que sirvieran de luminarias en las tinieblas de la noche. Nerón prestó sus jardines para estos espectáculos. Allí, vestido de auriga, se mezclaba con el vulgo a mirar el regocijo o se ponía a guiar su coche. Y así, aunque culpables y merecedores del último suplicio, a pasar de todo movían a compasión y lástima grande".

De allí para adelante todos los emperadores romanos hasta el siglo III continuaron persiguiendo con implacable saña a los cristianos. Sin embargo, ese hecho, favoreció la solidaridad interna de sus miembros. "Los cristianos no nacen, sino que se hacen", escribía *Tertuliano* a finales del siglo II. Con lo que quiso decir, que la mayoría de los cristianos de entonces no eran hijos de padres cristianos, sino procedentes de familias paganas convertidos al cristianismo en algún momento de sus vidas. Por lo común fueron gentes de humilde condición, compuestas por judíos y gentiles, pobres y ricos, libres y esclavos. Sólo a partir del siglo IV casi todos los cristianos salían de familias cristianas, como es la regla general en la actualidad. No obstante, ya en el siglo III, algunos senadores, caballeros y funcionarios habían profesado el cristianismo, al punto de que el emperador *Valeriano* ordenó perseguirlos con especial saña.

¿Tuvo el misterio de la eucaristía un origen grecorromano?

El cristianismo primitivo basaba su culto en dos ritos fundamentales: El del bautismo y el de la eucaristía. El bautismo constituía un largo proceso de iniciación en el que el neófito pasaba por una serie de etapas de aprendizaje y penitencia, similares a las de otras religiones iniciáticas de la antigüedad, como la de *Atis*, la diosa frigia, la de *Cibeles*, la diosa madre, la de *Osiris* o *Mitra*, la más popular de Roma en el siglo II, bautismo que se hacía por inmersión hasta el siglo II; por eso *San Pablo* lo comparaba con la tumba de la que resucitaba el cristiano.

La eucaristía constituía el otro rito fundamental que, como hemos visto, existía desde mucho antes en otras religiones como en la de los egipcios, los cuales creían que era posible *alimentarse con el dios* para conseguir la inmortalidad. El culto de *Mitra,* que venía de muy antiguo, practicaba banquetes sagrados en los que se servían pan y vino, mezclados con miel y agua, para asegurar la salvación y la vida eterna de los iniciados.

La iglesia católica no es que haya plagiado literalmente estas antiquísimas creencias como algunos pensadores pretenden. Por el contrario, el mitrismo era la religión rival del cristianismo, pero, por eso mismo, el cristianismo quizás adoptó algunas de sus prácticas, modificándolas para acomodarlas a su doctrina que era enteramente distinta a la de los seguidores de Mitra. Cuando alguien compite con otra persona, lo que tiene que demostrar es que puede hacer lo mismo que su competidor, pero mucho mejor.

Eso mismo pudo pasar con el cristianismo, se inspiró en una religión popular para ganar adeptos con la misma lógica con que destruía los templos paganos para montar sobre ellos los templos cristianos, o como fijó la fecha del 25 de diciembre por ser el solsticio de invierno para celebrar la festividad del nacimiento de Cristo, la misma fecha en que los mitrianos conmemoraban el nacimiento de Mitra. Era una forma de remplazar una cosa por otra. Se remplazaba la presencia de *Mitra* en el pan y el vino de sus banquetes sagrados, por la presencia de *Cristo* en la eucaristía.

Estudiemos ahora la lógica de la creencia de los católicos en que es posible transformar el pan y el vino en la carne y la sangre de su Dios, esto es de Jesucristo, el Hijo de Dios Padre, prefigurado en esas especies, en lugar de en una estatua, como en Mesopotamia, Persia o Egipto; hostia y jugo de uva que el sacerdote consagra pronunciando unas palabras mágicas. El hombre desde antiguo ha querido asimilarse a su dios, uniéndose a él para conseguir su inmortalidad, y qué mejor forma de unirse a él, que nutrirse de él, comerlo, hacerlo parte de su propio cuerpo. Por eso, cuando no se comía al dios, se comía la carne de la victima que se sacrificaba en su honor.

Esta creencia es difícil de entender para el hombre occidental y por consiguiente fue cuestionado por muchas sectas protestantes calificadas de herejes durante siglos. Cuando en la Alta Edad Media (siglos IX a XII), los filósofos escolásticos descubrieron los escritos de *Aristóteles* en traducción latina a través de los filósofos árabes, *Avicena, Algazel* y *Averroes,* acudieron a sus enseñanzas para aplicarlas a la teología, en busca de darle un soporte racional a las creencias cristianas, y en especial, al así llamado misterio la transustanciación.

En la Metafísica de *Aristóteles* hallaron la distinción entre materia y forma y la usaron para dilucidar por qué la hostia y el vino podían convertirse en el cuerpo y la sangre de Cristo y seguir, sin embargo, teniendo la apariencia de pan y jugo de uva fermentado. Para ello, adoptaron con *Aristóteles*la distinción entre materia como aquello de la que está hecha una cosa; y forma, como aquello que hace ser esa cosa lo que es y no otra. Por ejemplo: si una puerta, una mesa o una caja están hechas de madera, la madera es la materia constitutiva de esos tres objetos, mas no por eso dichos tres objetos son la misma cosa, porque tienen distinta forma.

Lo anterior implica que la materia y la forma coexisten y se complementan de tal manera que la materia o la sustancia no puede existir sin la forma o la esencia, y a su vez, la forma o la esencia no puede existir sin la materia. Por tanto, lo que cambia en el momento de la consagración no es la forma que sigue siendo igual, ya que no se observa ninguna alteración en ella, sino la materia o la sustancia del pan y el vino que se trasforman en la sustancia de la carne y la sangre de Cristo.

Esta explicación podría ser valida antes de que se conociera la definición moderna de materia, pero no hoy cuando la física, desde comienzos del siglo XX, ha dejado muy en claro que el concepto de materia no es una idea abstracta como la consideraban los antiguos filósofos, sino un cosa real, constituida por átomos, que se unen en moléculas para formar compuestos y los compuestos se unen entre sí, para formar cuerpos. Así mismo, la forma tampoco es una idea abstracta, sino la imagen creada por nuestros sentidos de la materia visible dentro de nuestra mente. Por tanto, la apariencia o la forma de los objetos no existe en la realidad, lo que existe es una prefiguración del mundo exterior en el interior de nuestro cerebro, mundo exterior donde no hay sino un vacío lleno de átomos y moléculas sin forma aparente.

La materia, por tanto, está determinada por su composición molecular, y la forma, por la manera como están acoplados los compuestos en el espacio. La forma puede ser natural, como la de un árbol, o manufacturada, como la de una mesa. De aquí se deduce que un objeto sólo cambia cuando cambia su composición molecular o cuando cambia su apariencia visible o ambas cosas. Pero si tanto la primera como la segunda permanecen iguales, la cosa sigue siendo la misma.

Aplicando estos conceptos a la doctrina de la transustanciación definida por el Concilio de Trento como el hecho por el cual: "*La consagración del pan y el vino, efectúa un cambio de toda la sustancia del pan en la sustancia del cuerpo de Cristo nuestro Señor y toda la sustancia del vino en la sustancia de su sangre*" se llega a la conclusión de que para que eso ocurra sería necesario que la harina de trigo, compuesta por una mezcla de gluten y proteínas vegetales, se convirtiera en carne (una mezcla de agua, proteínas animales y grasas animales); y que el vino (una mezcla de agua, azúcares, alcohol y otras moléculas), se convirtiera en sangre, (una mezcla de plasma y millones de células de glóbulos rojos, glóbulos blancos, plaquetas y sales).

Pero resulta que nadie hasta ahora ha demostrado que con sólo proferir unas palabras mágicas se logre esa transmutación, máxime cuando la apariencia, color, sabor y demás propiedades de la hostia así como el color, sabor y demás propiedades del vino, siguen siendo las mismas.

En otras palabras, si una cosa tiene todas las características físicas del pan y tiene una composición molecular igual a la del pan, es pan, y no carne; y si un líquido tiene todas las características físicas del vino y su composición química es la del vino, es vino y no sangre. La tesis de que la sustancia o *materia prima* del pan se convirtió en la sustancia o *materia prima* del cuerpo de Cristo, y la sustancia o *materia prima* del vino se convirtió en la sangre de Cristo, nos llevaría al absurdo de que una cosa puede ser dos entes distintos a la vez: pan y carne, vino y sangre, porque cumplen simultáneamente con todas las condiciones para ser ambas.

Se añade a eso el hecho de que Dios no puede tener ni cuerpo ni sangre porque es un espíritu que existe sin necesidad de poseer forma, de donde se deduce que ese cuerpo y esa sangre deben ser las de Jesucristo como hombre y no como Dios, y por tanto en la hostia y el vino no estaría Dios, sino sólo la humanidad de Jesucristo, y no su divinidad que carece de cuerpo y de sangre. Y aún si se aceptara que en ellas está tanto la humanidad como la divinidad de Jesucristo, queda por explicar cómo, si Dios está en todas partes, puede estar precisamente en esas especies, no se sabe cómo, tal vez con una concentración mayor que en cualquier otra parte, sólo porque un sacerdote pronunció sobre las mismas unas palabras rituales que son siempre idénticas ya que si varían no producen efecto. Y si el sacerdote es un pederasta o un asesino, de todas maneras Dios debe someterse a los caprichos del hombre y a acudir forzosamente a su llamado e introducirse en el pan y el vino. ¿Puede ser eso cierto?

Por consiguiente, la presencia de Dios en un poco de pan y un poco de vino, al interior de su templo, no es más creíble que la presencia de Marduk, o Amón en sus respectivas estatuas al interior de los suyos. En ambos casos se cree firmemente, en uno, que la divinidad de Jesucristo se encuentra presente dentro de un alimento guardado dentro de un sagrario; y en el otro, que las divinidades tutelares de Babilonia o Egipto, se encuentran presentes dentro de las efigies de madera labrada, piedra o barro guardadas en el santa santorum de sus correspondientes templos. ¿Cuál es la diferencia? Pero en ninguno de los dos casos alguien ha podido demostrar que eso sea verdad.

Podría argüirse que a la eucaristía no se la puede analizar por medio de la razón, sino por medio de la fe, pero es que la fe tiene un límite que es su racionalidad. Si una cosa es irracional y va en contra de la lógica más elemental, no puede ser objeto de fe, sino un acto de cándida credulidad. Por ejemplo, si creo en que la mente humana puede transmitir el pensamiento a distancia, aunque no tenga pruebas ni a favor ni en contra, estoy apostándolo a lo posible aunque no demostrable. En cambio, si creo en que se puede transmutar el plomo en oro como los alquimistas, estoy pecando de ingenuidad, pues para conseguir esto se requeriría reacomodar todos los electrones, protones y neutrones existentes en el átomo de plomo para darles la configuración que tienen en los átomos de oro, lo que solicitaría una inmensa cantidad de energía, que ninguna máquina, ni la más sofisticada como el Gran Colisionador de Hadrones, podría generar.

La transmutación del vino en sangre y del pan en carne, es un fenómeno físico similar al del ejemplo anterior, y por tanto, debe cumplir las leyes de todo fenómeno físico. Pensar que en este específico caso no se cumplen esas leyes, requeriría de algún tipo de prueba, prueba que jamás se ha presentado. ¿Quién le creería a alguien que afirmara que la velocidad de la luz disminuye al desplazarse por las naves de un templo, si no adujera alguna demostración de un hecho tan insólito?

Colofón

Lo que pasa es que lo ilógico no arredra a los creyentes, trátese de los sumerios, los caldeos, los egipcios, los persas, los mahometanos, los protestantes o los católicos; todos recurren a la fe para justificar sus creencias, y la fe está basada, como lo hemos venido sosteniendo en estos ensayos, en el pensamiento *mitopoético* de antes de la lógica y tiene los límites que acabamos de discutir. Ese menosprecio por la razón era comprensible en las épocas cuando los hombres no disponían de herramientas lógicas diferentes a ese tipo de pensamiento primitivo, y no estaban, por tanto, en condiciones de distinguir entre la apariencia sensorial y la realidad extrínseca; pero no en la época moderna, cuando contamos con un modo de raciocinar científico y matemático mucho más apto para estudiar los fenómenos naturales y distinguir entre lo verdadero y lo falso.

Si ese modo de raciocinar nos dice que una determinada afirmación apriorística es absurda, ¿por qué tenemos que creer en ella contra toda evidencia? ¿Para qué Dios nos dio el pensamiento racional si no lo podemos usar para lo que más lo necesitamos como es validar su existencia y su revelación? ¿No es un contrasentido dotarnos de raciocinio pero luego prohibirnos utilizarlo en su servicio? Si la razón contradice la fe, ¿por qué tenemos que preferir la fe?

El debate sobre la transustanciación

La tesis sobre la presencia real de Cristo en la eucaristía ha sido siempre aceptada por todos los cristianos. Fue propuesta desde el comienzo del cristianismo por los apóstoles y padres de la Iglesia como una repetición del sacrificio de Jesús en la cruz, tesis que los gnósticos al parecer fueron los únicos en impugnar. Más tarde en los siglo XI y XII los cátaros o albigenses, siguiendo sus tradición, se negaron también a acatarla, por la misma época en que Tomás de Aquino, Alberto Magno, y San Buenaventura introducían el concepto metafísico de la transustanciación, concepto que fue proclamado como oficial por la iglesia de Roma desde entonces. No obstante, el teólogo inglés, John Wycliff (1320-1384) un siglo después la refutó, motivo por el cual el Concilio de Constanza lo declaró culpable de herejía en 1414 pero fue protegido por algunos nobles y no terminó en la hoguera.

El punto de debate en ese momento era si se debía considerar que el pan y el vino se trasformaban auténticamente en la carne y la sangre de Cristo al ser consagrados por el sacerdote, o si se trataba de una simple conmemoración litúrgica de la última cena siguiendo el mandato evangélico de: "haced esto en memoria mía," tema que cobraría gran relevancia en el siglo XVI, cuando se produjo la reforma protestante.

Se inició ésta en 1517, con las 95 tesis contestatarias que Martín Lutero clavó en la puerta de la iglesia del palacio de Wittemberg, a partir de las cuales la doctrina oficial del catolicismo ortodoxo comenzaría a ser cuestionada, hasta en sus mismos fundamentos, por amplios sectores de la cristiandad. Lutero fue uno de los primeros teólogos en oponerse al dogma de la transustanciación de las especies tal como lo predicaba la iglesia de Roma, proponiendo que como la consagración no cambiaba la sustancia de esas especies pues se mostraban intactas, éstas deberían coexistir en alguna forma con la presencia de la sustancia de Cristo en ellas. En otras palabras, aceptaba la presencia real de Cristo en el pan y el vino pero no la conversión del pan y el vino en la carne y la sangre de Cristo. Tal doctrina tuvo amplia acogida, en especial entre los que luego se llamaron luteranos, y, posteriormente, en otras corrientes protestantes, que creían así mismo en una consustanciación y no una transmutación de las especies.

El debate se generalizó y otros teólogos protestantes radicalizaron la posición de Lutero. Ulrico Swinglio (1484-1531), y Juan Calvino (1509-1564) negaron de plano cualquier posibilidad de que Cristo pudiera estar realmente presente en la eucaristía. Calvino escribió un panfleto en el que ridiculizaba y condenaba la veneración de las reliquias propiciada por la iglesia romana, y las tachaba de idolatría, crítica que hacía extensiva: "a la idolatría que supera toda impiedad, de adorar un trozo de pan como Dios, y decir que no es pan sino Dios mismo. La Cena nos fue dada para elevar nuestros espíritus al cielo, y no para divertirlos con esos signos del pan y del vino que no están presentes allí. Ni aunque esa fuera la Cena verdadera, pues aun así sería una fantasía perniciosa y condenable, adorar un trozo de pan en lugar de Jesucristo". Se refería luego a las palabras que el sacerdote pronuncia en voz baja en latín, "a la manera de los encantadores o jugadores, que soplan sobre el pan para embrujarlo", y concluía diciendo: "Qué otra cosa puede ser la adoración del pan que execrable idolatría, más pesada y torpe que la que hubo entre los paganos".

Estas ideas calaron en muchas mentes y fueron adoptadas por otras corrientes protestantes, entre ellas la de John Knox (1510 a1572), quien las llevó a Escocia, donde se difundieron entre los cristianos escoceses, lo que originó el nacimiento de las iglesias presbiterianas que se extendieron también en Inglaterra e Irlanda y pasaron posteriormente a Norteamérica y a otros países, en los que surgieron nuevas iglesias como las de los pentecostales, anabaptistas, calvinistas, bautistas, puritanos, presbiterianos y muchas más que hoy cuentan con cerca de 500 millones de fieles, la mayoría de los cuales rechazan los sacramentos católicos, o apenas aceptan uno o dos, no emplean hostias en su celebraciones, sino pan, y tienen distintas creencias.

¿Quién o quiénes de estas iglesias tienen la razón? Todas y ninguna. Son creencias que están por encima del raciocinio lógico, el único que puede separar lo verdadero de lo falso, basadas en interpretaciones subjetivas y personales de escritos redactados hace dos mil años en un lenguaje mitopoético, cargado de metáforas y sentidos ocultos, que necesariamente deberán generar distintas lecturas según quienes los analicen, sin que tengamos la opción de llamar al autor de esos escritos para aclarar lo que quiso decir en ellos. Por eso la iglesia católica resolvió constituirse en Magisterio supremo e imponer a sangre y fuego su versión excluyente, con lo que mantuvo el predominio de sus dogmas durante 1 500 años.

Sin embargo, gracias al protestantismo todo cambió. Le aportó a la humanidad esa libertad de conciencia que no se le concedió en el pasado y permitió así que la ciencia pudiera desarrollarse independientemente de la religión y no hubiera más casos como el de Galileo y Giordano Bruno, que de no haber habido Reforma, se hubieran multiplicado por miles.

La persistencia de la fe en buena parte se debe a que las creencias religiosas no se pueden refutar porque no pueden ser sujeto de comprobación experimental ni racional, pero tampoco de demostración, porque son simples elucubraciones intelectuales que no pertenecen al mundo tangible sino al mudo sobrenatural, indetectable por métodos físicos.

La inercia de las ideas es tal que ni siquiera hemos abandonado del todo el politeísmo a nivel mundial. Si bien en Occidente y en el Medio Oriente ya no hay dioses particulares para cada ciudad, toda vez que se adoptó el monoteísmo semita introducido en el pueblo hebreo por Abrahán, Moisés y Mahoma, los grandes dioses de las principales religiones siguen siendo distintos unos de otros e incluso enemigos entre sí. El Jehová de los judíos no es el mismo Dios que el Cristo de los católicos y protestantes, y el Alá de los musulmanes no es el mismo que el Jehová de los hebreos o el Cristo de los cristianos, al punto de que un musulmán jamás invocará a Jehová o ni un cristiano, a Alá, pese a que ambos comparten las mismas tradiciones semíticas. Y junto a estos dioses se adoran la innumerable cantidad de deidades de las religiones orientales: el hinduismo, el taoísmo, el confusionismo y muchas más.

Cuando uno piensa en la manera como el hombre se ha venido rodeando de un mundo virtual compuesto por una multiplicidad absurda de dioses y diosas que nunca ha visto y cuya existencia jamás ha podido demostrar, se queda atónito y desconcertado. Si sumamos todos esos seres sobrenaturales tanto de la mitología occidental como de la oriental, posiblemente llegarían a varios miles. Los hay de cualquier tipo y pelaje, dioses buenos y dioses malos, ángeles y demonios, seres benéficos y dañinos, todos inmortales, pero que pueden ser destruidos o castigados por otros inmortales, sin por eso dejar de existir, porque la contradicción en el mito es una de sus principales virtudes.

Lo extraño, sin embargo, no es que el hombre haya creado en tantos entes imaginarios sin existencia en el mundo real y se haya sentido cercado y acompañado por ellos como si fueran seres de carne y hueso dotados de inmortalidad, sino que dé por ciertas esas fantasías con tal determinación que esté dispuesto a matar y hacerse matar para defenderlas. Por su causa ha masacrado a los no creyentes, los ha quemado vivos, los ha empalado, los ha apedreado, los ha torturado, los ha excomulgado, los ha discriminado, no obstante que jamás se ha topado con ninguna de ellas, a no ser que demos crédito a los alucinados que testimonian de haberlo hecho, sin presentar la menor prueba. Son fantasías puras creadas en su encéfalo. Algo parecido a como los niños recrean en sus juegos infantiles toda clase de fantasmas, hadas, endriagos, cocos, dinosaurios, dragones y personas que nunca han visto, pero que no por eso las consideran menos reales. Definitivamente, el cerebro del hombre es una *máquina de soñar.*

ENSAYO QUINTO

HISTORIA DE LA EVOLUCIÓN DEL CRISTIANISMO SEGÚN LA EXÉGISIS BÍBLICA MODERNA

Introducción

Las grandes religiones nacieron todas en el pasado remoto cuando el conocimiento del Universo por el hombre era muy precario. Si bien en su larga trayectoria algunas de ellas han sufrido escisiones por cismas, no han tenido que enfrentarse a nuevos credos religiosos en los últimos 1 500 años, salvo por la variedad de sectas basura que de cuando en tanto aparecen, lideradas por charlatanes interesados, más en las generosas limosnas de sus seguidores, que en la iluminación de las conciencias.

En cambio, en el campo político, recientemente sí ha proliferado una variedad de ideologías de carácter semireligioso. Basta ver el modo como los grandes dictadores de derecha e izquierda se dedicaron en el siglo veinte, a inculcarles el culto a la personalidad a las multitudes, con el que captaron su fidelidad y veneración, por medio de discursos mesiánicos en los que les vendían toda clase de ilusiones y mitos sobre el nuevo hombre socialista, o la sociedad sin clases o la raza aria superior, o la necesidad del regreso al cristianismo integral.

Un *Mao Tse Tung,* un *Hitler,* un *Mussolini,* un *Lenín,* un *Stalin,* un *Franco,* para no mencionar a los folclóricos dictatorzuelos latinoamericanos, gozaron de un prestigio idolátrico inmenso entre el populacho, gracias a sus promesas y doctrinas dogmáticas fallidas, que terminaron induciendo flagrantes violaciones a los derechos humanos y atrocidades sin cuento. Difundir ideologías y creencias es una de las mejores maneras de cohesionar a un pueblo, de unirlo a sus dirigentes políticos y religiosos, quienes, a menudo, trabajan mancomunadamente, y de permitirles eternizarse en el poder. Es una táctica que ha servido a los gobernantes de turno, desde los tiempos de Grecia y Roma, para conservar sus privilegios, como ocurrió con las monarquías absolutas de antes de la revolución francesa, supuestamente de origen divino, o como ocurre hoy con el mundo musulmán.

Las ideologías religiosas, empero, se diferencian de las ideologías políticas en sus objetivos, ya que en lugar de buscar como éstas la felicidad terrena perecedera, ofrecen la felicidad imperecedera de la vida eterna. Como la muerte es una realidad inevitable, siempre estará presente en la mente del hombre, lo que ha hecho necesario el consuelo brindado por las religiones, cuyas doctrinas se han mantenido inmutables durante milenios, debido a que sus promesas no son verificables en este mundo como las de los políticos y por eso no caen en desgracia como ellos. No por nada decía el filósofo chino *Lin Yu Tan: "Las religiones son más consoladoras que verdaderas".* Esto les ha permitido dejar el inestimable legado del arte religioso con el que el ser humano expresa su angustia existencial. De aquí que no se pueda profundizar en la historia de las civilizaciones, sin calar en las creencias religiosas, razón por la que vamos a estudiarlas, tomando como ejemplo el cristianismo, por ser la religión más extendida en el mundo occidental.

¿Fueron los evangelios revelados por Dios?

En el judaísmo se le atribuye a Moisés haber escrito buena parte de la Tora por mandato divino, aunque eso no se ha podido demostrar. En el islamismo se le atribuye a Alá haber revelado a Mahoma el Corán a través del arcángel San Gabriel, pero como Mahoma era analfabeto, se dice que les dictó parte del texto a unos escribas y lo demás fue obra de diversos escribas. En el cristianismo, en cambio, se sabe que Jesús no dejó nada escrito, ni siquiera dictado, como Mahoma, pues los evangelios fueron compuestos por varios autores anónimos después de su muerte.

Lo que uno se pregunta es por qué Jesús, le dejó la labor de estructurar sus evangelios a unos intermediarios desconocidos de los siglos I y II, 15 a 80 años después de su fallecimiento, pese a que debía saber escribir, a juzgar por el hecho de que podía leer las escrituras hebreas. Y peor aún, a intermediarios que posiblemente no lo escucharon y no dejaron constancia de las fuentes utilizadas en su redacción. Ningún historiador moderno aceptaría como verídicos documentos de esa naturaleza, si se refirieran a un personaje no religioso cualquiera. Pero se los ha dado por buenos para el caso de Jesús. Uno se pregunta; ¿Si Dios estaba tan interesado en revelarle al hombre sus enseñanzas, por qué Jesús no se la reveló él, personalmente, de manera tan evidente que no suscitara dudas ni desconfianza sobre su veracidad?

Según la Iglesia católica, el *Nuevo Testamento* está conformado por los siguientes textos: los *Evangelios,* los *Hechos de los Apóstoles,* las *Epístolas de San Pablo,* las *Epístolas de San Pedro,* las *Epístolas de San Juan,* y el *Apocalipsis.* Sin embargo, todo ese material, está cimentado en los Evangelios de cuya legitimidad dependen los demás.

Los evangelios

Los evangelios han sido probablemente los escritos más estudiados, palabra por palabra, letra por letra, en su lengua original y en sus traducciones al latín y al griego, durante dos mil años. Trataremos de hacer el resumen crítico de lo mucho que ha encontrado sobre ellos la multiplicidad de filólogos, teólogos, historiadores y exégetas del *Nuevo Testamento* a lo largo de los años, en especial en el último siglo, lo que no es fácil por la irreconciliable divergencia de opiniones entre unos y otros. Comenzaremos por decir que de los varios evangelios que llegaron hasta nosotros, sólo cuatro fueron declarados canónicos por la Iglesia de Roma, que son los atribuidos a *Mateo, Marcos, Lucas,* y *Juan.* De estos escribas se conoce muy poco, pues ninguno de los mencionados dejó constancia de su autoría, como lo reconoció oficialmente el concilio Vaticano II. No se sabe ni cuándo vivieron, ni qué documentos anteriores usaron para escribirlos, ni las fechas en que fueron redactados en la forma como los conocemos hoy. Tampoco se sabe con qué criterio se escogieron cuatro cuando circulaban muchos más.

Los textos más antiguos con que contamos están escritos en una variedad del griego antiguo llamado *koiné,* lengua muy conocida en el mundo helenístico del Mediterráneo. Sin embargo, es probable que si los autores de los manuscritos iniciales fueron judíos, los hubieran compuesto, no en griego, sino en hebreo o arameo, las dos lenguas usadas en Israel en la época de Jesucristo. Infortunadamente tales manuscritos, si existieron, nunca se encontraron, y por tanto, no sabemos en qué lengua estaban redactados los evangelios originales, ni qué contenían.

Los evangelios usados en la actualidad se han dividido en dos grupos: Los sinópticos, que son lo tres primeros, similares aunque no iguales entre sí, y el de Juan, el último de todos y distinto a los anteriores. Respecto a sus autores, se dice que *Marcos* fue el apóstol de Jesús, *Mateo,* un discípulo de Pedro, *Lucas,* un médico sirio discípulo de Pablo, y *Juan,* bien pudo ser el apóstol de Jesús, o su discípulo, llamado *Juan, el Presbítero,* a juzgar por lo que dice *Papías* (69-150 d.d.C), el obispo de Hierópolis, en su *Explicación de los dichos del Señor,* obra en la que distingue entre "*Juan o Mateo*" y el *ancia-*

no Juan, el discípulo del Señor como si fueran dos personas diferentes. No hay acuerdo en quien de los dos fue el que escribió el evangelio de Juan.

Sobre la fecha en la que se compilaron estos cuatro evangelios canónicos así como los otros que existían en el siglo I y fueron tachados de apócrifos, hay serias discrepancias que datan de muchos siglos y no tienen trazas de resolverse. Los distintos exégetas han fechado los evangelios desde tan temprano como el año 60 o 70, unos 30 a 35 años después de la muerte de Jesús, hasta mediados o fines del siglo II, o sea más de un siglo después de su muerte. Muchos opinan que ellos de todas maneras debieron ser escritos tras la destrucción de templo de Jerusalén por Tito, en el año 70, porque hacen alusión a ese hecho.

San Eusebio en el año 350 estableció que *Mateo* tiene 62 secciones propias y 350 copiadas de otros documentos desconocidos; *Marcos* tiene 19 propias sobre 233 copiadas. Se dice que *Mateo* acogió los textos de *Lucas,* corrigiéndolos, y hasta se ha sugerido que el evangelio atribuido a él fue obra de *Hegesipo,* llegado a Roma a mediados del siglo II. En este caso ese evangelio sería del año 150.

Sin embargo, suele considerarse el de Juan, como el último de todos. Según *San Eusebio,* casi la mitad de sus secciones son originales, no copiadas de otros. Podría haber sido escrito a finales del primer siglo o mediados del segundo. Según *Raymont Brown* en su libro: *Una Introducción al Nuevo Testamento,* las fechas de los evangelios más aceptadas por los exegetas son: Marcos 69-73; Mateo 70-100; Lucas 80-100; Juan 90-110.

Qué evangelio se inspiró en el otro es tema de discusión. Algunos opinan que Lucas y Mateo se inspiraron en Marcos y otros que Lucas se inspiró en Mateo. Lo único cierto es que no fue antes de mediados de siglo II cuando los evangelios se compilaron en la forma actual, evangelios que se aprobaron oficialmente sólo un siglo más tarde en el concilio de Nicea del año 325 d.d.C, desechando los llamados apócrifos y escogiendo cuatro como los únicos canónicos auténticos. Empero, el primero en afirmar que los evangelios eran cuatro y sólo cuatro fue *Ireneo de Lyon* en el año 185 en los siguientes términos: "No es posible que sean ni más ni menos de cuatro", a la manera de los cuatro puntos cardinales.

Los evangelios apócrifos

Se ha especulado mucho sobre la fuente inicial que sirvió para escribir los evangelios. Se habla de un tal *Evangelión* del que se conoce muy poco, pues su versión original desapareció por completo. Lo único que se sabe son las citas que hicieron los padres de la Iglesia de ese texto para refutarlo. Se dice que Marción, expulsado como hereje de Roma en el año 144, lo trajo consigo a esa ciudad. Existen además al menos 18 evangelios apócrifos de la más variada índole, entre los cuales están los de las diversas sectas gnósticas.

Estas sectas tuvieron una gran influencia en el cristianismo primitivo de los siglos II y III pero fueron en últimas declaradas heréticas. Aceptaban como ya lo dijimos, el principio básico la dualidad entre el bien encarnado en el espíritu y el mal encarnado en la materia, y por eso, consideraban que sólo a través del espíritu se podía obtener la salvación. De sus evangelios el más conocido es el de *Judas,* traducido en el 2006 y publicado con gran escándalo mediático por la *Américan Geographic* en el 2007, en el que se presenta la participación de este discípulo en la entrega de Jesús como algo combinado con el mismo Jesús para que se cumpliera su destino.

Otro de los muchos escritos catalogados como apócrifos, es el Protoevangelio de *Santiago,* el hermano de Jesús. El documento, entre otras cosas, narra la infancia de la Virgen María antes del nacimiento de Jesús. En éste se cuenta que habiendo sido educada María en el templo, el Gran Sacerdote se la encomendó a José. Soy viejo, y tengo hijos, al paso que ella es una niña, protestó él, pero aceptó desposarla con el compromiso de respetar su virginidad. Sin embargo, María quedó embarazada y José se sintió traicionado. Un ángel entonces se le pareció y le dijo que no se preocupara pues el niño había sido concebido por obra del Espíritu Santo. Pero cuando el escriba Anás se enteró del caso acusó a José de haber consumado en secreto el matrimonio, y los condujo a ambos al templo para ser juzgados. Allí fueron sometidos a la prueba del agua, y ésta demostró que no tenían pecado. Tiempo andando María parió un hijo en una gruta, leyenda que fue acogida por la cristiandad y no aparece en los evangelios canónicos, donde fue atendida por una partera, que al instante se dio cuenta de que había nacido el Salvador de Israel, y se lo comunicó a Salomé pero ella no le creyó y le pidió a María que le permitiera examinarla. María aceptó y fue así como pudo comprobar que permanecía virgen, pese a que acaba de tener un parto.

El otro de los evangelios apócrifos es el de *Tomás,* una recopilación gnóstica de 114 versículos, no incluidos en los evangelios canónicos, pero igual de enigmáticos a veces que ellos. Por ejemplo en el versículo 16 se anuncia. "Dijo Jesús: Quizá piensan los hombres que he venido a traer paz al mundo, y no saben que he venido a traer disensiones sobre la tierra: fuego, espada, guerra". Esta desconcertante frase aparece también en lo canónicos, lo mismo que otras. La mayoría, empero, son nuevas, tomadas de la tradición oral. ¿Qué tanto estos escritos y los canónicos reflejan las auténticas palabras de Jesús? ¿Qué tanto falsificaron su mensaje?

¿Fue Jesús el Mesías?

En la Biblia está muy claro que el Mesías esperado debía satisfacer ciertas condiciones, tales como las siguientes:
-*Debía nacer de una virgen.*
-*Tenía que descender del linaje de David.*
-*Su nacimiento debía ser en Belén.*
- *Debía ser un rey poderoso que se sentará en el solio de David.*

El Jesús de Nazaret que nos muestran lo evangelios, aparentemente no cumple con ninguna de esas condiciones. Veamos por qué.

Debía nacer de una virgen. Los únicos que mencionan la concepción virginal de Jesús en los evangelios son Mateo y Lucas. He aquí lo que dice Mateo: "Estando desposada su madre María con José, se halló que había concebido un hijo en su seno" Se le presenta entonces un ángel y le dice: "No tengas recelo en recibir a María... porque lo que ha engendrado en su vientre es obra del *Espíritu Santo*".

Por su parte Lucas, en 1:26 y 1:27, narra lo siguiente: "...envió Dios al ángel Gabriel a Nazaret, ciudad de Galilea".... "a una virgen desposada con cierto varón de la casa de David, llamado José; y el nombre de la virgen era María". Luego, el ángel le comunica en 1:31: "Sábete que has de concebir en tu seno y parirás un hijo, a quien pondrás por nombre Jesús". Y en el 1:32 le pronostica: "Éste será grande...al cual el señor Dios le dará el trono de su padre, David, y reinará en la casa de Jacob eternamente". Pero María protesta: "¿Y como será eso si no conozco varón?

Los anteriores versículos de Lucas son lo único extenso que algún evangelista le haya dedicado al tema de la concepción virginal de Jesús, pues Mateo apenas lo toca brevemente, Marcos y Juan, lo ignoran por completo, Pablo no lo menciona en sus escritos, y Jesús nunca hizo referencia a él en sus conversaciones, prédicas o frases que se le atribuyen, lo que no deja de resultar sorprendente. Cuando habla de su padre se refiere a su Padre celestial: "Es mi padre el que me glorifica, aquel que decís que es vuestro Dios," Juan, 8:54, pero no niega tener un padre terrenal.

No se entiende cómo un detalle tan importante en la vida de Jesús, haya pasado inadvertido para sus principales biógrafos, así como por sus discípulos que lo conocieron. El tema comenzó a debatirse sólo cuando en el siglo II se quiso demostrar que él cumplía con todas las profecías del Antiguo Testamento y era por tanto el verdadero Mesías, Hijo de Dios, porque no había sido concebido por un ser humano, sino por el *Espíritu Santo,* lo que causó mucha polémica por lo insólito del caso. Los cristianos gnósticos, los criptocristianos, Marción y los maniqueos, rechazaron ese dogma, y ese rechazo, aún continúa por parte de muchos.

La concepción virginal es una de esas creencias religiosas que por su irracionalidad reciben el apelativo de: *misterio,* pero que resultan creíbles sólo si se las mira a través de la penumbra de los conocimientos sobre la fecundación y la reproducción de hace 2000 años, y no de acuerdo con la biología y la genética modernas. Como se explicó en el ensayo segundo, desde cuando a principios del siglo XX, (1902), se descubrieron los cromosomas, quedó en claro que en la reproducción sexual de los seres vivos, el padre aporta los 23 pares de cromosomas del espermatozoide, y la madre, los otros 23 pares del óvulo.

Si aplicamos este descubrimiento a la concepción virginal, resulta que en ésta deberían intervenir únicamente los 23 cromosomas del óvolo de la madre, o sea de María, pero no los 23 del padre, o sea de José, como ocurre en la multiplicación de algunas especies de crustáceos, insectos, anfibios, zánganos y otros, en los que el desarrollo de las células sexuales femeninas se hace por estímulos internos, sin necesidad de los cromosomas masculinos. En humanos, empero, no se ha comprobado ningún caso semejante.

Si esto es así ¿cómo fueron sustituidos en la concepción de Jesús esos 23 cromosomas paternos, por otros, para que germinara el óvulo en el vientre de María? *Mateo* y *Lucas* nos dicen que fue obra del *Espíritu Santo,* o sea que de alguna manera espiritual, éste remplazó a José en el acto reproductivo. Pero ¿qué cromosomas masculinos pudo aportar el Espíritu Santo en ese momento siendo un ser inmaterial? No podían ser los de Dios, porque Dios no tiene cromosomas, y no podían ser los de José, porque José no fue el padre de Jesús. Ahora bien, si Jesús nació con sólo los 23 cromosomas femeninos, o sea con la mitad de los cromosomas de los demás hombres, su genoma no correspondería al de la especie humana sino al de otra especie. Si Dios le insufló los otros 23 cromosomas, sería un híbrido 50% Dios y 50% hombre, y si no tenía cromosomas, sería sólo Dios, pero en ningún caso verdadero hombre y verdadero Dios. Pero como siendo verdadero Dios, era eterno, ya existía antes de comenzar a crecer en el vientre de su madre y siguió existiendo después de ser crucificado; o sea que ni nació como todos los mortales que no existimos antes de nacer, ni murió como todos los mortales, que dejamos de existir cuando morimos.

¿Qué clase de ser fue entonces Jesús? Leyendas parecidas, aunque no iguales, sobre la fecundación de una mujer por parte de un dios, se cuentan a montones en los mitos babilónicos, griegos, egipcios, persas y grecorromanos. Quizás todo se debió a un error de traducción. El texto de Isaías en el que profetiza que el Mesías nacería de una virgen, utiliza la palabra hebrea *almá* que significa en realidad *mujer joven, muchacha* más que virgen, y ni siquiera vaticina que de esa virgen nacerá un Dios. El significado de virgen se escogió después en el siglo I para justificar la divinización de Cristo.

Por otra parte, los evangelios dejan muchas dudas sobre si Jesús tuvo hermanos o no. Hay por lo menos seis pasajes en ellos en los que se habla de los hermanos de Jesús. Vamos a presentar algunos. Marcos refiere en 3:31: "Entre tanto, llegaron sus hermanos y su madre y, quedándose afuera, enviaron a llamarlo. Entonces la gente que estaba sentada alrededor de él le dijo: Tu madre y tus hermanos están afuera y te buscan. Él les respondió, diciendo: ¿Quiénes son mi madre y mis hermanos? Y mirando a los que estaban sentados alrededor de él, dijo: Aquí están mi madre y mis hermanos, porque todo aquel que hace la voluntad de Dios, ese es mi hermano, mi hermana y mi madre". Esta brusca respuesta, tan descomedida con su familia, no negaba que hubieran llegado *su madre y sus hermanos,* sino buscaba aprovechar la ocasión para darle un sentido figurado y místico a un hecho cotidiano puramente banal, oportunidad que hubiera podido usar para aclarar que ellos no eran sus hermanos, porque su padre verdadero era su padre celestial. Pero no lo hizo y nos dejó en la duda como en muchos otros casos.

Marcos (6:3) dice que cuando Jesús fue a enseñar el sábado a la sinagoga de Nazaret, al escucharlo hablar con tanto conocimiento de las escrituras, se preguntaban unos a otros: "¿No es éste el carpintero, el hijo de María y *hermano de Santiago, José, Judas y Simón?* ¿Y no están *sus hermanas* aquí con nosotros? Y se escandalizaban a causa de él". En este párrafo se hace aparecer a Jesús como carpintero y no a José. Por eso, se ha sugerido que la frase fue retocada de cómo originalmente estaba y debía decir: ¿No es éste el hijo del carpintero y de su madre María…? Lucas en (4:22) narra el mismo episodio de la sinagoga de Nazaret, pero omite la referencia a la madre y los hermanos de Jesús, y en cambio cuenta que los presentes se interrogaban, diciendo: "No es éste el hijo de José, a cuyo padre y madre nosotros conocemos? ¿Cómo dice ahora: He bajado del cielo?" *Felipe,* según Juan le dice a *Natanael* (1-45): "Hemos encontrado a aquel de quien escribió Moisés...a Jesús de Nazaret, el *hijo* de José". A sus coterráneos no les cabía la menor duda de que Jesús era el hijo de José, el carpintero, y de María, su esposa, de todos conocidos.

Juan (7:3) y Marcos (6:3) cuentan que sus hermanos le decían a Jesús: "Sal de aquí (de Galilea, una provincia muy atrasada) y vete a Judea (a Jerusalén) para que también tus discípulos vean las obras que haces, porque ninguno que procura darse a conocer hace algo en secreto. Si estas cosas haces, manifiéstate al mundo. *Ni aun sus hermanos creían en él".* Adicionalmente en 2:12 Juan narra: "Después de esto pasó a Cafarnaún con su madre, *sus hermanos,* y sus discípulos, en donde se detuvieron pocos días". En las *Actas de los Apóstoles* se cuenta que antes del día de Pentecostés ellos, los apóstoles: "Perseveraban unánimemente en la oración con las mujeres y María, la madre de Jesús, *y los hermanos de Él".* Tanta insistencia en mencionar a los hermanos de Jesús no puede ser gratuita.

Los teólogos ortodoxos, empero, han explicado la palabra *hermano* tomándolo con el sentido de primos hermanos, o de parientes cercanos, y citan otros pasajes de la Biblia en los que claramente aparece utilizado el término *hermano* y *hermana* refiriéndose a tíos y sobrinos. Efectivamente en ese sentido se lo usa no sólo en el hebreo y el arameo, sino en algunas lenguas modernas. Por eso hay que analizar la frase para desentrañar su significado. Si se dice: "Se presentaron su madre y sus hermanos a hablar con él", o se dice: "el carpintero, hijo de María y sus hermanos Santiago, José, Judas y Simón", o "María, la madre de Jesús, y los hermanos de Él", está claro que se refieren a los *hermanos de sangre* de Él, porque una mujer, sobre todo en esa época, no tenía por qué andar acompañada con los primos o tíos de su hijo, como si fueran sus propios hijos.

Tan es así que en la cita de Juan se dice: "Pasó a Cafarnaún con su madre, sus hermanos, y sus discípulos," haciendo una distinción entre *hermanos* y *discípulos* que iban con *su madre.* Si discípulos y hermanos hubieran podido quedar comprendidos en la palabra *hermanos,* Juan hubiera podido abreviar la frase diciendo: "Pasó a Cafarnaún con su madre y sus hermanos" solamente. .

Cabe, sin embargo, la hipótesis de que a quienes los evangelios hacen referencia, no es a sus hermanos sino a sus hermanastros, como lo afirma el Protoevangelio de Santiago, pero éste fue desechado como apócrifo por la misma Iglesia y los evangelios canónicos no hacen la menor referencia a esa versión que hubiera aclarado el significado de la palabra *hermano* y *hermana*. Lo menos que podían haber hecho los evangelistas para evitarnos confusiones era prescindir del uso de esas palabras con un sentido amplio.

Confunde aún más los hechos *Pablo*, cuando en la carta a los gálatas (I-18) comenta: "Subí a Jerusalén a visitar a Cefas... pero no vi a ningún otro de los *apóstoles,* sino a *Santiago, el hermano de Jesús".* También Orígenes, padre de la Iglesia, dice: "Tito...asoló a Jerusalén, según Josefo, por causa de Santiago, el *hermano de Jesús,* llamado el Cristo". La alusión a Josefo de Orígenes es ésta: "Ananías... convocó astutamente al Sanedrín en el momento propicio... Hizo que el Sanedrín juzgase a Santiago, *hermano de Jesús*, quien era llamado Cristo, y a algunos otros. Los acusó de haber transgredido la ley y los entregó para que fueran apedreados" *Eusebio de Cesarea,* director del concilio de Nicea y posible redactor de su credo, insiste en el tema: "*El hermano del Señor, Santiago,* recibió la dirección de la Iglesia junto con los apóstoles". Cabe advertir que ni Lucas ni Mateo en la enumeración de los apóstoles mensiona a ninguno ellos como hermano de Jesús, contradiciendo a los otros evangelistas. Este tipo de contradicciones es frecuente en los evangelios. Recuérdese, además, que María necesitó purificarse en el Templo según la costumbre hebrea, lo que no tendría sentido si la concepción y el parto de Jesús fueron virginales, sin acto carnal, ni rotura de himen, ni sangre.

El Mesías debía ser del linaje de David*.* Jeremías profetiza en 23: 5: "Mirad que viene el tiempo, dice el Señor, en que yo haré nacer de David un vástago justo, el cual reinará como rey y será sabio y gobernará la Tierra con rectitud y justicia". Para encajar a Cristo dentro de esa profecía y demostrar que pertenecía al linaje de David, Mateo inicia su evangelio haciendo la genealogía de José. Menciona 42 generaciones hasta Jesús. Comienza diciendo: "Genealogía de Jesucristo, hijo de David, hijo de Abrahán. Abrahán engendró a Isaac, Isaac engendró a Jacob, Jacob engendró a Judas y sus hermanos" y así sigue hasta llegar a: "Jacob engendró a José, el esposo de María".

Lucas, por su parte, hace también la genealogía de José, pero relaciona no ya 42 sino 77 generaciones al final del capítulo tercero, versículos 23 a 38, las cuales no coinciden con las de Mateo, y se inician diciendo: "Tenía Jesús al comenzar treinta años, hijo, como se creía de José, el cual fue hijo de Elías, que lo fue de Matat", y así continúa hasta llegar a: "Adán, el cual fue creado por Dios". Ni que decir que esas 77 generaciones no alcanzan ni remotamente a cubrir el tiempo transcurrido entre Adán y Jesús de acuerdo con los nuevos sistemas de datación en uso en la actualidad. Suponiendo

50 años por generación (lo que es amplio), las 77 sumarían 3 850 años, la edad de la tierra contabilizada hasta hace un siglo, en la que hoy nadie cree. Recuérdese que de haber habido una primera pareja, ésta no podría haber surgido antes de unos 200 000 años, si es que alguna vez hubo una primera pareja. Por otra parte, conviene notar que para Mateo, el abuelo de Jesús, se llamaba Elías, y para Lucas, Jacob.

Estas inexactitudes de los dos evangelistas no son las únicas. En el capítulo primero, versículos 27 a 35, Lucas narra la historia de la aparición del ángel y de la confesión de María de que no conoce varón, con lo cual excluye por completo a José como padre verdadero de Jesús. Sin embargo, en el capítulo tercero, versículos 23 y siguientes, habiendo dejado en claro que José no era el padre de Jesús, incluye la genealogía de José para probar que Jesús era descendiente de David por vía paterna. *¿Si José no era el padre de Jesús para qué su genealogía?* Pero luego se contradice cuando en el episodio en que Jesús se pierde en Jerusalén estando celebrando la Pascua con sus padres, Lucas pone en boca de María estas palabras tan pronto lo encuentran en el templo disputando con los doctores: "Hijo ¿por qué te has portado así con nosotros? Mira cómo *tu padre* y yo, llenos de aflicción, te hemos andado buscando". (Lucas 2:48).

La versión de Mateo (1:18-25) es la de que la concepción virginal de Jesús, fue obra del Espíritu Santo, negándole, por consiguiente, a José la paternidad de Jesús, sin fijarse que en el mismo capítulo ya había incluido la genealogía de José para probar que Jesús provenía de la casa de David. Quizás este tipo de incongruencias se deba a la ignorancia de entonces sobre el proceso reproductivo. Como se desconocía la existencia del ovulo femenino, el cual vino a descubrirse sólo en 1827, y se pensaba por eso que la mujer no aportaba sus genes a la concepción, las genealogías en la antigüedad se hacían siempre por vía paterna. Lo increíble es que si Lucas y Mateo, supuestamente estaban inspirados por Dios, Dios les hubiera permitido cometer ese error. Parece como si lo que se buscara fuera únicamente hacer encajar a la fuerza a Cristo dentro de las profecías del Antiguo Testamento.

Las genealogías de Mateo y Lucas recuerdan aquellas que se exhibían de Carlos V en el Monasterio de El Escorial, en las que también se comenzaba en Adán y se terminaba en el famoso Emperador, enumerando en el camino como ancestros de su majestad a casi todos los personajes más ilustres de la antigüedad, tales como Aritóteles, Alejandro el Grande, Carlomagno e innumerables más. Son genealogías fantasiosas, muy frecuentes en el pasado, que en el caso de gobernantes a los que se pretende adular, sólo merecen una sonrisa, pero en el caso del Hijo de Dios, por lo menos, sorprenden.

El Mesías debía nacer en Belén. Esta es otra de las condiciones impuestas en el Antiguo Testamento al Mesías, en donde se lee: "Y tú Belén Efrata, tú eres pequeña frente a las principales de Judá; de ti vendrá el que ha de ser el dominador de Israel, el cual fue engendrado desde el principio, desde los días de la eternidad". Miqueas (5:2). Belén es una población de Judea, ubicada al sur de Israel, a 160 kilómetros de Nazaret, de donde era oriunda la familia de Jesús. Juan (7: 41,42), no deja duda sobre el origen *galileo* de Cristo, cuando dice al respecto: "Este es el Cristo, decían unos. Mas algunos replicaban: ¿Por ventura el Cristo ha de venir de Galilea? ¿No está claro en la escritura que del linaje de David, y del lugar de Belén donde él moraba, debe venir el Cristo?"

Los contemporáneos de Jesús jamás dudaron de que él era *galileo,* nacido en *Nazaret.* Sobre eso no dejan duda los evangelios. Esta creencia se expresa en repetidas ocasiones. Mateo (7:52), por ejemplo, pone en boca de los príncipes de los fariseos la siguiente pregunta a Nicodemos, el oculto seguidor de Jesús, cuando abogaba por él ante el Sanedrín: "¿Eres acaso tú como él, *galileo?* Examina las escrituras y verás cómo no hay profeta originario de Galilea". La respuesta más obvia de Nicodemus para callarlos hubiera podido ser: "Es que Jesús no es *galileo,* sino nacido en Belén de Judá, de donde han salido los profetas", pero no dijo eso, sino guardó silencio. Y, de forma similar, Juan cuenta que (1:45-46): "Felipe halló a Natanael y le dijo: Hemos encontrado a aquel de quien escribió Moisés en la ley y los profetas, a Jesús de Nazaret, *el hijo de José.* Respondiole Natanael: ¿Acaso de Nazaret puede salir cosa buena? Dícele Felipe: Ven y lo verás". Tampoco Felipe aclara que no nació en Nazaret sino en Belén.

La pregunta que surge es: ¿Cómo pudo nacer en Belén de Judá, Jesús, viviendo sus padres y toda su familia de tiempo atrás en Nazaret? Lucas cuenta que la concepción de Jesús tuvo lugar en *"Nazaret, ciudad de Galilea"* (1:24), pero explica que: "Por aquellos días se promulgó un edicto de César Augusto, mandando empadronar a todo el mundo". (2:1). "José, pues, como era de la casa de David, vino desde Nazaret, ciudad de Galilea, a la ciudad de David, llamada Belén, en Judea".(2:3). No explica, sin embargo, cómo pudo María, estando a punto de dar a luz, realizar un viaje de unos 160 kilómetros desde Nazaret a Belén, viaje que duraba en esa época cinco días.

Mateo, es un poco más parco en eso, no da ninguna razón para el desplazamiento de José y María desde Nazaret y se limita a decir: "Habiendo nacido Jesús en Belén de Judá, reinando Herodes, he aquí que unos magos (posiblemente se trataba de sacerdotes zoroástricos a quienes entonces se los consideraba magos) vinieron del oriente a Jerusalén". Luego introduce la historia, no confirmada por ningún historiador, de la matanza de los inocentes ordenada por el rey *Herodes, El Grande,* y la fuga de la sagrada familia a Egipto, de donde regresan a la muerte de éste y se residencian en Nazaret, ciudad en la que siempre vivieron, como era de público conocimiento. *Marcos y Juan,* en cambio, no dicen nada sobre su nacimiento, ni mencionan siquiera a Belén, lo que sorprende tratándose de un asunto tan importante.

Si Jesús hubiera estado convencido de que era de la casa de David y nacido en Belén, tanto como que era el Hijo de Dios Padre, ¿por qué no presentó eso como prueba a los judíos incrédulos para demostrarles que cumplía con lo anunciado por los profetas? Si nació en Belén donde debería contar con parientes y conocidos, ¿por qué debió nacer en una cueva, si dadas las costumbres hospitalarias de la región, eran lógico que sus parientes le hubieran proporcionado un lugar menos incómodo para su nacimiento? Si vino al mundo el 25 de diciembre como lo determinaría tres y medio siglos después el papa Liberio, ¿por qué había pastores conduciendo rebaños siendo la época más cruda del invierno en Israel, cuando los campos estaban cubiertos de nieve? Si durante su vida pública, visitó en sus correrías a Nazaret, Naím, Cafarnaún, Jericó, Betania y Jerusalén y otras ciudades más, ¿por qué nunca, que se sepa, visitó a Belén de donde su familia era oriunda? Si los evangelios nos lo muestran siempre rodeado de sus parientes y discípulos de Galilea, ¿por qué nunca se juntó con ningún pariente de Judea? ¿No resulta raro que Jesús no haya ido a la cuna de su linaje y la de su familia, sino a nacer, y no haya vuelto jamás por esos lados, que sepamos? Herodes fue nombrado por Roma rey de Judea en el año 40 a.d.C y murió en el año 4 a.d.C; los evangelios dicen que Jesús nació bajo Herodes, ¿cómo pudo nacer bajo Herodes si el tetrarca ya había muerto cuando él nació? Esas son algunas de las muchas incongruencias que nos presentan los evangelios. ¿Si Dios quiso comunicarse con los hombres a través ni más no menos que de su Hijo, por qué lo hizo en tal forma que no pudiéramos tener certeza de nada acerca de su vida, ni siquiera del momento de su venida al mundo?

Debía ser un rey poderoso que se sentaría en el solio de David. Así lo profetiza Isaías cuando dice (9:7): "Su imperio será ampliado, y la paz no tendrá fin; se sentará sobre el solio de David y poseerá su reino para afianzarlo y consolidarlo, haciendo reinar la justicia para ahora y para siempre. El celo del señor de los ejércitos hará estas cosas". Lucas acoge esta visión del profeta cuando escribe; "Será llamado hijo del altísimo, al cual el señor

Dios dará el trono de David" Innumerables citas similares a las anteriores traen las Sagradas Escrituras sobre el Mesías (palabra que se deriva de mesiaj que significa "ungido"), y aunque no todas coinciden con las características del monarca guerrero, muchas lo presentan de esa manera.

Miqueas (V:2 a 3:14) es muy claro a este respecto, cuando dice: "Vendrá el que debe ser el dominador de Israel, el cual fue engendrado desde el principio, desde los días de la eternidad". "Y gobernará la tierra de Asur con la espada y la tierra de Nemrod con sus lanzas y él nos librará del Asirio..." "La mano tuya prevalecerá sobre tus contrarios y perecerán todos tus enemigos". Ezequiel se expresa de manera semejante (37:21 a 37:28): "Esto dice el Señor Dios: He aquí que yo tomaré los hijos de Israel..." "y formaré una sola nación de ellos". "No se contaminarán más con sus ídolos y con sus abominaciones..." "Y el siervo mío David será el rey suyo..." "Y David, mi siervo, será perpetuamente su príncipe"

Jesucristo parecía compartir esta visión del Mesías. Según Juan (8:57) cuando los judíos le dijeron: "Aún no tienes cincuenta años y ¿viste a Abrahán," él respondió: "En verdad en verdad os digo, que antes que Abrahán fuera creado, yo existo". Igualmente ante Pilatos se proclamó: "rey de los judíos" y por eso él hizo poner sobre la cruz el famoso letrero INRI (Iesus Nazarenus Rex Iudeorum).

Como se ve, Jesús se creía hijo del Padre celestial, pero no se predicaba tan eterno como su Padre, sino más antiguo que Abrahán, y aceptaba ser mortal, al punto de que Juan (8:37) le hace apostrofar a los judíos de esta manera: "Yo sé que sois hijos de Abrahán, pero tratáis de matarme, porque mi palabra no halla cabido entre vosotros". Pretendía ser rey de los judíos, pero no fue rey, ni ascendió al trono de David, ni jamás intentó derrocar a Pilatos, ni a ningún otro gobernante romano, y su venida al mundo no impidió que Israel siguiera dominada por los romanos y acabara destruida por ellos, frustrando así las esperanzas mesiánicas de pueblo judío.

Bien mirado, el Jesús que nos presenta el Nuevo Testamento, fue un predicador religioso, pero no exento de mensaje político, un profeta que hablaba como los profetas hebreos dentro de la más añeja tradición de su raza. Otra cosa es que los teólogos ortodoxos hayan querido hacernos creer, interpretando sus palabras del modo más conveniente a sus propósitos, que Jesús era el Mesías esperado, porque el reino que anunciaba era un reino espiritual, tal como él lo dijo: "mi reino no es de este mundo". Pero las escrituras, como vimos antes, dicen otra cosa, y en cuanto a la supuesta religión que predicó, no la difundió él, sino sus seguidores del siglo I, años después de su muerte, que fueron quienes le dieron un alcance universal a su doctrina.

Como se puede deducir de los hechos presentados, los evangelios contienen tantos pasajes oscuros y contradictorios, que muchos exégetas han cuestionado su veracidad y su valor histórico. Oscuridad que ellos explican como veíamos antes, por la multiplicidad de autores y copistas anónimos que revisaron y transcribieron de un códice a otro, cuando no de una lengua a otra, los textos primitivos hasta completar su redacción definitiva.

En resumen, de lo anterior se concluye que Jesucristo no cumplió o cumplió muy dudosamente con las condiciones para ser el Mesías tan largamente esperado por el pueblo judío. Ni es seguro que nació en Belén, porque él y toda su familia era de Nazaret, ni perteneció a la casa de David, a no ser que se acepte que José fue su padre verdadero, ni lo engendró una virgen, porque muy probablemente tuvo hermanos, ni fue el rey dominador del mundo que esperaban los profetas, porque ni siquiera pudo evitar la destrucción de Israel por los romanos en el año 70.

Marco histórico de la época de Jesús

Antes de estudiar un poco más a fondo otros aspectos relevantes de los evangelios, vamos reseñar brevemente el marco histórico de la época que le tocó vivir a Jesús. Para ello, debemos retroceder a los tiempos de *Alejandro el Grande* cuando tomó Palestina en el año 331 a.d.C. A su muerte, Israel cayó bajo la dominación de los seléucidas, y años más tarde, en 169 a.d.C el rey *Antíoco IV*, intentó convertir a Jerusalén en una ciudad griega, lo que desencadenó la rebelión de los *macabeos*, que duró 30 años, y terminó derrotando a los *seléucidas* en el año 129 a.d.C. A partir de entonces comenzó el gobierno de los *asmoneos*, sucesores de los macabeos, que originó una pugna entre los *fariseos* a los que ellos favorecían y los *saduceos* marginados, pugna que se resolvió a favor de estos últimos, cuando en 105 a.d.C el rey de Judea de entonces, *Alejandro Janneo*, los apoyó.

Muerto éste en el año 76 a.d.C., los dos hijos de Janneo *(Aristóbulo II e Hircano II)* se disputaron el poder, y, para zanjar sus diferencias, cometieron el error de acudir a los buenos oficios del general romano, *Pompeyo*. Pompeyo los recibió en Damasco, donde tenía su residencia, pero, dándose cuenta de la lucha interna entre los judíos, aprovechó las circunstancias para marchar sobre Jerusalén, en la que, tras un asedio de tres meses, abrió una brecha en las murallas del templo, degolló a los sacerdotes refugiados en éste, se tomó la ciudad, y la destruyó con una ferocidad típicamente romana. Pompeyo otorgó a *Hircano II* el reino de Israel con plena autoridad, aunque dependiente del gobernador romano en Damasco, y, pese al intento de insurrección del año 40 a.d.C, Israel pasó a engrosar la lista de los estados vasallos de Roma.

El impacto que esto causó en el pueblo judío fue demoledor. Israel entró en efervescencia. Hubo varias sediciones. Se despertaron como nunca las esperanzas mesiánicas dormidas y comenzaron a aparecer textos apocalípticos sobre el Mesías. Uno de ellos, proclamaba: "¡Qué hermoso es el rey Mesías que ha de levantarse de entre los de la casa de Judá! Ciñe sus riñones y parte al combate contra sus enemigos y mata a reyes con príncipes. Tiñe de rojo las montañas con la sangre de sus víctimas y blanquea las colinas con la grasa de sus guerreros. Sus vestidos están empapados de sangre; se parece al que está pisando racimos" (Targum de Gn 49,11). Algo que recuerda las sangrientas profecías de Miqueas o las estelas en los que los asirios contaban sus degollinas.

En el año 37 a.d.C, *Herodes el Grande* (yerno de Hircano II, de padre idumeo y madre árabe) a quien se le atribuye la supuesta matanza de los inocentes, fue nombrado rey de Judea. Reinó hasta el año 4 d.d.C con un crueldad despiadada, y a partir de su muerte, quedó Palestina bajo administración directa romana. Desde entonces Israel no volvió a ser libre.

Es precisamente en este crucial momento histórico cuando nace Jesús bajo el reinado del emperador *César Augusto* (19 a.d.C a 14 d.d.C), por la misma época en que *Ovidio* estaba escribiendo el *Arte de Amar,* coincidencia que algunos han considerado simbólica. Su muerte ocurrió bajo el reinado de Tiberio (14 d.C a 37 d.C) en sus últimos lujuriosos años de retiro en Capri, alrededor del año 33 d.C, si es que murió de 33 años y no de 50 años como dice Juan, (8:45) en cuyo caso murió bajo el reinado de Claudio (41 d.d.C a 54 d.d.C).

Desde el año 40 a.d.C. en que *Pompeyo* se tomó a Jerusalén, hasta el año 67 d.d.C. en que Palestina trató de sacudirse el yugo romano, ésta vivió en un estado de efervescencia política muy grande. La rebelión del 67 d.d.C resultó catastrófica para los judíos, pues, *Tito,* antes de ser emperador, cayó con sus poderosas legiones sobre la Ciudad Santa, incendió el Templo, arrasó con cuanto encontró a mano y crucificó a todos los hebreos que halló aún con vida dentro de las murallas, a tal punto que, según *Josefo,* se agotaron los bosques vecinos de tantas cruces como necesitó para sacrificarlos a todos. Los pocos sobrevivientes de la masacre, se concentraron en la fortaleza de *Mazada,* en la que, tras una heroica resistencia de tres años, terminaron en el 73 d.d.C, capitulando, pero no se rindieron. Unos, se arrojaron al vacío desde las fortificaciones, y otros, se acuchillaron mutuamente. Esto provocaría la diáspora posterior de dos mil años de ese pueblo que habría de terminar sólo en 1947, con la creación del estado de Israel.

Como se comprenderá por lo anterior, la época que le tocó vivir a Cristo no pudo ser más agitada, fue una época prerevolucionaria comoquiera que 30 años después de su muerte, el pueblo judío habría de tener su más sangriento enfrentamiento con sus opresores. Empero, durante la época de Jesús ya soplaban vientos de guerra. Como siempre ocurre en los países ocupados por fuerzas extranjeras, Israel se hallaban divididos en muchas facciones enfrentadas entre sí. Dice a este respecto *J.M. Martells* en su excelente libro: *Los extravíos de la fe:* "La opresión de los romanos sobre el pueblo judío duró más de 130 años desde Pompeyo hasta la destrucción de Jerusalén y de su templo. Nadie puede creer que... un país puede ser ocupado y oprimido durante tantos años sin que la población se divida en patriotas y colaboracionistas".

Y eso fue lo que pasó en Palestina, que se fragmentó en una multiplicidad de sectas, entre las cuales unas podrían calificarse de patrióticas como las de los *sadoquitas, esenios, zelotas* (asesinos), *qumranitas* o del Qumram y otros más. Otras, era colaboracionistas, como buena parte de las de los *fariseos* y muchos *saduceos* que se separaron de los sadoquitas. Los primeros tachaban de traidores a su raza y a su religión a los segundos y los odiaban.

Los *sadoquitas* eran una secta enfrentada con el *judaísmo rabínico* de Jerusalén, consagrada a la piedad y la oración. Los *esenios,* una comunidad mística de costumbres puras y ascéticas cuyo origen no está claro. Los *zelotas,* eran los enemigos más radicales de los invasores, sobre los que Flavio Josefo anotó: "No vacilan en sufrir las muertes más terribles y el castigo de parientes y amigos con tal de no reconocer a hombre alguno". Los *fariseos,* eran miembros del *Sanedrín,* descendientes de los judíos venidos de Babilonia, de tendencia conservadora, muy apegados a la ley. Los *saduceos,* una secta aristocrática sacerdotal de gobernantes del templo de Jerusalén, descendiente de *Sadoc,* el sumo sacerdote que ungió a *Salomón,* de tendencia aún más conservadora que la de los fariseos y sus enemigos jurados. Y por último, estaban los *escribas* o *copistas* de las escrituras que a su vez eran notarios y pertenecían a la clase de los fariseos.

El descubrimiento de los rollos del Mar Muerto en 1947, sacó a la luz la doctrina y las reglas de algunas de esas sectas, en especial la de la comunidad del Qumran, donde se encontraron en vasijas escondidos esos rollos. Desafortunadamente, el cuidado y traducción de tan valiosos documentos, quedaron en custodia, desde el mismo momento en que aparecieron, de entidades y personas tan confesionales como la Escuela Bíblica de Jerusalén y el padre dominico Roland de Vaux, interesadas en mostrar que la secta del Qumran existió dos siglos antes de la venida de Cristo y tuvo apenas una influencia marginal en los religiones judeo cristianas, razón por la cual sentaron la hipótesis o *consenso* de que lo que existió en el lugar fue un monasterio regido por monjes ascetas a los que identificaron como *esenios*, pese a que esta secta sólo la mencionan un escritor romano, Plinio el Joven, y dos judíos de la diáspora, Flavio Josefo y Filón de Alejandría, pero ninguno de los escritores cristianos o judíos rabínicos de la época.

Por ésta y otras razones que vamos a estudiar, investigadores posteriores consideraron contraevidente dicha hipótesis y sugirieron que en Qumran no hubo un convento sino una fortaleza asmonea de principios del siglo I, la cual, después, se convirtió en centro de producción de cerámicas (a juzgar por los hornos) joyas, perfumes, dátiles, y otras mercancías, actividad que no encuadra con la idea de la existencia de un monasterio. Esta teoría ganó peso con el hallazgo de un cementerio próximo a sus ruinas, en el que el 30 o 40% de los cadáveres encontrados pertenecían a mujeres y niños, algo impensable en una congregación de célibes, así como con el de muchas vasijas de barro que contenían rollos y no eran hechas con arcillas de la región. Eso dio pie para afirmar que no sólo fueron los esenios quienes pasaron por ahí, sino otros judíos venidos de varias partes de Israel, los cuales, al ser derrotados por los romanos en el año 66, ocultaron en Qumran los manuscritos doctrinales de su secta.

El punto por dilucidar es a qué bando perteneció Jesús. Sin duda al de los patriotas, como se deduce por la forma como recriminaba a los fariseos y saduceos que colaboraban con Roma. "Vosotros sois hijos del diablo" les decía, (Juan 8:44) "¿Por qué no entendéis mi lenguaje? Porque no podéis sufrir mi doctrina". (Juan 8:42). Otras veces: "Sepulcros blanqueados". No hay que olvidar que entre sus apóstoles había zelotas como Judas Izcariote, Simón (Pedro) y quizás Andrés, secta fundada por Simón, el Galileo, cuando Jesús apenas tenía seis años. Y que su grupo iba armado cuando lo prendieron en el Huerto, además de que dijo: (Mt 19:34): "No penséis que he venido a traer la paz a la tierra...sino la espada". Y también (Lc 19:27): "A los que no me han querido por rey, traedlos aquí y matadlos frente a mí". No era, pues, Jesús tan pacífico como se cree

Jesús de Nazaret y los rollos de Mar Muerto

La secta del Qumran (quienesquiera fueran sus integrantes: esenios, zelotas, saduceos o una mezcla de éstas y otras sectas) era en esencia un movimieto patriota que se había separado del templo de Jerusalén y buscaba expulsar a los romanos, con la ayuda de los ángeles, lo que sólo se podía alcanzar, según ellos, siguiendo las reglas de la comunidad hasta conseguir un perfecto estado de pureza. Esta doctrina, basada en un *mesianismo apocalíptico*, estaba presente desde antes en el pueblo judío, pero lo que sorprende de ella no es su novedad, sino su similitud con el mesianismo apocalíptico del cristianismo primitivo. El mesianismo del Qumran prometía dos Mesías, uno, el de un profeta o sacerdote, descendiente Aarón, y otro, el de un rey guerrero de la casa de David que dominaría a todas las naciones. Esos dos Mesías se conviertieron en uno solo después de la revuelta del año 40, sacerdote y rey al mismo tiempo, que sería llamado Hijo de Dios e Hijo del Altísimo y expiaría los pecados de los hombres. De él se decía: "El Señor resucitará a los muertos, anunciará la Buena Nueva (o Nueva Alianza) a los humildes, colmará a los indigentes, conducirá a los excluidos y a los hambrientos enriquecerá".

El paralelismo de ese Mesías con Jesús salta a la vista. Tanto la secta del Qumran como el cristianismo predican similares creencias, como las del Reino de Dios, la inmortalidad del alma, el juicio final, la resurrección de los muertos, la proximidad del fin de los tiempos, y el Espíritu Santo. Sus escritos contienen parecidas referencias al pozo de agua viva, al sacerdocio de Melquisedec, a preparar los caminos del Señor, a la Nueva Alianza. Sus prácticas rituales, como el bautismo con agua, y las comidas con bendición del pan y el vino, son semejantes. Y su odio hacia los fariseos y su afecto por los pobres y desheredados, son idénticos.

Marcos (1: 12-14) nos cuenta que Jesús después de recibir el bautizo de Juan en el Jordán: "el Espíritu Santo lo arrebató al desierto, donde se mantuvo cuarenta días y cuarenta noches. Allí fue tentado por Satanás y moró entre las fieras y los ángeles le servían". Pero después de que Juan, el Precursor, fuera encarcelado (y ajusticiado por el rey Herodes Antipas) "vino Jesús a Galilea a predicar el evangelio del reino de Dios". La pregunta que surge es: ¿Qué hizo Jesús en esos cuarenta días y cuarenta noches (expresión esotérica que significa largo tiempo) en el desierto de Judea, cerca de Qumran, donde Juan bautizaba con agua? Juan y Jesús, eran primos y tenían una íntima relación acorde con lo que cuenta Mateo (14-16): "Por ese tiempo vino Jesús de Galilea al Jordán en busca de Juan para ser bautizado. Juan, empero, se resistía diciendo: ¡Yo debo ser bautizado de ti y tú vienes a mí! A lo cual Jesús respondió: Déjame hacer a mí como conviene y nosotros cumplamos en justicia. Juan entonces condescendió con su petición". Según eso, Juan y Jesús se conocían y admiraban desde antes del bautizo en el Jordán, pese a que Juan vivía en Judea y Jesús, en Galilea, y no por la excelencia de las enseñanzas del hombre de Nazaret, porque aún no había comenzado a predicar. ¿Entonces dónde se conocieron? Juan probablemente pertenecía a la comunidad del Qumran comoquiera que anunciaba al Mesías en sus vecindades: "Haced penitencia, porque el reino de los cielos está cerca" (Mateo, 3:1-7) y ambos compartías el mismo odio por los fariseos. Ajusticiado Juan, Jesús tomó su lugar y continuó con sus enseñanzas. Por tanto, si hubo influencia del Qumran en Juan también debió haberla en Jesús, dadas sus estrechas relaciones. Y como los del Qumran era muy estudiosos de las Sagradas Escrituras, eso explicaría por qué el hijo de un pobre carpintero de un villorrio como Nazaret, en el que había, sí, una sinagoga y quizás una precaria escuela sinagogal, tenía tanta versación en el Antiguo Testamento y sabía leer y escribir, de lo que sus paisanos se maravillaban: "¿Cómo es que éste sabe escritura sin haber estudiado?" (Jn 7,15). Sin embargo, entre Juan y Jesús había algunas diferencias. Juan seguía estrictamente los preceptos del Qumran, no tomaba vino, se alimentaba de langosta y miel silvestre, vivía en el desierto, y no vestía de blanco como los qumranitas sino con piel de camello, por lo que se ha sugerido que pudo haber sido un expulsado de esa comunidad, a los cuales se los obligaba a vivir a la intemperie alimentándose de lo que encontrasen a mano en el desierto. Jesús, en cambio, vestía a la usanza judía, tomaba vino, vivía en ciudades, y rechazaba normas rituales como lavarse las manos antes de comer y celebrar el sábado.

De lo hasta aquí dicho se puede concluir que Jesús no fue un ser sobrenatural como pretende el cristianismo, sino, un judío de la más pura raigambre, un hombre de su tiempo involucrado en los acontecimientos de su pueblo, que predicó sólo para los judíos y murió como miles de ellos, crucificado por los romanos, pero que a diferencia de aquellos mártires anónimos, dejó un mensaje religioso que por dos mil años dominó por completo el pensamiento occidental.

Consideraciones sobre la pasión de Cristo

Comenzaremos por destacar que su aparatosa entrada en Jerusalén entre vítores y palmas así como la resurrección de Lázaro poco antes en Betania, constituyeron un desafío demasiado grande para los fariseos que se reunieron y dijeron:"¿Qué haremos con este hombre que hace tantos milagros? Si lo dejamos así vendrán los romanos y nos destruirán a nosotros, al santo lugar y a la nación". (Juan, 11:47,48). A partir de ese momento la suerte de Jesús estaba echada. No vamos, empero, a narrar en detalle la historia de su pasión, porque es un tema muy conocido, sino sólo a comentar algunos episodios significativos de la misma. Empecemos por analizar su comportamiento tanto ante *Anás* como ante *Caifás,* el sumo sacerdote. Frente a ambos Jesús se presenta como el rey de los judíos. "Díjole el sumo sacerdote: Yo te conjuro de parte de Dios vivo, si tú eres el Cristo Hijo de Dios. Respondióle Jesús: "Tú lo has dicho". A tal respuesta el sumo sacerdote se rasgó las vestiduras, diciendo: "Ha blasfemado". Y lo condenaron a muerte, sentencia que bien hubieran podido ejecutar por apedreamiento como lo prescribía la ley mosaica para los blasfemos. Pero prefirieron remitírselo a *Pilatos,* el prefecto romano que había comenzado a gobernar a Israel en el año 26, por la misma época en que Jesús inició su predicación. Era el único con potestad de condenar a ser crucificados a los reos no ciudadanos de Roma. No obstante, cuando *Pilatos* les preguntó porqué no lo juzgáis vosotros, le respondieron: "A nosotros no nos está permitido matar a nadie," lo que no era cierto pues el apedreamiento era común entre ellos, (recuérdese el caso de la mujer adúltera, mencionada en los evangelios).

Pilatos, entonces, apremió a Jesús, diciéndole: "¿Eres tú el rey de los judíos?". Jesús le respondió de igual manera que a *Caifás:* "Tú lo has dicho". Sin embargo, según Juan, agregó en seguida: "Mi reino no es de este mundo. Si de éste mundo fuera mi reino, mis gentes me habrían defendido". *Pilatos* comentó a eso: "Yo no hallo delito alguno en este hombre," y al saber que era de *Galilea* se lo envió *Herodes Antipas,* el tetrarca de esa provincia, hijo de *Herodes el Grande,* quien en ese momento se encontraba en Jerusalén, y debía conocer al reo de tiempo atrás porque andaba predicando y haciendo milagros en sus dominios. Pero éste se burló de Jesús y se lo devolvió a Pilatos. Pilatos volvió a insistir entonces en que no hallaba en él ninguno de los delitos "de los que lo acusáis" y trató de salvarlo poniendo a escoger al pueblo judío entre Barrabás y Cristo. El pueblo judío escogió a Barrabás, y pidió crucificar a Jesús. *Pilatos* alegaba: "¿Qué mal ha hecho éste hombre?" Lo hizo azotar, sin embargo. Pero como el pueblo, instigado por los fariseos, continuaran pidiendo su muerte, gritándole: "Si sueltas a ése no eres amigo del César, pues que cualquiera que se hace rey se declara contra el César", una amenaza que Pilatos no podía pasar por alto, por fin accedió a ordenar su crucifixión después de lavarse las manos.

Lo primero que salta a la vista de estos episodios es que la predicación de Jesús no preocupaba a las autoridades romanas porque ellas le atribuían un carácter puramente religioso, pese a que tenía zelotas en sus filas. Para un romano educado en el derecho romano, el que alguien se proclamara rey, no de este mundo sino del más allá, podía ser signo de trastorno mental, mas no de haber cometido un delito. De lo contrario, se hubieran precipitado a condenarlo y no hubiera necesitado poner a escoger al pueblo de Jerusalén entre Barrabás y Jesús, ya que éste sólo constituía un peligro para la clase sacerdotal hebrea, para la que la afirmación de ser el Hijo de Dios, rey de los judíos, resultaba un intento de subvertir el orden establecido.

Dudas sobre la historicidad de Jesús

Jesús debía comprender que su actitud durante su juicio, lo conduciría irremediablemente al suplicio. Entonces ¿qué lo motivó a declararse hijo de Dios y rey de los judíos, sabiendo lo que le sobrevendría? No hay otra explicación sino la de que estaba resuelto a hacer cumplir en él lo que se profetizaba del Mesías en el Antiguo Testamento. El evangelio de Juan no deja la menor duda al respecto. La creencia muy difundida de que pronto vendría un salvador del pueblo judío, lo obsesionó de tal modo que creyó ser él ese salvador, obsesión que llevó hasta sus últimas consecuencias. Sin embargo, le rezaba a Dios como cualquier judío. ¿Cómo se entiende un Dios rezándole a Dios y presentando como única prueba de su divinidad, sus milagros?

"Los ciegos ven, los cojos andan, los leprosos quedan limpios, los sordos oyen, los muertos resucitan..." respondió Cristo a la pregunta de si era el que había de venir. Y en otra oportunidad (Mc. 16:17-18) dijo: "Estas son las señales que acompañarán a los que crean en mi nombre: expulsarán demonios, hablarán en lenguas nuevas, agarrarán serpientes en sus manos, y aunque beban su veneno, no les hará daño; impondrán las manos sobre los enfermos y se pondrán bien".

Ni para que decir que tales pruebas para el hombre del siglo XXI resultan poco convincentes. Expulsar demonios, dominar leguas no aprendidas, beber veneno sin emponzoñarse, y otras proezas del mismo tenor, son cosas difíciles de asimilar hoy en día. Lo que pasa es que Jesús, nombre derivado de *Yehoshúa*, o *Yeshúa*, que en hebreo significa Josué, y los griegos asimilaron a Yeshú, "era un judío fiel a las tradiciones de su pueblo y al sistema religioso de Moisés", según dicen exégetas tan respetados como *C. Augías* y *M. Pesce* en su libro: *Investigación sobre Jesús*, los cuales continúan: "Todos los conceptos fundamentales expresados por Jesús, son judíos: El reino de Dios, el juicio final, el amor al prójimo. Como judío fariseo cree en la resurrección de los cuerpos...come con arreglo a las normas bíblicas, viste con respeto a la tradición judía, hace peregrinaciones al templo de Jerusalén, observa las festividades del pueblo (como la Pascua), acude a las sinagogas, lee la *Biblia*...y reza al Señor en los momentos prescritos". Esta imagen de Jesús judío practicante contradice en tal forma la que nos enseñó el cristianismo, que cabría preguntarse como lo hace el papa *Benedicto XVI*, en su libro *Jesús de Nazaret* al afirmar: "Todo intento de conocer el pasado debe ser consciente de que no puede superar el nivel de la hipótesis, ya que no podemos recuperar el pasado en el presente". "Naturalmente, se podría preguntar por qué Dios no ha creado un mundo en el que su presencia fuera más evidente; por qué Cristo no ha dejado un rastro más brillante de su presencia, que impresionara a cualquiera, de manera irresistible. Este es el misterio de Dios y del hombre que no podemos penetrar. Vivimos en este mundo en el que Dios no tiene la evidencia de lo palpable, y sólo se lo puede encontrar con el impulso del corazón a través del "éxodo" de "Egipto". Esta poética y bella confesión contiene las siguientes valerosas afirmaciones:

- *La presencia de Dios en el Universo no es suficientemente evidente*. Este es un postulado que podría acoger sin restricción cualquier cosmólogo, astrónomo o físico teórico de la actualidad. Como explicamos en el primer capítulo, no importa cuál sea la hipótesis que aceptemos sobre la creación del Universo a partir de la *Gran Explosión*, en ninguna de estas hipótesis se ha encontrado la necesidad de introducir un factor sobrenatural llamado Dios para poder sustentarla.

Dentro de este contexto, afirmar que vivimos en un mundo en el que la presencia de Dios no es evidente como predica el papa, es correcta, pero hubiera sido claramente herética unos pocos siglos atrás, cuando no se tenía el conocimiento actual sobre el posible origen del Universo. Hace cuatrocientos años, si el cardenal *Joseph Ratzinger* hubiera cometido la imprudencia de ir a la España de don Felipe II a hacer esa declaración, posiblemente le hubiera levantado una hoguera para quemarlo vivo. Hoy sus palabras han pasado inadvertidas.

- El segundo interrogante del papa se dirige a Cristo, y *es por qué Él no ha dejado un rastro más brillante de su presencia, que impresione a cualquiera de manera irresistible*. Esta es una duda que aparece reiteradamente en el sinnúmero de artículos y tratados que se han escrito acerca de la historicidad de Jesús. Por ejemplo, el teólogo alemán *Schnackenburg*, citado también por Ratzinger, afirma: "Mediante los esfuerzos de investigación con métodos histórico-críticos, no se logra o se logra de manera insuficiente una visión fiable de la figura histórica de Jesús". Y más adelante, el mismo *Ratzin-*

ger incluye la siguiente cita del mismo autor acerca de la imagen del Cristo en los Evangelios, sobre la cual dice: "Está formada por distintas capas de tradición superpuestas de las que no se puede vislumbrar sino de lejos al "verdadero Jesús". Lo que implica que al verdadero Jesús nunca lo podremos conocer, pues los evangelios no nos presentan una imagen fidedigna de él, sino, como explicamos antes, a alguien oculto bajo una sucesión de mitos elaborados por un sinnúmero de revisores anónimos de las escrituras durante dos siglos.

Poco más adelante vuelve el pontífice a insistir sobre el mismo tema. Hace notar que mientras vivió Cristo todos le pidieron dar pruebas de lo que decía ser. Y agrega: "Esta petición acompaña a Jesús durante toda su vida, a lo largo de la cual se le echa en cara repetidas veces que no dé pruebas suficientes de sí; que nos haga el gran milagro que, acabando con toda ambigüedad u oposición, deje indiscutiblemente en claro lo que es o lo que no es. Y esta petición, se la dirigimos también nosotros a Dios, a Cristo, y a su Iglesia a lo largo de la historia: si existes, Dios, tienes que mostrarte. Debes despejar las nubes que te ocultan y darnos la claridad que nos corresponde. Si tú, Cristo, eres realmente el Hijo, y no uno de tantos iluminados que han aparecido continuamente en la historia, debes demostrarlo con mayor claridad de lo que lo haces. Y así, tienes que dar a tu Iglesia, si debe ser realmente tuya, un grado de evidencia distinto del que en realidad posee".

Esto es tanto más cierto cuanto menor es la evidencia de que en alguna ocasión haya aportado pruebas de su carácter divino. Muchas veces se las exigieron y fuera de mencionar sus milagros, no dio más demostración de ser el Cristo que la verdad de sus enseñanzas, o ser hijo de su Padre Celestial, o el haber existido antes que Abrahán, pero ni siquiera a la hora de su pasión y muerte, mostró su poder, cuando los verdugos que lo torturaban o los soldados que lo custodiaban durante la crucifixión, y hasta uno de los facinerosos a quien lo crucificaron con él, le pedían que se salvara a sí mismo, si era verdaderamente el Cristo.

Las otras fuentes históricas sobre Jesús

Los evangelios, canónicos o no, son las únicas fuentes que se consagraron a contar la vida, pasión y muerte de Jesús, pero su testimonio, al ser escrito por sus seguidores, años después de su muerte, valiéndose de la tradición oral, toda vez que no lo conocieron personalmente, no serán nunca confiables. Más de un exégeta, por eso, ha caído en la tentación de negar la existencia de Cristo, basándose en la carencia de autores contemporáneos que cuenten su historia desde el punto de vista pagano. Si bien muchos historiadores dejaron textos extensos sobre los acontecimientos del siglo I y II de nuestra era, tales como Filón de Alejandría, Juvenal, Séneca, Plutarco, Apolonio, Luciano de Samosata, Aulo Gelio, Dión Crisóstomo, Valerio Flaco, Tácito, Suetonio, Plinio el Joven, Flavio Josefo, muy pocos hicieron referencia a Jesús y los pocos, sólo en cortas frases.

Tácito, por ejemplo, dice: "Nerón, aboliendo los rumores, subyugó a los reos y los sometió a penas e investigaciones; el pueblo, por sus ofensas los odiaba, y los llamaba *cristianos,* nombre que toman de un tal Cristo, que en época de Tiberio fue ajusticiado por Poncio Pilato. La fatal superstición, reprimida por el momento, irrumpió de nuevo, no sólo en Judea, de donde proviene el mal, sino también en la metrópoli [Roma], donde todas las atrocidades y vergüenzas del mundo confluyen y se celebran".

Plinio, el Joven menciona también a los cristianos, afirmando: "Le cantan himnos a Cristo con perseverancia e inflexible obstinación". *Suetonio,* anota: "Nerón infligió suplicios a los cristianos, un género de superstición nueva y maligna". *Luciano de Samosata* escribió una pieza satírica contra ellos, llamada: *La Muerte del Peregrino,* en la que se burla de los cristianos, tachándolos de estar "tan seducidos por ese sofista al que adoran como a un dios". Como se observa, estos autores paganos se refirieron al cristianismo como secta, o a Jesús únicamente como el fundador de una secta que desprecian, pero en forma tan breve que no aportan nada para clarificar su biografía.

Flavio Josefo, es el único que se refiere directamente a él y presuntamente lo elogia, lo que ha sido motivo de gran controversia. Fue *Josefo* un fariseo nacido en al año 37, general del ejército de Israel durante la revolución contra *Vespasiano,* en la que cayó prisionero. Condenado a muerte, fue perdonado, por lo que quedó tan agradecido con los romanos, que añadió el nombre de *Flavio* al suyo.

En sus *Antigüedades Judías,* si se le cree a la versión llamada *eslava,* inserta el siguiente párrafo: "Por aquel tiempo existió un hombre sabio, llamado Jesús, (si es lícito llamarlo hombre) que realizó grandes milagros (y fue maestro de aquellos hombres que aceptan con placer la verdad). Atrajo a muchos judíos y a muchos gentiles. (Era el Cristo). Delatado por los príncipes de los judíos, *Pilatos* lo condenó a la crucifixión. Aquellos que antes lo habían amado, no dejaron de hacerlo después, (porque se les apareció al tercer día resucitado; los profetas habían anunciado éste y mil otros hechos maravillosos acerca de él). Desde entonces hasta la actualidad existe la agrupación de los cristianos".

La autenticidad de este párrafo de *Josefo* ha sido cuestionada porque resulta muy sorprendente, por decir lo menos, que un miembro de la clase sacerdotal judía, enemiga de Jesús, no cristiano, y gran admirador de los romanos, cuya obra muestra una clara intención de congraciarse con ellos, incluyera un párrafo tan laudatorio sobre Jesús, quien fue mandado a crucificar por los romanos. Por eso, se ha considerado que su testimonio fue adulterado, insertándole las torpes interpolaciones que hemos colocado entre paréntesis.

La falsificación de documentos realizada por la Iglesia de Roma

No es de extrañar que la referencia de *Flavio Josefo* a Jesús haya podido ser adulterada, interpolándole frases que le hacen decir lo que el autor no quiso decir. Esta práctica fue común en la Iglesia del primer milenio, cuando la lectura estaba tan poco extendida que emperadores como Teodorico el Grande, Carlomagno y Otón el Grande no sabían leer, y la inmensa mayoría de la población tampoco, comoquiera que la lectura y la escritura de textos estaba confinada a los monasterios, y sólo el alto clero y algunos estudiosos la dominaban. Eso facilitaba a una minoría crear documentos apócrifos que se proclamaban auténticos, sin que fuera posible verificar su contenido, toda vez que los originales estaban celosamente guardados en los archivos de las entidades responsables de esas falsificaciones.

Fue así como surgieron supercherías tan famosas como la "Donación de Constantino" y los "Decretales del Pseudo-Isidoro". El emperador Constantino, como veremos más adelante, fue el creador de la constitución monárquica y absolutista de la Iglesia romana, en detrimento de las otras iglesias como la bizantina, la griega, y la copta; y, supuestamente, le donó al obispo de Roma las provincias occidentales del imperio romano para que las gobernara. Durante siglos la Iglesia de Roma calló y dio por cierta esta donación. El emperador Pepino el Breve en 759, incluso la tomó de base para justificar la entrega de los estados pontificios al papa Esteban II a fin de pagarle el haberlo coronado. El primero en impugnarla fue el emperador de Alemania Otón III, ascendido al trono en el 983, impugnación que el Vaticano ignoró. En 1 440 Lorenzo Valla demostró de manera incuestionable que la tal donación era falsa, pero los papas no hicieron caso y siguieron conservando esos estados hasta 1870 (7 de octubre) cuando las tropas italianas de Víctor Manuel II se tomaron a Roma durante el papado de Pío IX.

Las decretales de Psuedo Isidoro resultaron otra patraña no menos escandalosa que la de la donación. Fueron preparadas por falsificadores francos, quizás clérigos, que se la atribuyeron a un tal Isidoro Mercator. Constan de unas 700 páginas con 115 supuestas epístolas apócrifas de su invención, epístolas presuntamente escritas por papas de los primeros tres siglos de la era cristiana, como Calixto, Urbano, Ponciano, Antero, Fabiano y otros, algunos totalmente desconocidos; y de 125 documentos auténticos a los que se les introdujo interpolaciones tramposas para torcer su significado.

El objeto de todos esos documentos espurios fue darle una base al obispo de Roma para legitimar el aumento de su poder político y religioso, haciéndole creer a la cristiandad que los papas siempre habían ejercido un dominio soberano sobre la Iglesia universal (lo que no es cierto) y tuvieron la autoridad final sobre los concilios de la Iglesia (lo que tampoco es cierto), bajo el supuesto de que la Iglesia primitiva se había regido desde sus comienzos por decretos papales. De esa manera la autoridad papal quedaba elevada a una posición sin precedentes. Durante el papado de Alejandro II (1080-1086) nuevas falsificaciones fueron apareciendo para legitimar el poder absoluto del papa, hasta llegar en el pontificado de Gregorio VII (1073-1085) a establecer un conjunto de cánones que llegaban al extremo de proclamar a la Iglesia romana como la única fundada por Dios; al pontífice romano como el único que podía ser llamado universal, y por eso tenía la potestad de nombrar o deponer obispos, someter a los reyes a su autoridad, exigir a todos los príncipes que le besen los pies, y hacer que su nombre sea honrado en todas las iglesias. Se partía de que como el papa era el representante de Dios en la Tierra, todos sin excepción, debían aceptar su primacía, y por tanto, las leyes del estado que entraban en contradicción con los cánones y decretos papales, debían declararse nulas.

Fue así como el pontificado adquirió durante la Edad Media un poder absoluto: coronaba a los reyes y a los emperadores, o los destituía según su voluntad, relevando a los súbditos del juramento de obediencia. Fue entonces cuando Tomás de Aquino, tomando como fundamento los Psudo Isidoros, introdujo la doctrina de la infalibilidad del papa que sólo vino a proclamarse como dogma en el concilio Vaticano de 1870 por razones políticas, cuando, para reunificar a Italia, desaparecieron los estados pontificios. También sirvieron de apoyo para redactar el derecho canónico que aún se conserva. Dice a este respecto el teólogo Hans Küng: "Todas estas falsificaciones, no son "curiosidades de la época" como lo pretenden los historiadores afectos al papa, sino que tuvieron un impacto duradero en la historia de la Iglesia. La mayoría de estas falsificaciones fueron posteriormente legitimadas por el papa, al punto de que todavía aparecen en el

Codex Jurex Canonici promulgado en 1983 por Juan Pablo II y revisado bajo la supervisión de la curia romana". No cabe duda de que el papado no se resigna a perder el poder que por tantos siglos ostentó y sigue aferrado a un pasado imperial que no volverá. ¿No hay en todo esto una intrínseca deshonestidad? ¿Qué autoridad tiene la Iglesia católica para pedirles a sus fieles que sean honestos, que no mientan, que el fin, no justifica los medios?

¿Cómo pudo venir el Hijo de Dios al mundo y no dejar rastro en la historia de su época?

La ausencia de fuentes sobre Jesucristo distintas a los evangelios, hacen que su figura no se pueda reconstruir de manera fiable históricamente, pues no hay cómo confrontar unos textos con otros para complementarlos o corregirlos. De lo transcrito se podría concluir, por eso, que si bien Jesucristo realmente existió, su vida y milagros pasó casi inadvertida tanto para el pueblo judío, que apenas si se enteró de su paso por la Tierra, como para los hombres de su tiempo, quienes también ignoraron a Cristo. La historiadora francesa, *Claude Gruber-Magitot,* lo expresa así: "La única conclusión que razonablemente se puede extraer, parece ser ésta: La persona, la doctrina y la pasión de Jesús de Nazaret no dejaron rastro alguno en la historia del pensamiento judío". Y se podría agregar: Ni en la historia de pensamiento universal de la época de Jesús.

Sólo cuando la *Buena Nueva* predicada por los primeros cristianos comenzó a ganar terreno en la Roma del siglo I, y la figura de Jesús se mitificó y deificó, fue reconocida, al principio muy tímidamente, y después de modo más general hasta cuando *Constantino el Grande,* tras la batalla del *Puente Milvio*(311) declaró al cristianismo religión oficial del Imperio Romano, con lo que dio a la Iglesia de Cristo un poder político enorme, que iría a usar con una crueldad y un fanatismo sólo comparables con el de la otra religión semítica: la musulmana.

La pregunta que surge es: ¿Cómo pudo ser que todo un Dios creador de un Universo infinito, se haya dignado bajar a la Tierra, presuntamente a salvar a los hombres, y los hombres ni siquiera lo hayan reconocido, ni él se haya dado a conocer de una manera más evidente, como lo lamenta *Ratzinger*? ¿Cómo puede existir un Dios que no se muestra, que juega a las escondidas con el hombre, que no le habla directamente en forma clara, sino por medio de intermediarios desconocidos y en acertijos, y lo deja en la duda sobre qué fue lo que quiso decir? ¿Puede ser ése un Dios providente y protector de la especie humana? ¿Que manifestación de interés ha dado por el hombre racional, si el mensaje que nos transmitió en los evangelios, si es que nos lo transmitió, no es lo bastante coherente para creer en él?

Ahora bien, si esto es así y es aceptado por muchos teólogos, incluso por todo un papa como *Benedicto XVI,* el andamiaje del catolicismo ortodoxo queda integralmente en entredicho. No tiene sentido seguir creyendo en un personaje del que se sabe tan poco y lo poco que se sabe es lo que unos autores anónimos escribieron de él un siglo después de su muerte, cuando de su vida real casi nada se conoce, oculto como está tras el mito.

Ante esta evidencia, parecería que el resto del libro de *Ratzinger* sobre Jesús, sobraría. No se entiende, entonces, por qué a renglón seguido el papa se reafirma en su fe de carbonero con estas admonitorias palabras dignas de los teólogos medioevales: "En este mundo hemos de oponernos a las ilusiones de las falsas filosofías y reconocer que no sólo vivimos de pan, sino ante todo, de la obediencia a la palabra de Dios. Y sólo donde vive esta obediencia nacen y crecen esos sentimientos que proporcionan también pan para todos". Una actitud que recuerda la de *San Agustín* cuando en el siglo III, proclamaba: "Yo no creería en los evangelios, si no vinieran avalados por la autoridad de la Iglesia católica". Estos párrafos son clásicos ejemplos del pensamiento *mitopoético* en el que la lógica brilla por su ausencia, comoquiera que fue la forma de pensar de antes de la lógica, basada en el sentimiento, o en los impulsos del corazón como lo reconoce el papa.

¿Fue Jesús el fundador del cristianismo que conocemos?

La religión judía ortodoxa fue siempre eso, la religión de un único pueblo, como casi todas las religiones antiguas, y por eso nunca fue proselitista, nunca trató de convertir a las gentes de otros países a su credo, no admitió jamás en sus ritos a extranjeros, ni los admite hoy en día sino con dificultad. El proselitismo sólo lo practican las religiones universales, como el cristianismo y en otro tiempo el islamismo, pero no las puramente étnicas o estatales como la judía. El concepto de Yahvé como dios universal, sólo lo propusieron los esenios en el siglo I a.d.C. y después el cristianismo triunfante.

Por eso el cristianismo primitivo de Israel, que comenzó como una reforma de la religión judía, fue inicialmente una religión de judíos para judíos conversos salidos del judaísmo, en tanto que éstos, al igual que Jesús, seguían conservando las prácticas y creencias judías, que se predicaban monoteístas, respetaban el sabath, se circuncidaban, utilizaban en sus ritos las Sagradas Escrituras, cantaban y rezaban en la sinagoga y celebraban la Pascua, aunque violaban prácticas como lavarse las manos antes de comer.

No es extraño que el cristianismo comenzara así, si se considera que Jesús, tanto como los doce apóstoles y sus seguidores, eran judíos de pura cepa. El mismo Cristo actuó como profeta judío cuando le manifestó a sus discípulos: "No he sido enviado sino a los hijos de la casa de Israel". Mateo (15:24). Y también Mateo lo hace decir, cuando envió a los apóstoles por primera vez a predicar: "No vayáis a los gentiles ni entréis en ciudad de samaritanos; id más bien a las ovejas perdidas de la casa de Israel". (10:5). No obstante, según Mateo, Jesús, contradiciéndose a sí mismo, al final de su vida resulta diciendo: "Id, pues, enseñad a todas las gentes, bautizándolas en el nombre del Padre, del Hijo y del Espíritu Santo, enseñándoles a guardar todo lo que os he mandado. Yo estaré con vosotros hasta la consumación del mundo". (23:19). Y Marcos: "Id por todo el mundo y predicad el evangelio a toda criatura". (16:15). ¿Cuál de las dos posiciones de Jesús refleja mejor su verdadero pensamiento? Las dos no pueden ser auténticas. Dios no se puede contradecir a sí mismo y dejar sin aclarar un asunto tan fundamental como es, si su mensaje se dirigía sólo a los judíos, o a toda la humanidad.

No obstante, la Iglesia de Roma siempre ha argüido que fue Jesús el fundador del cristianismo por que fue quien le ordenó a Pedro fundar la Iglesia: "Y yo te digo a ti que tú eres Pedro y sobre esta piedra edificaré mi Iglesia". (Mateo 16:15) En el ensayo cuarto se explicó que la palabra iglesia es de origen griego (ekklesia) y no se usaba en la Israel no helenizada de la época de Jesús, sino mucho después, cuando se impuso en Roma. Dicha palabra, sin embargo, se utilizó en la traducción al griego de la Biblia hebrea de los setenta, ordenada por *Ptolomeo II* en el 280 a.d.C., en la que la palabra *reunión* se la tradujo a veces por *ekklesia*. Por eso es tan sorprendente encontrar el vocablo griego ekklesia en boca de Jesús ya que Cristo no sabía griego ni leyó la Biblia en griego sino en arameo o hebreo su idioma original, y desconocía la traducción de los setenta. Sorprende aún más hallarla empleada en el sentido de templo como se usó posteriormente ("edificaré mi iglesia").

La Iglesia monárquica que Jesús no fundó

El conocido teólogo alemán *Hans Küng* en su libro, *La Iglesia católica* incluye las siguientes provocadoras reflexiones: "Según los evangelistas, el hombre de Nazaret nunca utilizó la palabra *iglesia*. No hay citas de Jesús dirigidas públicamente... a la fundación de una iglesia. Los estudiosos de la Biblia coinciden en ese punto: en que Jesús no proclamó ni a sí mismo una iglesia, proclamó el reino de Dios. Guiado por la convicción de estar en una época próxima a su fin, Jesús deseaba anunciar la llegada del reino de Dios, del gobierno de Dios, con miras a la salvación del hombre". "Ciertamente a la vista de muchos, ese hombre de treinta años, sin oficio ni título concreto, trascendía el papel del mero rabino o profeta, de modo tal que lo consideraban el *Mesías*. Sin embargo, con sus sorprendentemente breves actividades (como máximo tres años o talvez sólo unos meses) no pretendía fundar una comunidad distinta de Israel con su propio credo y su propio culto, ni fomentar una organización con una constitución y una jerarquía y mucho menos un gran edificio religioso. No, según todas las evidencias Jesús no fundó una iglesia en vida". Su prédica se redujo a anunciar el advenimiento del reino de Dios antes de que llegara el fin de los tiempos. La religión cristiana, no fue su obra, la fundaron sus discípulos y los discípulos de esos discípulos después de su muerte, sobre lo que recordaban de las enseñanzas de ese carismático hombre que no quiso dejarlas escritas. Su breve paso por la Tierra proclamándose Mesías, Hijo de Dios, y su aparente poder de sanación, convenció a sus seguidores, no tanto que no le pidieran pruebas de lo que decía. A este respecto dice Küng: "Los seguidores judíos de Jesús, hombres y mujeres, quedaron convencidos de que ese hombre a quien habían traicionado, ese hombre que había sido objeto de burlas por parte de sus oponentes, ese hombre que había sido abandonado por Dios y por sus semejantes y había perecido en la cruz profiriendo un agudo grito de dolor, no estaba muerto".

Por eso su mito se difundió sólo en Israel y fue creciendo hasta convertir la imagen del iluminado de Nazaret en algo sobrenatural, en el verdadero *Mesías* prometido por los profetas hebreos. Ese mito apareció en una de las peores etapas de la historia del pueblo judío, el cual, después de la destrucción de Jerusalén en el año 70, se dispersó, y necesitaba de consuelo. Inicialmente el cristianismo comenzó con una organización de comunidades preferentemente judías. Sólo después de la muerte de Pablo se creó una cierta institucionalización, pero hasta el año 110 no se habían formado los oficios de obispo, presbítero, y diácono. Pronto Roma remplazó como centro de la naciente cristiandad a Jerusalén. Si embargo, hubo que esperar hasta el siglo IV, para que con la llegada de emperador *Constantino el Grande,* la Iglesia, antes ferozmente perseguida por los emperadores romanos, tomara su rumbo definitivo. En el año 313 tras la derrota de Magencio en el Puente Milvio, el emperador *Constantino* de Oriente y el emperador Licinio de Occidente, firmaron el edicto de Milán en el que se determinaba: "No debe ser cohibida la libertad de religión, sino que ha de permitirse al arbitrio y libertad de cada cual se ejercite en las cosas divinas conforme al parecer de su alma". Dos años más tarde, en 315, se abolió la crucifixión, en el 321 se adoptó el domingo como día festivo y en el 325, *Constantino,* convocó el concilio de Nicea, al que no invitaron al *papa Silvestre,* y la supervisión recayó en el obispo de la corte bizantina, *Eusebio de Cesarea,* y en otro obispo elegido por el emperador, y la totalidad de las resoluciones fueron convertidas en leyes estatales. En ese concilio se asimiló la organización de la Iglesia a la del estado bizantino: las provincias diocesanas se las equiparó a las imperiales, cada una con su sínodo metropolitano; se adoptó el credo que hoy todavía se reza (el credo de Nicea) y se le dio un carácter monárquico a la Iglesia romana con el cual continua hasta hoy. *Constantino* le regaló al papa el Palacio Lateranense, construyó las basílicas de San Pedro y Letrán. Dicho papa fue posiblemente el primero en usar la corona real (phrygium) que después se convirtió en tiara. A la muerte de *Constantino* lo sucedió *Constancio,* quien comenzó una atroz persecución contra los paganos, persecución que *Teodosio el Grande* llevó al extremo de decretar como delito de lesa majestad la práctica de cualquier religión no cristiana.

Fue así como la Iglesia perseguida se convirtió ahora en perseguidora y terminó siendo una monarquía absoluta alejada de la humildad y el desprecio por la riqueza que predicó el hombre de Nazaret. Sin embargo, si *Constantino* no le hubiera dado a ella el poder que le dio, el cristianismo hubiera durando quizás sólo unos pocos siglos, porque la Iglesia de Roma no habría contado con las herramientas políticas para obligar, incluso bajo amenaza de los más horribles castigos como la hoguera, a creer en Jesús a los pueblos europeos y a los de sus colonias.

De lo anteriormente dicho, lo único claro es que Jesús no fue el fundador del cristianismo actual. El cristianismo que conocemos fue fundado sobre el mito de Jesús, que fue la piedra angular sobre la que se construyó el edificio, pero no fue el edificio. El edificio fue la doctrina que se estructuró sobre su memoria y sobre las antiguas creencias mesiánico apocalípticas del judaísmo, en especial en los primeros seis siglos de la era cristiana, y la interpretación que se hizo posteriormente de su mensaje evangélico, del que nunca sabremos que tanto fue de él realmente, y qué tanto de la Iglesia que se edificó sobre él.

La evidente contradicción de los evangelios en lo atinente a si la *Buena Nueva* debía predicarse a todas las naciones o únicamente al pueblo judío, generó entre discípulos y seguidores, una controversia que vino a resolverse sólo después de la muerte de Jesús, cuando éstos comenzaron a evangelizar a los gentiles, o no judíos, y se establecieron las primitivas comunidades cristianas entre el año 40 y el 60 d.d.C.

Eso suscitó una división entre los judíos helenísticos, o de habla griega, y los judaizantes, o de habla aramea, a los que más tarde se les agregaría otro grupo, que fue el de los cristianos gentiles o paganos. Estas comunidades se formaron en Jerusalén y Antioquía, donde por primera vez se usó el apelativo de *cristianos,* así como en Tesalónica, Damasco, Chipre, Éfeso, Grecia, Roma y en general en la cuenca del Mediterráneo y el Asia Menor. Dicha división no se hubiera presentado si no fuera porque Jesús no estableció claramente si quería ser un reformador del judaísmo o el creador de la primera religión universal, pues hasta entonces todas habían tenido un carácter nacional, provincial, o de una única ciudad.

Para comprender el origen de esta controversia, debe recordarse que la difusión del cristianismo coincidió con el final del período helenístico alejandrino que se prolongó desde la toma de Persia por Alejandro Magno en 331 a.d.C. hasta el siglo IV en Roma, donde la cultura griega se había constituido en la base de la cultura romana. Basta leer a los autores de la época para darse cuenta de la importancia que tenía la filosofía y la lengua de la antigua Grecia en los altos estamentos del imperio.

Esta importancia se evidencia, por ejemplo, en las Cuestiones Académicas escritas por *Marco Tulio Cicerón* en el año 46, cuyo texto dialogado al estilo *Platón* está salpicado constantemente de expresiones griegas. En uno de los diálogos, *Ático* dice a su interlocutor: "No hay inconveniente en que puedas servirte también de palabras griegas cuando no encuentres en nuestra lengua la palabra adecuada. Te agradezco lo que has dicho, pero procuraré hablar en latín, empleando sólo palabras como filosofía, retórica, física o dialéctica, las cuales, como otras muchas, tienen ya, a fuerza de usarse, naturaleza de latinas".

Se ve claramente que el griego en esos tiempos era la lengua culta de la clase dominante como lo fue el francés en muchos países de Europa y Latinoamérica en el siglo XIX, o el inglés hoy en día, cuyo uso, por la globalización, se ha generalizado. Roma, en realidad, no creó una filosofía propia, sino que desarrolló la de las distintas escuelas áticas y alejandrinas, lo que coincidió en el tiempo con la etapa más crucial de estructuración de la doctrina cristiana. No es, pues, nada raro que esa doctrina se hubiera helenizado, y que la filosofía griega terminase teniendo un influjo notable en las creencias de la Iglesia primitiva.

Labor que, como decíamos antes, generó un fuerte debate entre los que desaprobaban la helenización del cristianismo y los que la acogían. Los judaizantes consideraban que no se debía permitir la entrada de paganos a la nueva religión, y se escandalizaban de que los cristianos gentiles y helenísticos no fueran circuncidados, ni se ajustaran a la ley de Moisés como ellos. Pedro, en un principio, apoyó a los que se conservaban fieles a las preceptos religiosos judíos, mientras Pablo, quien en el año 36 tuvo su visión del camino de Damasco (tres años después de la muerte de Cristo), respaldaba a los no judíos, al punto de que en su carta a los Corintios (3:1.2) manifestaba en estos términos (7:19) su conformidad con los gentiles que no se circuncidaban: "Nada importa ser circuncidado y nada importa no serlo, lo que importa es la observancia de los mandamientos de Dios". Y en su epístola a los colosenses (3:11), decía: "En esta nueva naturaleza, no hay griego, ni judío, ni circunciso, ni incircunciso, ni bárbaro, ni escita, ni esclavo, ni libre, sino que Cristo está en todo y en todos".

La lucha, empero, no paró ahí, y cada vez se agudizó más. Pablo radicalizó su posición. En su epístola a los Filipenses llegó a escribir (3:2): "Guardaos de los malos obreros, guardaos de los circuncisos". Y en su epístola a los telonicenses fue más allá: "Los judíos mataron al Señor Jesús y a los profetas...No agradan a Dios...pues impiden que prediquemos a los gentiles para que sean salvos". La comunidad cristiana de Antioquia, entonces pidió la celebración de un concilio. Éste se realizó en Jerusalén en el año 50, cuyo obispo era Santiago el Justo, el hermano de Jesús, partidario del apego incondicional al la ley mosaica. Allí se enfrentaron los dos tendencias: la de los judaizantes ortodoxos de Santiago, y la de los gentiles cristianizados de Pablo. Triunfaron estos últimos con él a la cabeza.

Pablo, no obstante, tuvo que seguir luchando la vida entera contra los que pretendían imponer la ley mosaica a la totalidad del cristianismo naciente. Para él era obvio que si se quería difundir el mensaje de Cristo en el mundo, no se le podía exigir a los neófitos cumplir con las mismas regulaciones del judaísmo, en especial con la circuncisión. La ablación del prepucio en ese tiempo, sin anestesia ni asepsia, no debía ser de buen recibo en las comunidades paganas. Los ataques no demoraron en llegar. En *Los Hechos de los apóstoles* (21:20,21) se cuenta que le decían a Pablo: "Tu enseñas que se aparten de Moisés todos los judíos que viven entre los gentiles. Les recomiendas que no circunciden a sus hijos, ni vivan según nuestras costumbres". Pablo, no obstante, se confesaba buen judío: "Fui circuncidado al octavo día, soy de linaje de Israel, de la tribu de Benjamín, hijo de hebreos, fariseo en la ley". Y tal vez recordando el Concilio de Jerusalén, justificaba su

actitud a favor de los gentiles en su epístola a los Gálatas, diciendo: "Recono-
cieron que a mí se me había encomendado predicar el Evangelio a los gentiles, de la misma manera que se le había encomendado a Pedro predicarlo a
los judíos". No hay que olvidar que él era nacido en Tarso, no en Israel.

Sin embargo, no fue Pablo el fundador del cristianismo, como se afirma.
Según Augías y Pesce: "Pablo, al igual que Jesús, no es un cristiano sino un
judío que permanece en el judaísmo". El cristianismo comenzó en el siglo II
después de las rebeliones judías de 113 con *Ireneo*, obispo de Lyon, como lo
sugiere *Elaine Pagels*, cuando los cristianos se separaron definitivamente de
los judíos. Su constitución en una gran organización internacional con papa,
obispos, presbíteros, diáconos y fieles, poder y riquezas, sólo vino a formarse después del concilio de Nicea en el 325, en época de *Constantino*. Esa fue
la religión que se expandió por Europa y los países colonizados por Europa,
en la que cabía la humanidad entera, y se basaba en la fe en Cristo, Dios, Hijo
de Dios. No obstante, *Pablo* mucho antes ya había concebido la Iglesia como
un cuerpo místico: "Porque así como en un sólo cuerpo tenemos muchos
miembros, mas no todos los miembros tienen un mismo oficio, así nosotros,
aunque seamos muchos, formamos en Cristo un sólo cuerpo, siendo todos
recíprocamente miembros los unos de los otros".

Influencias paganas y judías en el naciente cristianismo

De las fuentes helenísticas se adaptaron, no se copiaron, muchos de los
principios hoy considerados cristianos, y de otras religiones, algunas prácticas y ritos populares en la Roma de los siglos III y IV d.dC, del tipo de los
banquetes sagrados, la comunión con el dios, los misterios paganos o las
ceremonias iniciáticas, tomadas de las antiguas religiones de Oriente Medio
(Atis, Cibeles, Mitra u Osiris), los cuales terminaron siendo parte de ciertos
sacramentos.

En el primer siglo de la era cristiana, la doctrina cristiana fue más de
orden moral que teológico, dominada por apóstoles como Pedro, Juan,
Santiago y discípulos como *Pablo de Tarso, Clemente de Roma, Ignacio de
Antioquía, Papías de Hierápolis* y otros cuya generación desapareció, y con
ella, el contacto directo con la tradición evangélica de primera mano. Esta
generación fue remplazada por la de los *Padres de la Iglesia* del II al IV siglo,
llamados *apologistas* por haber tomado a su cargo la defensa de la fe cristiana, tales como *Justino* (100-163d.d.C) *Tertuliano* (155-230), *Atanasio* (296-
373), *Juan Crisóstomo* (347-407), *Agustín de Hipona* (354-430) o *Gregorio*

Magno (540-604).

Ellos, ante la necesidad de contar con un cuerpo de doctrina cristiana sólido para proseguir la evangelización de los infieles, incorporaron a sus prédicas y escritos las ideas comúnmente aceptadas por las comunidades con las que convivían; para lo que echaron mano de filosofías y credos en boga entonces en la Roma imperial, como eran el *neoplatonismo*, el *estoicismo* y el *agnosticismo*, entre otras, algo enteramente lógico si se piensa que vivían dentro de un ambiente cargado de tradición helenística.

De la filosofía *neoplatónica* el cristianismo tomó la idea del hombre inmerso en el *Uno divino,* en el Dios universal, en el *Logos,* el *Verbo,* la *Palabra.* También, la del alma y el cuerpo, como elementos contrapuestos, creencia muy extendida desde mucho antes en las escuelas filosóficas griegas y en las sectas mesiánicas apocalípticas: el *cuerpo* considerado como la cárcel del alma, y el *alma,* como una sustancia inmortal que vive dentro del cuerpo, donde se hace esclava de la materia, razón por la que el hombre debe favorecer su alma y dominar su cuerpo, si quiere lograr la felicidad. Una felicidad no basada en los placeres carnales, sino en la virtud, en una virtud consistente en la catarsis, en la purificación del espíritu de lo material, de las pasiones. Estos principios morales, no obstante haber surgido cuatro siglos antes de la venida de Cristo, suenan a doctrina cristiana.

Algo similar sucede con los *estoicos,* la última escuela filosófica importante de Grecia después de la aristotélica. Fundada por *Zenón de Citio,* en el año 300 a.d.C, tuvo su mayor auge en el período helenístico alejandrino con *Crisipo* (281-208 a.d.C) Los estoicos adoptaron la idea de logos universal neoplatónico, identificado con la ley y la razón. Creían en que el alma humana participaba de la esencia divina, que todos los hombres: libres y esclavos, nobles y plebeyos, eran iguales; que existía la providencia divina personificada en la naturaleza porque todo lo que nos ocurre es parte de un proyecto cósmico; que era necesario el autocontrol por la razón, y la aceptación de los hechos cotidianos desafortunados con impasibilidad (*apatía*), e imperturbabilidad (*ataraxia*). Esta filosofía se difundió mucho en Roma, cuyos principales exponentes fueron *Séneca y Cicerón.* Pero también influyó en los escritos patrísticos de los siglos II al VI y en muchos pensadores posteriores como *Descartes* y *Kant.*

A las influencias helenísticas se les sumaron las mesiánicas del pueblo judío. La destrucción de Jerusalén por *Tito* en el año 70 d.d C fue tan demoledor para los hebreos, como la pérdida de la libertad a manos de *Pompeyo* en el año 40 a.d.C. Durante más de mil años los judíos esperaron un Mesías que le devolviera el poder y la gloria a su pueblo, y he aquí que Israel es destruida, y sus gentes dispersadas por el mundo, sin que el Mesías dé señales de presentarse. En ese momento los judíos se sintieron engañados por Dios, y frustradas sus esperanzas mesiánicas. Por eso, algunas sectas cristianas heterodoxas como los *gnósticos y maniqueos,* cuya influencia en el siglo II sobre las creencias de su época fueron notables, se sintieron engañadas.

Yahvé los había defraudado. Los promotores de esa doctrina como *Cerdón y Marción,* a mediados del siglo II, propusieran entonces la tesis de que había un Dios malo, que era el Jehová del Antiguo Testamento, y un Dios bueno, que era el Jesús del Nuevo Testamento. El Dios malo, fue el creador del mundo y la materia, que es lo malo, y el bueno, el creador del espíritu y la Buena Nueva, que es lo bueno, acogiendo así una dualidad mazdeísta semejante a la de Aura Mazda y Ahrimán.

Dentro de ese contexto, la mitificación del Dios bueno en contraposición al malo, servía para explicar por qué el Mesías no había dejado esperando al pueblo judío; porque ese Mesías había sido Jesús, un Mesías de consolación. No había, entonces, por qué sentirse frustrados. Por fin se habían cumplido las profecías referentes a él. Las sectas gnósticas y otras religiones duraron varios siglos. En el IV *Epifanio de Chipre,* según cuenta Otavio Paz en: *Sombras de Obras,* escribió un libro en el que lista no menos de ochenta herejías y relata una muy curiosa de gnósticos que adoraban a Cristo pero también un tal dios *Barbelo,* cuyo culto incluía banquetes en que los fieles comían y bebían hasta emborracharse para luego proceder a una orgía en que todos fornicaban con todas, por medio del coitus interruptus y con el semen que recogían en ese acto, comulgaban para unirse así con las divinidades, Berbelo y Cristo.

La Iglesia cristiana se formó sin duda sobre la vida y doctrina de Jesús, pero él no dejó nada escrito, toda vez que de haberlo dejado, habría habido sólo un evangelio y no más de veinte entre canónicos y apócrifos. Por eso su mensaje fue transmitido oralmente y escuchado por discípulos y seguidores en su mayoría analfabetos, entre los cuales sólo unos pocos debían saber leer y escribir como era común entonces. En consecuencia, nadie pudo tomar nota de sus sermones porque el proceso de escribir en pergamino era lento y dispendioso. Por tanto, todo quedó confiado a la memoria de los oyentes. Y durante la época de las predicaciones de Jesús, los pocos oyentes que sabían redactar, no pusieron nada por escrito de lo que escucharon que se sepa haya llegado hasta nosotros.

Cualquiera sabe lo difícil que es recordar enseñanzas recibidas en escuelas y universidades después de un tiempo relativamente largo. Repetir, por eso, exactamente las palabras del maestro sin equivocarse años más tarde, es casi imposible, salvo por frases sueltas que se nos quedaron grabadas.

Teniendo en cuenta esto, vale la pena preguntar: ¿Será cierto que los evangelios son la reproducción literal de las palabras de Jesús? Posiblemente, no. Lo que llegó hasta nosotros de sus enseñanzas, es en gran parte lo que estaba en el ambiente del pueblo judío antes de su nacimiento como lo revelan los rollos de Mar Muerto, junto con una variedad de creencias y doctrinas filosóficas que la influenciaron en su etapa de formación. El cristianismo no se difundió porque era fruto de una revelación divina, sino porque logró imponerse por el fuego y la espada, gracias a la enorme infraestructura de poder que el emperador *Constantino* le otorgó.

¿Cumplió Jesús una misión sobrenatural?

Dice *Ernesto Renan* en su *Vida de Jesús,* a este respecto: "Según la opinión de los contemporáneos de Jesús, para determinar si una misión era sobrenatural, sólo existían dos formas: los milagros y el cumplimiento de las profecías". Hasta hace poco esta idea seguía siendo aceptada por la mayoría de los teólogos de las diversas corrientes del cristianismo, debido al desconocimiento que existía entonces sobre las leyes de las naturaleza. El concepto del milagro surgió así de la antiquísima creencia en que las enfermedades, y en general, todas las calamidades de los hombres, eran producto de unos dioses enojados a los que se podía desagraviar con oraciones y sacrificios. Siendo estos dioses los causantes de los males, era lógico que tuvieran el poder de no infligirlos o de curarlos una vez infligidos, cuando así los fieles se lo solicitaban. El milagro se constituía por consiguiente en algo perfectamente natural dentro del orden de un Universo dominado por fuerzas sobrenaturales.

Hoy sabemos que todos los fenómenos físicos están regidos sólo por las leyes de la naturaleza impresas en la constitución misma de la materia, y que no hay ningún indicio científicamente demostrado de que estén a merced de seres superiores, o que se originen en ellos, ya que las aparentes violaciones a esas leyes no son sino desconocimiento de como operan las mismas. La verdad es que no hay cómo probar que un hecho inexplicable dentro de los cánones de la ciencia, sea un milagro de Dios. Infortunadamente, siempre llenamos esos vacíos con lo sobrenatural, pero a medida que la ciencia avanza, los presuntos vacíos desaparecen.

Jesús obró, según los evangelios, por lo menos unos 35 milagros en total: multiplicó los panes y los peces, convirtió el agua en vino, curó enfermos, expulsó demonios, caminó sobre las aguas, y resucitó muertos; prodigios que otros personajes bíblicos también realizaron como los profetas Elías y Eliseo, que resucitaron muertos, llenaron de aceite tinajas vacías, curaron leprosos, y multiplicaron panes para alimentar gente. Moisés no hizo menos: convirtió una vara en culebra, llenó de lepra su mano con sólo meterla en el seno, sacó agua a una roca, y otras maravillas. Los Hechos de los Apóstoles también abundan en curaciones portentosas y resurrecciones atribuidas a los discípulos de Jesús como la resurrección de la niña Tabita (Hechos, 13-4)

Conocida es la rivalidad entre *Pedro* y *Simón el Mago*, un samaritano nacido en Gitta. Era éste un predicador, posiblemente gnóstico, hacedor de milagros como los apóstoles, razón de su apodo el Mago, quien, admirando los portentos de los seguidores de Jesús, terminó convirtiéndose al cristianismo. Viendo él cómo con la imposición de las manos estos conseguían que el Espíritu Santo entrase en los que se las imponían, les ofreció dinero para que le vendieran ese poder, de donde nació la palabra: "simonía". (Comercio con objetos sagrados). Según el evangelio apócrifo: *Hechos de Pedro*, el final de Simón fue éste: Estaba él mostrándole sus poderes al emperador Claudio, y para probarle que era dios, voló por encima de todos, pero *Pedro* y *Pablo* que lo estaban observando, le rogaron a Cristo que lo detuviera en el aire, y al punto cayó al suelo donde fue apedreado. Hechos tan fantásticos como estos se cuentan a menudo de muchos otros personajes. Por ejemplo, de *San Francisco de Asís, Santa Clara, San Antonio de Padua* y otros santos. También de los sanadores de hoy que congregan multitudes. Sin embargo, ninguno de esos milagros, han sido probados por nadie, pues nunca se examinaron cuidadosamente los hechos antes y después de que ocurrieran. Las leyendas surgen cuando el imaginario colectivo superpone un hecho ficticio increíble sobre un hecho real sorprendente, y a medida que ese hecho increíble va pasando de boca en boca, se va deformando hasta quedar muy poco del hecho real originario. Así se crean los mitos que muchas veces terminan haciendo parte de la historia de los personajes ilustres, mitos que la crítica histórica a menudo desmonta. Los milagros de Jesús ocurrieron hace 2 000 años cuando no existían los métodos histórico-críticos actuales, y fueron contados por escritores que no estuvieron presentes durante los hechos sino que los conocieron por tradición oral. ¿Qué evidencia entonces tenemos de que son ciertos, de que hubo en la vida de Jesús multiplicación de panes y peces, resurrección de muertos, curación de enfermos, y tantos prodigios más? Si alguien ve a una persona caminar sobre el agua o resplandecer sobre un monte ¿es eso una alucinación o una realidad? Predicadores carismáticos logran convencer a multitudes de que el Sol se va a volver rojo y muchos lo ven rojo, porque el cerebro humano prefiere lo mágico, le gusta alucinar, soñar despierto. Nunca ha habido un milagro si el peticionario no tiene fe ciega en que le va a ser concedido. Su cerebro debe involucrarse en el mismo y el cerebro es una caja de sorpresas.

Contiene billones de neuronas, entre las que se cuentan las llamadas *espejo* que se encienden cuando una persona observa ejecutar en otra, una acción, incluso si esa acción aún no ha sido expresada por la otra persona. Es como si las neuronas pudieran ser activadas a distancia y entrar en contacto directo con las neuronas de los demás. ¿Puede eso explicar la influencia que una mente logra tener en otra, o en su propio organismo? Todos hemos visto que un paciente terminal resiste más tiempo si lucha por sobrevivir que si se entrega. Las células están provistas de mecanismos de defensa muy poderosos. Las ciencias biológicas son muy recientes y aún tenemos mucho que aprender.

Hay que reconocer que nunca nadie ha podido probar la realidad de un milagro, pues no hay cómo probarlo, debido a que es un hecho poco frecuente del que no se sabe cuándo y cómo va a ocurrir y por eso no se lo puede someter a investigación científica. Los casos de resurrección de un muerto, por ejemplo, se cuentan en los dedos de las manos. *Elías y Eliseo* resucitaron niños, *Ezequiel* convirtió un campo de huesos en un ejército viviente, Jesús resucitó a la hija de *Jairo,* a la viuda de *Naín,* a *Lázaro* y a él mismo; *Pedro,* a *Dorcas,* y *Pablo,* a *Eutico.* A partir de entonces no ha vuelto a ocurrir ninguna resurrección de un muerto en los últimos 2 000 años. Porque en el mundo real la resurrección de un muerto, esto es del que ha sufrido muerte encefálica, es tan improbable, como hacer caer una piedra hacia arriba. Sus neuronas se le desintegran, sus células dejan de reproducirse y todo su material orgánico se descompone hasta convertirse en otro material orgánico distinto. Que ese proceso vuelva atrás es imposible en el mundo real. Ahora bien, si el milagro no es prueba de la misión sobrenatural de Jesús, sólo quedan las profecías, pero las profecías, como todos sabemos, no son sino frases enigmáticas interpretadas de modo muy diferente según quien las interprete. Por otro lado, por las razones expuestas antes, los evangelios, no son documentos confiables. ¿Qué pruebas quedan entonces de la misión sobrenatural de Jesús?

Jesús no fue el único personaje divinizado. La divinización fue muy común en la antigüedad, pero sólo para héroes mitológicos como *Aquiles, Héctor,* o *Hércules;* objetos naturales como el Sol, la Luna, o el viento; o gobernantes como los *faraones, Alejandro Magno, Julio César* o los *emperadores romanos.* Sólo un profeta, Jesucristo, ha sido divinizado, aunque años después de su muerte, e impuesto como tal por una Iglesia monárquica prepotente, fundada sobre él y que lo usó a él para divinizarse a sí misma.

El dolor como purificación

La muerte de Jesús en la cruz, sólo se puede explicar como una aceptación de la creencia en que el dolor es una forma de expiación de los pecados, creencia, que aún subsiste en la mayoría de las religiones. Esta doctrina se basa en que toda falta debe recibir un castigo que produzca dolor físico, tanto más intenso o prolongado, cuanto más grave sea esa falta, pues sólo el sufrimiento acorde con el daño causado, es capaz de resarcir el perjuicio que con ésta se ha producido a Dios y a la sociedad.

El dolor voluntariamente infligido a una víctima se puede utilizar con uno o varios de los siguientes tres propósitos: como un ritual religioso, como una venganza personal o colectiva, o como un escarmiento. El uso del dolor como ritual religioso no es muy frecuente hoy en día; en cambio, como venganza colectiva o escarmiento para la sociedad es común en la actualidad, especialmente en los países donde existe la pena de muerte. Se condena a la silla eléctrica o a la inyección letal o a la horca, a los miembros de la comunidad que han cometido un delito tanto para desquitarse de ellos por haber roto las leyes de convivencia social, como para servir de advertencia a los que en el futuro intenten cometer los mismos delitos.

Con ese objetivo en el pasado se acostumbraba presentar los ajusticiamientos de criminales en grotescos espectáculos públicos como sucedía con la quema de herejes en hogueras con leña verde para que las víctimas murieran más lentamente, o con el apedreamiento de adúlteras con piedras pequeñas para prolongar su agonía como ocurría en el judaísmo antiguo y en el islamismo de todas las épocas, o con la decapitación con hacha o espada en un cadalso a la vista de todos, o con las torturas y descuartizamientos ofrecidas frente a un populacho enardecido. El sufrimiento del reo satisfacía a una sociedad hambrienta de venganza.

El dolor como ritual mágico, si bien tiene las mismas raíces del castigo vindicatorio, busca otros propósitos. Se parte también en este caso de que se ha cometido un pecado contra los dioses y para aplacar su cólera manifestada con catástrofes, inundaciones, erupciones de volcanes, terremotos, epidemias, tormentas, derrotas en las guerras y otras calamidades, es indispensable castigar al culpable o los culpables de ese delito colectivo, del que no se conoce autor directo. En otros casos, es el desconocimiento de las causas de los fenómenos naturales cíclicos, como los días y las noches, la sucesión de las estaciones, los solsticios de verano e invierno, las siembras y las cosechas, el que los inducía a pensar en que su control estaba en manos de ciertas divinidades, sin cuyo concurso no podían continuar produciéndose, ni el mundo podía seguir su curso. Por lo que se hacía necesario tranquilizar a esas divinidades ofreciéndoles víctimas a fin de que no interrumpieran la ocurrencia periódica de tales fenómenos.

En ambos casos se partía de que el hombre había cometido una falta (como cosa rara el ser humano siempre ha mirado toda catástrofe como castigo por su pecado); y qué mejor manera de aplacar a los dioses que presentándoles como ofrenda propiciatoria la vida de un ser inocente, un joven, un niño o un animal. El ritual del sacrificio humano, por eso, era una ceremonia cósmica de supervivencia de la especie, que debían celebrar con riguroso apego a las tradiciones para que rindiera los frutos esperados.

¿De dónde sacó el hombre la peregrina idea de que era necesario degollar, asar y comerse a una víctima para agradar a los dioses, y sólo si se les hacía ese sangriento y cruel homenaje, podían ellos perdonar y no castigar los pecados de sus seguidores con grandes dosis de sufrimiento? ¿Por qué, por milenios, el hombre ha juzgado que el dolor de la víctima purifica al victimario?

La horrorosa y extendida práctica de los sacrificios humanos

El culto al dolor tiene su máxima expresión en el horroroso y extendido rito de los sacrificios humanos. Muchos pueblos lo practicaron, entre ellos, los antiguos hebreos. De ese tenor es la siguiente desgarradora historia que narra la *Biblia* en el Génesis (22:1-19): "Levantose, pues, *Abrahán* de madrugada, tomó consigo dos mozos y a su hijo *Isaac*. Partió la leña del holocausto y se puso en marcha al lugar que le había dicho Dios. Al tercer día levantó los ojos y vio el lugar desde lejos. Entonces dijo *Abrahán* a sus mozos: "Quedaos aquí con el asno. Yo y el muchacho iremos allá arriba, haremos adoración y volveremos a vosotros".Tomó *Abrahán* la leña del holocausto, la cargó sobre su hijo *Isaac,* tomó de su mano el fuego y el cuchillo y se fueron ambos. Dijo

Isaac a su padre: "¡Padre!" Respondió éste: "¿Qué hay, hijo?" "Veo, dice, el fuego y la leña ¿dónde está la víctima? Dijo Abrahán: "Dios proveerá el cordero para el holocausto, hijo mío". Y siguieron andando. Llegados al lugar que le había dicho Dios, construyó allí el altar y dispuso la leña, luego ató a *Isaac,* su hijo, y lo puso sobre el ara, encima de la leña. Alargó *Abrahán* la mano y tomó el cuchillo para inmolar a su hijo. Entonces lo llamó el ángel de Yahvé desde los cielos, diciendo: *Abrahán, Abrahán.* Él dijo: "Heme aquí". Dijo el ángel: "No alargues tu mano contra el niño, no le hagas nada".

Este conmovedor relato demuestra que *Abrahán* se sentía culpable de tener que matar a su hijo, le miente a él, por eso, les miente a los mozos. Trata de ocultar el crimen que va a cometer sólo por cumplir con una horrenda tradición milenaria. Cualquiera puede imaginar el dolor que le causa a un padre asesinar con su mano a su propio hijo. Pero se dispone a hacerlo y el haber suspendido el sacrificio se lo ha interpretado como señal del abandono de esas prácticas desde entonces por parte del pueblo judío, lo que no es cierto.

Desde el punto de vista psiquiátrico el sacrificio de un ser querido por parte de un allegado es visto como un desorden mental. El paciente escucha una voz en su interior que le ordena ejecutar un acto de violencia contra alguien que puede ser su padre, su hermano o su hijo, y lo ejecuta. Estos casos se presenten a veces. Es un acto destructivo de una persona con un grave desequilibrio emocional. De ser así, *Abrahán* estaría enajenado, con síntomas de esquizofrenia y desorden de personalidad. Según la *Biblia,* él oyó dos voces: una que le dijo mata a tu hijo, y otra, que lo detuvo.

Sacrificios humanos como el intentado por *Abrahán* aparecen en otros libros del Antiguo Testamento. En Jueces (11:32-39) se refiere que *Jeffe* ofreció sacrificar a Dios a la primera persona que saliera de su casa si lograba vencer a los *Amonitas,* y como consiguiera su propósito, se vio obligado a matar a su propia hija virgen a quien encontró saliendo de ésta cuando regresaba victorioso de la guerra. Igualmente, en el libro de las profecías de Miqueas, dice éste: "¿Le agradará a Yahvé los millones de carneros o los diez mil arroyos de aceite (que le hemos ofrecido)? ¿Daré mi primogénito por mi rebelión, el fruto de mis entrañas por el pecado de mi alma?" Lo que implica que tan tarde como en el siglo VII a.d.C aún se practicaban los sacrificios humanos en Israel.

Lo increíble es que el cristianismo haya tomado esta clase de abominables pácticas en forma exultante para explicar la venida de Cristo. Dice *Orígenes,* el padre de la Iglesia del siglo III, nacido en Alejandría, en una de sus homilías: "El hecho de que *Isaac* llevara la leña de su propio holocausto simbolizaba a Cristo, que cargó también con la cruz. Llevar la leña del sacrificio es función propia de sacerdotes. Así pues, Cristo es a la vez víctima y sacerdote". Esta simbología clásica del lenguaje *mitopoético* se aplica también a la misa católica: la destrucción de la hostia y del vino, que se suponen la humanidad de Jesucristo, Dios y hombre a la vez, constituyen así un sacrificio, pero en el que se sacrifica al Hijo de Dios para halagar a Dios. ¿Puede haber algo más incongruente?

Por supuesto, no sólo los judíos practicaron sacrificios humanos. Muchos otros pueblos también los acostumbraban, entre ellos los fenicios de origen cananeo, y por tanto, judíos también. Los fenicios fueron una de las más importantes culturas mediterráneas. Nos transmitieron su alfabeto y fundaron algunas de las ciudades más grandes de ese entonces como Tiro, Sidón y Cartago. Pero su costumbre más espantosa fue la de sacrificar a Moloch a todo primogénito en los primeros dos años de su vida, en una ceremonia que se llamaba *molk* en la que estrangulaban a la pequeña víctima y luego la quemaban. Sus cenizas eran conducidas a un cementerio de nombre *Tofet* donde se han encontrado miles de urnas cinararias. Inmolaban, además, otro tipo de víctimas, en especial doncellas o prisioneros, cuya carne se asaba, como pretendía Abrahán hacerlo con la de su hijo, y se consumía como una forma de identificarse con los dioses.

En *Grecia* y *Roma* así mismo se realizaban prácticas similares aunque en menor escala. Célebre es la tragedia de *Esquilo: Ifigenia en Táuride* donde se recrea el sacrificio de Ifigenia por parte de su padre *Agamenón* y se trascriben las lamentaciones y denuestos de la víctima por la crueldad de la que iba a ser objeto. Sin embargo, por el influjo de los filósofos, era más frecuente en la Grecia clásica el sacrificio de animales y frutos antes que de seres humanos.

No así en Roma donde se ejecutaron este tipo de atrocidades hasta bien entrado el siglo III a.d.C, pero fueron prohibidos en el año 97 a.d.C durante el consulado de Cayo Mario, lo que no impidió que continuaran practicándose. Las espantosas matanzas del Circo y el Coliseo podrían considerarse, sin embargo, como sacrificios humanos.

En América estas ceremonias tenían un carácter aún más macabro. Sabido es que en México los aztecas les sacaban el corazón a su víctimas aún vivas y se lo arrojaban a los dioses, y en el Perú los mochicas en Chanchan, torturaban a las víctimas para hacerlas sangrar sin que murieran, a fin de poder utilizar su sangre para libar por sus divinidades.

No es el caso de continuar con la enumeración de los muchos otros pueblos que conservaron costumbres semejantes, tales como los asirios, los persas, los celtas, los mayas. Lo que no se entiende es por qué fue tan generalizado ese inhumano ritual, en el que se buscaba apaciguar la ira de los dioses a quienes se suponía ofendidos, ofreciéndoles el sufrimiento de unas víctimas, que muchas veces eran las más inocentes, las menos involucradas en el supuesto pecado colectivo de la comunidad, como los niños, las vírgenes o los prisioneros de otros pueblos de razas distintas, sin relación ninguna con los sacrificantes presuntamente pecadores.

El pecado original y su relación con el sacrificio de Cristo

En el ensayo anterior tratamos este tema desde el punto de vista científico y demostramos que la existencia de un paraíso y una primera pareja progenitora de todo el género humano, no es explicable, ni está de acuerdo con la genética y la antropología modernas. Vamos ahora a tratar el mismo tema pero desde el punto de vista teológico. El Génesis en su capítulo II, dice: "Había plantado el Señor Dios...un jardín delicioso...en donde había hecho nacer toda suerte de árboles hermosos...y también el árbol de la vida, en medio del paraíso, y el árbol de la ciencia del bien y del mal. (II,8,9) "Tomó, pues, el Señor Dios al hombre y púsolo en el paraíso...(II,15). Diole también este precepto: Come del fruto de todos los árboles (II, 16). Mas no del árbol del bien y del mal, porque si comieres de él, infaliblemente morirás". (II, 17)

En este relato mítico no se menciona el pecado original. Yahvé condena a Adán a labrar la tierra con el sudor de su frente, a Eva, a parir los hijos con dolor y a ambos a enfrentarse con la muerte, pero no le advierte que su pecado se transmitirá a su descendencia. Quizás por eso los judíos no profesaban la creencia en el pecado original de la misma manera que el cristianismo lo hizo a partir de *Pablo*. Ni los evangelios, ni el Corán hacen referencia directa a ese pecado. En el Antiguo Testamento (Génesis 2, 17) sólo se incluye el mandato antes transcrito, y en el libro santo del islamismo, el sura 17, versículo 15, dice al respecto: "Nadie cargará con la culpa ajena". ¿De dónde salió entonces esa extraña idea de que todos los hombres nacemos con un pecado original?

Uno de los primeros en mencionar el tema, si no el primero, fue *Pablo*. En su *Epístola a los Romanos*, (5:12) afirma: "Así como por un solo hombre entró el pecado al mundo, y por el pecado la muerte; así también la muerte se propagó en todos los hombres, por Adán en quien todos pecamos". Y un poco más atrás en el versículo 5:10 establece la conexión entre ese pecado y la redención de la humanidad, diciendo: "Que si cuando éramos enemigos de Dios, fuimos reconciliados por él por la muerte de su Hijo, mucho más estando reconciliados, nos salvará por él mismo". Justifica de ese modo la necesidad de la muerte de Jesús en la cruz, presentándola como una consecuencia de la transgresión al mandato divino por parte de Adán, pues si no hubo ese pecado, no se entiende por qué se necesitó la redención.

Por su parte, *Agustín de Hipona* en el siglo IV no obstante haber escrito: "No puede haber pecado que no sea voluntario. Tanto el educado como el ignorante reconocen esta verdad" defendió la existencia de la culpa original, de la necesidad de la encarnación, del bautismo de los niños, y de la doctrina dualista de la innata naturaleza pecadora del hombre en contraposición a la salvadora naturaleza de la gracia, por lo que sus contemporáneos lo acusaron de seguir siendo maniqueo como lo fue antes de abrazar el cristianismo, de seguir creyendo en la eterna lucha entre el bien y el mal.

Pelagio (417) y su amigo, *Celestio*, así como *Teodoro de Mapsuestia* (360-428), se opusieron a esta doctrina, por la época en que *Alarico* conquistó y destruyó a *Roma* (410) y con eso prácticamente puso fin el imperio romano. *Pelagio* sostuvo que el pecado original era sólo de Adán, que el hombre está libre de culpa, y que el bautismo de los niños para borrarles el pecado original después de nacer, no tiene sentido, doctrina que se llamó pelagianismo.

Celestio fue más allá, estableció los siguientes postulados que causaron gran revuelo: a) Aún si Adán no hubiera pecado, hubiera muerto de todas formas. b) El pecado de Adán lo perjudicó sólo a él y no a la humanidad. c) Los niños al nacer no son más pecadores que Adán antes de cometer su pecado. d) La humanidad ni murió por el pecado original, ni resucitó por la resurrección de Cristo. *Mapsuestia* fue más cauto pero avaló varias de esas tesis. Y por supuesto la persecución a los pelagianos no tardó en llegar. Honorio, el emperador romano que gobernaba entonces desde *Rávena*, ciudad que sustituyo a *Roma* como cabeza de lo que quedaba del imperio, emitió una orden de expulsión de todos los pelagianos de las ciudades de Italia.

La Iglesia católica, por su parte, no se quedó atrás. Convocó el *concilio ecuménico de Cartago* en el 393, para debatir la herejía pelagiana y no sólo la condenó, ratificando la posición tradicional de que el pecado original se transmitía por generación, esto es por la descendencia, sino que excluyó a Pelagio de la Iglesia cristiana y de paso le encargó a *San Jerónimo* la tarea de hacer la primera traducción de la *Biblia* al latín, que hasta entonces estaba en griego, la que recibió posteriormente el nombre de *Vulgata*.

Más tarde, en el *Concilio de Orange* del 529, se reafirmó esta doctrina, al establecer que: "El pecado de Adán ha transmitido a los hombres no sólo el pecado sino la muerte". Y volvía a insistir en que *el pecado de los niños al nacer* justificaba el bautismo, doctrina que ha permanecido intacta por más de 1 500 años, al punto que *Pablo VI* afirmó en 1 962: "Esta naturaleza humana...herida en sus fuerzas naturales y sometida al imperio de la muerte, es la que se transmite a todos los hombres".

Que *Pablo, Agustín* y el *Concilio de Orange* le atribuyeran a *Adán*, el haber introducido la muerte en el mundo, la muerte física, por su pecado de desobediencia, era comprensible hace 1 500 años; pero que la Iglesia actual siga predicando lo mismo en pleno siglo XXI, es incomprensible. Hoy sabemos que la muerte no es sólo del hombre sino de todo lo que existe en el Universo, de todos los seres vivos cuyas células están programadas para reproducirse bien sólo un cierto número de veces, para después degenerarse y morir, como veremos más adelante, y de todos los cuerpos celestes que están condenados a perder su energía y a quedar flotando, inertes, en el frío sideral. Sin embargo, ni los seres vivos distintos al hombre, ni los cuerpos celestes, tuvieron relación con el pecado original pese a que no pueden escapar de la muerte. Si el Universo es así de perecedero ¿cómo puede pretender el hombre librarse de ese destino y lamentarse de haber perdido una inmortalidad que nunca tuvo?

El pecado original ni siquiera lo mencionan los evangelios; se refirieron a Jesús como al Cordero de Dios que quita los pecados del mundo, los pecados en general, pero no al pecado del paraíso en particular. La verdad es que Jesús nunca tocó ese tema. Fueron sus seguidores los que lo propusieron a Él como víctima propiciatoria de acuerdo con la antigua creencia en que el sacrificio de un ser humano o un animal, era la forma perfecta de aplacar la ira del Dios al que se había ofendido.

La redención de la humanidad por Jesucristo se inscribe, por eso, dentro del mismo patrón de los sacrificios humanos. Adán y Eva pecaron, y sufrieron un castigo, que fue el de ser expulsados del paraíso, pero, como ese castigo no resultó suficiente a ese Yahvé vengativo, nadie sabe por qué, decidió transmitir ese culpa de generación en generación a todos los descendientes de la primera pareja. Para evitar que eso siguiera ocurriendo, lo normal dentro de la tradición religiosa hubiera sido que se escogiera como víctima a uno o varios seres humanos (al fin y al cabo estos eran los culpables), pero no fue así.

El Dios afrentado ofreció a su propio Hijo, a quien hizo hombre para que lo pudieran sacrificar los hombres, y, con su sacrificio, perdonar a los victimarios, y en ellos, a toda la humanidad pecadora. ¿No es esto absurdo? Lo curioso es que siendo Dios el agraviado, es quien ofrece de víctima a su propio hijo para que lo sacrifiquen sus ofensores, y con ese sacrificio, lo desagravien a Él.

Lo que hubiera sido lógico de acuerdo con la costumbre, si es que puede haber lógica en los sacrificios humanos, era que la víctima (que a veces podía ser un hijo como en el caso de Abrahán) la escogiera el hombre como tradicionalmente se hacía y la sacrificara el hombre para que Dios lo perdonara. Sin embargo, en el caso de Jesús, fue el Padre de la víctima, el mismo que escogió no a otro hombre, lo que hubiera sido más comprensible, sino a su propio Hijo. ¿Tiene esto alguna lógica?

¿Qué habría pasado si Poncio Pilatos, quien hasta el último momento trató de absolver a Jesús, impone su voluntad al pueblo de Jerusalén, deja libre a Cristo y éste muere de muerte natural? ¿Si no lo matan cruelmente no habría habido redención? Lo que quiere decir que el pecado original no fue un hecho preexistente, incuestionable, sino una doctrina acomodaticia del siglo V con el propósito específico de justificar la necesidad del sacrificio de Cristo, inexplicable dentro de cualquier otro escenario.

Si Dios es un ser lleno de bondad, de misericordia, como nos lo pintan los teólogos cristianos, ¿por qué no podía perdonarles a los hombres ese presunto pecado de desobediencia, si es que lo hubo, sin necesidad de recurrir a sacrificar a su Hijo? Si por ser omnipotente tenía él la libertad de perdonarlos sin sacrificarlo, ¿por qué escogió sacrificarlo para poderlos perdonar?

Y para colmo, el sacrificio de Cristo no se hizo siguiendo el rito acostumbrado, esto es, ahorcando o acuclillando a la víctima antes de cocerla para enterrar su carne o comérsela (lo que pensaba hacer *Abrahán* con su hijo *Isaac*), sino torturando en la forma más despiadada a la víctima, golpeándola, azotándola, hundiéndole espinas en la cabeza, y por último, clavándola en una cruz. En la tradición hebrea no se incluía el sufrimiento de la del ser ofrendado como componente necesario del sacrificio, sino únicamente su muerte. Pero en este caso, sólo cuando Yahvé, el vengativo, vio el espantoso suplicio a que sometieron a su hijo, se sintió satisfecho y les perdonó a los hombres una falta, que no era de ellos, sino de un remotísimo ancestro. Para cualquiera que lo piense serenamente, resulta incomprensible una historia como esa.

Y más incompresible, si uno se detiene a mirar un crucifijo, uno de esos crucifijos españoles de los que Unamuno decía: "Terriblemente trágicos son nuestros crucifijos, nuestros Cristos españoles". Si algún medio de comunicación, un periódico o un canal de televisión, por ejemplo, se atreviera a presentar la imagen de un hombre desnudo, clavado a un palo de pies y manos, chorreando sangre, lleno de golpes y heridas, con claras señales de haber sido horriblemente supliciado, se lo criticaría severamente, porque hoy en día se prefiere no mostrar en los medios escenas de crímenes demasiado escabrosos.

Pero es tanto lo que nos hemos habituado a contemplar impasibles los crucifijos llenos de llagas, espinas en la frente, y sangre en todo el cuerpo, pintados o esculpidos con el más escalofriante realismo, que no nos escandalizamos por eso; antes bien, los consideramos un espectáculo exultante, sacralizando así la crueldad y la injusticia. El mito religioso ha trastrocado en tal forma nuestros valores que nos ha inducido a considerar como digno de encomio, un crimen que debiera causarnos repudio. Y peor aún, ha tratado de hacernos creer que nosotros debemos imitar a Cristo en su sufrimiento. Pero ¿cómo creer en un Dios sádico, en un Dios que goza con el dolor del hombre, que goza con la flagelación, los cilicios, la mortificación, la penitencia, los ayunos, con el absurdo argumento de que porque él sufrió en la cruz el ser humano debe sufrir también de manera similar para satisfacerlo a él?

Adicional a lo anterior, no se ve justo acusar a todos los miembros de la especie Homo sapiens de un pecado que ellos no cometieron, sino que fue obra de un hipotético progenitor, cuya existencia hemos probado en el ensayo anterior que es prácticamente indemostrable. Y menos achacar a los niños recién nacidos ser también responsables de esa culpa, si como dice *Agustín* no puede haber pecado que no sea voluntario. ¿Y qué pecado deliberado puede haber cometido un recién nacido?

Culpar a los hijos de las faltas de los padres y castigarlos por eso, es tan aberrante que pocos códigos en el mundo han incluido una norma semejante. En la España, de los reyes católico, se pidió, después de la expulsión de los moros y los judíos, prueba de limpieza de sangre a todos sus ciudadanos para obtener puestos públicos o viajar a América, esto es, prueba de que no tenían ascendencia ni de moros ni de judíos, regulación que a menudo se quebrantaba. Discriminaciones raciales similares se han repetido en diferentes épocas a lo largo de la historia, en países como Alemania, con Hitler o el Sur de Norteamérica, con los negros, para citar sólo dos casos.

Sin embargo, muchos creyentes que lucharon contra tales discriminaciones, aceptaron y aceptan sin protestar el que Dios haya decidido discriminar a la raza humana, transmitiéndole el pecado original, incluso a los niños, cuyo bautismo no tiene ningún efecto en ellos ni en ningún hombre, pues nadie ha demostrado que el bautizado adopte una conducta moral mejor que el no bautizado. Porque la tendencia al mal no se borra con agua, ni con rezos, ni con bendiciones; la tendencia al mal está impresa de manera indeleble en los genes del animal humano sometido a la cruel ley de la selección natural y sólo se modifica con el buen ejemplo y la educación temprana, para crear redes neuronales capaces de preparar al hombre para que se defienda de sí mismo.

El incomprensible Dios del cristianismo

La creencia en un ser sobrenatural creador de todo lo que existe es universal. Salvo en la época del estado soviético y de otros estados similares, hoy desaparecidos de la geografía política del planeta, nunca ha habido una civilización atea. El hombre es el único animal que no sólo nace indefenso, sino que debe depender para su subsistencia por un tiempo mayor al de otras especies animales, de sus progenitores, de los que sólo se desprende en la adolescencia. Esa larga sujeción a un padre vigilante que lo guía, lo ama o lo castiga y una madre que lo alimenta y lo consiente, deja en la subconciencia del adulto una huella imborrable, que se traduce en una necesidad de protección.

Dice a este respecto el psicólogo Denise Saada: "Esta dependencia del niño trae como corolario un estado de inseguridad casi total. Sólo muy lenta y progresivamente la repetición (acostumbrada o pedida) de las comidas, la reaparición de las imágenes maternales, y sobre todo la constancia y la estabilidad de esas repeticiones, llegarán a neutralizar dicha inseguridad fundamental".

De aquí que las personas que han sufrido carencias afectivas en su niñez, y no han disfrutado de la constancia y estabilidad de los cuidados hogareños, sean las más necesitadas de adorar a algo o a alguien, y se vuelvan por lo general más proclives a creer en dioses o ídolos capaces de restituirles el amparo paternal, convirtiéndose a menudo así en fuerzas de choque de todos los gobernantes dictatoriales supuestamente paternalistas.

Los sans coulotte de la revolución francesa, los bolcheviques de la revolución rusa y las camisas negras de Musolini, podrían ser tres ejemplos clásicos. Esta necesidad de adoración, hace que cuanto charlatán les ofrezca la protección divina y la vida eterna, obtenga un crédito incompatible con la necedad de sus sermones.

Si a lo anterior se le agrega la dificultad para el hombre de comprender la verdadera realidad de su entorno, se encuentra la causa por la cual siempre éste ha buscado recurrir a explicaciones sobrenaturales de los fenómenos físicos, toda vez que la observación a través de los sentidos le da una imagen distorsionada de tales fenómenos.

Por ejemplo, durante milenios el hombre tuvo una concepción geocéntrica del cosmos. Lo que no es de extrañarse porque el Sol, la Luna y los diminutos puntos luminosos que veía en las noches estrelladas, giraban sobre él. Le costó, por eso, siglos entender que el sistema solar, no era geocéntrico sino heliocéntrico. Pero al creerlo geocéntrico, consideró también geocéntrico al mundo sobrenatural, esto es, centrado en la Tierra, con dioses consagrados a gobernarla; y antropocéntricos, o sea, con dioses hechos a imagen y semejanza del hombre, que le daban el pan de cada día, siempre y cuando ese hombre los adorara y les agradeciera sus favores. Eran, pues, dioses que necesitaban de nuestras alabanzas, de nuestras lisonjas para satisfacer su ego divino; dioses, en fin, humanos, demasiado humanos para ser divinos.

Infortunadamente, la imagen de esos dioses no ha cambiado en los últimos diez mil años. Sigue igual de limitada, igual de antropocéntrica y antropomórfica. Por eso decía *Voltaire* que: "Si Dios nos hizo a su imagen y semejanza no hay duda de que le hemos devuelto ese favor". Sólo si abandonamos esa concepción podremos descubrir al Dios universal, si existe, que aún no hemos descubierto, al Dios de un Universo poblado por millones y millones de cúmulos y supercúmulos de galaxias, cada cúmulo compuesto por cientos o miles de galaxias en las que hay cuasares, nebulosas, planetas, cometas, estrellas, agujeros negros, que se extienden hasta el infinito, cuya aterradora inmensidad nos abruma.

Como vimos, *Galileo* fue uno de los primeros en quedarse atónito al descubrir con su incipiente telescopio, que la Vía Látea contenía una incontable cantidad de estrellas. Y a partir de *Galileo* la visión de ese cosmos se ha venido ampliando cada vez más. No podía pensar el hombre lo mismo ayer, cuando creía en un cosmos reducido a lo que alcanzaba a observar a simple vista, que ahora, cuando tenemos enormes telescopios y radiotelescopios, y podemos enviar naves exploratorias al espacio, gracias a lo cual hemos logrado vislumbrar la verdadera inmensidad del Universo. Es precisamente el haber descubierto en la última centuria esa asombrosa realidad lo que nos ha hecho cambiar la percepción que teníamos de Dios, de la religión y de la muerte.

El Dios que creó todo ese cosmos infinito, no puede ser el mismo dios parroquial antropomorfo del pasado, sino un ser tan inconmensurable como ese cosmos, un Dios al que no nos podemos acercar mientras Él no muestre interés en acercarse a nosotros, interés del que no ha dado señales hasta hoy, al no haberse manifestado nunca de una manera más evidente como lo afirma el papa *Benedicto XVI* antes citado.

Lo primero que se debería hacer en esta labor de racionalización y desacralización de las creencias es cambiar la concepción de Dios. Hoy resulta incomprensible la imagen de un Dios gobernando en un reino celestial; rodeado por una corte de santos y bienaventurados; defendido por un ejercito de serafines, querubines, tronos, dominios, virtudes, poderes, principados y arcángeles, (¿para qué necesita un Dios omnipotente un ejército que lo defienda?), ejército, se dice, que derrotó a los demonios enemigos cuando trataron de destronar a ese Dios poseedor de una cámara de tortura (el infierno) para supliciar a quienes desobedezcan sus leyes como cualquier rey de la antigüedad; y parte integrante de una familia real divina cuya cabeza es un *Rey Padre,* que, por medio de un *Espíritu,* engendró un *Hijo* en una *Reina Madre,* que es madre del *Hijo* mas no en ayuntamiento con el *Padre,* para evitar caer en el absurdo de un Dios que necesita reproducirse. Es la misma idea del *estado cósmico* antropomorfo de las religiones mesopotámicas de hace 5000 años, calco de los *estados terrestres* de su tiempo, a los que imaginaban dependiendo de un *estado celeste* que es el reino de los cielos.

Pensar en que hubo un Padre eterno que no tuvo padre porque existe desde toda eternidad, pero que pudo ser padre de un Hijo y ese hijo fue de la misma sustancia que el Padre, y, que simultáneamente del padre y del Hijo, surgió el *Espíritu Santo,* para conformar, entre los tres, *un solo Dios verdadero* en tres personas distintas, es un postulado que se contradice a sí mismo. Si el *Hijo* y el *Espíritu Santo* provienen del *Padre,* el Padre debió haber existido antes que ellos, porque lo que proviene de algo, no puede haber coexistido con ese algo antes de haber sido engendrado por él, (engendrado, no creado, dice el credo católico), ya que engendrar significa producir algo que no existía antes de ser engendrado, pero si son coeternos, ninguna de las tres personas divinas pudo haber engendrado a las otras, por cuanto implicaría que la causa se habría causado a sí misma.

¿De dónde sacó entonces la Iglesia Católica esa incomprensible idea de la Trinidad? En los evangelios, es cierto, se mencionan al *Padre,* al *Hijo,* y al

Espíritu Santo en distinto versículos, pero no se los presenta integrados en una Trinidad compuesta por un solo Dios verdadero y tres personas distintas, igualmente eternas. El primero aparentemente en plantear esta idea, fue *Teófilo de Antioquía*, 180 años después del nacimiento de Jesús. Pero esa conceptualización de la divinidad resultó ser completamente incoherente, pues si el Hijo ya existía antes de nacer de una mujer en la Tierra, no nació como todos los hombres, porque no comenzó a existir a partir de su concepción, lo que excluye toda posibilidad de que hubiera sido verdadero hombre. Y aun si hacemos caso omiso de esa incongruencia, ¿qué clase de alma tuvo el Hijo? ¿Tenía alma de hombre o "sustancia" de Dios, o ambas fundidas en una sola? Si sólo tuvo alma de hombre, fue sólo un hombre; si sólo tuvo "sustancia" de Dios, (¿de qué "sustancia" está hecho Dios?) fue sólo Dios, y si tuvo ambas ¿qué clase de ente puede tener simultáneamente alma de hombre y sustancia de Dios? En ningún caso un verdadero hombre, porque eso no es propio de los hombres; y en ningún caso era un verdadero Dios porque tenía alma de hombre y eso no es propio de los dioses. No es cierto por tanto que el Hijo haya sido verdadero Dios y verdadero hombre como predica el dogma católico.

¿Qué se hizo el alma de Jesús, el hombre, después de que murió en la cruz? El credo niceano dice que: *Bajó a los infiernos,* y la doctrina cristiana agrega que después de la crucifixión el cuerpo y el alma de Cristo se volvieron a unir. Y así, Cristo, con alma no material y cuerpo material que ocupa un lugar en el espacio, se fue a sentar a la diestra de Dios Padre, que por no tener cuerpo material, no ocupa lugar en el espacio. ¿Cómo puede un cuerpo físico sentarse a la diestra de un ser inmaterial que no está en ninguna parte? La idea de un hombre-dios, pues, es un completo galimatías

Sin embargo, para el creyente no es un galimatías sino un *misterio*. El diccionario de la lengua define misterio como "cosa inaccesible a la razón que debe ser objeto de fe". Y se nos dice que los objetos de fe hay que creerlos, así repugnen a nuestro intelecto. ¿Pero por qué tiene alguien que creer en misterios que repugnan a su intelecto? La respuesta sería, porque se debe acatar la autoridad de la Iglesia Católica. ¿Y por qué hay que acatar la autoridad de la Iglesia católica? Si como hemos visto anteriormente, ésta tuviera pruebas evidentes sobre la veracidad de la revelación que predica y exhibiera documentos incuestionables sobre la vida y doctrina de Jesús de Nazaret, vaya y venga; pero basándose sólo en mitos y afirmaciones indemostrables racionalmente, carece de autoridad para ello.

Ya es hora de que todo este enredo de fantasías y fábulas incomprensibles deje de seguir repitiéndose hasta el cansancio. Si Dios existe, tiene que ser inimaginablemente grande, y con un poder tan infinito que pudo en un momento dado intervenir como causa primera de la conformación de un Universo inmensurable. De Él nada sabemos, ni siquiera si existe, y menos cómo está hecho y qué propiedades tiene.

La indemostrabilidad de la existencia de Dios

La única forma de validar las pruebas sobre la existencia de Dios, es analizándolas desde un punto de vista lógico y científico. Comprendo que esta afirmación va a hacer fruncir el seño a más de uno. *Kant* al respecto afirmaba: "Es absolutamente necesario persuadirse de la existencia de Dios; no es empero, necesario su demostración". Joubert, en cambio, decía: "Todo aquello que ofrece al hombre un espectáculo cuyas causas y límites no puede determinar, le hace pensar en Dios, esto es, en aquel que es infinito". Y Descartes, sostenía enfáticamente: "La existencia de Dios es más cierta que el más cierto de los teoremas matemáticos". Apreciaciones como éstas eran comprensibles en el pasado cuando lo que se ignoraba sobre la materia y el cosmos no permitía entender fenómenos tan complejos como el origen de la vida y del Universo sin recurrir a él. Pero a partir del siglo XIX, todo cambió.

El cúmulo de conocimientos adquiridos desde entonces, nos suministró una visión panorámica de la naturaleza tan amplia, que nos impulsó a confrontar esos conocimientos con las creencias ancestrales para sacar las conclusiones pertinentes, lo que nos condujo a enfrentar problemas tan debatidos como el de la existencia de Dios, tanto desde el punto de vista de la física como del de la filosofía, comoquiera que ambas trabajan con el mismo material fenomenológico, aunque con métodos diferentes: el uno puramente experimental, y el otro, puramente deductivo. Esto arrojó un poco más de luz sobre el tema.

Dice al respecto *Eisnten* en su libro: *La Física Aventura del Pensamiento:* "Los resultados de las investigaciones científicas determinan a menudo profundos cambios en la concepción filosófica de problemas, cuya amplitud escapa al dominio restringido de la ciencia (...) Las generalizaciones filosóficas deben basarse en las conclusiones científicas, y una vez establecidas y aceptadas ampliamente dichas generalizaciones filosóficas, deben a su vez influir en el desarrollo ulterior del pensamiento científico, indicando algunos de los múltiples caminos a seguir".

En otras palabras, la ciencia tiene que tener necesariamente profundas repercusiones sobre la filosofía, y la filosofía en la ciencia, las conclusiones de la una deben servir a la otra y por tanto ambas, quiera que no, deben conjugarse para acometer estudios en donde encuentren un interés común, como es el origen del Universo y la posibilidad de que haya habido algo o alguien que intervino en su creación.

La filosofía ha estado por centurias inventando pruebas sobre la existencia de Dios, pero estas pruebas resultan inconsistentes ante los avances científicos del siglo XX. Las más relevantes de ellas son las siguientes: la teoría ontológica, la teoría cosmológica, la teoría del diseño inteligente, y la del principio antrópico. Hay otras pero que ni siquiera merecen una refutación por lo ingenuas, como las de las experiencias religiosas, apariciones de seres sobrenaturales o milagros.

La teoría ontológica. Fue propuesta por *Anselmo de Canterbury* (1033-1109) monje benedictino inglés, uno de los fundadores de la escuela escolástica que dominó el pensamiento de la Edad Media. Su argumento descansa en un supuesto que ha sido muy criticado por filósofos posteriores, y es el de que la existencia es un atributo de perfección y como el Ser de mayor perfección es Dios, Dios debe existir. Se parte de que una cosa mientras exista es más perfecta que otra que sólo existe en el pensamiento y no en la realidad. Este argumento no puede ser más pobre, ni siquiera entra a explicar por qué Dios es la máxima perfección, ni por qué la existencia es una perfección.

La teoría cosmológica. Fue propuesta inicialmente por *Aristóteles* y reformulada posteriormente por *Santo Tomás de Aquino.* En su monumental Suma Teológica plateó las cinco vías por las que se llega a la supuesta demostración de la existencia de Dios, que en realidad se resumen en una sola, la segunda, la de *la causa no causada.* Sin embargo, el mismo argumento lo repitió en la primera vía, para probar la necesidad de un *Primer Motor,* en la tercera, para probar la existencia de un *Primer Ser,* y en la cuarta, para el *grado de perfección,* similar a la de *San Anselmo.* En la quinta, plantea algo parecido a lo que hoy en día se ha llama el *diseño inteligente.* El argumento de todas ellas, en principio, se reduce a considerar que todo lo que existe, sea el movimiento o la existencia, es causado por otro, porque ninguna causa puede ser causa de sí misma, y éste a su vez por otro, y así sucesivamente hasta llegar a una primera causa que no fue causado por nadie, porque fue la causa inicial de todo. *Ese ser sería Dios.* Este argumento se contradice a sí mismo, porque si existe un ser que no tiene causa, sería falso que todo ser debe ser causado por otro, pues Dios no fue causado por nadie. Y si no fue causado por nadie, ni se causó a sí mismo ¿cómo puede existir? *Sproul* dice: "Es tan imposible racionalmente para Dios existir sin una causa, como lo es para el Universo". La ciencia moderna, además, ha demostrado que no a todo se le puede encontrar una causa definida.

Por otro lado, a Dios se lo considera inmaterial, simplemente porque se da por sentado a priori que como lo material es perecedero, tiene que haber algo inmaterial no perecedero. Cabría, entonces, preguntar: ¿Cómo una causa inmaterial pudo crear seres materiales e influenciarlos, si entre la una y los otros no hay comunicación posible? Se agrega a eso, que nunca se ha probado que lo inmaterial existe y es eterno. Un ser inmaterial, es uno que no está hecho de materia, y por consiguiente, como dijimos antes, no ocupa espacio, y si no ocupa espacio, no puede estar en un lugar preciso del espacio. Un ser así no se puede mover, porque moverse implica cambiar de sitio, y él no está en ningún sitio, ni puede ejercer ninguna acción, porque para ejercer alguna acción se necesita moverse, y él no puede moverse, y por tanto, no puede haber sido el primer motor del Universo.

Por otra parte, para que exista, ha de mantenerse en continuo cambio produciendo eventos, porque si no hay eventos no hay tiempo ya que no hay ni un antes, ni un ahora, ni un después. Tiempo solo hay cuando comienzan a ocurrir sucesos, en nuestro caso, sólo después de la *Gran Explosión*. *Platón* ya lo había reconocido cuando afirmó: "El tiempo nació con el Universo".

Sentado lo anterior ¿cómo se puede explicar la existencia de un Dios eterno? La teología católica, desde la época de Boecio y santo Tomás, ha tratado de hacerlo, sugiriendo que Dios es eterno, porque su tiempo no transcurre de manera igual al de sus criaturas, sino que es, digamos, "un tiempo atemporal", que no se mide en instantes de cierta duración como el nuestro, y por consiguiente no tiene un antes y un después, sino permanece en un eterno presente sin cambiar, ni fluir. Pero ¿cómo se entiende una existencia inmutable que está ahí pero no da señales de existir, existencia para la que todos los momentos ocurren simultáneamente? Existir es actuar, el sólo contemplar lo que sucedió, lo que sucede y lo que sucederá eternamente al mismo tiempo, es actuar.

Resulta por eso inconcebible una existencia que no se manifiesta. Sólo donde hay movimiento, hay tiempo, sólo donde hay tiempo, hay existencia. Y entonces, ¿cómo pudo Dios mantenerse solitario durante toda una eternidad, de la que sólo se vino a desprender hace apenas unos 13 700 millones de años? ¿Cuántos períodos de 13 700 millones trascurrieron desde que Él existiera, dejando pasar infinitos milenios sin hacer nada? O es que ya había creado y destruido infinitos universos de los que no tenemos noticia. Sea lo que fuere, a partir del momento de la creación hubo un antes y un después tanto para Él como para el Universo y sus creaturas contingentes, con las que, según la Biblia, se puso desde entonces a compartir el día día y por consiguiente, su existencia en el tiempo y no en un eterno presente.

Hoy, a todo lo que es capaz de mover algo o producir un trabajo o hacer cualquier cambio en el Universo, se lo llama *energía.* Y la *energía* no desaparece sino que se transforma, se convierte en masa y a su vez la masa en energía, o se degrada según la segunda ley de la termodinámica, pero no desaparece. El Universo no hubiera sido posible si no hubiera habido previamente energía condensada en un punto de densidad infinita, energía que explotó y comenzó a expandirse y a transformarse en partículas subatómicas que al unirse formaron átomos, los cuales, tras miles de millones de años generaron galaxias, estrellas y planetas, hasta que en algunos de ellos un día apareció la vida. ¿No sería más lógico considerar que esa energía ubicua e indestructible debió ser la causa primera del Universo?

Podría argüirse que a los entes espirituales no se les puede aplicar la misma lógica que a los entes materiales, pues ellos tienen su propia lógica. Pero esto nos lleva a preguntar qué evidencia tenemos de que existen seres así. Ya hemos visto que no hay la menor prueba de que Dios se haya comunicado con nosotros, o que haya intervenido en el origen y evolución del Universo. Entonces ¿por qué debemos creer con tanta seguridad en un ser desprovisto de materia que no puede detectarse y que si no se puede detectar no hay cómo saber si existe?

Si Dios existe es infinitamente grande, abstracto, y a un ser así no se lo puede limitar, ni calificar, ni menos atribuirle sentimientos humanos, hablando de su ira o su bondad, de su amor o de su odio, de su venganza o su perdón, ya que no es posible ofender a quien está por encima de todos y de todo y carece de emociones y sentimientos comoquiera que, siendo un ser inmaterial, no tiene un cerebro emocional como el nuestro.

Y si no se lo puede ofender no se puede pecar contra Él. El pecado es uno de los más perniciosos inventos de la humanidad. La ha hecho sentir culpable por milenios, ha justificado el dolor como una forma de purificación, ha inducido a los sacrificios humanos y ha creado las religiones *salvíficas* que pretenden redimir al hombre del pecado, de un pecado que no puede existir. La idea de que Dios puede ser agraviado por las trasgresiones a las leyes humanas, nació de la idea de que los reyes y jerarcas religiosos son los representantes o las encarnaciones de la divinidad, y por tanto, el que viola sus leyes, ofende a esa divinidad y debe esperar no solo la horca o la hoguera en este mundo, sino horribles castigos eternos en el más allá. Es una forma de brutal intimidación a quien desafíe su autoridad. ¿Pero cómo podría una criatura tan insignificante como el hombre agraviar, lastimar o siquiera arañar a un ser tan inmenso como Dios? De Él sólo se puede decir lo que le dijo la zarza ardiente a Moisés: *"Yo soy el que soy"*.

La teoría del diseño inteligente. Esta teoría es el argumento más fuerte que se esgrime en la actualidad a favor de la existencia de Dios, en especial en Estados Unidos, donde se ha convertido en un tema político candente, promovido por ciertos grupos religiosos. En muchos estados se quiere forzar a que se enseñe en las escuelas esa teoría como un dogma incuestionable, en contraposición a la teoría de la evolución de Darwin.

Según *Dawkins* en su libro: *El espejismo de Dios,* la lógica creacionista parte de que hay muchos fenómenos naturales demasiado complejos y demasiado bellos como para poder existir por simple casualidad. Para explicar este concepto, vamos a suponer que alguien se pone a apostar en una ruleta a un solo número; puede que no gane en la primera vuelta, pero va a llegar el momento en que su número sale por azar. Si calculo la probabilidad de que esto ocurra, voy a encontrar que es grande. En cambio, si él escoge en la ruleta una sucesión de doce números en un cierto orden y espera a que ganen en una serie de jugadas sucesivas en ese mismo orden, la probabilidad de lograr su propósito, es muy baja. De pronto sólo lo podría conseguir insistiendo todos los días durante años o centurias.

Aplicando este mismo razonamiento al caso de la evolución, si se calculan las probabilidades de que por puro azar se formen moléculas de amoníaco juntando en un matraz hidrógeno y nitrógeno, (los componentes del amoníaco) de seguro la posibilidad va a ser alta. Pero si se juntan en un matraz azúcares, ácido fosfórico, y bases nitrogenadas de adenina, guanina, timina y citosina, la probabilidad de que se formen moléculas de ADN por puro azar, es extremadamente baja.

Algo similar acontece con los seres vivos o los órganos de los seres vivos. Por ejemplo: El cerebro animal es tan sumamente complicado en su estructura neuronal, que en el hombre, contiene 1 000 billones de neuronas, separadas por 600 000 billones de sinapsis, que si se calcula cuál es la probabilidad de que se haya formado por pura casualidad en una sola mutación un cerebro como ese, la probabilidad resultaría casi nula. Igual podría decirse del ojo animal con sus mecanismos para enfocar los objetos a diferentes distancias, y de otras *complejidades irreductibles,* como las suelen llamar los creacionistas.

Tal teoría incurre en dos falacias. La primera es considerar que la evolución de esas complejidades irreductibles se produjo en un solo evento puntual cuya probabilidad de que ocurra por azar, resulta insignificante. El error está en que la evolución de las especies y sus órganos no se produce en un solo evento, sino en una sucesión de millones de pequeños eventos. El cerebro de los vertebrados tardó 500 millones de años en formarse en progresivos saltos genéticos, en los que primero surgen las partes más simples, y luego, las más complejas, a través de un número incontable de mutaciones; de manera que si se quiere calcular la probabilidad de que se produzcan esas complejidades irreductibles, se requiere calcular antes la probabilidad particular de cada mutación, y relacionarla por medio de un algoritmo matemático con la siguiente, y ésta con la siguiente y así en una serie de iteraciones, hasta obtener la probabilidad del producto final.

Eso es en lo que no han caído en la cuenta los creacionistas que se ponen, por ejemplo, en la tarea de calcular la probabilidad de que se hayan producido por azar diferentes órganos vegetales o animales especialmente complicados, como las alas de los pájaros, y encuentran que esa probabilidad es muy baja, sin fijarse en que dichas alas necesitaron evolucionar paso por paso durante 450 millones de años para adquirir la complejidad que poseen en la actualidad.

Si quisiéramos hacer ese cálculo de probabilidades, por otra parte imposible de plantear por falta de datos, tendríamos que comenzar por calcular la probabilidad de que a un reptil (un saurio) se le diminuyera el tamaño de las mandíbulas y los dientes, después, de que se le acortara la cola, en seguida, de que le comenzara a salir pico, más tarde, plumas y luego, alas, en esa u otra sucesión, hasta llegar a formar un acheopterix, el primer pájaro, del que no se sabe si podía volar. Pero tratar de calcular directamente la probabilidad de la formación de un ala o de un ojo, en un solo evento, no es posible porque la evolución de esos órganos fue progresiva y se desarrolló en millones de etapas.

Si hubiera habido una sola mutación cada mil años, (el tiempo entre la Alta Edad Media y el siglo XXI) los organismos vivos habrían alcanzado a tener 35 millones de mutaciones progresivas en los 3 600 millones de años que la vida lleva evolucionando. Se comprenderá que en períodos de evolución tan largos, la selección natural haya ido produciendo seres cada vez más complejos, sin necesidad de un diseñador inteligente para dirigir el proceso.

La suma de una serie de eventos ligeramente improbables, hace más probable la evolución de un ente más complejo, y por ende, menos probable.

Según el famoso matemático *Poincaré*, en su libro *Ciencia y Método:* "El azar es sólo una medida de la ignorancia. Los fenómenos aleatorios son, por definición, aquellos cuyas leyes ignoramos". Pone por ejemplo el caso de una ruleta de la que no sabemos en qué casilla va a caer la canica. No lo sabemos porque no conocemos la fuerza con que el croupier va a impulsar el plato giratorio o a tirar la bola. Si lo supiéramos con precisión, podríamos predecir de antemano a donde va a caer. Lo mismo sucede con los fenómenos biológicos. Nada más aleatorio que una fecundación, pero si conociéramos de antemano las características exactas de cada uno de los más de 150 millones de espermatozoides que contiene una eyaculación, posiblemente podríamos predecir cuál de ellos va a fecundar el óvulo. O si pudiéramos, por ejemplo, predecir qué clase de estímulo en una célula puede hacerla mutar de célula productora de un tejido de labios, a célula de un tejido de pico, podríamos predecir la manera como un reptil comienza a volverse pájaro y quizás en qué momento llega a serlo. Pero como eso no lo conocemos, se lo atribuimos al azar.

La segunda falacia de los creacionistas consiste en afirmar que como el supuesto diseñador inteligente del Universo no puede ser la casualidad, tiene que ser forzosamente un Dios sobrenatural. La antinomia de la existencia de Dios es una de las cuatro identificadas por *Immanuel Kant* en 1781 en su obra: *Crítica de la razón pura.* Según él, una antinomia surge cuando se postula una tesis basada en la razón pura, esto es en especulaciones metafísicas que no se pueden probar o negar con algún tipo de experimento, como es el caso de Dios, a quien nadie ha visto y de quien no hay signos detectables de su existencia en el mundo físico. A esta tesis se opone una antítesis contraria a la tesis anterior, con argumentos que tampoco se pueden demostrar experimentalmente, de donde resulta un conflicto de ideas en un plano puramente hipotético que trasciende la realidad, y, por eso mismo, nunca se logra resolver, hasta encontrar la manera de validar la veracidad ya sea de la tesis o de la antítesis, con hechos comprobables en el campo fenomenológico real.

Sin embargo, la antinomia no implica que si se prueba la tesis, la antítesis es falsa, y viceversa, si se prueba la antítesis, la tesis es falsa, entre otras cosas porque, por definición, en la antinomia no hay pruebas irrefutables ni de la tesis ni de la antítesis. Y en el supuesto de que la balanza se inclinara más en un sentido que en el otro, habría que investigar si existen alternativas intermedias que soslayen el problema sin darle la razón a ninguna.

Por ejemplo, si pruebo que un objeto no es blanco, no puedo concluir que debe ser negro, pues bien puede ser gris o rojo. Igualmente, si pruebo que en algunos casos la evolución tiene baja probabilidad de haber sido la causa de determinado fenómenos natural, no puedo concluir que en ese caso la causa debe ser Dios. El hecho de que haya un vacío en el conocimiento de ese específico fenómeno natural, no implica que debamos considerar la intervención de un ente sobrenatural, y rechazar la teoría de la selección natural, toda vez que existen evidencias de que ésta se cumple en todos los casos conocidos.

Darwin ya lo había advertido: "Si se lograra demostrar que cualquier órgano complejo... no pudiera ser formado por numerosas, sucesivas, y ligeras modificaciones, mi teoría quedaría absolutamente rota. Pero no puedo encontrar un caso así" A lo cual Dawkins (con quien no comparto su radicalismo antirreligioso) comenta: "Si se encuentra un vacío en el conocimiento, se asume que Dios debe llenarlo...Los místicos se regocijan en esos misterios y quieren que sigan siendo misteriosos. Los científicos, en cambio, se regocijan en los mismos misterios, pero por una razón bien distinta: porque les abre un nuevo campo de investigación".

El principio antrópico. Este principio parte del supuesto de que el Universo parece diseñado específicamente para producir vida, cuya enunciación inicial la hizo *Alfred Rusell* en 1903 así: "Un Universo tan basto y tan complejo como el que sabemos nos rodea, puede ser absolutamente necesario para producir un mundo adaptado al desarrollo de la vida..." Tema que retomaron *Brandon Carter* en 1973 al igual que los físicos *Barrow* y *Tipler* en 1986, para postular que cualquier teoría cosmológica que no llegue a esa conclusión, es errónea. El principio antrópico expresado en esos términos es una simple tautología, porque nadie niega que una teoría si no se ajusta a los hechos que predice, no es válida.

Distintos autores han vuelto sobre el tema recientemente, y planteado una variedad de versiones de este principio etiquetadas como *fuerte* o *débil* según su particular visión, cuyo meollo podríamos sintetizar de la manera siguiente: el Universo está orientado a producir vida en sus últimas etapas, cuando lo que sucedió fue todo lo contrario, que la vida apareció porque en el Universo y en nuestro planeta, se dieron las condiciones exactas para que apareciera. La materia posee desde el mismo momento de la *Gran Explosión* un conjunto de leyes que la inducen a volverse cada vez más compleja, a pasar de la energía pura a las partículas subatómicas, de las partículas subatómicas a las atómicas, de las atómicas a las moleculares simples, de las moleculares simples a las complejas y de las complejas hasta las enormemente complejas que hicieron posible la aparición de los primeros seres vivos acuáticos, que eventualmente abandonaron el agua y se convirtieron en anfibios, y después en reptiles y dinosaurios, cuya desaparición dio origen a los mamíferos superiores, hasta llegar en el último millón de años, a los homínidos, y al Homo sapiens, capaz de pensar racionalmente al igual que los demás seres pensantes que de seguro pueblan el Universo.

Porque resulta inconcebible creer que ese proceso de racionalización de la materia inerte sólo se produjo en la Tierra. De acuerdo con la física moderna las leyes del Universo son válidas en cualquier lugar del mismo, y si produjeron seres racionales en nuestro planeta y nuestro planeta no es sino uno de los miles de millones de millones de planetas que hay en los millones de millones de estrellas del Universo, la vida debe haberse presentado también en otros planetas, toda vez que se han encontrado evidencias de agua en Marte y en la Luna, así como actividad orgánica primitiva en algunos asteroides, cometas y meteoritos, y determinado, por espectroscopia, abundancia de moléculas orgánicas complejas precursoras de la vida en algunos puntos del cosmos y carbono en las estrellas a medida que envejecen. Al este respecto el científico inglés *Stephen Hawking* dice en su reciente libro *The grand Design*: "Eso (que exista vida en otras partes del cosmos) hace que la coincidencia de nuestras condiciones planetarias: el único sol, la afortunada combinación de distancia Tierra-Sol y masa solar, sea menos excepcional y menos convincente como prueba de que la tierra fue cuidadosamente diseñada para satisfacer a los seres humanos".

En estas condiciones el conjunto de leyes que regula la materia vendría a ser, en cierta manera, el diseñador inteligente que buscan la mayoría de los creyentes, comoquiera que ese conjunto de leyes dirigió la creación de todo lo que existe, diseñador al que no sería legítimo asignarle la denominación de Dios, porque no es inmaterial, ni personal, ni antropomorfo como el Dios de las religiones, sino la razón misma por la que el Universo es como es y no distinto, y nos da la apariencia de tener una orientación que no es sino la meta hacia donde nos lleva la ignorancia de las causas que llamamos casualidad. A la pregunta de quién creó esas leyes, se podría responder que nadie, que son inmanates en la misma constitución de la materia, sin necesidad de un ordenador con una inteligencia similar a la humana.

Por eso, a Dios, si lo necesitamos, sólo podemos acercarnos por la fe, sin preocuparnos por el contenido de verdad que pueda haber en esa hipótesis. Tratar de demostrar su existencia es practicamante imposibe. La ciencia cada vez lo necesita menos. *Hawking* en 1988 ya lo había dicho en su *Breve Historia del Tiempo*, que sus teorías cosmológicas dejaban muy poco espacio para la idea de un Creador, y que como el espacio tiempo es finito pero no tiene fronteras no hubo ningún principio, ni ningún momento preciso en que se produjo la Creación. Sugiere que no sería ni creado ni destruido, sino simplemente existiría. En su reciente libro va más allá: "Dado que hay una ley como la de la gravedad, el Universo puede crearse y se crea a partir de la nada. Y no es necesario invocar a Dios como su origen". Basa esta afirmación en que el Cosmos y el tiempo físico están inmersos en una quinta dimensión diferente a las del espacio tiempo, cuyas condiciones fueron las que desencadenaron el Big Bang que lo originó hace 13 700 millones de años.

Consideraciones finales

Decíamos antes que a Dios sólo podemos acercarnos por la fe, pero la fe no es factible consiguirla sino humillando la razón, pues como decía *San Agustín:* "Nadie cree nada si no ha pensado que debe creerlo". Fue así como procedieron las religiones judeocristianas de Occidente, las cuales terminaron creyendo no en uno sino en cuatro dioses distintos, hibridados entre sí, como lo fueron: *Yahvé, Jesús de Nazaret, el Padre Celestial y Jesucristo. Yahvé,* el más antiguo, fue y es el Dios nacional judío, un Dios justo pero irascible e implacable que supervisaba cada uno de los acontecimientos políticos, religiosos e incluso familiares del pueblo hebreo. *Jesús de Nazaret* fue el profeta judío que predicó en Israel y para Israel una doctrina de amor y paz, quien, como dice *Mauro Pesce* en su *Investigación sobre Jesús:* "Sueña con un reino de Dios futuro en el que por fin triunfe la justicia, un reino milenario de bienestar, de saciedad para lo hambrientos, de reconciliación y amistad también para la naturaleza. Es el reino de Dios, del que será expulsado para siempre Satanás, el príncipe de este mundo". El *Padre Celestial* era el Dios que protegía del mal a los hombres, en especial a los pobres, les daba el pan de cada día, y les perdonaba sus pecados, el Dios tantas veces invocado por el hombre de Galilea; y *Jesucristo,* el Jesús que murió en la cruz y fue divinizado por sus seguidores después de su muerte.

De esa manera las religiones judeocristianas de Occidente terminaron sustituyendo una divinidad por otra. Sobre el antiguo y terrible dios Yahvé de los hebreos, Jesús sobrepuso al Padre Celestial bondadoso de sus predicaciones, y sobre la de ese Padre bondadoso, el naciente cristianismo sobrepuso la idea de un Jesucristo crucificado, convertido en Dios de toda la humanidad. Hoy el cristiano rara vez se acuerda del Dios Padre a quien el hombre de Nazaret le rezaba, a quien en sus últimos momentos le reclamó por haberlo abandonado. Confunde a Dios Padre con Jesucristo; el Jesucristo que la Iglesia de Roma nos ha venido predicando y que no es exactamente igual al profeta de los pobres.

Conrado Augías remata su *Investigación sobre Jesús,* diciendo: "Cuando se examinaron con escrupulosa minuciosidad filológica las *Sagradas Escrituras,* los especialistas descubrieron al menos dos características en ellas: la primera que esos textos se habían manipulada varias veces a lo largo de los siglos; que en un análisis detallado éstos revelan tal cúmulo de contradicciones que no permite compararlos entre sí. A partir del siglo XIX cuando la bibliografía y la exégesis bíblica se aplicaron al escrutinio meticuloso de los textos, se estableció una separación dramática entre lo que se *debía creer* y la evidencia de que las Escrituras son el resultado de diversas circunstancias, revisiones y manipulaciones, y que deben leerse como tales".

Quizás por eso, el Jesús de los evangelios, no nos da una idea clara sino contradictoria con respecto a lo que Él pensaba de sí mismo y de su misión en la Tierra. Sus admiradores le dieron los títulos de *Hijo de David, Hijo de Dios, Mesías prometido.* Él, en cambio, alternaba los títulos de *Hijo del Padre, con el de Hijo del hombre, pero nunca dijo abiertamente de sí mismo que se consideraba Dios.* Llegó a decir que el Hijo del hombre vendría después de su muerte, acompañado de legiones de ángeles, y quienes lo hubieren rechazado, serían humillados. También dijo que existía antes que Abrahán. *San Juan* es quien mejor establece la relación entre Él (Jesús) y su Padre, en especial en los capítulos XIV al XVIII. En ellos se lee: "¿No creéis, acaso, que yo estoy en mi Padre y mi Padre está en mí?" (XI-10) "En verdad en verdad os digo que lo que pidieres a mi Padre en mi nombre, os lo concederá". (XVI-23). "Salí de mi Padre y vine al mundo; ahora dejo al mundo y voy a mi Padre". (XVI-28). "Mas por esto mismo, con mayor empeño los judíos andaban tramando quitarle la vida, porque no solamente violaba el sábado sino que decía que Dios era su padre, haciéndose igual a Dios, por lo que tomando la palabra, les dijo: En verdad en verdad os digo, que no puede hacer el Hijo cosa alguna fuera de lo que viere hacer al Padre; porque todo lo que éste hace lo hace el Hijo". (V-18) Y más adelante, contradiciéndose: "No puedo hacer cosa alguna de mí mismo. Yo hago según oigo (de mi Padre)... porque no pretendo hacer mi voluntad sino la de aquel que me envió". Repite lo mismo en el (XVII-8): "Yo les dí las palabras que tú me diste" Y en el

(XIV-289 Jesús se declara inferior a su Padre. "Mi padre es mayor que yo". Por último Marcos (XIII-35) pone a Jesús confesando que su Padre no le ha revelado todo. Por eso el padre de la Iglesia, Orígenes (185-254) sostenía: "Nadie puede ser tan simple para afirmar que el Hijo del hombre está por encima de Dios", tesis que la Iglesia de Roma se negó a aceptar.

Por lo transcrito, que son sólo unas pocas frases de las muchas que los evangelios contienen sobre el tema, se hace evidente que Jesús, nunca se promocionó a sí mismo como Dios; aceptó, sí, que otros lo tomaran por Hijo de Dios, como cuando Pedro le dice a Jesús: "Tú eres el Cristo el hijo de Dios vivo", y Jesús calla (Mateo XVI-16,17); o por Dios cuando Tomás mete el dedo en la llaga de su pecho y exclama: "Señor mío y Dios mío"(Juan, XX-28) y Jesús responde: "Tú has creído porque me has visto". Pero cuando un sujeto poseído por un espíritu inmundo le grita al igual que Tomás (Marcos I-24): "Ya se quién eres, el Santo Dios", le replica: "Enmudece y sal de ese hombre".

Con tan contradictorias declaraciones, Jesús nos dejó en la duda acerca de cuál era su relación con su Padre, si de igualdad o de subordinación. Se consideraba sí un ser sobrenatural, superior a los demás hombres, pero jamás pidió que lo adoraran y le rezaran a Él sino a *su Padre*: "Lo que pidieres a mi Padre en mi nombre, os lo concederá," dijo. Y también: "Mi padre es mayor que yo"; "no pretendo hacer mi voluntad sino la de Aquel que me envió" y "mi Padre no me ha revelado todo". Los judíos lo acusaban de que quería hacerse igual a Dios al afirmar que "Dios era su padre", pero se equivocaban porque un Hijo de Dios no necesariamente tiene que ser Dios.

Esa creencia nace de la experiencia humana; comoquiera que el hijo de un ser humano será siempre un ser humano, como sucede con todos los seres vivos que se reproducen por cromosomas y por eso dan siempre vida a un ser de su misma especie. Pero como Dios no se reproduce así, ni siquiera cabe argüir el principio escolástico de que todo ser engendra forzosamente uno semejante a sí mismo, ya que ese principio no se aplica a un ser abiótico e inmaterial como Él, sobre el que no podemos ni siquiera vislumbrar qué resulta cuando se replica, si es que se replica, porque ¿para qué necesita replicarse un Dios que no va a ser remplazado nunca dado que existe por toda la eternidad? No se entiende, por eso, de dónde sacaron los teólogos de los siglos I y II la idea de que el Jesús de la fe era "Dios, Hijo de Dios, de la misma sustancia del Padre" lo que Él no se atrevió a afirmar nunca.

¿Quién era entonces el hombre de Nazaret? *Mauro Pesce* lo describe así: "Jesús era un judío que no quería fundar una nueva religión. No era un cris-

335

tiano. Tenía la convicción de que el Dios de las Sagradas Escrituras estaba empezando a transformar el mundo para instaurar su reino en la Tierra. Estaba totalmente concentrado en Dios y rezaba para comprender su voluntad y obtener sus revelaciones, pero también estaba por completo concentrado en las necesidades de los hombres, sobre todo de los más pobres, y los que recibían un trato injusto. Su mensaje era inseparablemente místico y social".

Sin embargo, sus deseos no se cumplieron. Nada de lo que predijo se le materializó, pese a que había pronosticado: "En verdad en verdad os digo que no pasará esta generación sin que se hayan cumplido estas cosas". Juan (XIII-29,30). Porque Jesús fue un mal profeta. Ni sobrevino el reino de Dios que tanto prometió; ni salvó al hombre del pecado, pues sigue igual de pecador que antes; ni llegó el fin de los tiempos que consideraba próximo; ni Dios le dio el trono de su padre, David, para derrotar a los enemigos de Israel, comoquiera que la nación judía pereció en el año 70 poco después de su muerte; ni tampoco ha vuelto con una corte de ángeles a humillar a los que se le oponían, como le pronosticó a sus discípulos.

Por último, permitió que su imagen fuera distorsionada durante el primer milenio de la era cristiana a fin de ajustarla a las necesidades políticas de la ya para entonces *poderosa Iglesia de Roma.* Una Iglesia que se creó sobre sus enseñanzas, pero que se apartó de su espíritu de modestia y desprecio por el boato personal, y se consagró a introducir la pureza ritual y el rigorismo teológico de los fariseos a quienes tanto fustigó en vida; toda vez que la nueva jerarquía católica de papas y obispos, terminó imitando a esos príncipes en sus ceremonias ostentosas, y en su intolerancia doctrinal. Por eso, si el Jesús de los Evangelios naciera de nuevo, se volvería a morir, no crucificado, sino de tristeza al ver cómo sus seguidores traicionaron su doctrina y despreciaron su mensaje fundamental que es: *"Bienaventurados los pobres, porque de ellos es el reino de los cielos".*

∞

ENSAYO SEXTO

LOS SUEÑOS DEL HOMBRE

Que toda la vida es sueño
y los sueños, sueños son.

Calderón de la Barca

El cerebro del hombre es una máquina de soñar.

Rodolfo Llinas

El sueño de la vida eterna

La vida del hombre no es sino una lucha entre la realidad y el sueño. Como el hombre apenas si puede atisbar la realidad a través de los sentidos, sueña; sueña desde que nace hasta que muere. Y encuentra que la realidad es casi tan amarga como el sueño, comoquiera que la realidad nos sumerge en el vacío de una existencia sin sentido, y el sueño nos enfrenta a la pesadilla de una eternidad por lo desconocido aterradora. Una eternidad que nos ofrece un paraíso o un infierno dominados por un dios antropomorfo y vengativo que nos espera en su trono, rodeado de una corte celestial de ángeles y arcángeles para juzgarnos y recibirnos en su seno o entregarnos a los demonios.

No obstante, sueña. Trata de escaparse de la realidad. Un tercera parte de la vida la pasamos soñando y las otras dos terceras partes en que estamos despiertos, las empleamos trabajando o entreteniéndonos de alguna manera, empeñados en aislarnos del mundo exterior; en el mejor de los casos, leyendo un libro, o abstraídos frente al televisor o al computador, o haciendo el amor, o de tertulia con los amigos, apenas conscientes de lo que nos rodea, cuando no encadenándonos al alcohol o a los alucinógenos, cuyo uso data de tiempos inmemoriales en muchas culturas, como parte del culto religioso. Sólo lo que le sobra de tiempo, lo dedicamos al trabajo diario económicamente productivo, trabajo que cuando consiste en la creación artística, se convierte en otra forma de soñar, de soñar aún durante las horas de vigilia.

Fernando Savater en su interesante libro, *La Vida Eterna,* dice: "Creo firmemente que si no soñáramos al dormir jamás hubiéramos imaginado la posibilidad de una vida perdurable posterior al profundísimo sueño de la muerte. Ser o no ser...dormir, talvez, soñar. Nuestro deambular nocturno, en el que frecuentamos lugares conocidos y fantásticos, así como tratamos de familiarizarnos con los muertos, convenció a nuestros antepasados de que incluso cuando parecemos fuera de los afanes compartidos de la vida, otro vivir íntimo e inaccesible puede continuar, quizá para siempre".

Esa tendencia a soñar y a darle valor de realidad a los sueños que soñamos despiertos como una continuación de los que soñamos dormidos, pudiera deberse a que todos, ricos o pobres, letrados o analfabetos, buscamos huir de nuestro entorno tanto como nos lo permite nuestra situación. Tal vez esa actitud se deba a la crueldad del ambiente en el que nos toca vivir. A lo largo de nuestras vidas tenemos que enfrentarnos a toda clase de calamidades, y eso, posiblemente, fue lo que en el pasado indujo a nuestros mayores a inventarse un entramado virtual de seres sobrenaturales capaces de blindarnos contra tales calamidades, de donde surgieron las religiones que aún perviven, incluso después de que se les encontrara una explicación, incompleta pero racional, al mundo que nos rodea.

Ellas establecieron una contraposición entre un Cosmos inmaterial, invisible, indetectable por cualquier método científico, provisto de cielo, purgatorio e infierno, en el que reina un Dios bueno en la pacífica compañía de seres virtuales, con un Universo material, visible, detectable, inconmensurablemente grande, uno de cuyos planetas, la Tierra, está habitados por seres inteligentes que pueden explicar parcialmente ese Universo, e investigar sus leyes por experimentación científica. ¿Qué evidencia hay de que exista una conexión de subordinación entre ese Cosmos inmaterial y ese Cosmos material? Hasta ahora la ciencia no ha podido demostrarla, como se explicó en los ensayos anteriores.

En esas condiciones la vida eterna es sólo un sueño, el sueño del hombre que no se resigna a morir, pese a darse cuenta de que hasta la última molécula de su cuerpo se va a desintegrar totalmente cuando fallezca, y a transformar en otras moléculas orgánicas cuya función será distinta a la que tuvieron cuando su dueño vivía, y por eso nadie ha regresado, ni en cuerpo ni en espíritu, del más allá de manera comprobable, sino en las fábulas de miedo sobre los aparecidos. El sueño de un mundo sobrenatural es un sueño piadoso y consolador que libera en algo al hombre del temor a desaparecer por completo, a quedar convertido sólo en un recuerdo, el recuerdo de los seres que lo conocieron y que también morirán llevándose ese recuerdo con ellos a la eternidad.

Porque los seres vivos comenzamos a morir desde el mismo momento en que comenzamos a reproducirnos, debido a que el organismo que se formó entonces está compuesto de células cuyos cromosomas cada vez que se replican, acortan sus telómeros, y por eso, después de un cierto número de veces, se envejecen y mueren. La reproducción es, pues, la forma que encontró la vida de perdurar en un ambiente hostil, donde estuvo condenada a la destrucción casi desde que surgió en medio de volcanes, terremotos, y catástrofes, como incómoda invitada que es en un mundo inanimado y sigue condenada a la destrucción por sus cromosomas.

Perpetúa así sólo sus genes, en vista de que no puede conservar su organismo físico por largo tiempo, a diferencia de los cuerpos celestes que existen por miríadas de milenios, y por eso no necesitan multiplicarse aunque siguen formándose y un día también van a perecer, porque nada en el Universo está hecho para vivir eternamente. La vida se reproduce porque tiene que darles paso a sus descendientes y a los descendientes de sus descendientes, ya que sólo dura un instante y se apaga, es apenas una chispa fugaz en mitad de dos eternidades en las que estuvo ausente.

Nos reproducimos porque morimos, pues si no morimos no cabrían físicamente en nuestro pequeño planeta las miríadas y miríadas de seres vivos que se han gestado en los 3600 millones de vueltas al Sol que ellos le han dado desde que comenzaron a nacer en mares, lagos y continentes con una fecundidad desbordante. Fecundidad que se explica por la agresividad del ambiente en que debieron desarrollarse esas frágiles moléculas que sólo existen donde las condiciones de temperatura, humedad, y energía estelar, son adecuadas para sus subsistencia, condiciones, por cierto, muy escasas en el Universo. Debían, por eso, reproducirse en exceso para conseguir que algunos ejemplares supérstites lograran conservarse y transmitir el misterioso secreto de sus cromosomas a las nuevas generaciones. La vida quedó, entonces, compelida a nacer, replicarse, y morir, hasta que llegue la hora de la destrucción final.

Fisiología de la muerte

Los cromosomas de las células eucariotas tienen cuatro extremidades, dos de un lado y dos del otro, que se unen en un sector central llamado "centrómero," formando una equis con las patas cerradas, patas cuya longitud y configuración varía según el cromosoma. Las puntas de esas extremidades poseen unos segmentos de ADN llamados "telómeros," que no tienen genes reproducibles particulares, lo que impide que los cromosomas se unan con otros y pierdan su identidad y estabilidad estructural. A lo largo de los cromosomas se colocan los genes constituidos por las cadenas de ADN que conservan la información genética, con la cual se multiplican por mitosis las células llamadas "somáticas" que producen el crecimiento de los tejidos. Los segmentos del ADN de los telómeros, sin embargo, no resultan copiados en su integridad durante el proceso de reproducción, y en consecuencia, su longitud se acorta en cada duplicación, hasta alcanzar un tamaño tal que la célula ya no se puede seguir reproduciendo y se muere.

No obstante, en el caso de las células germinales y embrionarias, de las que el organismo no puede prescindir, existe una enzima específica, llamada telomerasa, capaz de restaurar la secuencia del telómero. Antes del nacimiento esta enzima abunda e impide que los telómeros se acorten. Pero a medida que pasan los años se hace más escasa. Se ha encontrado, por eso, que las células obtenidas de recién nacidos cultivadas in vitro experimentan unas 100 divisiones, mientras que las de los sujetos mayores, sólo se dividen unas 20 a 24 veces. Se estima que cada telómero humano pierde unas 100 pares de bases de ADN cada vez que se duplica. Los genetistas Carol Greider, Jack Szostak y Elizabeth Blackburn, ganaron el Premio Nobel de Medicina del 2009 por haber descubierto en 1990 el gen que forma la telomerasa de que están hechos los telómeros. Recientes estudios con esta enzima han demostrado que células bañadas en una solución de esta sustancia, tienen la capacidad de seguir reproduciéndose indefinidamente.

La telomerasa, empero, es un arma de doble filo porque así como alarga la vida, estimula el crecimiento de las células cancerosas al impedir que éstas envejezcan y mueran. Varios investigadores, por eso, entre ellos María Blasco y Manuel Serrano, han estado trabajando con genes supresores del cáncer del tipo P53 y P16, encontrados en los ochenta (hay una veintena de ellos) cuya función es vigilar el desarrollo de la célula para detectar en qué momento se producen daños durante su división celular para acudir a reparar el ADN, activando la producción de grasas, y evitando así la generación tumores; y, cuando esto no es posible, bloqueando la célula dañada hasta destruirla. Estos investigadores del CNIO de

Madrid, han descubierto que al eliminar la enzima telomerasa, borrando el gen que la produce, se desencadena un envejecimiento rápido en ratones que los lleva a la muerte a los tres días de nacer. En cambio, si esta enzima se aumenta, viven más pero adquieren más tumores. Se está ensayando, por eso, aplicar genes supresores conjuntamente con telomerasa y los resultados han sido prometedores. Todavía, sin embargo, falta mucho para poder aplicar esta tecnología al hombre, pero se sigue avanzando, y no sería raro que un día se logre alargar la vida humana, sin que se produzcan efectos adversos en ella, pues es tanto lo que se ha progresado en este campo que ya se pueden introducir genes artificiales en los cromosomas naturales, genes que, al dividirse la célula, se incorporan a las células hijas y permanecen en la descendencia, que es como se producen los transgénicos.

La conclusión que se puede sacar de lo anterior, es que no morimos por voluntad de Dios, sino por la propiedad con que el azar dotó a nuestros cromosomas, tal vez por error, de no dejarlos replicar sino un número limitado de veces. Sin embargo, si les hubiera permitido reproducirse indefinidamente, la muerte de los seres vivos sólo se hubiera ocasionado por accidentes o catástrofes naturales, que no hubieran podido compensar su vertiginoso incremento. Y de ese modo nuestro planeta se hubiera inundado de organismos monocelulares y pluricelulares, que hubieran tenido que matarse entre sí para hacerse a un espacio donde subsistir. Por tanto, de todas maneras habríamos terminado regidos por las leyes de la selección natural, por el dominio del más apto, por la muerte. Al fin de cuentas, vivimos en un Universo contingente en el que nada perdura, y no podemos esperar a ser una excepción y gozar de una vida eterna. Debemos, por eso, mirar la muerte no como una maldición bíblica por haber nuestros primeros padres Adán y Eva pecado en el paraíso, sino como al precio de haber tenido el privilegio de existir por un brevísimo instante en medio de un Cosmos prodigioso, y en ese brevísimo instante, haber podido contemplar sus maravillas.

Morir es, pues, algo absolutamente natural. No hay que temerle a la muerte porque de morir ya tenemos experiencia. Hace poco ¿treinta, cincuenta, ochenta años? un segundo en términos cosmológicos, no habíamos nacido, y no existir equivale a estar muerto. Antes de nacer fuimos una ausencia infinita que se extendió hacia el pasado, y después de morir, seremos una ausencia infinita que se extenderá hacia el futuro. En la imposición de la ceniza la Iglesia católica en lugar de rezar: "Polvo eres y en polvo te convertirás," debiera rezar: "Nada eres y en nada te convertirás". Pues nacer es un salir de la nada sin nuestro consentimiento para vivir un instante, y morir, un morir que es un *desnacer* como lo sugiriera *Unamuno,* para entrar en la nada, también sin nuestro consentimiento. La creyente humanidad negó esa apabullante realidad, desde que comenzó a razonar y a darse cuenta de su contingencia.

Y en lugar de esa realidad, las religiones se inventaron los dioses y la vida eterna; cada una se fabricó su propio inframundo poblado de seres sobrenaturales, fantasmagóricos, la mayoría terroríficos; de antepasados que siguen vivos, a los que hay que rendirles tributo para conseguir su favor; de divinidades que nos aguardan para pesar nuestras acciones en una balanza; de demonios que nos amenazan con el fuego inextinguible del infierno; de cortes celestiales con ejércitos de ángeles y áulicos que se extasían en la contemplación de un Dios todopoderoso, señor de horca y cuchillo, que bien puede rechazarnos o admitirnos en su compañía, sin que sepamos cuál va a ser su decisión.

Es toda una pléyade de entes virtuales que nos aterrorizan, que no nos hacen sentir más felices, toda vez que nos ofrecen un panorama de oscuridad y sombras, una sucesión de terrores, un salto al frío de la eternidad, a una eternidad que no sabemos si va ser eternamente feliz o eternamente desgraciada. Con trabajo se puede concebir un fenómeno natural como la muerte de una manera más masoquista. Todo, por no querer aceptar que la experiencia de no existir ya la tuvimos antes de nacer y la vamos a volver a tener después de morir. Así de sencillo, por doloroso que parezca.

Las religiones, sin embargo, pretenden hacernos creer que la muerte es un consuelo, una experiencia dulce, una ganancia, ya que es el tránsito de una vida perecedera a una vida mejor, a una vida eterna. Esta idea, que viene desde el cristianismo primitivo, cobró nueva fuerza en el renacimiento español por la influencia de místicos como *San Juan de la Cruz o Santa Teresa de Jesús,* y teólogos de la importancia de un *Eusebio Nieremberg,* un *Meca Bobadilla* o un *Juan de Palafox y Mendoza,* fuerza que no ha perdido en la actualidad. No obstante, si uno profundiza más en su doctrina, encuentra que no necesariamente consideran la experiencia de morir tan dulce, porque ellos mismos están conscientes de que cuando el hombre religioso se aproxima a sus últimos momentos, suele reflexionar acerca de lo que fue su vida y a menudo se da cuenta de que no estuvo ceñida a los preceptos religiosos, lo que le comunica un sentimiento de angustia por estar en pecado, y de tener que someterse así en pecado al juicio divino en el que igual pueden obtener la salvación que la condenación eterna. Una muerte así mal puede llamarse ganancia; es una muerte amarga, como lo expresa mejor el libro del *Eclesiastés* cuando dice: "¡Oh muerte y qué amarga es tu memoria! Pues si tu sola memoria es amarga, ¿qué amarga no será la de la muerte en sí misma? Y si la muerte es tan amarga ¿cómo puede ser ganancia?"

La idea del juzgamiento divino aterrorizó durante milenios a los buenos creyentes, hasta cuando a principios del siglo XX, con el descubrimiento de las neuronas por Ramón y Cajal, se pudo conocer cómo funcionaba el cerebro humano, y en ese momento, la percepción que se tenía sobre la muerte, cambió por completo. Hubo una desacralización de la misma comoquiera que resultaba dudoso que pudiera haber vida eterna si todo absolutamente todo lo que ocurre en nuestro mundo interior, existe sólo en tanto llega y se almacena en una región específica de nuestro sistema neuronal. Si esa región se inhabilita para desarrollar la función a la que está destinada, o peor aún, si la totalidad del cerebro se destruye como sucede tan pronto uno muere, no queda nada de nosotros.

Pues sin las neuronas, que son las encargadas de hacer funcionar la totalidad de nuestro organismo, no podemos poseer memoria a corto, mediano o largo plazo, ni poner a trabajar el sistema nervioso y hormonal, ni tener conciencia de nosotros mismos, ni deseos, ni emociones, ni vivencias, ni lenguaje, ni razonamiento, ni movimiento, ni metabolismo, ni ideas religiosas, ni siquiera vicios; nada de lo que es la esencia misma de la vida puede existir; y por consiguiente, si mueren esas células, muere todo lo que somos, y, al no poder nuestro organismo seguir funcionando, todas nuestras células se descomponen sin que puedan volverse a regenerar. Por eso, nunca podremos vivir más que nuestras neuronas.

Si no fuera así y fuera el alma la que piensa y siente, qué pasa cuando se lesiona un lóbulo cerebral por causa de un accidente físico, ¿se afecta también el alma? Sabemos que al lesionarse el cerebro, pierde facultades ¿el alma también las pierde? No da signo de no perderlas. Y entonces uno se pregunta ¿cómo puede un golpe, una enfermedad, un derrame, eventos puramente materiales, físicos, hacerle perder facultadas a un alma inmaterial? Porque lo cierto es que el alma no consigue hacer más de lo que le permite el cerebro.

Podría argüirse que eso se debe a que el alma tiene como instrumento al encéfalo, y por tanto, si éste sufre un daño, el alma ya no puede usar la parte del mismo que se dañó. Cabría entonces contrapreguntar: ¿por qué ese daño afecta al alma sólo mientras está ligada al cuerpo (al que supuestamente se vincula desde el momento de la concepción) pero cuando dicho cuerpo se destruye, ya el alma no necesita al cerebro más y puede actuar autónomamente, e incluso adquirir facultades que habían perdido en vida, como por ejemplo la memoria en el caso de los ancianos que fallecen y ya no la poseían? ¿Quién ha probado que existe un ente así?

Con frecuencia se da como prueba de que el alma existe, el hecho de que los moribundos en sus últimos minutos ven como una luz al final de un túnel, tienen una sensación de paz, de estarse liberando del cuerpo para mirarlo desde afuera. Los científicos de la Universidad de Lovaina, al estudiar en 52 pacientes estas alucinaciones, han demostrado que las mismas se deben al exceso de dióxido de carbono en la sangre, producto de los desechos del metabolismo celular, gas que suele aumentarse en los agonizantes con las consecuencias antes anotadas. Otra vez, un vacío del conocimiento llenado con lo sobrenatural, ahora es llenado por la ciencia.

Por otra parte, no hay nada en el Universo que no dure sólo un cierto tiempo y desaparezca, igual los seres vivos que los cuerpos celestes. Nosotros no podemos ser una excepción. Creer en la vida eterna es, por eso, una forma de autoflagelarnos, una forma de dar por cierto algo que no tenemos cómo demostrar, algo que nos sumerge en la inseguridad, en el miedo a una segunda vida de la que no sabemos nada.

Los viejos que hemos visto morir a tanta gente, tanta gente amiga, entrañable, que hemos amado y venerado durante los cortos años en los que transitamos juntos por los caminos de la vida, y que después de haberla enterrado, la hemos recordado con lágrimas, la hemos añorado, la hemos evocado, la hemos llamado, y nunca hemos recibido de esos seres tan queridos, el más leve signo de su presencia en el más allá o el más acá, conocemos mejor que nadie que la muerte es un hueco sin fondo del que nadie escapa, porque es el regreso a la nada de la que, sin saber por qué o para qué, al nacer salimos.

El sueño de Dios

Desde que el hombre comenzó a pensar, hace quizás un millón de años, comenzó a temer. Comenzó a sentirse impotente ante el sufrimiento con el que tenía que enfrentarse a diario. De pronto era un período de frío canicular, o una sequía prolongada, o a veces una enfermedad cuyo origen y consecuencias ignoraba, o un terremoto, o una inundación que arrasaba sus tierras, o la llegada de tribus más poderosas que masacraban a los suyos y los obligaban a huir para no perecer en sus manos.

Tratemos ahora de pensar con el cerebro de ese hombre primitivo ¿Cómo explicar tanto dolor, tanta lucha por sobrevivir? En la primera infancia, sus padres lo cuidaban, lo consentían y lo alimentaban, y si bien ellos estaban sometidos también a iguales avatares, él no lo percibía así, no se enteraba de lo que acontecía a su alrededor, eran otros los que lo protegían, otros los que tomaban las decisiones por él y lo gobernaban.

Un día, ese hombre primitivo, ya sea por edad o por o por muerte temprana de sus progenitores, debió enfrentarse sólo al mismo entorno amargo de sus padres y tuvo que comenzar su propia batalla por la supervivencia en un mundo para él ignoto. Recordó su infancia, como todos los hombres lo hacemos a menudo desde que entramos a la adolescencia, y añoró esa autoridad superior que lo protegía, lo guiaba y le daba seguridad. Pensó que así como él tuvo un padre, su padre debió tener también un padre, su abuelo, y este abuelo, su respectivo padre, y así hasta llegar al "gran abuelo" al gran progenitor de la totalidad de los miembros de su tribu y de las tribus emparentadas con su tribu.

En ese momento comprendió que si todo hombre tiene un padre, y si el proceso se repite en forma iterativa hasta llegar a un primer padre, éste debería ser el hacedor de todo lo que existe, ya que, siendo el primero y el único al comienzo de los tiempos, no pudo encontrar nada hecho, y por tanto, se vio en la necesidad de crearlo todo. Esa es la razón por la cual los primeros dioses mesopotámicos y mediterráneos fueron siempre dioses tutelares de una ciudad o un tribu o una civilización y no de todos lo hombres, concepción que apareció posteriormente.

El En-lil de los sumerios era el mismo Marduk de los babilonios, el mismo Ahura Mazda de los persas zoroástricos, el mismo Jehová de los hebreos, el mismo Zeus de los griegos, el mismo Molock de los fenicios o el mismo Apolo de los romanos. Cambiaban de nombres pero no de atributos, al menos en lo esencial. Sin embargo, ellos protegían únicamente al pueblo que los veneraba y no a los otros, a los que consideraba sus enemigos, sin fijarse en la incongruencia de que si aceptaban la coexistencia de dioses particulares para cada pueblo, debían aceptar varios Universos creados por esos dioses, problema del que no escaparon ni los hebreos, pese a su cerrado monoteísmo, pues si bien consideraban a Jehová como a su único dios, lo era sólo de ellos y no de los demás hombres.

Se suma a lo anterior, la observación de que una mesa, una casa, una lanza o un hacha, son siempre obra de alguien, y jamás surgen espontáneamente. Si eso sucede con objetos tan sencillos ¿cómo no creer en que algo tan complejo como el Universo y nosotros mismos, fuimos creados por alguien?

¿Cómo argüir contra verdades tan evidentes como que todos procedemos de una sucesión de generaciones que desembocan en un padre común perdido en el remoto pasado? ¿Cómo no pensar que así como hubo un padre común, hubo un padre cósmico, creador del cielo y de la Tierra?

Esta concepción antropomórfica de un Dios padre, nace del antropocentrismo del hombre. Si el hombre tuvo un padre, el Universo debió tener un padre, un progenitor. Y si ese progenitor fue nuestro padre, como todo padre, deberá velarnos y cuidarnos, pues fuimos objeto principal de su creación. Es una visión puramente humana, sólo humana y de nadie más, que, como veíamos al final del ensayo primero, parte de la creencia de que existe un Universo pequeño, creado por un Dios bondadoso exclusivamente por nosotros y para nosotros, un Universo sacralizado, en tanto está regido por fuerzas sobrenaturales, y geocéntrico, en tanto gira sobre nuestras cabezas como un trompo sobre su herrón. Conceptos estos que han venido repitiéndose por más de cinco mil años, y que siguen repitiéndose en nuestros días, no obstante su simplismo.

Eso se debe a que la mayoría de la gente utiliza la razón para casi todas la actividades en la vida; para hacer negocios, para intercambiar opiniones, para investigar los misterios de nuestro entorno, para desarrollar conceptos científico o filosóficos, pero cuando se enfrenta con lo más importante, con lo más difícil, como es dilucidar la existencia de Dios, el origen del hombre, y su destino final después de la muerte, ya no utiliza el pensamiento lógico, sino el pensamiento *mitopoético* religioso, el menos racional de las dos formas de pensamiento.

Lo que ocurre es que el panorama que vislumbramos con la razón sobre el destino del ser humano en el Universo, nos es desconocido y es un tanto sombrío, inexplicable: con la razón es poco o nada lo que podemos concluir acerca de por qué vinimos al mundo, ni qué papel jugamos como seres racionales en medio de un Cosmos mayoritariamente irracional que nos ignora. En cambio, lo que nos enseña la religión no puede ser más reconfortante. Cuando en el entierro de un ser querido el sacerdote nos habla de que esa persona que tanto quisimos mientras vivía, no ha muerto, sino que está gozando de Dios en el paraíso y lo está pasando mejor que nosotros ¿no nos sentimos consolados? ¿Puede haber algo más tranquilizador que pensar en tenemos un Padre y una Madre en el cielo que nos protege del mal, y nos recibe en su compañía por toda la eternidad, cuando morimos?

Todos los idiomas del mundo, por eso, están llenos de frases de acatamiento, de respeto, de amor, de adoración, de lisonja, de súplica, o de agradecimiento a ese Ser superior, heredadas del más remoto pasado, que seguimos repitiendo, consciente o inconscientemente, en cualquier ocasión. Dios es esa carta comodín con la que jugamos a toda hora y con la que creemos tener ganada la partida.

Soñamos en que escucha nuestras plegarias, que si le rogamos, nos oye y nos concede lo que le pedimos. Y ni siquiera nos molestamos en contabilizar las veces en que le imploramos su ayuda sin conseguirla, ni las veces en que sin acudir a él obtenemos lo que deseamos. En el primer caso se nos dice que no fuimos dignos de su misericordia por culpa de nuestros pecados, y en el segundo, que Dios no nos abandona, así no le recemos.

Y cuando nos enfrentamos a la enorme carga de sufrimiento que a menudo nos abate hasta el desespero, así aquel sufrimiento sea producido por casos fortuitos o catástrofes naturales tan espantosas como el terremoto de Haití o de Chile que afectaron principalmente a la gente más humilde y menesterosa, se nos dice que se debe a que Dios quiere probar la fidelidad del hombre a Él por medio del dolor, o hacerlo sufrir para castigarlo por sus pecados; lo que no nos explica por qué esas catástrofes golpean a cualquiera sin distingo de raza o religión y se distribuyen en forma aleatoria en la geografía del planeta, no de acuerdo con la moralidad y religiosidad de sus habitantes, sino de acuerdo con la proximidad a los lugares de riesgo.

No hay ningún patrón de comportamiento de las periódicas calamidades que afligen a la humanidad, porque, como decíamos antes, la naturaleza no está regida por fuerzas sobrenaturales, sino por leyes inviolables impresas en la materia. Y esas leyes no hacen diferencia entre una criatura y otra, y menos, entre una pecadora y otra inocente. La noción de pecado es una pura especulación del hombre a quien Dios, por haberle dado el libre albedrío, a sabiendas de que iba a pecar si se lo daba, no obstante, se lo dio, con pleno conocimiento de lo que lo iba a pasar. Sin embargo, podía no haberlo creado. ¿Por qué necesitaba Dios crear al hombre en lugar de dejar pastando a los dinosaurios en las praderas del jurásico? Por tanto, Dios es tan responsable por la existencia del pecado como el hombre, y no tiene autoridad para castigarlo cuando peca.

Si Dios existe y nos creó para que lo adoráramos ¿por qué somete lo mismo a los buenos que a los malos a tanta agonía, a tanto castigo arbitrario? Las religiones semíticas responden a eso que Dios no es que se ensañe contra los buenos, sino que quiere *probar su virtud* y nos presenta como ejemplo a *Job, el Idumeo,* cuando ante su inmensa adversidad replica: " Desnudo salí del vientre de mi madre, y desnudo volveré a él. El Señor me lo dio, el Señor me lo quitó. Bendito sea el Señor". ¿Realmente puede haber un Dios que le guste ver sufrir a quienes lo adoran? Y lo peor es que a todos nos trata Él como a Job.

Estos y otros cuestionamientos se le han venido haciendo desde la época de Epicuro y aún antes, a la justicia y la sabiduría divinas, de la que tanto se hacen lenguas las teodiceas. Los epicúreos se habían planteado ya en el siglo IV a.d.C las siguientes preguntas que nadie hasta ahora ha podido contestar: "¿Será que Dios quiere prevenir la maldad, pero no puede? Entonces sería impotente. ¿Será que si puede, pero no quiere? Entonces sería malo. ¿Será que sí puede y desea hacerlo? Entonces no existiría el mal, dado que es omnipotente. ¿Será que no puede ni desea hacerlo? ¿Entonces para qué sirve Dios?"

¿No será más bien que no es Él quien nos manda las desgracias sino el inescrutable azar que no distingue entre buenos y malos? Ese azar que juntó en el cerebro del hombre 1000 billones de neuronas en una masa de sólo 1 500 gramos de peso, y con ello le dio la capacidad de raciocinar y darse cuenta de que si el azar lo hizo como es, no puede pretender que existe un Dios inmaterial providente, y si no existe un Dios inmaterial providente, no puede pretender que tiene quien lo proteja. Tenía razón Unamuno cuando decía: "La verdad es triste". Sí, don Miguel, es triste, a veces...

El sueño de la fe

En un sentido amplio, la fe se puede definir como una actitud del entendimiento por la cual aceptamos como cierta la información que nos suministran otros que nos merecen confianza por su autoridad o el predicamento social de que gozan. Dicho de otra manera, es una actitud de confianza en la palabra de una autoridad o persona que nos merece respeto; actitud que se restringe o desaparece cuando esa autoridad pierde credibilidad, caso de que encontremos en su mensaje, mentiras, verdades a medias que son las peores mentiras, intereses ocultos, errores o contradicciones sospechosas. A partir de ese momento el creyente queda librado a la capacidad de su intelecto para crear sus propias opiniones. Esto se aplica tanto a políticos, escritores, científicos, y medios de comunicación, como a credos religiosos u otras ideologías.

Sin embargo, la fe es esencial para el hombre en el cumplimiento de las actividades cotidianas; no podemos vivir sin ella, porque no tenemos manera de obtener la totalidad de la información requerida para desempeñarnos en la vida, sólo con nuestra propia inteligencia, por lo que debemos confiar en los demás y recurrir a ellos para conseguirla. De lo contrario, no lograríamos beneficiarnos de la experiencia y los conocimientos del prójimo, y nos veríamos compelidos a saber sólo lo que descubrimos personalmente, perdiendo así la ventaja de vivir en comunidad, cuando, si el hombre inventó el lenguaje, fue para eso, para intercambiar ideas, para no limitarse a las percepciones de su cerebro, y ampliar de este modo sus vivencias y saberes.

La fe es indispensable en una variedad de campos: en la ciencia, porque todo científico necesita conocer las investigaciones de sus colegas para enriquecer las propias; en los medios de masas hablados o escritos, para informarnos de lo que está pasando a nuestro alrededor y desconocemos; en los libros, porque en estos se concentran los conocimientos que necesitamos; en las enseñanzas de la tradición, porque nos trasmiten la sabiduría del pasado; y en nuestros dirigentes, porque sin ellos la sociedad y nosotros quedamos al garete.

No obstante, la fe debe ser una fe analítica, y no una fe crédula e ingenua, porque no se puede creer en todo lo que se nos dice incluso cuando abiertamente va contra la razón o la evidencia de los hechos. Estos son los límites naturales de la fe. Sin embargo, no siempre lo que no se puede demostrar es falso y lo que se puede demostrar, verdadero. Demócrito en el siglo IV a.d.C sugirió intuitivamente la existencia de un mundo corpuscular compuesto por partículas indivisibles, sin aducir pruebas, y esa teoría vino a confirmarse 2 400 años después cuando, modificada y complementada, se convirtió en la base del conocimiento actual de la materia. Aristóteles, en cambio, afirmó que el Sol giraba alrededor de la Tierra, sin tener pruebas, y ese error atrasó el avance de la cosmología durante dieciocho siglos. De otro lado, Newton, demostró la validez de sus leyes del movimiento en forma matemática y tres siglos después, éstas resultaron ser parcialmente incorrectas y tuvieron que ser ajustadas. Por tanto, el hecho de que haya pruebas fuertes, incluso experimentales, para demostrar una teoría no implica necesariamente que sea verdad, y el que no las haya, que sea errónea.

El raciocinio no es siempre fiable y es aquí donde entra en juego la fe. Ante la ausencia de pruebas concluyentes sobre una creencia, el hombre tiene el derecho de adoptar una posición de rechazo a esa creencia, o una posición de aceptación confiada. En ambos casos echa mano de la fe, lo cual es perfectamente legítimo. Pero esa fe tiene una frontera, como decíamos antes, y es su racionalidad, entendiendo por racionalidad que no contradiga ni los principios de la lógica, ni los hallazgos experimentales debidamente comprobados. Por supuesto, ni aun así podemos estar ciento por ciento seguros de nada porque no hay verdades absolutas, ya que ningún método deductivo de ningún tipo nos conduce a la verdad última. Todo lo que podemos lograr es conocer cuál es la probabilidad de certeza de un hecho, y para eso, debemos recurrir a la lógica, la cual, bien utilizada, es la única capaz de calcular esa probabilidad dentro de un determinado margen de error.

Desde este punto de vista, podríamos decir que hay una fe lógica y una fe ilógica. Una fe lógica surge cuando se tienen dos opciones, ninguna de las cuales posee una demostración racional válida, pero ambas son posibles; y una fe irracional es la basada en el mito, en un entramado de ideas que no tiene vigencia en el mundo moderno porque contradice flagrantemente los descubrimientos de la ciencia y la evidencia cotidiana. Creer o no creer es evaluar posibilidades y escoger la más probable lógicamente. Sin embargo, esta no es esa la forma como proceden las religiones.

Las religiones fundamentan su fe en el argumento de autoridad. Este argumento, más frecuente en el pasado que ahora, es una forma de zanjar de entrada toda discusión, citando la opinión de un texto o un personaje que se considera infalible, lo que evita tener que demostrar la premisa de que se parte. Por ejemplo cuando hacemos el siguiente silogismo: "La Biblia es la palabra de Dios. No se puede dudar de la palabra de Dios. Por consiguiente, la Biblia es verdadera". Partimos de una premisa: la Biblia es la palabra de Dios, que no hemos demostrado, y concluimos de ahí que la Biblia es verdadera por ser la palabra de Dios, pero como no hemos demostrado la premisa, tampoco hemos demostrado la conclusión. Esta es una falacia lógica, llamada petición de principio, en la que se presenta directa o indirectamente como premisa lo mismo que dice la conclusión, pues está claro que si hay una verdad revelada por Dios, hay que creerla, pero primero hay que demostrar que si la hay. Estos errores son la constante en el pensamiento mitopoético.

Veamos otro ejemplo de este tipo. En los documentos del Concilio Vaticano I se establece: "La fe es una virtud sobrenatural, con la que por la inspiración y la gracia divina, creemos ser verdades las cosas por Él reveladas, no por la virtud intrínseca de esas cosas percibida con la lumbre natural de la razón, sino por la autoridad de Dios mismo que revela, el cual ni puede engañarse, ni puede engañarnos". Algo parecido se incluye en los documentos del Concilio Vaticano II, en el aparte referido a la Constitución Dogmática sobre la Revelación, en los siguientes términos: "Cuando Dios revela, hay que prestarle *la obediencia de la fe*, por la que el hombre se confía libre y totalmente a Dios, prestando a "Dios revelador, el homenaje del entendimiento y la voluntad".

En los parágrafos anteriores, también se parte de un supuesto no demostrado, y es que existe una verdad revelada, pero aclarando que esa verdad revelada no hay que creerla por la virtud intrínseca de la misma tal como la percibe la razón "sino por la autoridad de Dios mismo que la revela," y cuando Dios la revela hay que "prestarle la obediencia de la fe". Pero como no se ha demostrado que Dios es quien la revela, no se ve por qué el creyente debe "prestarle la obediencia de la fe" a algo que es sólo una afirmación de una autoridad religiosa sin ningún soporte en la razón.

Por otra parte, el papa *Benedicto XVI* en su debate con el filósofo italiano *Flores D´Andreis*, afirma: "*Pablo* reconoce la evidencia del Dios único, pero está convencido, como lo estoy yo, de que no se puede demostrar racionalmente la divinidad de Cristo y, por consiguiente, la resurrección". No obstante, en la introducción al libro: *¿Dios existe?* dice: "En el cristianismo, el racionalismo se ha hecho religión y no es ya su adversario". Y más adelante: "La fe cristiana es hoy como ayer la opción de la prioridad de la razón y lo racional. Esta cuestión no se puede resolver mediante los argumentos de las ciencias naturales y también el pensamiento filosófico choca aquí con sus límites. En este sentido no existe posibilidad de demostrar la opción cristiana fundamental".

Lo que no se entiende es cómo se puede afirmar que la fe cristiana es racional, si dicha fe no se puede demostrar ni siquiera en su creencia más fundamental como es la divinidad de Cristo, y su resurrección; y si no se puede demostrar eso, tampoco se puede demostrar que los evangelios son de inspiración divina, porque no provendrían de una divinidad, sino de un hombre, y de no ser de inspiración divina, todo el andamiaje del cristianismo se caería.

O sea que terminamos con que la base misma del cristianismo no es demostrable, y en cambio la tesis contraria sí lo es, porque nadie en seis mil años de historia, ha visto jamás a un hombre muerto resucitar espontáneamente a lo tres días de enterrado, ni nadie ha podido comprobar que un hombre, en tanto hombre, sea también dios. Se ha traspasado en esa forma el límite de lo razonable que tiene la fe, y una fe que traspasa ese límite, no tiene por qué presentarse como verdad. De aquí que cuando los apóstoles comenzaron a "predicar a Cristo crucificado, para los judíos fuera un escándalo y para los gentiles, una locura," como acotaba *San Pablo* en su epístola a los Corintios (1.23)

El cristianismo quedó así atrapado en el dilema insoluble de escoger entre la razón y el mito. Si escogía la razón, no encontraba argumentos sólidos para probar la racionalidad de lo que predicaba, y si escogía el mito, no sabía cómo explicar por qué se debía creer en algo que era un mito. La mayoría de los teólogos y catequistas cristianos acudieron, por eso, a acogerse a la vía intermedia: predicar la fe y proclamar que ésta era racional. Pero esa vía implicaba caminar por una cuerda floja, pues no es fácil armonizar dos ideas contrapuestas.

De allí la oscuridad de los escritos apologéticos y doctrinarios del catolicismo cuyo lenguaje es particularmente confuso; en él se mezclan, negaciones con afirmaciones de la misma idea; se parte de una conclusión, y se la demuestra con argumentos que no son sino la misma conclusión expresada en forma distinta. En otras palabras, se prueba la conclusión con la misma conclusión. La fe, esencialmente, no es sino una petición de principio.

Proceder de esta manera es, intrínsecamente, una deshonestidad intelectual, pues una cosa es raciocinar y otra manipular la lógica para justificar una hipótesis previamente concebida sin sustento racional, pero presentándola como cosa probada. Esta forma de argumentar es muy antigua; los sofistas griegos fueron grandes maestros en ella, y siguen siéndolo los sofistas modernos; basta escuchar a nuestros políticos de turno quienes siempre le encuentran la justificación a cualquier tesis por absurda que sea.

La dificultad radica en establecer el límite de lo que es racional y de lo que no es racional, de lo que es creíble y lo que no es creíble. El catolicismo siempre ha partido del principio de que ese límite sólo lo puede fijar la *Santa Iglesia de Roma* y nadie más. Siempre ha negado el libre examen y sigue negándolo, sin que haya la menor justificación para ello, salvo por el interés de la jerarquía eclesiástica de conservar su poder político en el mundo. Hay varias iglesias cristianas, por eso, que no aceptan la supremacía de la Iglesia de Roma y anteponen la opinión de los cuerpos colegiados o los fieles, sobre las autoridades religiosas como ocurre con la Iglesia ortodoxa.

Parece más lógico permitir a los fieles fijar las fronteras de sus creencias de acuerdo con su capacidad de *tragar entero*, según su necesidad sicológica de consolación, ya que la fe es una percepción particular del pensamiento emocional del hombre, y en consecuencia, cada quien debiera vivir esa fe según su criterio, creyendo en lo que quiera creer y no creyendo en lo que no quiera creer. Una cosa es lo que el hombre piensa y otra lo que el hombre siente. Una, el pensamiento, y otra la emoción, pero ambas son obra del mismo sistema neuronal humano.

Creer ciegamente es cosa de los niños, rebelarse, de los adolescentes, cuestionarse, de los adultos, y dudar de los viejos. Alguien decía: "Usted es tan joven como su fe y tan viejo como su duda". Lo propio se le puede aplicar a las civilizaciones. Entre más avanzadas, menos dogmas, más crítica, más cambio. Igual pasa con el hombre, a medida que va envejeciendo, van desapareciendo de sus neuronas las fijaciones de su infancia, y su percepción de la realidad se modifica. Con la edad llega en muchos casos al escepticismo, la cautela en el pensar.

Porque la fe, sobre todo cuando es irracional, desde el punto de vista antropológico no es sino un mecanismo de defensa infantil contra lo que se cree que no se puede conocer, aunque es sólo porque no se quiere conocer, por no desprenderse de las enseñanzas de nuestros progenitores. La fe, desde ese punto de vista, es un deseo. El deseo de creer en lo que nos conviene, en lo que necesitamos para poder pasar por la vida seguros de que sabemos por qué y para qué existimos. Algo imposible, porque como decía *Porfirio*, citado por *Ratzinger: "La verdad está oculta"*. Sí, la verdad está oculta, no estamos seguros de nada. Sobre Dios sólo existen opiniones, no existe certidumbre. Por eso, la confrontación entre la fe y la razón es el mayor problema metafísico del hombre, un problema insoluble, al menos hasta el presente.

Pero la fe puede llegar a ser algo más que una simple creencia, puede ser una forma de alienación a veces enfermiza, incluso llevar a estados patológicos como cuando los creyentes se identifican con el objeto de su adoración, y se creen poseedores de poderes sobrenaturales. No pocos de los grandes santos del catolicismo se inscriben dentro de este patrón de conducta, como *San Francisco de Asís, Santa Teresa de Jesús, San Juan de la Cruz* o el *Padre Pío* y otros que como ellos tienen alucinaciones olfatorias, visuales y acústicas, le salen en su cuerpo llagas semejantes a las de Cristo, se consideran capaces de hacer milagros, de predecir el futuro, de curar enfermos, ven visiones de ángeles que les traspasan el corazón con una espada como Santa Teresa, sufren terriblemente al pensar en los tormentos del infierno, y, entran en éxtasis cuando se ponen en oración, durante la cual permanecen rígidos, lloran, cantan o levitan.

Estos síntomas de enajenación se confunden entonces con patologías histéricas, esquizofrénicas o epilépticas o con las inducidas por las drogas alucinógenas, que alteran momentáneamente la interacción de algún neurotransmisor en las células nerviosas de la corteza cerebral. Hoy sabemos, por eso, que alucinar no es sólo de los místicos, sino también de personas con problemas neurosiquiátricos naturales o inducidos.

El sueño de las religiones

Sin fe no hay religión, porque ninguna religión puede establecer racionalmente la verdad de sus dogmas. El cristianismo, y en especial, el catolicismo, han pretendido darle una base lógica a sus creencias, pero no ha conseguido sino hacer más confusa su doctrina para el creyente del siglo XXI. La religión no se estructura con silogismos, sino con la paciente enseñanza de padres a hijos, a los que esa religión para ellos ininteligible, se les impone, en un acto de autoridad.

La religión es, pues, una capitulación ante la ignorancia, es la sumisión de la mente a lo que no sabemos y no podemos saber sino por medio de otros. Con el tiempo y el estudio, las creencias religiosas van modificándose, pasando por diversas etapas; unas veces se pierden, otras se acendran; pero en el fondo del alma no se olvidan del todo, porque fueron grabadas en nuestras neuronas de manera indeleble por nuestros padres, tesis que expusimos en el ensayo anterior y que pertenece a Freud, quien la expresa de la siguiente manera: "Recapitulando nuestro examen de la génesis psíquica de las ideas religiosas, podremos ya formularla como sigue: tales ideas, que nos son presentadas como dogmas, no son fruto de la experiencia, ni conclusiones del pensamiento: son ilusiones, realizaciones de los deseos más antiguos, intensos y apremiantes de la Humanidad. El secreto de su fuerza está en la fuerza de estos deseos. Sabemos ya que la penosa sensación de impotencia experimentada en la niñez fue lo que despertó la necesidad de protección, la necesidad de una protección amorosa, satisfecha en tal época por el padre, y que el descubrimiento de la persistencia de tal indefensión a través de toda la vida, llevó luego al hombre a forjar la existencia de un padre inmortal mucho más poderoso".

Esta necesidad de protección crea en nuestro interior un estado mental en el que soñamos despiertos, juzgando ser realidad lo que no lo es. *Feuerbach,* en su libro: *La Esencia del Cristianismo,* plantea el tema así: "No es Dios quien ha creado al hombre a su imagen, sino el hombre quien ha creado a Dios, proyectando en él su imagen humana idealizada. El hombre atribuye a Dios sus cualidades y refleja en él sus deseos realizados. Así, enajenándose, da origen a su divinidad. Pero, ¿por qué lo hace? El origen de esta enajenación se encuentra en el hombre mismo. Aquello que el hombre necesita y desea, pero que no puede lograr inmediatamente, es lo que proyecta en

Dios. Los dioses no han sido inventados por los gobernantes o los sacerdotes, que se valen de ellos, sino por los hombres que sufren. *Dios es el eco de nuestro grito de dolor".*

Y más adelante: "La religión es la escisión del hombre respecto a sí mismo. Considera a Dios como la antítesis del hombre: Dios no es el hombre; el hombre no es Dios. Dios es infinito; el hombre, finito. Dios es perfecto; el hombre, imperfecto. Dios es eterno; el hombre, mortal. Dios es todopoderoso; el hombre, impotente. Dios es santo; el hombre, pecador. Dios y el hombre son los opuestos: Dios, lo positivo, la suma de las realidades; el hombre, lo negativo, la suma de todas las negaciones".

Bertrand Russell, en *Religión y Ciencia* le atribuye la alienación del hombre al miedo: "La religión se basa, a mi juicio, primordial y principalmente en el miedo. En parte es terror a lo desconocido y, en parte, deseo de sentir que se cuenta con una especie de hermano mayor que estará junto a uno en todas las aflicciones y disputas. El miedo es la base: miedo al misterio, miedo a la derrota, miedo a la muerte. El miedo es el padre de la crueldad, por lo cual no es sorprendente que la crueldad y la religión, hayan ido de la mano, porque el miedo está en la base de ambas. Hoy ya podemos comenzar a comprender un poco la realidad y a dominarla con ayuda de la ciencia que ha tenido que abrirse camino paso a paso en contra de la religión cristiana. La ciencia puede ayudarnos a vencer ese miedo cobarde con el que la humanidad ha vivido durante generaciones".

Las citas anteriores tienden a explicar por qué el hombre se aparta de la realidad por cuenta de unas ideas formadas en su mente desde su infancia, ideas que se adueñan de su psique y le obstaculizan raciocinar. Sólo cuando recapacita fríamente en la edad adulta, se da cuenta de la irracionalidad de sus creencias. Así ha sido siempre. En el pasado las religiones eran todavía más irracionales y dominaban más la vida cotidiana del hombre que vivía inmerso en un mundo sacralizado en el que todo lo que acontecía era atribuido a fuerzas sobrenaturales.

Conviene, por eso, echar una mirada retrospectiva a las civilizaciones antiguas para hacerse a una idea de hasta qué punto vivían éstas en un Universo sagrado poblado de dioses, de espíritus, de magia, de ídolos, de oráculos, de hechicería. Pueblos enteros tan cultos como los griegos y los romanos creyeron en ellos, y aún en el presente, seguimos arrastrando el lastre de muchas de esas creencias sin saberlo. Quien mejor las describe, como testigo presencial que fue de las mismas, es *Tertuliano* en su famoso libro *El Apologético.*

Quinto Septimio Tertuliano nació en Cartago, cerca del año 150 d.d. C. Hijo de un centurión romano, se educó dentro del paganismo, estudió leyes y retórica en su ciudad natal, y en 185 se convirtió al cristianismo. Hacia el año 200, sin embargo, se apartó de esta doctrina y se pasó al *montanismo* de la que también abjuró para crear un *tertulianismo*, aún más acético que su anterior montanismo. Murió en el año 220. Su innata curiosidad intelectual lo llevó a conocer mejor que nadie las intimidades de la religión de Roma, a donde se trasladó y en donde escribió un libro titulado: *De Idolatría*, así como su famoso tratado apologético que no es más que un memorial de agravios, dirigido a los jueces que condenaban a morir en el circo a los cristianos. Su estilo no puede ser más incisivo.

Sobre este tema dice: "Nos acusáis a los cristianos de que no adoramos a vuestros dioses y de que no ofrecemos sacrificios por vuestro emperador. Por eso se nos persigue como reos de lesa humanidad divina y humana". Y sigue: "Necesito, acaso, enumerar uno a uno esa abigarrada caterva de dioses, antiguos unos, recientes otros, bárbaros y griegos, romanos y extranjeros, cautivos y adoptivos, particulares y comunes, varones y hembras... Sería cosa inútil, básteme que reparéis en el conjunto...para que recordéis lo que tenéis olvidado". "Que desde que el mundo es mundo la lluvia ha caído de las nubes, los astros han brillado en el firmamento, ha alumbrado la luz, han retumbado los truenos (sin necesidad de ningún dios); que la Tierra no aguardó a Baco, ni siquiera a la aparición del primer hombre, para producir toda clase de frutos..." "Por consiguiente, si todo en la naturaleza estaba creado y dispuesto desde el principio...resulta inútil esa manía de convertir a los hombres en dioses, pues todos esos empleos y funciones que les atribuís, se habían cumplido sin tantos dioses...desde el principio"

Y luego arremete contra los ídolos, diciendo: "No deja de ser un consuelo para nosotros los cristianos, que nos vemos perseguidos y condenados a causa de vuestros dioses, contemplar cómo ellos, son sometidos a los mismos suplicios que nosotros...Vosotros empaláis y crucificáis a los cristianos, y para moldear vuestro ídolos debéis hacerle una armadura en forma de cruz; desgarráis con garfios las entrañas de los cristianos, y esculpís con azuela y garlopa vuestros ídolos; cortáis la cabeza de los cristianos, y ponéis la cabeza a los ídolos a fuerza de plomo clavos y cola; arrojáis a los cristianos a las fieras, y hacéis arrastrar los carros de Baco, Cibeles y Ceres por fieras; condenáis al fuego a los cristianos, y en el fuego se funden vuestros dioses".

"Pero vuestros dioses son tan indiferentes a vuestros ultrajes como a la adoración que les tributáis". "Cada cual adora al dios que más le acomoda y ofende a los demás dioses". "Los dioses del hogar que vosotros llamáis lares son tratados con demasiada familiaridad. Cuando se malogran o se abollan por el uso, los vendéis o los empeñáis; y si el amo de casa se ve en apuros..., cesan de ser objeto de culto para trocarse en un Saturno o una Minerva, tallada en una cuchara. En cuanto a los dioses públicos, los profanáis sometiéndolos a... pagar sus tasas en los remates...Las divinidades expuestas a subasta, están inscritas en los mismos registros del cuestor y adjudicadas al mejor postor por la voz del mismo pregonero". "Así la majestad de los dioses se convierte en tráfico...Hay que pagar por entrar en los templos, pagar por la asistencia a los sacrificios, no se puede adorar a los dioses sin pagar, son dioses venales..."

En otra parte, enfoca sus ditirambos contra los sacerdotes y sus mitos: "Sabido es que las víctimas que lleváis a los altares son reses de deshecho, enfermas y ulcerosas; y que, de las mejores y más sanas, sólo inmoláis las cabezas y las pezuñas;...y que de los diezmos destinados a Hércules, apenas ponéis en sus arcas la tercera parte". "¡Cuántas fábulas absurdas! Dioses rivales, partidarios unos de los Tirios y otros de los Troyanos; ...Venus herida de flecha por la mano de un hombre; ...Marte condenado a inacción durante tres meses en una cárcel; y Júpiter, librado de correr la misma suerte, gracias a los demás dioses..." "¿No hemos visto, acaso, castrar a uno para representar a Ates, el dios eunuco? ¿Y a otro condenado a la hoguera para parecerse a Hércules en las llamas? ¿No hemos visto en los bárbaros juegos de gladiadores a Mercurio punzar con su vara candente a los caídos para averiguar si estaban realmente muertos? ¿Y a Plutón, hermano de Júpiter, ultimar a martillazos los cuerpos de los luchadores?

Y así continua Tertuliano su perorata contra la religión romana, a la que opone la nueva religión: la de los cristianos. Pero la religión de los cristianos que él presenta, no le resulta menos llena de fábulas que la de los romanos como él mismo lo reconoce cuando dice: "Ha muerto el Hijo de Dios, completamente creíble, porque es absurdo; fue sepultado y resucitó; cierto, porque es imposible". No obstante, su fe lo induce a afirmar: "Aceptad por ahora esto que parece fábula, y que no es menos creíble que las vuestras..." Y explica esas fábulas: "Lo que procede de Dios es Dios, sin dejar de ser ambos una misma sustancia, espíritu que procede de espíritu, Dios que procede de Dios; diverso por sus propiedades, llega a ser distinto en número pero no en sustancia..." "Este verbo o rayo de Dios, descendió al seno de una Virgen para tomar carne mortal y nació de ella un Dios hombre... (Dios hombre) que es el Cristo". "Clavado en la cruz obró grandes milagros; expiró por su voluntad mientras estaba hablando...Apenas desclavado de la cruz, los judíos lo rodearon de toda clase de precauciones y pusieron para guardarlo un pelotón de soldados..." "Pero he aquí que al cabo de tres días se estremece la Tierra, la losa que cubría el sepulcro se abre, y sin intervención de los discípulos, sólo vino a hallarse en el sepulcro el sudario y la mortaja del cadáver".

Tertuliano, deja en el lector moderno una sensación de desconcierto. Él, siguiendo la tradición de los primeros cristianos, se muestra sorprendido por lo absurdo de las verdades que predica. Actitud similar a la de *San Pablo* cuando en su primera carta a los Corintios (1.21) dice: "Dios se complació en salvar a los creyentes con la locura de su mensaje". *San Pablo* también, como lo expresamos antes, se lamentaba de que sus prédicas fueran para los judíos un escándalo y para los gentiles, una locura, y *San Agustín*, por su parte afirmaba: "Yo no creería en las Sagradas Escrituras si no fuera por la autoridad de la Iglesia". Parecería como si ellos no estaban seguros de que las creencias que difundían fueran más creíbles que las de los paganos, conscientes, quizás, de que en sus enunciados había un mucho de las fábulas típicas de las otras religiones. Sólo con el tiempo, de tanto repetirse esas fábulas, tomaron ese carácter de verdad incuestionable con la que llegaron a nosotros.

Sorprende, por otra parte, pensar que el pueblo que creó y mantuvo durante seis siglos el imperio más extenso y poderoso que haya habido jamás en Occidente, pudiera acoger tan grotescas y ridículas supersticiones como la creencia en los ídolos. Comencemos por definir lo que se entiende por ídolo. El ídolo es un objeto o una figura antropomorfa, zoomorfa o híbrida, a la que se le atribuyen poderes sobrenaturales y se le rinde un culto de latría, o culto que se le debe sólo a Dios, en tanto sea a ese objeto, o a esa figura o imagen, a la que se le tributa el culto de latría, y no a los seres sobrenaturales que ellos personifican.

Empero, esta distinción es tan sutil, que en la práctica ha dado origen a interminables debates sobre si las efigies de los dioses paganos eran ídolos o no, debates que terminaron trasladándose al culto dado por el catolicismo a Dios, la Virgen y los santos. Ya en el siglo XVII el rey *Carlos I* de Inglaterra calificaba de idolátrico al catolicismo, y en la actualidad, son de la misma opinión los musulmanes y algunas sectas protestantes.

Lo que pasa es que a lo largo de la historia la diferenciación entre el culto a la divinidad y el culto a su imagen, han venido entremezclándose. Inicialmente, en las más primitivas civilizaciones, no existía sino idolatría pura. Lo ciervos, renos, y bisontes que pintaban los hombres de la edad de hielo en la cavernas debían tener esa connotación, eran sin duda una forma primordial de zoolatría. Lo mismo pasaba con las civilizaciones mesopotámicas y mediterráneas hasta finales del segundo milenio antes de Cristo (la época de Saúl, David y Salomón). Thare, el padre de Abrahán, fabricaba ídolos en Ur. Raquel, su sobrina, robó y se llevó los ídolos de su padre, Labán.

Los sumerios usaban las estatuas como objeto de adoración, pero al mismo tiempo creían en dioses inmateriales a los cuales representaban en imágenes a las que les rendían culto de latría, como si la esencia misma de esos dioses estuviera presente en dichas imágenes. No veían ninguna contradicción en que un dios pudiera estar simultáneamente en su morada celestial y en su efigie. Pero como su morada estaba muy lejana, se concentraban en adorar su efigie.

El culto a los dioses o a Dios, entendido como culto a una divinidad sobrenatural, se confundía así con el politeísmo y la idolatría más flagrantes. Por eso tales creencias fueron frecuente objeto de burlas y denuestos por parte de profetas, escritores y filósofos de la época, lo que demuestra hasta qué punto continuaban practicándose de manera generalizada en la antigüedad. Sin embrago, aquellas críticas no fueron sino la carcajada arrogante de unos pocos intelectuales que despreciaban a un populacho en su gran mayoría analfabeta e ignorante, razón por la que no pudieron influenciar mayormente su conducta religiosa.

Esta actitud de rechazo a la idolatría se inicia desde muy antiguo. En las tablillas encontradas en la biblioteca de *Asurbanipal* en Nínive que datan del siglo VII a. d. C., se han hallado textos en que se mofan de los dioses babilónicos, y por las mismas calendas, filósofos como *Tales de Mileto,* escribían: "Los mortales se imaginan que los dioses nacen por generación... los etíopes dicen que los dioses son chatos y negros, y los tracios, que las divinidades tienen los ojos azules y el pelo rubio. Si los bueyes, los caballos o los leones tuvieran manos y fueran capaces de pintar con ellas, los primeros dibujarían las imágenes de los dioses semejantes a las de los caballos y los bueyes semejantes a las de los bueyes".

Los profetas hebreos no se quedaron atrás en sus denuestos a los ídolos, comoquiera que el pueblo judío fue el único que se libró, en parte, de la idolatría, aunque en más de una ocasión regresó a ella. Moisés en el Éxodo (20: 3.6) le dejó una terminante prohibición al respecto: "No tendrás dioses ajenos delante de mí. No te harás imagen, ni ninguna semejanza de lo que esté arriba en el cielo, ni abajo en la Tierra, ni en las aguas debajo de la Tierra. No te inclinarás a ellas, ni las honrarás; porque yo soy Jehová tu Dios, fuerte, celoso, que castiga la maldad de los padres en los hijos hasta la tercera y cuarta generación de aquellos que me aborrecen". Y en el libro de los salmos se encuentra estos versículos: "Los ídolos de ellos son plata y oro, obra de manos de hombres. Tienen boca, mas no hablan; tienen ojos, mas no ven; orejas tienen, mas no oyen; tienen narices, mas no huelen; manos tienen, mas no palpan; tienen pies, mas no andan; no hablan con su garganta. Semejantes a ellos son los que los hacen, y cualquiera que confía en ellos".

Los escritores romanos dejaron también ácidas críticas contra los ídolos. Séneca, Cicerón, Ovidio no les ahorraron improperios. Horacio, humorísticamente, hace decir a una estatua de Priapo: "Fui yo en otro tiempo un tronco de higuera, y el carpintero, dudando de si haría de mí un dios o un banco, se decidió por fin hacerme un dios".

Son muchas las citas similares que podríamos traer a colación para demostrar hasta qué punto las gentes cultas de la antigüedad, no así la plebe, se daban cuenta de la absurda irracionalidad del politeísmo y del culto a los ídolos. Sin embargo, se siguió creyendo en los ídolos por milenios, lo que muestra hasta que punto el hombre no utiliza el pensamiento racional sino a ratos.

Tan cierto que a menudo las estatuas de los dioses pertenecientes a los pueblos derrotados en las guerras, eran apresadas como si tratara de un prisionero más, y conducidas, conjuntamente con los esclavos, a las ciudades de los vencedores. Isaías, al hablar de un caso como éste, observa: "Se postró Bel, se abatió Nebo, sus imágenes fueron puestas sobre bestias, sobre animales de carga; esas cosas que vosotros solíais llevar son trasportadas como carga. Fueron humillados, fueron abatidos, no pudieron escapar y tuvieron ellos mismos que ir en cautiverio".

Lo curioso es que cuando les quitaban los ídolos, lo que constituía el peor ultraje que un pueblo le podía hacer a otro en la antigüedad, pues con eso se creía que los privaban de su protección, su poder, y su capacidad de defenderse, los expoliados no volvían a esculpir otra estatua del dios arrebatado a ellos para seguirla adorando, sino esperaban a que se la devolvieran de buena gana, lo que a veces sucedía. Estaban tan convencidos de que en las guerras peleaban no sólo los hombres, sino también sus ídolos, que solían infundirle temor a sus enemigos alardeando de que: "Mis dioses son más poderosos que los vuestros".

Sin lugar a dudas, para el hombre de entonces, la efigie que representaba al dios, era el dios. No obstante tenía otra morada en el *Cielo* o en el *Paraíso* como suponían los hebreos, o en el *Monte Olimpo*, como suponían los griegos y los romanos, o en el *Valhalla* como suponían los escandinavos, cuando no en el inframundo como el *Apsú* de los sumerio-acadios o el *Hades* de los griegos o en el *Tártaro* de los romanos, en donde reinaban conjuntamente con las otras divinidades. O sea que las casas de los dioses estaban tanto en sus templos terrestres, como en algún otro lugar del Universo, sin que se le viera el menor inconveniente a la ubicuidad de su presencia en los más variados lugares al mismo tiempo. El poder que se le atribuía era tan grande que lo fieles se postraban ante él, le ofrecían incienso, le colocaban flores, y lo sacaban en procesión, acompañado por músicas, cantos y oraciones.

Lo raro es que esos cultos idolátricos, no hayan desaparecido, sino que existan en el mundo moderno. Es cierto que en la actualidad hay una menor proporción de creyentes que confunden a Dios con su imagen, pero persiste el sentido idolátrico en muchas prácticas cristianas modernas, sobre todo en lo atinente a las efigies llamadas milagrosas por el catolicismo, a las que se les reza, se las toca, se las besa, se les encienden velas, se les llevan flores, se les deja exvotos, se les colocan placas con leyenda de agradecimiento, se les cuelgan representaciones de los supuestos órganos humanos curados, se les cumplen promesas como subir de rodillas las escaleras de su altar, y se las honra, llevando en procesión esas imágenes para exponerlas a la adoración de sus fieles.

Tales prácticas no serían idolátricas, si no se creyera que los milagros los *hacen,* directamente, las efigies veneradas, en lugar de la deidad o el santo que representan. Si sólo se venerara a la deidad o el santo que representan, los creyentes podrían implorar sus favores desde su casa de habitación o desde cualquier otro lugar, y no tendrían que visitar sus santuarios para postrarse frente a la imagen prodigiosa a fin de conseguir el milagro que solicitan. Esto prueba que es a esa imagen y no a otra a quien se le tiene fe, al punto de que si ésta faltara, muy probablemente nadie volvería a visitar su santuario, aunque fuera remplazada por una reproducción exacta de la misma.

Si el santo o a la divinidad son los que hacen el milagro bien podían reproducirse sus imágenes lo más fielmente posible y distribuirlas entre los fieles para que las veneren y les pidan favores desde su hogar. Sin embargo, ¿consideraría el creyente que la réplica tiene el mismo poder que el original? Seguramente no. Ni hoy ni en el pasado una réplica de un ídolo, es igual al dios que representa. Ha habido quienes reconocen haber obtenido favores de un santo, o candidato a santo, pero no de una imagen milagrosa sin haber ido a visitarla y a pedirle el favor. Pareciera como si esas imágenes no pudieran hacer milagros a distancia.

Y no porque falten imágenes para venerar en el catolicismo, pues éste tiene posiblemente tantas o más que las antiguas religiones paganas. En vírgenes están la *Virgen de Lourdes* en Francia, *Fátima* en Portugal, *Guadalupe* en México, *Chiquinquirá* en Colombia, *Luján* en Argentina, *Nuestra Señora de la Aparecida* en Brasil, Nuestra *Señora de los Ángeles* en Costa Rica, para citar sólo unas cuantas. En Cristos milagrosos están, entre otros, el de de *Buga* en Colombia, los de *Chalma* y *Chiapas* en México, o el del *Nazareno Negro* en Filipinas, el de la *Agonía de Limpias* en España. Y en santos, la lista es inacabable, pues cada país o región tiene los suyos, pero podrían citarse *San Roque, San Cayetano, Santa Lucía, San José, San Antonio, San Blas, San Isidro,* y cientos más.

En total, bien pueden ser varios centenares de imágenes milagrosas las que tiene el catolicismo. Salvo las religiones orientales, ninguna posee tantas para reverenciar. Todas con parecidas fábulas sobre sus orígenes divinos, tan fantásticos e irreales como las de los viejos dioses de Grecia y Roma. Unas de esas imágenes, han sido traídas por el mar, otras, por un río, otras, han aparecido misteriosamente en una gruta o en una pared, otras, han sudado sangre o llorado lágrimas de sangre, otras, han emitido destellos, otras, han hablado, o no se han destruido al echarlas al fuego, otras, han sido transportadas por el aire de un continente a otro, fábulas todas basadas en testimonios de gentes ignorantes y crédulas, que se han dado por buenos sin mayores comprobaciones.

Dentro del mismo cristianismo, el monoteísmo como fenómeno de masas es más aparente que real. En el catolicismo se habla de Dios, pero también del *Sagrado Corazón, de Cristo Rey, del Divino Niño, del Padre Celestial, del Crucificado, del Redentor, de Jesús de Nazaret, del Cordero de Dios, del Espíritu Santo, de la Santísima Trinidad,* amén de todas las invocaciones marianas, como *María Auxiliadora, la Madre de Dios, la Virgen María, Estrella de la Mañana,* que el común de los creyentes acoge según su gusto y necesidad a la hora de pedir un favor a su advocación predilecta, pero en el fondo las percibe como divinidades distintas, a cada una de las cuales se le pide una gracia diferente.

Lo que pasa es que desde tiempo inmemorial, los creyentes siempre han mezclado el culto idolátrico, en más o menos proporción, de acuerdo con el nivel cultural de cada persona, con el culto a la divinidad que representa.

En eso la humanidad no ha cambiado en nada a lo largo de los siglos desde la época del paganismo hasta ahora.

Asombra que hoy sigamos creyendo en ídolos cuando dentro de la concepción moderna de la materia cualquier cosa que se parezca a un ídolo es un imposible ontológico. Según esa concepción moderna la materia está hecha de partículas discretas u ondas de materia, y su forma depende de la conformación de la estructura molecular que adopten. Por tanto, si algo está hecho de mármol, madera u oro, y su estructura molecular corresponde a un sólido con forma de un dios o un santo, no será sino un bloque de mármol, madera u oro, elaborado con la apariencia de un dios o un santo y no podrá ser otra cosa.

Para que ese cuerpo inerte tuviera la capacidad de hacer milagros, habría que determinar cómo ese conjunto de átomos y moléculas organizadas con una determinada forma, puede recibir, dentro de su estructura molecular interna, la presencia de un ser inmaterial, ya sea porque dicho ser la penetró y se agazapó en el interior de sus intersticios o porque de alguna manera se introdujo dentro de sus corpúsculos y se fundió con ellos, quitándoles su identidad para hacerlos actuar a su amaño. La pregunta que surge es: ¿Cómo puede un ser inmaterial, llámese espíritu o alma, que no está hecho de materia, habitar dentro de un ser material, todo hecho de átomos y moléculas, tomar posesión de él de una manera tan total? ¿Es eso factible lógicamente?

El mismo raciocinio se puede aplicar al caso de la eucaristía. ¿No es éste un ejemplo clásico de idolatría, tan evidente como el de los ídolos de la antigüedad? ¿No es lo mismo presumir que en la estatua de Júpiter está Júpiter, o la estatua de Júpiter es Júpiter, que suponer que en la hostia consagrada está Cristo o la hostia consagrada es Cristo en persona, Dios hijo de Dios?

¿Cuál es la diferencia? También Cristo está simultáneamente en el cielo y en sus miles de templos así como en los miles de millones de hostias, al igual que Júpiter en el Olimpo y al mismo tiempo en sus múltiples santuarios.

Se suele decir que el hombre es un animal racional, pero no todo el tiempo; las historias que inventa durante la vigilia, no son menos irracionales que las que concibe durante el sueño sobre los dioses y los seres inmateriales.

El sueño de la oración

Desde que nuestros primeros ancestros crearon a los dioses, pensaran que esos dioses, a pesar de ser omniscientes, no ppodían conocer sus necesidades sin que se las estuvieran recordando, por lo que se ingeniaron la manera de llegar hasta ellos por medio de sonidos convertidos en palabras habladas o cantadas, así como por los más diversos ritos, entre los que se contaban los sacrificios de hombres, animales o frutos y el uso de sustancias aromáticas como el incienso y la mirra. Fue así como nació la oración.

Sin embargo, el hombre primitivo jamás se preguntó si aquellos seres sobrenaturales podían escuchar sus súplicas u oler el incienso que le arrojaban a los rostros impasibles de sus ídolos. Presupuso que sí, que debían tener sentidos como nosotros porque de lo contrario estarían incompletos, y que deberían gozar con las alabanzas y los aromas como nosotros, porque eran además vanidosos como nosotros, perfectos espejos de la personalidad humana.

Por tanto, si no se los halagaba y no se les tributaba pleitesía, se iban a enojar y nada puede ser más peligroso que un ser omnipotente enfurecido. Las plegarias y los sacrificios rituales se convirtieron entonces en una forma de supervivencia de la especie humana; eran indispensables para librarse de enfermedades y catástrofes causadas por esos dioses, así como para derrotar a los enemigos, para obtener buenas cosechas, para tener hijos, para sobrevivir en el mundo hostil que les tocó en suerte. Si los dioses no estaban contentos con los hombres y se rompía el equilibrio cósmico, el Universo perecería. Conseguir ese propósito justificaba cualquier cosa.

Lo increíble es que esta forma de sobornar a los dioses no haya muerto, y haya seguido practicándose por diez mil y más años desde que el hombre creó el pensamiento abstracto. Hoy como ayer, continuamos confiados en que los seres superiores en que creemos, nos escuchen cuando les rezamos y les ofrecemos dádivas, para que nos libren de los males que nos aquejan. Estamos convencidos de que si no les recordamos nuestros problemas, no van a enterarse de ellos. Creemos en un Dios providente, pero en un Dios providente que, o no es omnisciente, porque desconoce nuestras miserias, o sí es omnisciente, pero es insensible a nuestro sufrimiento, y no va a mover un dedo por nosotros si no se lo pedimos.

Y cuando no obtenemos lo que solicitamos, inventamos toda clase de excusas. Decimos resignadamente, por ejemplo: "No nos convenía," o "Dios quiere probarnos," o "hágase la voluntad de Dios". Pero no tratamos de ajustar nuestra fe al hecho incuestionable de que si Dios existe, puede ser algo distinto a lo que imaginaron nuestros antepasados, que puede no ser una deidad providente, sino una deidad que ya no interviene para nada en el manejo del Universo, que lo inició y lo dejó desarrollarse según sus leyes, por alguna razón que no comprendemos.

Porque si Dios es providente y creó al hombre ¿cómo es posible que necesite de nuestras súplicas para socorrernos? Él, en su supuesta sabiduría infinita, conoce mejor que nadie nuestras necesidades, y bien podría satisfacerlas de buena gana si se preocupara por nosotros. Pero no sólo no las satisface, sino que no atiende nuestras plegarias, o las atiende únicamente de cuando en cuando. Nadie ha demostrado que la probabilidad de que se consiga lo que se pide, sea mayor cuando se reza que cuando no se reza a Dios o los santos.

En el campo de la salud es en donde se ha investigado más la relación entre las plegarias y el efecto que supuestamente éstas han inducido en el tratamiento y la curación de las enfermedades. Más de dos centenares de estudios de este tipo se han realizado en Estados Unidos en los últimos tiempos, por entidades tales como la *Fundación Templeston*, creada con ese objetivo en 1987, o la *Oficina para la Investigación de la Oración*. En general, esos estudios han sido contradictorios, pues mientras unos muestran que la oración no ejerce ningún efecto benéfico en el paciente, otros muestran que la oración ayuda en el restablecimiento de los enfermos.

Entre las varias investigaciones sobre este tema, la más reciente y seria es la de abril del 2006, publicada en *American Heart Journal*. Se ejecutó con tres grupos de oración a los que se les encargó rezar para que les fuera bien en las cirugías del corazón a los 1 800 pacientes que había en seis centros médicos de Estados Unidos, preparándose para esa intervención. En el grupo uno, los pacientes no sabían que se iba a rezar por ellos. En el grupo dos, nadie estaba rezando por los pacientes, pero ellos no lo sabían. En el grupo tres, los pacientes fueron informados de que se iba a rezar por ellos y efectivamente se rezó por ellos.

Los investigadores encontraron que las personas por las que se rezó, no fueron menos propensas a experimentar complicaciones después de cirugía del corazón, que las personas por las que no se rezó. Curiosamente, los pacientes que sabían se iba a rezar por ellos (grupo 3) tuvieron resultados significativamente peores que aquellos que no fueron informados de ese hecho.

Aproximadamente dos tercios de los participantes reportaron que creían en el poder de la oración, y estaban conscientes de que sus familiares, y amigos rezarían por ellos. Ocurrieron complicaciones en el 52 y 51% de pacientes en los grupos 1 y 2, respectivamente. Pero, extrañamente, más pacientes en el grupo 3 (59%) experimentaron al menos una complicación. De donde se deduce que la oración por la salud de los otros no influyó significativamente para bien o para mal en los resultados, pues éstos siguieron siendo tan aleatorios como el de cualquier otro fenómeno natural. A la anterior investigación se le hicieron observaciones tan ridículas como la de que no se valoró si la cantidad de oraciones era suficiente para convencer a Dios de actuar, como si los orantes necesitaran establecer antes de comenzar a rezar la dosis terapéutica mínima más efectiva de plegarias para conseguir los objetivos esperados.

Otro estudio realizado en la *Universidad de Pittsburgh*, si bien no evaluó el efecto de la oración, sí midió la esperanza de vida en los pacientes que realizaban una actividad religiosa semanal. Esta investigación, dirigida por un pastor protestante médico, mostró que dicha actividad produjo un aumento en la esperanza de vida de los encuestados comparable con los beneficios que genera para la salud el ejercicio físico o el consumo de medicamentos, resultados que no sorprenden.

Conocido es el hecho de que el sistema neuronal controla todas las funciones del organismo humano, al extremo de que cuando un paciente lucha por la supervivencia, dura más y tiene más probabilidades de sanar, que otro que claudica ante la enfermedad. El estudio ejecutado por el doctor *Harold G. Koenig* del Centro Médico de la Universidad de Duke sobre el efecto de las creencias y prácticas religiosas en la salud concluyó que éstas, indudablemente, tienen capacidad para influir en nuestro cuerpo físico a través de mecanismos científicos conocidos y no conocidos. Y aunque aún no hemos logrado dilucidar cuáles son estos mecanismos, no es absurdo conjeturar que buena parte de los presuntos milagros de las imágenes milagrosas y de los santos podrían explicarse dentro de este contexto.

La inconsistencia de los resultados obtenidos en todos estos estudios, se debe a que la relación entre la oración y su efecto, es otro de los muchos procesos que se suceden al azar como todo lo que ocurre en el Universo. Una persona puede rezar un día y no obtener lo que pide, y la misma persona puede volver a rezar en otra oportunidad, y conseguir inclusive más de lo que deseaba. Por eso, en los muchos estudios que se han realizado sobre la oración, no se ha podido demostrar, estadísticamente, que los creyentes que rezan, obtienen con más frecuencia favores solicitados, que los que no rezan, pero luchan por alcanzar sus propósitos.

El sueño de los ritos

Si la oración es ineficaz, los ritos no lo son menos. La ritualidad humana, nació con el hombre como parte de la comunicación entre personas, las cuales repiten determinados actos para manifestar su disposición al intercambio verbal. Nosotros no hablamos sólo con la voz sino con una multiplicidad de gestos que hacemos para recalcar lo que estamos diciendo. Prácticamente no nos podemos expresar sin mover las manos y/o el cuerpo como lo patentiza *Desmond Morris* en su libro: *El hombre al desnudo.* ¿Qué es entonces el rito? Los antropólogos no se han puesto de acuerdo en una definición concreta, pero podría ser un lenguaje gestual simbólico manifestado por medio de una acción, que se repite periódicamente según reglas invariables, para interactuar de alguna manera no verbal con otros seres humanos o con seres sobrenaturales.

Debe distinguirse entre ceremonia y rito, aunque esta distinción no siempre es fácil de establecer. Sin embargo, nadie está dispuesto a admitir que el ritual de la misa es un fenómeno de la misma naturaleza que el de quitarse el sombrero o sonreír al saludar. El comportamiento ritual, por ser un lenguaje gestual, es anterior a la creencia en los dioses y a la aparición de las religiones, como se deduce del hecho de que muchas especies animales también practican rituales, entre ellos danzas de cortejo y ceremonias de apareamiento, y por eso, el culto a los espíritus y a las fuerzas sobrenaturales podría ser sólo una aplicación de los ritos similares establecidos desde antes entre humanos, comoquiera que para el hombre primitivo todas las cosas del mundo exterior son vistas como parte del yo interior y reflejo de sí mismo. El fenómeno ritual presenta una gran variedad de formas como las siguientes:

Ritos supersticiosos. Tales como lanzar una pizca de sal a los cuatro puntos cardinales cuando ésta ha sido derramada; hacer la señal de la cruz antes de un evento importante; escupir en las manos antes de alzar un peso; tocar hierro o madera para que a uno le vaya bien.

Ritos sociales. Tales como saludar con la mano en alto u ofreciéndola, o dando una palmadita en el hombro o un beso en una o en ambas mejillas; la presentación a terceros de un amigo, quitarse el sombrero frente a una persona superior o en la iglesia

Ritos de rezos periódicos. Tales como la oración del rosario al atardecer, la adoración de la eucaristía, las diversas novenas a Dios, a la Virgen y a los santos, la liturgia de las horas de los sacerdotes, antes extendida a los fieles piadosos.

Ritos litúrgicos-sacramentales. Tales como los sacrificios de hombres, animales o cosas a los dioses, el sacrificio de la hostia durante la misa, la circuncisión, la consagración de una imagen o un templo, la bendición de la primera piedra de un edifico, las ceremonias funerarias, la consagración de reyes, papas y sacerdotes, la imposición de las manos, las ceremonias de iniciación, el bautismo, la extremaunción.

Los ritos de devociones populares. Tales como las procesiones de crucifijos, vírgenes y santos, las peregrinaciones anuales, por ejemplo, a la Virgen del Rocío o a la tumba del apóstol Santiago en Compostela en España, las peregrinaciones individuales a una imagen santa para cumplir con una promesa, las novenas cantadas por grupos de fieles, las cadenas de oración para pedir un favor específico, las ceremonias de Navidad y de Semana Santa.

Los ritos temporales. Tales como los de celebrar la llegada de la primavera, el inicio de la siembra, la época de la cosecha, la vendimia, el año nuevo.

Los ritos purificantes. Tales como los exorcismos, los ayunos, la autoflagelación, las diversas prácticas de penitencia, los baños rituales, la meditación.

El rito tiene unas características especiales que se repiten en todos los casos y no se pueden variar. Por ejemplo, la fórmula sacramental debe ser siempre la misma, comoquiera que si se alteran las palabras pierde todo su efecto, tanto que si un sacerdote no usa los términos litúrgicos precisos en la consagración de la hostia y emplea otros distintos, se cree que la hostia no queda consagrada. Esto pone a Dios al servicio del hombre, y no de cualquier hombre, sino de un sacerdote ordenado con el debido ritual impuesto por la tradición.

Si este ritual no se cumple, el sacerdote no queda ordenado y la consagración de la hostia no surte efecto, por cuanto debe seguir un patrón inmodificable en cada uno de sus detalles, como en su contenido lingüístico, en el gesto que lo acompaña, en la referencia a hechos o nombres, en las posiciones (de rodillas, en pie, sentados), en los movimientos, en la distribución y reglamentación del tiempo en que se realiza la secuencia de los rituales, en los vestidos, los objetos, y los vasos sagrados, en el uso de un estilo al leer y al orar, en el canto y la música que debe acompañar al celebrante.

¿De dónde sacó el hombre esa idea de que los ritos no rinden fruto, si no cumplen con las reglas predeterminadas por la tradición? ¿Quién estableció esas reglas y por qué no se pueden cambiar? En los ritos de los sacrificios humanos o de los animales, de donde se deriva la liturgia de la misa, había que matar a la víctima con un cuchillo ceremonial, pronunciando ciertas palabras mágicas. Luego, en unos casos, cocinar su carne y distribuirla para que la coman los sacerdotes, en otras, arrancarle las vísceras y arrojarlas al ídolo, y en no pocas, no cocinarla sino bañar a los fieles con su sangre. ¿Por qué creyó el hombre y sigue creyendo, que ceremonias tan absurdas y sin sentido como esas sean agradables a los dioses?

¿Cuál es la diferenta entre rito y magia? En ambos ¿no se invoca a seres sobrenaturales de cuya existencia o inexistencia nadie ha podido hasta ahora presentar una prueba definitiva? Quizás lo único que los distingue es que en el rito se invoca a los seres sobrenaturales reconocidos oficialmente por las religiones, y en la magia, a los seres esotéricos o fuerzas ocultas poco conocidas, aunque en los dos casos, tanto el rito como la magia, tienen por objeto obtener un favor o librarse de una calamidad.

Sin embargo, los favores solicitados en los ritos por lo general son de mayor trascendencia que en la magia, como pedir por la salud personal o de un pariente o amigo, rogar por una buena muerte, o porque Dios nos conceda una gracia, mientras en la magia se reduce a ligar el amor de una persona, destruir un potencial enemigo, obtener un matrimonio feliz, y otros fines que a veces también se solicitan en los ritos.

Si los ritos han perdurado y van a perdurar, es porque frecuentemente son hermosos y solemnes. Son un lenguaje gestual que impresiona, que le da valor a los distintos eventos de la vida del hombre, como el matrimonio, el ascenso de un gobernante al poder, la coronación de un rey o un papa, el año nuevo, la muerte de alguien, el homenaje a una persona ilustre, la erección de un edificio y hasta la despedida o el saludo a quien apreciamos. Las religiones no habrían podido sobrevivir sin los ritos, sin procesiones con largos desfiles de sacerdotes ataviados con suntuosos trajes al compás de una música pomposa y sobrecogedora.

El arte es el mayor legado de las religiones. Como el arte es un modo de soñar despierto y las religiones también, se han aunado para producir un acopio inestimable de obras maestras de todo tipo, literatura, pintura, música, escultura, arquitectura, poesía, ficción. Nadie podrá negar nunca la riqueza que eso representa para la humanidad. El arte religioso es la expresión en color, sonido y forma de la angustia existencial del hombre.

El sueño de la ética religiosa.

La moral es la ciencia que regula las costumbres del hombre en relación con sí mismo y con la sociedad. La moral no es un simple sistema de creencias, sino que va más allá, define un modo de vida, establece normas de conducta que reglan todas las formas de comportamiento humano: el respeto a la vida y a la propiedad, la relación entre los sexos y la diferenciación entre la conducta sexual permitida y la no permitida; la estructura de la familia, y el papel que juega en él el padre, la madre y los hijos; cuales acciones son virtuosas y cuáles no, y qué castigos en esta vida o en la otra sufrirán los infractores.

Tales preceptos morales mínimos son indispensables para la supervivencia del hombre en sociedad. Si éste no respeta la vida, honra y bienes de sus congéneres, no puede sobrevivir, porque la vida en comunidad se haría imposible, y la vida en comunidad, es esencial para el progreso del ser humano. Todo lo que ha conseguido el hombre desde que comenzó a conquistar la Tierra se debe a su capacidad de aunar esfuerzos. Por eso, aquellos grupos que logran conformar un código de conducta adecuado a sus necesidades, sobrevivirán, y los que no lo logran, perecerán y no podrán dejar descendientes.

Establecida la importancia de la moral en la conservación de la especie, queda por averiguar quién tiene, y quien no, el derecho y la obligación de formular las normas morales de sus semejantes. Desde el punto de vista histórico, existe la convicción de que las regulaciones éticas nacieron dentro del seno de las religiones. En un principio la religión absorbió a la moral, convirtiéndola en una simple manifestación suya. Ese fue el caso del pueblo judío desde Moisés, de cuyo decálogo existen dos versiones, una, en el *Éxodo* (34:28) y otra en el *Deuteronomio* (10:4), en las que se cuenta que fueron escritas con el dedo de Jehová en dos tablas de piedra que le entregó en el monte Sinaí.

En realidad el decálogo como tal no aparece en la Biblia hebrea. Está inserto en varias partes del *Pentateuco* en no menos de unos seiscientos versículos, pero lo más esencial se encuentra en el capítulo 20 del Éxodo, en 17 versículos, a los que se le añaden otros 69 de los capítulos siguientes: 21 y 22. Extrañamente, en el capítulo 34 aparece otra versión del llamado decálogo, un tanto diferente, lo que demuestra la multiplicidad de manos que intervinieron en su redacción. No es esta normativa moral la única en la antigüedad, pues siglos antes, *Canaan, Ebla* y *Ugarit* tenían sus leyes morales, presuntamente promulgadas por sus dioses, y *Hammurabi* había redactado ya su famoso código en nombre de *Anum* y *En-lil,* los principales dioses sumerios.

Ya hemos visto que esa tendencia a hacer aparecer a los reyes y a los sumos sacerdotes como delegados de los dioses, o incluso dioses, y a sus leyes, como reveladas por ellos y por tanto infalibles, fue común en las civilizaciones antiguas y siguió considerándose un dogma en Occidente hasta casi la época de la revolución francesa. Como la mayoría de los pueblos antiguos no hacían distinción entre la legislación civil y la religiosa, las cuales confundían, ambas quedaban cobijadas por la misma presunción de tener un origen divino.

Así sucedió con la *Biblia* y el *Nuevo Testamento* adoptados por el cristianismo. De esta manera se consiguió que la moral religiosa se convirtiera en absoluta e indiscutible, y, so capa de que era la palabra de Dios, y la Iglesia la obra de Dios, dicha Iglesia se tomara la licencia de agregar preceptos de su propia iniciativa que también quedaban bajo el parasol sobrenatural, y no podían, por consiguiente, ser cuestionados.

La pregunta que surge es: ¿Es la religión el fundamento esencial de la moralidad? En el Eutifron, *Aritóteles* se preguntaba si las cosas son buenas porque Dios las quiere o las quiere porque son buenas. Este punto es muy importante porque establece la diferencia entre la moral religiosa, basada en las supuestas verdades divinas reveladas en las Sagradas Escrituras; y la moral natural, preexistente en la conciencia del hombre, que busca conformar su conducta con los dictados de la naturaleza. Las religiones siempre han pretendido ser fundamento y garantía de la moralidad, lo que no se compagina con el hecho de que ser creyente no implica necesariamente ser moral, al punto de que un ateo o un agnóstico puede a veces comportarse más éticamente que un creyente, o viceversa.

La moral religiosa, pretende cimentarse en la moral natural. Sin embargo, no siempre la acata, y en cambio establece preceptos rígidos, inflexibles, impositivos que no cambian ni se acomodan a las circunstancias, debido a que es impuesta desde lo alto por organizaciones religiosas que se consideran las auténticas mensajeras de la voluntad de Dios e intérpretes absolutas de las verdades reveladas, motivo por el cual no reconocen en los fieles el ser sujetos últimos de derecho. No ocurre así con la moral natural, que busca el beneficio individual y colectivo, dentro de una visión puramente racional y lógica, sin necesidad de que nadie la imponga.

Por eso, la moral religiosa y la natural en ocasiones se distancian, porque son dos distintos enfoques del problema ético. Eso es lo que marca la diferencia entre la ética de la *Biblia* y la ética de *Aristóteles* y los demás filósofos griegos, así como de los pensadores posteriores que se han dedicado a los estudios morales, uno de los temas sobre los que más se ha escrito.

La ética de *Aristóteles* está contenida en la *Ética a Eudemo* y la *Ética a Nicómano*. Podríamos resumir su pensamiento diciendo que la ética aristotélica se basa en la búsqueda de la felicidad dentro de la virtud y la virtud dentro del justo medio. La felicidad debe consistir en algún tipo de actividad, y no puede identificarse, por eso, la felicidad con el placer, pues el placer no es una actividad sino una sensación o estado de ánimo que acompaña a ciertas actividades consideradas como placenteras.En la *Ética a Nicómano* aclara *Aristóteles* que la felicidad es el bien último al que aspiran todos los hombres por naturaleza. La naturaleza nos impele a buscar la felicidad, una felicidad que se identifica con la buena vida. Pero los hombres no tienen la misma concepción de la buena vida y de la felicidad: para unos, ésta consiste en el placer, para otros en las riquezas, para otros en los honores, y así cada quién. ¿Es posible encontrar algún hilo conductor que permita decidir en qué consiste la felicidad, más allá de los prejuicios particulares? Sí, la felicidad consiste en actuar de acuerdo con la función propia del hombre, con su naturaleza, y en la medida en que esta función se cumpla con moderación, escogiendo siempre el punto medio entre los extremos, obtendrá la felicidad.

Como el hombre está compuesto de alma y cuerpo, de alma que es la naturaleza racional, y de cuerpo, que es la naturaleza apetitiva o volitiva, hay dos tipos de virtudes según *Aristóteles:* "La intelectual y la moral; la intelectual debe su nacimiento y desarrollo, básicamente a la educación, y por eso ha menester de experiencia y de tiempo; en tanto que la virtud moral es fruto de la costumbre (ethos) de la cual ha tomado su nombre por una ligera inflexión del vocablo (ethos)".

Desde la época griega, los hombres, basándose en consideraciones puramente racionales, han buscado la manera de definir qué es una buena vida, juzgando las conductas morales por sus consecuencias en la sociedad y en el individuo. Una acción es considerada buena si maximiza la felicidad de quien la hace, sin perjudicarse a sí mismo, ni a los demás, ni a la comunidad a la que el sujeto pertenece, y la mala, si ocurre lo contrario.

De esa manera hace posible la interrelación de los seres humanos entres sí y de los seres humanos con la naturaleza, fundándola en la bondad del hombre con el hombre, en el amor y respeto por la vida de todo ser viviente, en el sacrificio del propio bien en beneficio de la colectividad; en el altruismo, la repercusión social de toda acción y los efectos de la misma en quien ejecuta o quien padece esa acción.

Este tipo de moral natural es anterior a las creencias religiosas y sigue siendo indispensable para lo sociedad en cualquier época, cualquiera sea la idea que tengamos de Dios. Por eso resulta tan absurda la propaganda que está difundiendo últimamente un grupo ateo en Inglaterra, España y otros países de Europa, que dice: "Probablemente Dios no existe, gocemos de la vida". Como si la existencia de Dios, nos impidiera gozar de la vida, y buscar la felicidad. Por el contrario, *las normas éticas no son buenas sólo porque Dios las quiere, sino por su valor intrínseco, aunque Dios no exista.*

El error radica en creer que si Dios no existe, no hay infierno, y si no hay infierno no hay castigo, y eso libera al hombre de toda obligación moral. Afirmar tal resulta tan absurdo como decir que toda persona tan pronto se da cuenta de que va a quedar impune, se dedica a robar, violar, matar y cometer los peores crímenes. Nada más falso. La inmensa mayoría de las personas nos comportamos éticamente sólo por convicción, aunque eso no exime a la sociedad de tener un sistema punitivo eficiente para proteger al ciudadano de bien.

Sin embargo, los castigos, tanto humanos como divinos, por lo común no arredran a quienes están decididos a infringir las reglas sociales, porque todo infractor de la ley siempre piensa, antes de atreverse a contravenirla, que va escapar en alguna forma de la justicia, ya que si estuviera seguro de que va a recibir todo el peso de la ley con el máximo rigor, se abstendría de delinquir. Ese es el más fuerte argumento que se esgrime hoy día contra la pena capital: que no disminuye la criminalidad, porque la mayor o menor brutalidad del castigo, no frena al malhechor.

Y la amenaza del infierno tampoco, por horripilante que lo pinten, porque es algo que se ofrece para después de la muerte, y la muerte, es considerada por jóvenes y adultos como un suceso desafortunado que le ocurre a los demás, pero no a ellos. El infierno, por eso, asusta sólo a los viejos y a los creyentes sinceros que esperan el juicio de Dios; pero tanto los unos como los otros, son poco propensos a caer en el delito. En cambio, los verdaderos criminales, a los que ni siquiera el temor a la muerte los detiene pues se juegan la vida a cada instante, las penas sobrenaturales los deja sin cuidado. Antes bien, rezan o se hacen rezar, portan medallas de la Virgen y amuletos mágicos, buscando a través de esas prácticas salir impunes de sus desafueros.

Cabe recordar que la época de mayor fe en Europa fue la Edad Media, época en la que se cometieron las peores atrocidades: se guerreaba constantemente entre pueblos cristianos, la ambición de poder de los señores feudales, incluido el pontificado, no tenía límites éticos, el bandidaje era corriente. Entre tanto, el clero gozaba de un poder inmenso, la misa de los domingos era infaltable, mientras los fieles no ahorraban esfuerzos ni fondos para construir imponentes catedrales góticas de increíble belleza.

En realidad lo que las religiones han demostrado siempre es su incapacidad para hacer cumplir las normas morales que predican. Desde este punto de vista la moral religiosa ha fracasado, quizás porque la posibilidad del perdón de los pecados del catolicismo por medio de la confesión, le quita fuerza al castigo divino, comoquiera que al pecador le basta acercarse a un sacerdote, sincerarse con él y pedirle la absolución para sentirse limpio y quedar listo para volver a pecar. Por otro lado, las religiones en lugar de buscar por todos los medios posibles disminuir la violencia del hombre contra el hombre en sus múltiples formas, han concentrado sus esfuerzos en hacer respetar los dogmas y artículos de fe, lo que es un tema marginal sin importancia.

La violencia, en cambio, es la peor de las desgracias, el peor de los pecados, pero las religiones, en especial las semíticas, no lo ven así. Al contrario, el catolicismo y el islamismo, hijas legítimas del judaísmo, no sólo no han tratado de acabar con ella sino que la han ejercido como institución y como doctrina, con una ferocidad despiadada.

Históricamente, han venido promoviendo guerras y persecuciones contra cuantos de alguna manera se oponen a sus dogmas o desafían su poder político. Ejemplo de eso es la manera como el catolicismo promovió la violencia religiosa en Europa durante ocho siglos, primero contra los musulmanes, después contra los albigenses o cátaros, y por último contra los herejes, brujas y brujos a través de la mal llamada Santa Inquisición, que de santa no tuvo nada.

Las cruzadas contra los musulmanes, iniciadas por el papa *Urbano II* en 1095 con el grito: "Dios lo quiere," fueron de una crueldad abominable y se prologaron por cerca de dos siglos con largas interrupciones. La *primera*, conquistó los *Santos Lugares* y concluyó con la toma de *Jerusalén*, cuyos pobladores masacraron con la peor brutalidad. Le siguió la *segunda*, promovida por el papa *Eugenio III* en 1 145, en la que las tropas del rey *Luis VII de Francia* y otros monarcas cristianos, tras cometer inicuos atropellos con la población nativa, concluyeron fracasando por completo. La *tercera*, promulgada por el papa *Gregorio VIII* en 1 191, fue liderada por *Ricardo Cora-zón de León,* y se extinguió lánguidamente sin haber cumplido su objetivo de tomarse de nuevo a Jerusalén, que años antes había vuelto a caer en poder de Saladino. La *cuarta,* impulsada por el papa *Inocencio III* en 1199, en lugar de volver a *Tierra Santa* como se había propuesto, se dirigió a *Constantino-pla,* donde, por desavenencias con el rey *Alejo IV,* conquistó dicha ciudad en 1204, la saqueó y asesinó a los cristianos habitantes que debía haber defen-dido, sin excluir a mujeres y niños, en una horrorosa carnicería. Durante los años siguientes se sucedieron una tras otra, hasta el año de 1291, la *quinta,* la *sexta,* la *séptima,* y la *octava* cruzada, sin haber conseguido mayor cosa.

Fueron 196 años de guerras estériles y sanguinarias auspiciadas por los pontífices de Roma, en los que aparecieron órdenes militares, como las de los Caballeros *Templarios,* los *Hospitalarios,* los Caballeros de la *Orden de Malta,* los Caballeros *Teutónicos,* verdaderos ejércitos de monjes católicos fanáticos que cometieron toda clase de tropelías, la mayoría de los cuales con el tiempo fueron siendo exterminados.

Y como si eso fuera poco, mientras se realizaban la quinta, sexta y sép-tima cruzada contra los sarracenos, el papa *Inocencia III* en el año de 1209, convocó a otra contra los *albigenses* o *cátaros* del Languedoc en el sur de Francia, que duró hasta 1244, pese a que estos numerosos grupos de cre-yentes inermes e indefensos no le hacían mal a nadie. Su único delito fue no reconocer la autoridad del papa, ni practicar los ritos católicos, descreer de algunos de sus dogmas, como el de la Santísima Trinidad, la salvación por medio de la fe, y creer no en un Dios único sino en un Dios bueno y un Dios malo como los *agnósticos* y *maniqueos* de los siglos II y III. Se llamaban así mismos: *perfectos* y *perfectas,* vestían con un hábito especial y se dedicaban a una vida ascética, llena de austeridad y pobreza.

Pudieron ser unos alucinados o incluso unos orates, pero no fueron nun-ca una amenaza para la sociedad. Sin embargo, el papado los tachó de here-jes, y organizó contra ellos las más horribles masacres. Hasta qué extremo llegó ésta, se puede calibrar por la carta que en 1 208, el Papa *Inocencio III,* dirigió a todos los arzobispos y autoridades civiles del Languedoc, en la que les decía: "Despojad a los herejes de sus tierras. La fe ha desaparecido, la paz ha muerto, la peste herética y la cólera guerrera han cobrado nuevo alien-to. Os prometo la remisión de vuestros pecados a fin de que pongáis coto a tan grandes peligros. Poned todo vuestro empeño en destruir la herejía por todos los medios que Dios os inspirará. Con más firmeza todavía que a los sarracenos, puesto que son más peligrosos, combatid a los herejes con mano dura".

Y fue entonces cuando la *Santa Inquisición,* fundada unos años antes en 1184 por el papa *Lucio III,* se puso en movimiento y comenzaron los juicios, los interrogatorios con tortura, la quema masiva de miles de hombres, mujeres y niños en enorme hogueras, las marchas de hambre, comandadas por *Simón de Monfort,* el exterminio de ciudades enteras al grito de: "Matadlos a todos, que Dios reconocerá a los suyos," atribuido a él, la confiscación de las tierras a favor de los cruzados, las humillaciones públicas. Fue uno de los más feroces genocidios de que se tenga noticia. Toda la iniquidad con que los romanos procedieron contra los primeros cristianos, la volcaron ahora los cristianos contra los albigenses, así estos fueran sólo una secta de ingenuos fanáticos alucinados.

Lo más grave es que cuando la Inquisición cumplió con el objetivo para el cual fue creada, (aniquilar a los cátaros), en lugar de disolverse, como hubiera sido lo lógico, continuó actuando en muchos países de Europa y la América española, donde montó una monstruosa maquinaria represiva. No perdonaba el menor desacuerdo con las enseñanzas oficiales de la Iglesia católica, coartaba la libertad de expresión, recibía denuncias anónimas, procesaba a reos por años sin que supieran por qué se los procesaba, los interrogaba bajo tortura para que confesaran pecados de los que a veces no se sentían culpables, y al final, los humillaba en los autos de fe o los quemaba vivos en presencia de un público vesánico. La inquisición con todos sus horrores duró 650 largos años desde 1 184 hasta 1 834, que fue cuando oficialmente se acabó en España, el país que mayor uso le dio.

La tortura en la historia de la humanidad

La crueldad del hombre con el hombre nació con la especie humana y es su pecado más detestable. El hombre de la antigüedad no solo masacraba con despiadada brutalidad a sus enemigos cuando los derrotaba, como vimos que lo hacían los pueblos mesopotámicos, sino también torturaba y mataba a sus propios conciudadanos. Los romanos, en especial, fueron en esto un ejemplo clásico; llegaron a convertir la tortura en un socorrido espectáculo de masas. Utilizaban los anfiteatros no solo para la lucha de gladiadores, sino para exhibir ante un público enardecido que lo disfrutaba, reos y prisioneros siendo devorados por fieras, verdugos arrancándoles las carnes con garfios a sus víctimas, quemándolas, descuartizándolas, untándoles brea y prendiéndoles fuego o dejándolas caer desde lo alto para ensartarlas en estacas. Otras veces inundaban el Coliseo o el

Circo Máximo para presentar allí batallas navales en las que morían cientos de combatientes. Se estima que en esos juegos perecieron, no menos de 500 000 a 1 000 000 personas.

No lo hacían mejor en la Edad Media. Los juicios se dirimían por medio de ordalías que consistían en someter al acusado a pruebas como dar seis pasos con un hierro al rojo en la mano, y si se quemaba, lo declaraban culpable, y si no se quemaba, inocente; o arrojarlo amarrado a un río o estanque; si flotaba, era culpable y si se hundía, inocente, sin importar si se ahogaba. Los nobles feudales tenían cámaras de tortura en las que los sospechosos eran sometidos a los más despiadados suplicios. Sin embargo, los peores extremos de crueldad llegaron con la instauración de Santa Inquisición en Europa, la cual institucionalizó el tormento, y lo convirtió en un *arte,* el arte de hacer sufrir al acusado las más sádicas atrocidades sin que muriese para poder seguir torturándolo por semanas, meses o años hasta que confesase su presunto pecado. Porque para la Inquisición lo fundamental era la confesión del reo, era lo único que constituía plena prueba. Fue entonces cuando aparecieron, después de la invención de la imprenta, aterradores manuales ilustrados con dibujos para instruir a los verdugos en cómo producir el máximo dolor sin quitarle la vida a la víctima, y al mismo tiempo comenzaron a desarrollarse los más espantosos instrumentos de tortura como la rueda, el potro, el toro de Falaris, las jaulas colgantes etc, etc, toda una parafernalia de herramientas macabras cuyo sola contemplación en los museos produce escalofrío.

No fue, por supuesto, únicamente la Inquisición la que usó tales métodos a los que se les daba un valor probatorio que no tenían, sino también los tribunales civiles. En la torre de Londres la sala de torturas quedaba debajo del salón de banquetes y al parecer nadie se inquietaba por los gritos de los supliciados. Lo increíble es que la tortura como procedimiento jurídico rutinario, solo se vino a prohibir oficialmente en 1948, después de la segunda guerra mundial, pese a que había sido abandonada en casi en todos los países desde antes de que la ONU aprobara la: *"Declaración Universal de los Derechos Humanos"* que en su artículo 6 ordena: "Nadie podrá ser sometido a torturas, ni penas o tratos crueles, inhumanos o degradantes." Pero no se crea que con eso se puso fin a la tortura. El ejército de los Estados Unidos y otras entidades del estado americano, siguen practicándola, e incluso produciendo manuales secretos sobre la materia, así como muchos países islámicos, Cuba, China, Corea del Norte, y otros más. No cabe duda de que el hombre es el animal más cruel de la creación. Goza viendo sufrir a sus congéneres.

Este breve recuento muestra cómo la Iglesia católica desde que aumentó su poder político en la alta Edad Media hace diez siglos, ejerció una represión brutal contra todo lo que interfiriera con su supremacía, hasta su ocaso a principios del siglo XIX. Fue una violencia indiscriminada en la que las víctimas de las persecuciones religiosas llevadas a cabo por la Iglesia de Roma, no fueron peor tratadas que en los tenebrosos cuarteles de la GESTAPO nazi, o de la NKVD soviética.

Se condenó a los más crueles suplicios a quienes se apartaran en lo más mínimo de los dogmas oficiales de la Iglesia. Actitud típica de las ideologías religiosas o políticas que llegan a convertirse en doctrinas de estado. Lo mismo da que esos estados sean confesionales o laicos, que sea la Francia atea revolucionaria del siglo XVIII, o la España católica del Renacimiento, o la Inglaterra protestante de Enrique VIII. Los procedimientos represivos en todos esos casos fueron los mismos.

Las persecuciones que tales confesiones o gobiernos impulsan contra sus opositores, comparten un mismo denominador común: el ideario oficial se convierte en asunto de seguridad del estado, indispensable para la supervivencia de la autoridad civil o religiosa dominante; y por tanto, cualquiera que atente contra esos valores, interfiere con la estabilidad de la sociedad tal como ellos la visualizan, por lo que debe ser exterminado de inmediato antes de que sus supuestamente peligrosas ideas se difundan. Esto es tanto más necesario cuanto más incapaces se sientan esas ideologías de defenderse con el racionamiento lógico. Imponen una verdad absoluta y excluyente que no ha sido consultada con los gobernados, y establecen una organización represiva, implacable, capaz de aniquilar todo resistencia y unificar por el miedo todos los criterios.

Lo increíble es que la Iglesia nunca ha pedido perdón, ni celebrado una misa, ni rezado siquiera una jaculatoria por los millones de seres humanos que murieron de muerte atroz en las guerras contra los sarracenos, en las cruzadas contra los albigenses, o en las mazmorras del Santo Oficio. Ha pedido perdón, sí, por la condena de Galileo o censurado el holocausto nazi, pero ha guardado silencio total por los que injustamente padecieron persecución por sus convicciones religiosas en otras épocas; como si no fueran iguales de inocentes y tan dignos de compasión y respeto, los que se atrevieron a pensar distinto a las gentes de su tiempo entonces, a veces con enorme valentía, que los que desafiaron al imperio romano, negándose a adorar sus ídolos y terminaron siendo devorados por las fieras en el circo, de la misma manera como los herejes concluyeron sus vidas en las piras infernales de la

Santa Inquisición.

Inquisición que hubiera continuado cometiendo atropellos por tiempo indefinido, si no fuera porque la Iglesia Católica salió debilitada después de la Revolución Francesa. *Savater* recuerda que en el año de 1791 el papa *Pío VI*, al conocer el texto de la proclamación de los Derechos del Hombre por la Convención de París, escribió en su encíclica: *Quod aliquantum, este exabrupto: "No puede imaginarse tontería mayor que tener a todos los hombres por iguales y libres"*. Condena que confirmó *Gregorio XVI* en 1832 tachando de *venenosísima* esa idea. En 1864 el papa *Pío IX* creó el Síllabus, o censura de todas las publicaciones que la Iglesia consideraba como error o herejía, entre las que se encontraba la de propender por la "libertad de conciencia".

Pero el intento más decidido de regresar a la nefanda Inquisición lo protagonizó *León XIII* en 1888 al proclamar en su encíclica *Libertas* que: "No es absolutamente lícito invocar, defender, conceder una híbrida libertad de pensamiento, de prensa, de palabra, de enseñanza o de culto, como si fueran otros tantos derechos que la naturaleza ha concedido al hombre". Declaración que *Pío X* remachó en su encíclica *Vehementer* con las siguientes palabras, a raíz de la tendencia mundial a la separación entre la Iglesia y el Estado: "Que sea necesario separar la razón del Estado de la de la Iglesia es una opinión definitivamente falsa y más peligrosa que nunca. Porque limita la acción del Estado a la sola felicidad terrena, la cual se coloca como meta principal de la sociedad civil y descuida abiertamente, como cosa extraña al Estado, la meta última de los ciudadanos, que es la beatitud eterna preestablecida para los hombres más allá de los fines de esta breve vida".

Por fortuna, ya no eran los tiempos del papa *Inocencio III*, pues de serlo, la Iglesia hubiera convocado a una nueva cruzada para exterminar a los propugnadores de tan revolucionarias ideas como lo hizo con los albigenses. Y fue por eso que dichas ideas triunfaron con el advenimiento del papa *Pablo VI*, quien, conciente de la pérdida de poder del pontificado, en su encíclica *Dignitatis humana* (hasta cuándo los papas seguirán escribiendo en latín), contradiciendo a sus antecesores, reconoció por primera vez la *libertad de conciencia* como una dimensión incontrovertible de la persona humana.

Por su parte, el papa *Benedicto XVI* en su conferencia en la Universidad de Ratisbona, al recordar la conversación sostenida entre *Manuel II Paleólogo*, en 1391 en Ankara, con un persa culto, a quien increpa porque Mahoma trató de difundir su religión con la espada, como si la Iglesia Católica no hubiera hecho lo mismo, se expresa en estos términos: "La difusión de la fe mediante la violencia es una cosa irracional. La violencia está en contraste con la naturaleza de Dios y la naturaleza del alma. Dios no goza de la sangre; no actuar según la razón es contrario a la naturaleza de Dios... Para convencer a un alma razonable no es necesario disponer ni del propio brazo, ni de instrumentos para golpear ni de ningún otro medio con el que se pueda amenazar a una persona de muerte". Esto dicho por uno de los sucesores de Inocencio III, no deja de ser gratificante.

Si bien la Iglesia Católica dobló la pagina de las persecuciones religiosas del pasado, no por eso cesaron los intentos por revivir los poderes inquisitoriales, más por razones políticas que religiosas. El 26 de marzo de 2009, el Consejo de Derechos Humanos (CDH) de las Naciones Unidas por presión de los países islámicos, cuya intolerancia ha sido la norma, aprobó un documento en el que "rechaza la violencia y los ataques físicos y psicológicos contra las personas en función de su religión y creencias," buscando con eso, que todo ataque a una religión sea considerado "una grave afrenta contra la dignidad humana".

Una regulación como ésta es un sinsentido desde cualquier punto de vista, porque la humanidad ha tenido siempre una gran variedad de religiones, y todas han podido coexistir en medio de una gran diversidad de creencias. Cada una elabora su propia doctrina, y la implanta de manera excluyente en el país o región donde ésta nació. Unas religiones, sin embargo, tienen instinto misionero y tratan de expandir su mensaje en ámbitos diferentes al nativo, como el cristianismo y el islamismo. Otras, son puramente nacionales, no buscan adeptos entre otros pueblos, como el budismo y el hinduismo, o los aceptan con dificultad, como el judaísmo.

Las religiones semíticas son las más agresivamente intransigentes con su doctrina, pues la consideran revelada por Dios a ellos solamente y no a los otros. El Dios revelador resulta entonces un Dios diferente. Por ejemplo, el cristianismo cree en un Dios uno y trino a la vez, que se encarnó y se hizo hombre para redimirnos; en cambio, el judaísmo y el islamismo adoran a un Dios único, a Jehová o a Alá, que ni se encarnó ni nos redimió. ¿Quién tiene la razón?

Al catolicismo le interesa la primera opción porque necesita explicar la divinidad de Jesús y la redención por medio de su sacrificio, pero las otras dos religiones, como creen en mitos distintos, no tienen cómo encajar dentro de los suyos, a un Dios trino. En el fondo la discusión es irrelevante porque nadie puede presentar la prueba reina de que su versión de Dios es la única verdadera.

Sentado esto, no se ve por qué hay que considerar grave violación a la dignidad humana, sostener una tesis contraria a las creencias de otra religión o atacarla. Si un musulmán o un judío se manifiesta en contra de la divinidad de Cristo, o de la virginidad de María porque así lo predica su credo ¿debe ser condenado por los tribunales de Occidente? Y ¿si un católico rechaza la ley islámica o niega la existencia de la revelación del ángel Gabriel a Mahoma, debe ser condenado por los musulmanes? Eso sería regresar a las peores épocas de la violencia religiosa y con la violencia que hay en el mundo moderno, tenemos más que suficiente.

Esa violencia que *Nietzsche* convirtió en una seudo religión, y los nazis acogieron como dogma, e inspirados en ella, terminaron desatando la segunda guerra mundial en la que murieron sesenta millones de seres humanos. Nietzsche proclamó la necesidad de que "el bueno," (para él, el hombre fuerte), esclavice o destruya al "malo," (para él, el hombre débil), siguiendo la ley de la selección natural. Le dio así a la moralidad un significado puramente biológico de lucha darwiniana por la supervivencia, tesis que plantea en su cruel y desconcertante libro: *La Genealogía de la Moral*. Según éste filósofo: "Exigir de la fortaleza que no sea un querer dominar, un querer sojuzgar, un querer enseñorearse, una sed de enemigos y de resistencias, y de triunfos, es tan absurdo como exigir de la debilidad que se exteriorice como fortaleza".

 Partiendo del mito de la raza aria, cuya existencia no se ha podido comprobar, llegó a la conclusión de que esa raza era la de las grandes civilizaciones de la antigüedad, Grecia y Roma, las cuales dominaron al mundo e impusieron el predominio del noble y del fuerte sobre el débil; pero cuando los judíos introdujeron la religión de los vencidos, esto es el cristianismo, triunfó el humilde, el menesteroso sobre el más capaz, y con esto, el ser humano perdió todo lo que había ganado. Había, por tanto, que restituirle el dominio del mundo a los fuertes para que barrieran de la faz de la Tierra a los impotentes, a los pobres, a los miserables, misión que deberían acometer los descendientes de la raza aria que aún quedaban en Europa, como los alemanes. "Que los débiles y los fracasados perezcan", decía en El Anticristo, "y que se les ayude a morir". Lo mismo, con otras palabras, lo repitió en: *Así hablaba Zarathustra.*

Lo que sorprende es que todo un *Santo Tomás de Aquino*, también incurra en su Suma Teológica, en apreciaciones tan crueles como las de Nietzsche. Difícilmente se encuentran dos personalidades tan antagónicas como ellos. Nietzsche fue un ateo visceral, filósofo inmoral que no reparaba en medios. *Santo Tomás*, fue un monje benedictino, a años luz de doctrinas como las de Nietzsche, pero, sorprendentemente, tiene puntos de contacto con él. Concebía, igual que él, a la humanidad dividida, en buenos y malos. Pero para *Santo Tomás* los buenos eran quienes acogieran la fe de Cristo, y los malos, quienes no acogieran esa fe; no había ningún matiz intermedio, el justo, merecía el cielo, y el impío, las penas del infierno, tesis que la Iglesia siguió proclamado por siglos hasta ahora. Los buenos siguen siendo buenos porque son creyentes y se les defiende, así sean malos, y los malos siguen siendo malos, porque no son creyentes, así sean buenos.

De acuerdo con esa mentalidad maniquea, *Santo Tomás* incluye en su Suma Teológica, el siguiente desconcertante párrafo: "Por lo tanto, para que la bienaventuranza de los santos le satisfaga más, y por ella den las gracias más rendidas a Dios, se les concederá que vean perfectamente la pena de los impíos en el infierno" Y en otro aparte agrega, refriéndose al Juicio Final: "¡Qué espectáculo tan grandioso entonces! ¡De cuántas cosas me asombraré! ¡De cuántas cosas me reiré! ¡Allí gozaré! ¡Allí me regocijaré contemplando cómo tantos y tan grandes reyes, de quienes se decía que habían sido recibidos en el cielo, gimen ahora en profundas tinieblas! Y por ahí continuaba alegrándose de todos los castigos que les sobrevendrán a los pecadores cuando les llegue su hora. No se podía sentir ninguna compasión por ellos.

Esto de partir a la humanidad en dos grupos irreconciliables, buenos y malos, ha sido una de las más perversas tendencias del hombre de todos los tiempos. Más grave, todavía, si esa actitud excluyente, radical, se le atribuye a Dios, como lo hacían los antiguos profetas hebreos, que vaticinaban horribles y crueles castigos a los enemigos de Israel por cuenta de Yahvé, su Dios nacional. *Santo Tomás,* quizás, habiendo abrevado en la misma fuente de aquellos terribles profetas hebreos, predijo el gozo y la gratificación de los elegidos al ver sufrir a los condenados en los infiernos, gozo semejante al que sentiría la sádica chusma de alucinados que disfrutaría siglos más tarde con el grotesco espectáculo de ver quemar vivos a los herejes con leña verde para prolongar su agonía, en nombre de una religión deseosa de acallar todo disenso.

El sueño de la sexualidad

El hombre es un animal sexual como todos los animales, pero, sorprendentemente, un animal sexual que se avergüenza de su sexualidad, toda vez que considera, desde la más remota antigüedad, como sucio e impuro el apareamiento, quizás porque los órganos reproductivos, tanto en el hombre como en la mujer, hacen parte de los órganos excretorios, y siempre las religiones han asimilado la suciedad al pecado. No de otro modo se podrían explicar las muchas expresiones incluidas en el Nuevo Testamento sobre la Virgen María, a quien se le atribuye no haber sido *mancillada* por el acto carnal, como si el acto carnal fuera una mancha.

Tan es así que la Virgen cumplió con el rito de la purificación que se establece en el capítulo 12 del Levítico en el cual se ordena a las mujeres *que hayan conocido varón* y tenido un hijo, quedar inmundas o aisladas por una o dos semanas, y presentarse a los cuarenta días ante el templo con su retoño, a fin de ofrecer un cordero recental para el sacrificio, como una manera de quedar purificadas de su pecado de fornicación. Los babilonios, según Heródoto, también tenían una costumbre similar. Siempre que practicaban sexo, tanto el hombre como la mujer, debían purificarse con un sahumerio al amanecer y mientras tanto se abstenían de tocar cualquier alhaja.

Lo curioso en el caso de los judíos es que sólo la mujer debía purificarse, no el varón; antisexismo y antifeminismo típico de las religiones semíticas, en unas más que en otras. En la islámica, su doctrina llega hasta la inhumanidad en el irrespeto por la hembra y en su horror por la sexualidad, la que sólo se permite en la intimidad del harén o del hogar, pues cualquier manifestación pública de ella, así sea la más inocente, queda vedada y suele ser castigada como delito. En la religión judía, aunque el respeto por la mujer es mayor, no por eso deja de estigmatizar el sexo como indecente, lo mismo que en el catolicismo, que lo mira con reserva, niega el placer y le atribuye una función puramente reproductiva.

La sexualidad según la Iglesia católica

En la antigüedad se consideraba que el semen aportado por el varón en el acto sexual era el único responsable de la concepción. La participación de la mujer se reducía a hacer germinar ese semen dentro del útero a la manera de la semilla dentro de la Tierra. Por eso Esquilo en el siglo IV a.d.C, en su tragedia Edipo Rey, nos muestra un Orestes convencido de que asesinar a Clitemnestra, su madre, no es tan grave como asesinar a su padre, porque: "La madre no es fuente de vida para el hijo que la llama madre, sino que cría el joven germen. El padre procrea, ella lo conserva". Esta errónea creencia fue recogida por *Aristóteles* posteriormente. Según él, la forma del nuevo ser es aportada por la semilla masculina, y la materia, por la femenina.

San Pablo no se metió en esas honduras, pero su posición fue más machista:

"Mejor es casarse que abrazarse," escribía en una de sus cartas. O sea, mejor es casarse que dejarse llevar de la concupiscencia. Pero de todas maneras: "la cabeza de la mujer es el varón" "Un esposo está destinado a gobernar sobre su esposa así como el espíritu gobierna sobre la carne". *San Agustín,* en el siglo IV, por su parte, creía que las mujeres en el juicio final no resucitarían en cuerpos femeninos sino masculinos, debido a que al único que hizo Dios a su imagen y semejanza, fue al varón, y a la mujer, la sacó del varón. También pretendía que la mujer era la culpable de todos los males porque pecó e indujo a pecar a Adán, y por eso el pecado original se transmite por el acto carnal. El coito era para él un acto vergonzante, que nadie se atreve a ejecutar en público, pero en el que el hombre siente menos vergüenza que la mujer al realizarlo, por lo que a ella le toca la peor parte.

 En el siglo XIII *Tomás de Aquino* y *Alberto Magno* al igual que sus antecesores, *Aristóteles* y *San Agustín,* y otros, creían que la mujer fue creada más imperfecta que el hombre, incluso en cuanto al alma, y que por eso ha de obedecer al hombre "porque en él abundan más el discernimiento y la razón" Igualmente consideraban el placer sexual en sí como pecaminoso y aconsejaban la castidad conyugal aun dentro del matrimonio para alcanzar la perfección, tomando el ejemplo de María y José. Su posición era ridículamente machista: "No hay realmente más que un solo sexo, el masculino. La mujer es un macho mutilado". Partían del concepto aristotélico de que todo ser produce siempre uno semejante a sí mismo, y por eso el hombre debiera producir sólo varones, lo que no sucede en ciertas circunstancias. Circunstancias que atribuían al viento del sur que llena de agua el cuerpo y hace que se produzcan mujeres, que son más proclives a la concupiscencia. Y así mismo afirmaban: "Sólo el hombre juega un papel positivo en la generación, no siendo su compañera más que un receptáculo".

Esta antiquísima creencia tan extendida en el pasado, sirvió para discriminar a la mujer durante dos milenios. Sólo fue encontrada falsa en 1827 cuando *Baer* descubrió el óvulo femenino, y se supo que la mujer aportaba el 50% del material genético con sus 23 cromosomas "X" ubicados en el ovulo, cromosomas que son de mayor tamaño que los "Y" del varón. Sin embargo, no por eso la Iglesia católica modificó su anacrónica doctrina sobre la sexualidad. Podría atribuirse esta persistencia en el error a la exigencia del celibato en el clero católico. El celibato no es de tradición bíblica, muchos de los apóstoles fueron casados, y en el primer milenio los sacerdotes a menudo tenían amantes o se casaban. Por eso, el concilio de Letrán II de 1139, tomó la decisión de declarar nulo el matrimonio de los religiosos, pese a las masivas protestas de los clérigos afectados. El celibato sólo se estableció en forma definitiva en el concilio de Trento (1545-1563). Desde entonces el clero se vio forzado, en el mejor de los casos, a mantenerse virgen, y en el peor, a practicar su sexualidad a escondidas, sin derecho a legitimarla.

El descubrimiento del óvulo no sólo cambia la percepción cristiana peyorativa de la sexualidad, sino la creencia en un Redentor "verdadero hombre y verdadero Dios". Este mito tuvo alguna validez cuando se pensaba que la mujer no contribuía con sus genes a la procreación, en cuyo caso fue el Espíritu Santo quien fecundó a María, nadie sabe cómo, de resultas de lo cual Jesús fue integralmente Dios por haber recibido la vida de Dios, e integralmente hombre por haber crecido en el útero de un ser humano femenino. Pero si Jesús recibió, como pensamos hoy, los 23 cromosomas de su madre, María, y ninguno de su padre, José, por no "haber conocido varón" como afirman los evangelios, sólo pudo ser 50% hombre por parte de madre, y 50% Dios, por parte del Espíritu Santo, pero nunca integralmente hombre e integralmente Dios. Ahora, si negamos que la concepción de Jesús se produjera por transferencia de cromosomas entre un espermatozoide y un óvulo, le negaríamos a él su carácter humano. ¿Quién era entonces Jesús? En cualquier caso, el mito del hombre dios no es más real que el mito de los dioses híbridos de las antiguas religiones mesopotámicas.

Dicen al respecto los documentos del Concilio Vaticano II: "La institución matrimonial y el amor conyugal, están ordenados por su índole y naturaleza propia a la procreación y educación de la prole". Así de tajante. Se hace énfasis sólo en la procreación y educación de la prole, desconociendo el hecho de que para el hombre racional la sexualidad no puede restringirse únicamente a esas funciones, relegando el placer sexual a mal menor necesario para alcanzar el fin de la procreación; una posición muy explicable en un clero célibe, formado en los seminarios para mirar a la mujer como un objeto de pecado.

La distinción entre el acto sexual como método reproductivo y el acto sexual como actividad gratificante a la que tiene derecho toda pareja o todo ser humano, es rechazada o aceptada muy a regañadientes por la religión católica. Sus regulaciones sobre moral sexual heterosexual, toman como fundamento dos principios no racionales, basados en el pensamiento mitopoético; el primero es: Dios es quien nos da la vida, y por tanto sólo Dios es quien puede quitárnosla. Y el segundo es: El acto sexual es impuro, permisible únicamente dentro de un matrimonio monogámico.

Estos dos principios vienen desde el Antiguo Testamento. Del primero, nace la oposición a rajatabla al aborto inducido, aunque, curiosamente, no a la pena de muerte, ni a la persecución religiosa de los herejes, ni a las guerras religiosas contra los infieles. Y del segundo, nace la tendencia a calificar la sexualidad humana como pecaminosa, impura, aún si se practica dentro del matrimonio.

De aquí se origina la tendencia generalizada aún hoy en día, a asimilar la desnudez con el impudor, lo que viene desde el Génesis. En el Génesis (2:25) se dice: "Y ambos, a saber Adán y su esposa, estaban desnudos, y no sentían por ellos rubor ninguno". Como si debieran sentir vergüenza de estar desnudos. Y en el versículo 3:21, completa la idea, agregando: "Hizo también el Señor Dios a Adán y su mujer una túnica de pieles y los vistió". La verdad, sin embargo, es otra: no es que por pudor el hombre y la mujer se hayan vestido, sino que porque se vistieron, adquirieron el complejo de sentir pudor cuando estaban sin vestido. Etnólogos y paleontólogos coinciden en este punto; consideran que el invento de la vestimenta (exclusividad del ser humano), nació por la necesidad de abrigarse cuando en el Cuaternario o Neozoico, hace 2.6 millones de años, comenzaron las glaciaciones y la capa de pelo de los homínidos, similar entonces a la de los otros primates, no fue suficiente para protegerlos del frío durante sus actividades cinegéticas.

Como las glaciaciones ocurrieron en ciclos prolongados durante más de dos millones de años, el hombre se vio forzado a cubrirse con pieles de animales durante todo ese tiempo para mantener estable su temperatura corporal fuera o dentro de sus guaridas, lo que le hizo perder el pelo que no le hacía falta, y se lo convirtió en vello. Sólo le quedó en la cabeza que necesitaba mantenerla descubierta y, como cosa rara, en las ingles que siempre cubrió, no por pudor sino por protección, por la delicadeza y sensibilidad de las mismas. Más tarde, cuando en el Holoceno, hace unos doce mil años, el clima se hizo más templado, cambió las pieles por tejidos elaborados con materias vegetales o lana de oveja, por ser menos incómodos y pesados y de allí se derivó el traje que hoy conocemos.

Desde entonces, éste se ha usado para los siguientes cuatro propósitos: para identificarse como perteneciente a una etnia o tribu rural o urbana; para adornarse y destacar ciertas partes de su cuerpo, lo que también hizo con la pintura y el maquillaje; para proteger algunas partes delicadas de su cuerpo como los genitales al caminar por las dehesas, así como para tapar la imperfecciones de su cuerpo y darle una mejor apariencia a su presentación personal de acuerdo con su estatus social. En la actualidad el vestido sigue cumpliendo con uno o varios de esos mismos cuatro propósitos. No hay el menor indicio de que el hombre se hubiera vestido sólo por pudor.

Fueron los pueblos semitas los que, confundiendo la estética con la ética, consideraron la desnudez como sinónimo de deshonestidad. No era ésa la visión de los griegos y los romanos y de otros pueblos como ellos. Éstos, si bien no andaban desnudos en las calles, ni aun en verano, sino cubiertos con peplos, togas o algo parecido, no tenían inconveniente en despojarse de sus vestiduras en los baños públicos; y en el caso de Grecia desde el siglo V a.d.C., en las presentaciones atléticas, incluidos los juegos olímpicos. Los primeros atletas que se exhibieron desnudos, causaron risa, según cuentan las crónicas, pero después el público se acostumbró a verlos desvestidos como cosa normal, pues su admiración por la belleza fue tal que a la cortesana Friné, cuando se la acusó de impiedad, lo que conllevaba la pena de muerte, le bastó despojarse de su peplo ante los jueces para que, al admirar su hermosura, la perdonaran.

Con el advenimiento del cristianismo y el islamismo, legítimos herederos del judaísmo, el cuerpo humano comenzó a ser menospreciado, y la pudibundez, se elevó a la categoría de virtud, al extremo de que en los últimos dos mil años estas religiones nos han hecho creer que si el hombre se cubrió fue por mandato divino. *San Pablo* en su epístola a los Corintos, afirmaba: "El cuerpo no es para la fornicación, sino para el Señor, y el Señor para el cuerpo". De aquí que la desnudez en la Edad Media fuese asociada con la brujería y el satanismo. No obstante, en algunas catedrales góticas después de las cruzadas del siglo XI, no tuvieron empacho en labrar en sus fachadas escenas de mujeres árabes mostrando los senos, y de hombres con turbante, masturbándose, en clara referencia vindicativa contra el Islám.

Desde la época de los primeros cristianos la Iglesia prohibió cualquier manifestación de la sexualidad, no sólo de obra sino aún de pensamiento. Por muchos años se puso como ejemplo de pureza a *San Luis Gonzaga,* de quien se dice que nunca en su corta vida alzó la vista para mirar el rostro de ninguna mujer, ni siquiera el de su madre. Llegar a ese extremo es negar la naturaleza sexual del hombre, tratar de convertirlo en un ser asexuado, sicológicamente castrado.

¿Qué motivó a la Iglesia a confundir la desnudez con la obscenidad? Quizás a que en los últimos dos milenios y aún antes, el *mono desnudo* urbano no está tan desnudo; siempre permanece vestido; sólo se quita la ropa para practicar el sexo o para bañarse en privado. Nada raro entonces que se hayan asimilado desnudez y sexo, y la desnudez se mire como una incitación al acto carnal, cuando en realidad el vestido puede ser a veces mucho más erótico que su carencia.

Sólo en el Renacimiento la belleza del cuerpo humano volvió a tomar fuerza, por imitación de los clásicos paganos. Pero si vemos los cuadros de los pintores renacentistas y los de los siglos XVII y XVIII, la exhibición en ellos de mujeres con los senos descubiertos hasta la mitad, no era menos provocador que con todos afuera. Machos y hembras humanas no andan desnudos ni aún en las épocas cálidas o en los países tropicales, no por pudor, sino por estética, pues únicamente una muy pequeña minoría de personas (talvez un 1%), podrían mostrarse sin nada encima y sentirse satisfechos con su apariencia. Lo de que la desnudez provoca la concupiscencia, no es sino cuestión de costumbre. Mostrar más piel de lo usual, sorprende y exista al sexo contrario. Pero si está dentro de los cánones socialmente establecidos, su efecto es neutro.

Tan es así que en algunos países musulmanes el que una mujer exhiba en la calle el rostro sin velo, es suficiente para que la consideren impúdica y la castiguen, inclusive a latigazos, lo que en un país occidental ni siquiera se advierte. Hace veinte años ni en la televisión, ni en la prensa, ni en las revistas, salvo en unas pocas exclusivas para hombres, se podían ver unos senos, y menos una modelo desnuda. Hoy hasta en los periódicos de lectura masiva se presentan mujeres desvestidas sin que nadie lo objete.

Al fin y al cabo, ¿qué tiene de malo que la mujer se haga desear? ¿No han sido hechas genéticamente las mujeres para que las deseemos los hombres y los hombres para que los deseen las mujeres? Debe tenerse presente que la reproducción y el placer sexual no necesariamente deben ir juntos, pese a que la tendencia a diferenciar la una del otro no ha sido de buen recibo en un catolicismo que siempre ha sentido repugnancia por los goces carnales. Sin embargo, el placer sexual es igual a cualquier otro placer, con la única diferencia de que puede dar origen a una nueva vida, razón por la que justamente se lo limitó en el pasado; pero si se le quita tal posibilidad, como fácilmente sucede hoy, ya no se distingue de los demás placeres producidos por los órganos externos de los sentidos (la boca, los ojos, el oído, la piel, la nariz, el ano, la lengua), todos los cuales por naturaleza, transmiten sensaciones agradables y a veces desagradables al cerebro, como trampa para inducir o no a usarlos; a diferencia de los órganos internos del organismo, que si no duelen, no se sienten.

Esta distinción entre goce sexual y procreación no es sólo del hombre moderno, sino del hombre de la antigüedad, aunque sólo dentro de ciertas culturas que establecieron una separación semejante, a veces en forma tan exagerada que recibiría el rechazo de la mayoría de las gentes de hoy. A manera de ejemplo, vamos a describir en pocas palabras las curiosas costumbres sexuales de la *Grecia* clásica, de la *Roma* de los Césares y de la civilización de la dinastía *Chandela,* en la India medioeval.

Para los griegos de la época clásica, una cosa era reproducirse, y otra gozar de la compañía y la sexualidad con los demás. A la esposa se la usaba exclusivamente para darle descendencia al marido, pero la convivencia social se la hacía fuera de casa. A la esposa, por eso, se la mantenía encerrada en el gineceo, al interior de su hogar. El esposo, en cambio tenía la libertad de buscar el placer con hombres y mujeres donde quiera los encontrara. *Platón* en su famoso diálogo *El Banquete* habla de dos tipos de amor: el amor inspirado por *Afrodita Pandemos,* que es el amor vulgar de los hombres que sólo aman los cuerpos de sus amantes, y el inspirado por *Afrodita Uranea,* que es el amor de los que cortejan a los muchachos de forma estable y tienen una comunicación no sólo física sino espiritual con ellos. La pederastia, que venía desde la época presocrática, estaba tan extendida en Grecia que la unión entre el adulto y el adolescente tenía las características de matrimonio oficial y se hacía por rapto, esto es, simulando que el amante sacaba por la fuerza de su hogar al joven para educarlo, lo cual lo honraba a él, si su pretendiente era de alto rango.

Pero el griego, como buen mediterráneo gozador de la vida, además de esas relaciones, podía también tener otras con *hetairas* (extranjeras) que por lo general adquirían una educción superior, (*Aspasia,* la esposa de *Pericles,* era una hetaira, *Demóstenes, Aristipo* y *Alcibíades* fueron amantes de la hetaira Lais), así como con los prostitutos y las prostitutas de los burdeles, sin que esto al parecer molestara a la consorte oficial, al punto de que en los célebres *ágapes,* en los que a veces se debatía problemas filosóficos, eran las esposas las encargadas de conseguir las mujeres con las que se iban a agasajar a los invitados varones, ágapes a los que, por supuesto, ellas no asistían. Apolodoro decía a este respecto: "Las cortesanas las tenemos para el placer, las concubinas para los cuidados cotidianos, y las esposas para tener una descendencia legítima y una fiel guardiana del hogar". Lo que no se permitía era las relaciones homosexuales entre adultos o que el hombre se prostituyera, lo cual se castigaba con la pérdida de los derechos civiles.

En Grecia la prostitución estaba subordinada al culto religioso. Muchos santuarios eran en realidad templos burdeles como el de *Afrodita Porne,* en *Corinto,* que alojaba a unas mil mujeres para atender a los marineros que frecuentaban ese puerto, el más importante de la península helénica. Y eran los ingresos de esos templos los que mantenían las guerras que Corinto sostenía con Atenas. Los sacerdotes eran los administradores del negocio. El

Partenón de Atenas no era ajeno a este tipo de actividades; mantenía también esclavas cuyas ganancias en parte ingresaban al tesoro público.

Ni qué decir que estas costumbres fueron establecidas por los hombres y para los hombres, sin la menor consideración por las mujeres, de las que no se sabe si practicaban el lesbianismo con sus criadas en sus gineceos, dado el hermetismo en que los mantenían los griegos, o si se mantenían tranquilas esperando a sus maridos. Lo que sí se sabe es que en lugares como la isla de Lesbos, había escuelas para las muchachas en las que la homosexualidad era habitual. Tales patrones de conducta serían inadmisibles en el mundo moderno, pero muestra cómo se separaban en la antigua Grecia el placer sexual y la reproducción.

En la *Roma* de los césares las costumbres no eran menos abiertas. Era muy frecuente en las familias patricias regalarle un esclavo al hijo, tan pronto como llegaba a la pubertad. Este esclavo le servía de desahogo al joven hasta cuando contraía matrimonio. Entonces debía despedirlo pues había terminado su papel. En ese momento la recién casada le cortaba el cabello al mancebo y lo sacaba de la casa. Sin embargo, la pederastia en *Roma* no fue tan bien vista como en Grecia. No obstante, varios emperadores la practicaron públicamente como *Tito, Vespasiano o Vitelio.*

Sin embargo, la prostitución no estaba tan ligada a la religión como en Grecia. Era más estatal que religiosa, pues las meretrices oficiales debían inscribirse en el registro público y pagar impuestos, no así las otras que no tenían sede fija. Había, empero, festividades devotas como la *Supercalia,* en honor del dios *Fauno,* que se celebraban el 15 de febrero, y comenzaban con el sacrificio de un macho cabrío, después del cual los jóvenes recorrían la ciudad, casi desnudos, azotando a las mujeres con las pieles de dichos animales. Esa festividad se la celebró después en honor de la diosa *Flora,* la diosa de la primavera, del 28 de abril al 3 de mayo, durante la que se reunían en el *Circo Máximo* todas la rameras de la ciudad (en Roma había 32 000 prostitutas en el siglo I en una ciudad de un millón de habitantes), a las que acudían plebeyos y patricios a tener sexo públicamente.

En la civilización de la dinastía *Chandela* de la India, en el estado *Madhya Pradesh,* cuyo florecimiento ocurrió en el siglo III d.d.C, también se hacía una clara separación entre reproducción y placer, aunque en forma un poco distinta a la de las civilizaciones grecorromanas, a juzgar por los altorrelieves esculpidos en sus templos. En el tranquilo pueblo de *Khajuraho,* su capital, hoy popular sitio turístico, construyeron 85 de ellos, de los cuales sobreviven 22, que son verdaderas montañas de piedra, erizadas de torreones, en cuyas fachadas dejaron testimonio de sus costumbres sexuales. Por esos altorrelieves se puede ver que no consideraban ninguna actividad erótica como prohibida, ni el sexo grupal, ni el homosexual, ni la pederastia, ni la bisexualidad, ni el lesbianismo. Al parecer, la sexualidad la elevaron a la categoría de rito religioso, en el que placer constituía una ofrenda a sus dioses.

Esta actitud de diferenciar entre procreación y erotismo, si bien no tan descarada como en las culturas antes descritas, no resulta ilógica, si se piensa en que el hombre no es sólo un animal más de los muchos que existen en nuestro planeta, sino un animal dotado de razón, cuyas crías requieren de un largo período de tutelaje, de lejos mayor al de cualquier otro primate. Esto lo obliga a reflexionar sobre el número de hijos que puede tener, en relación con la capacidad de darles una educación digna, y, según eso, en la conveniencia de quitarle o no voluntariamente al acto sexual su carácter multiplicador de la especie.

Desde este punto de vista no hay nada censurable en cumplir con el deseo de buscar y poseer una hembra, sin necesidad de tener que reproducirse, y en buscar reproducirse sólo cuando se está seguro de que el hijo por concebir va a tener las condiciones adecuadas para su supervivencia y educación. Esto es no sólo un derecho inalienable del ser humano, sino una de sus obligaciones más perentorias con miras a la estabilidad y progreso de la humanidad.

Lo absurdo es que si bien el catolicismo acepta a regañadientes este concepto, lo restringe al mal llamado método natural, cuando no hay ningún método de control de la natalidad que pueda considerarse natural, pues todos, sin excepción, desde el punto de vista biológico, son antinaturales, porque despojan conscientemente al acto sexual de su fin reproductivo, violando con eso las leyes de la evolución. Lo mismo da que se use el condón, las pastillas, o los protectores, que el método del ritmo o de Ogino-Knaus, cualquiera de ellos es igualmente antinatural.

Nada más perjudicial para la humanidad que echar al mundo una masa de seres humanos desprotegidos, que se van a convertir en un lastre social, en un peligro para la comunidad. El Homo sapiens apenas está saliendo de su capullo, y si quiere sobrevivir al menos otros 10 000 años, debe ir perfeccionándose, mejorándose física e intelectualmente, para enfrentar su devenir incierto, en el que no sabe que le va a pasar en su accidentado viaje sobre un planeta en formación, por un Universo que no se ha sido propiamente benévolo con él.

Su defensa ha estado en su cerebro, que es el que le ha permitido protegerse de su entorno y pervivir hasta ahora, y por eso, el incremento y desarrollo del mismo, constituye, sin lugar a dudas, su única salvación en los tiempos por venir; desarrollo que está ligado al entrenamiento de sus neuronas. Si se permite que un alto porcentaje de personas vengan al mudo sin posibilidad de educarse, el avance hacia un estadio superior del hombre, se retrasa, y se pone así en peligro la especie humana, cuya supervivencia futura depende en buena medida de su progreso intelectual, conjuntamente con su progreso moral. Cualquier cosa que atente contra esos fines es un crimen de lesa humanidad.

De aquí que no limitar la fecundidad, prohibiendo a ultranza todos los métodos anticonceptivos supuestamente antinaturales como el condón, es la política más equivocada que se pueda dar; y peor, si se llega al extremo de preferir que la gente se infecte de SIDA, a que lo use, con el argumento de que el condón no protege, como lo aseveró el papa *Benedicto XVI* en su visita a África hace unos años, presentando como alternativa al condón, la castidad.

Nada más absurdo que eso. La castidad es mucho más antinatural que la limitación de la natalidad, y no sólo más antinatural, sino más riesgosa para la salud mental, amén de ser a menudo impracticable. En su libro: *Sex and Society, K. Walter y P. Fletcher* anotan: "Un joven acosado por el deseo de satisfacción sexual, nunca estará en paz. Ni será casto sólo porque no tenga relaciones sexuales...Las fantasías sexuales pasarán continuamente por su mente...La continencia no es así sinónimo de castidad, sino en ocasiones sinónimo de excesos sexuales". Y el informe Kinsey advierte: "Evitar los contactos heterosexuales parece ser el primer factor en el desarrollo de actividades homosexuales tanto en hombres como en mujeres," (comportamiento común también en especies animales, no siempre por falta de hembras), lo que explicaría por qué se presentan tantos casos de homosexualidad en sacerdotes católicos célibes, estimulados posiblemente por la temprana exclusión del trato con mujeres, la cual comienza desde los seminarios en los que son frecuentes los enamoramientos entre compañeros, los toques, los besuqueos, la masturbación mutua para desahogar una sexualidad brutalmente reprimida, precisamente en la época de mayor efervescencia de las gónadas, sexualidad que en la edad adulta puede convertirse en pederastia. Esto se hace más explicable si se recuerda que el sexo no se define en el embrión humano sino en el tercer mes del embarazo, y por consiguiente, que todos empezamos la vida siendo bisexuales, y de la bisexualidad a la homosexualidad no hay sino un corto paso. Lo que no es explicable es que la Iglesia católica, tan estricta en cuestiones de moral heterosexual, convierta en política oficial de la curia romana y los obispos, ocultar y proteger, por razones de imagen, la homosexualidad de sus clérigos, aún en los casos en que comenten actos criminales contra niños y niñas inocentes, como ha venido ocurriendo.

Haciendo a un lado ese espinoso tema, lo cierto es que la vida nos dotó genéticamente de dos irrefrenables impulsos: el instinto de conservación y el instinto de reproducción, el primero derivado del segundo. Tratar de negar o despreciar esos impulsos por razón de unas creencias que pretenden estigmatizar el sexo catalogándolo de acto pecaminoso e impuro, es un irrespeto a la vida. Nada extraño en una religión que nunca la respetó, y que sólo se acordó de ella cuando decidió preferir la del feto a la de madre. Hay que tener en cuenta que la madre puede vivir sin el feto, pero el feto no puede vivir sin la madre, hasta por lo menos los siete meses de gestación.

Y por eso en muchos casos si la madre muere, el feto también muere, y son dos vidas las que se pierden en lugar de una sola, lo que no parece preocuparle a la Iglesia católica como lo demostró el papa *Pío XII* al declarar heroína a una mujer en Italia quien, pese a tener un embarazo extrauterino, se negó a abortar, aunque tenía cinco hijos pequeños. Por supuesto, como no abortó, murió la madre, murió el feto, y dejó huérfanas a las cinco pobres criaturas. Pero el papa la declaró heroína. Ese es el más feroz menosprecio de la vida.

Un caso similar sucedió en Recife, Brasil, hace unos años, cuando una niña de nueve años fue violada por su padrastro y concibió mellizos. Los médicos, temiendo que si dejaban llevar ese embrazo a término, la niña y sus dos hijos murieran, le practicaron un aborto. Pero el obispo de Recife, apoyado por la curia romana, excomulgó a los médicos y a la niña, mas no al padrastro violador, alegando que los fetos tenían derecho a vivir, y olvidándose de que a la madre también la cobijaba el mismo derecho, y que quienes debían ser castigados no eran la madre y el médico, sino el padrastro causante de la tragedia, del que el obispo dijo que su pecado no era tan grave. ¿No es esto absolutamente inmoral?

A lo mejor si la madre y los niños hubieran muerto porque no le hubieran practicado a ella el aborto, la Iglesia la proclamaría heroína, como lo hizo el papa Pío XII con la mujer italiana, todo por acatar un mito que ni siquiera tiene su origen en las Sagradas Escrituras, como es el de que Dios nos da a los hombres un alma racional desde el primer segundo de nuestra concepción, o sea, desde que comenzamos siendo un cigoto (óvolo recién fecundado), con la que debemos cargar queramos o no por toda la eternidad. Y por ese mito, el catolicismo y algunas corrientes protestantes, están dispuestas a sacrificar la vida de cualquier ser humano, preferentemente la de las madres, incluso las de las madres y sus hijos, como los sacerdotes de la antigua Mesopotamia sacrificaban víctimas a Marduk, Baal o Ishtar.

No cabe duda de que un embrión (cabe distinguir entre un embrión y un feto) es un organismo vivo en crecimiento que posee la potencialidad de convertirse en un ser humano, porque ése es su patrimonio genético, pero aún no la ha manifestado de manera clara y por eso no es un ser humano. Únicamente lo es, cuando se convierte en un feto viable con las características propias de su especie. Mientras tanto, hasta la séptima semana o algo así, es sólo un conglomerado de células con un peso máximo de 1.5 a 2 gramos y apenas unos 15-18 mm de diámetro, carente de sensibilidad, de posibilidad de pensar o de moverse, sin sexo definido, ni órganos funcionales, ni sentidos desarrollados, sin lo cual, la persona humana como tal no existe, pues si no cuenta aún con esas propiedades, no es un hombre.

Es como un corredor, está capacitado para ser campeón, pero sólo lo es, si corona la meta, pues lo que se va a ser no lo es hasta que lo logre. Una semilla recién sembrada no es un árbol, lo es, sólo si germina y se desarrolla como tal. Lo mismo sucede con un embrión. Será un hombre si sobrevive y logra nacer, ya que muchas gestaciones (15 a 20 %) fracasan espontáneamente y el 22 % de ellas abortan sin ser detectadas. Por tanto destruir un embrión no es matar un ser humano, porque todavía no sabemos si llegará a serlo.

Etapas de embarazo

Nombre	Tiempo	Estado
Embrión Cigoto	1 a 3 días	Es el óvulo fecundado, todavía una única célula, comienza a dividirse en las trompas de Falopio, donde se convierte en 10 a 12 células al cuarto día. Pero no siempre el óvulo fecundado llega a ser un embrión. El porcentaje de abortos espontáneos es del 15 al 20% y el 22% de los embarazos termina en aborto sin ser detectado.

Mórula	4 día	Está constituida por unas 30 células y tiene un diámetro de 2 mm. Absorbe agua y se convierte en blastoncito.
	6 día	Adquiere una cavidad al centro y se implanta íntimamente en la mucosa que recubre el interior del útero para continuar dividiéndose. Si la implantación no se produce bien, la vida de la madre y el feto peligran.
	18 días	Comienza la formación del corazón, cerebro, tubo digestivo y médula.
	4 -5 semanas	Sigue creciendo el cerebro, se inician ojos y oídos y late el corazón. Tamaño: 5- 6 mm.
	6-7 semanas	Inicio de brazos y piernas, pulmones, principio de codos y dedos. Tamaño: 15-20 mm, peso1,5-2 g
Feto	8-10 semanas	La cara adquiere forma humana, el oído y las extremidades se evidencian. Pero todavía no comparte las emociones con su madre como lo hará después. Largo 5-7 cm, peso 20-30 gr.
	11-12 semanas	Aparece el sexo, la cabeza es el doble del cuerpo. Ya tiene formados todos los órganos, aunque muchos no son funcionales. Largo: 10-12 cm, peso: 100-120 gr.
	13-16 semanas	Aparece vello (lanugo) en la cabeza, comienza a tener movimiento y reflejos de succión. Largo: 12-15 cm, peso: 120-180 gr.
	17-19 semanas	El bebé oye y se mueve, la madre lo siente. Largo: 15-22 cm, peso: 400-500 gr.
	20-24 semanas	El lanugo cubre todo el cuerpo, se acaban de desarrollar el ojo, las pestañas y las cejas. Largo: 20-25 cm, peso: 800-1000 gr.
	25-30 semanas	Se lo ve respirar, tiene todos los huesos, pero aún son blandos. Largo: 30-35 cm, peso: 1 800-2 400 gr.

	31-36 semanas	Desaparece el lanugo, se alargan la uñas, aparecen mamas en ambos sexos, el cabello se engruesa y termina totalmente formado. Largo: 35-50 cm, peso: 2 500-3 000 gr.

Algunas religiones quieren hacernos creer que con el aborto inducido se busca matar a los bebés ya formados, lo que ha generado un explicable repudio. Lo que se quiere es darle a la mujer la opción de suspender un embarazo no deseado, que va a ser causa de maltratos, rechazos y aún la muerte del niño cuando nazca, haciendo que se detenga cuando todavía es un embrión de menos de siete o diez semanas, con el peso y tamaño de una aceituna, sin movimiento autónomo, ni capacidad de vivir independientemente de la madre, ni suficiente desarrollo de sus neuronas y por consiguiente, antes de convertirse en un ser humano, como con frecuencia ocurre naturalmente en un alto porcentaje de embriones.

∽

ENSAYO SÉPTIMO

RESUMEN Y CONCLUSIÓN

Análisis del credo católico.

La conclusión que se puede sacar de lo hasta aquí expuesto en los presentes ensayos, es que con el correr de las centurias, el avance de la ciencia, en especial en los últimos dos siglos, y más aún en los últimos 50 años, en lugar de confirmar la pretensión de verdad del credo católico y de las así llamadas Sagradas Escrituras, lo que ha demostrado es todo lo contrario, que lo descubierto contradice las creencias religiosas fundamentales, por las razones que vamos a expresar y que no son sino un resumen de lo ya tratado.

Esas creencias fundamentales están contenidas en el credo de Nicea y en el de los apóstoles, cuyo texto, por ser más breve, es el que hemos elegido para analizar. Dicho texto es el siguiente: *"Creo en Dios, Padre todopoderoso, Creador del cielo y de la Tierra. Creo en Jesucristo, su Único hijo, Nuestro Señor, que fue concebido por obra y gracias del Espíritu Santo, nació de Santa María Virgen, padeció bajo el poder de Poncio Pilato, fue crucificado, muerto y sepultado, descendió a los infiernos, al tercer día resucitó de entre los muertos, subió a los cielos, y está sentado a la diestra de Dios, Padre todopoderoso. Desde allí ha de venir a juzgar a los vivos y los muertos. Creo en el Espíritu Santo, la Santa Iglesia Católica, la comunión de los santos, el perdón de los pecados, la resurrección de la carne y la vida eterna. Amén".*

El credo anterior involucra la profesión de los siguientes doce dogmas: *1- La creación del cielo y de la Tierra por un Dios, Padre todopoderoso, así como del hombre a imagen y semejanza de Dios. 2- La venida al mundo de Jesucristo, hijo único de Dios. 3- La concepción de Jesucristo por obra y gracia del Espíritu Santo en la Virgen María. 4- La muerte, sepultura y resurrección de Jesucristo al tercer día. 5- La creencia en el Espíritu Santo. 6- La creencia en la Iglesia católica, la comunión de los santos y el perdón de los pecados. 7- La creencia en la resurrección de la carne y la vida eterna.* De esas creencias se desprenden las siguientes: *8- La creencia en el pecado original sin el cual la redención no tendría objeto. 9- La creencia en la creación de la materia* *viva por Dios.*10- *La creencia en el alma racional inmortal.*11- *La creencia en la bondad de Dios o la teodicea.* 12- *La creencia en la presencia real de Jesucristo en la eucaristía.*

El conjunto de estos dogmas terminó siendo la base del cristianismo católico romano que se inició durante el apogeo del Imperio de Roma, cuando los emperadores se hacían adorar como dioses, y los mitos paganos eran tan inverosímiles como los cristianos. Pese a la enorme diferencia entre estos dos mundos ¿los cristianos de hoy deben seguir creyendo en lo mismo que creían los cristianos de entonces? ¿Hay algo en ese credo que pueda ser racionalmente demostrable? Eso es lo que vamos a estudiar en el presente ensayo.

1- ***Creencia en la creación del cielo y de la Tierra por un Dios, Padre todopoderoso, así como del hombre a imagen y semejanza de Dios.*** Todas la religiones han considerado al Universo como obra de un Ser sobrenatural. Las razones para eso abundan, la mayoría de orden sicológico, étnico, sociológico, filosófico y mítico. Los argumentos que se esgrimieron hasta el siglo XX para probar le existencia de Dios, tuvieron cierta fuerza, pero en parte la perdieron cuando *Hubble* tropezó casualmente con el fenómeno de la expansión del Universo en 1929, y *Gamou* y *Friedman*, postularon la teoría de la *Gran Explosión* en 1948. No obstante, las religiones cristianas no modificaron sus creencias, sino tomaron esos descubrimientos como una confirmación de la hipótesis del origen divino de la creación, basándose en las famosas cinco vías de *Santo Tomás,* que expusimos en el ensayo quinto.

Sin embargo, esas cinco vías no aclaran cómo puede existir un Ser inmaterial antes de que comience a existir el tiempo y el espacio, y cómo ese Ser inmaterial puede crear entes materiales cuando no está hecho de materia. El creyente sabe que no existen pruebas irrefutables sobre su existencia, lo que hasta el papa *Benedicto XVI* reconoce, al preguntarse en su obra, *Jesús de Nazaret:* "*por qué Dios no ha creado un mundo en el que su presencia fuera más evidente*", pero pretende conocer cómo es él y qué cualidades tiene, si es que existe, y le atribuye toda clase de propiedades que no tiene cómo demostrar.

Quedaría, sin embargo, por averiguar cómo el *Big Bang* se originó, y qué o quién fue el autor de las leyes que rigen el Universo y lo obligan a ser como es y a contraerse y expandirse en ciclos continuos por toda la eternidad; o a seguir expandiéndose y enfriándose hasta desaparecer sin dejar nada, ni siquiera el tiempo y el espacio; o si las fuerzas de expansión se balancearán algún día con las de contracción y el Universo permanecerá estable por tiempo indefinido. Cualquiera sea la hipótesis que resulte cierta, Dios deja de ser una necesidad cosmológica ineludible para explicar esos fenómenos. Por eso en la actualidad tenemos tantas aproximaciones distintas (no menos de ocho) a la antinomia de la existencia de Dios.

Éstas son: El *teísmo* definido por el diccionario como la creencia en un Dios personal y providente, creador y conservador del Universo. Es la concepción de Dios que acoge el catolicismo y la mayoría de las religiones protestantes. El *deísmo,* definido como la doctrina que reconoce un Dios como creador del Universo, pero sin admitir la revelación o el culto externo. El *ateísmo,* que es la negación de todo ser sobrenatural creador y conservador del Universo. El *agnosticismo,* que es la negación de toda posibilidad de conocer si existe o no Dios. El *creacionismo,* que atribuye el origen del mundo a actos de un Dios personal basándose en demostraciones pseudo-científicas y rechazando de plano la evolución de las especies. El *teísmo evolutivo,* que acepta la evolución pero la interpreta como la obra de un Dios y no del azar. El *diseño inteligente* que considera tan irreductiblemente complejo al Universo, que sólo se puede explicar como obra de un ser inteligente.

Todas estas posiciones divergentes sobre la existencia de Dios, nacen del hecho de que todas son conjeturas sin fundamento en pruebas racionales. Son antinomias en el sentido kantiano, esto es, ideas que trascienden el mundo físico y la razón, y por tanto no hay como demostrarlas lógicamente. Por eso, creer en Dios siempre será un acto de fe, fe para creer en él y fe para negar su existencia, porque no tenemos evidencias irrefutables ni en un sentido ni en el otro. De aquí que la única posición racional a este respecto es el agnosticismo. Sin embargo, creer en Dios es distinto a creer en Jesucristo, hijo de Dios Padre. A menudo estos dos conceptos se confunden y se tacha de ateo al que no cree en Jesucristo, cuando Jesucristo es sólo el Dios del cristianismo, como Yahvé del judaísmo y Alá del mahometismo. Por eso, una persona puede creer en un Dios abstracto y no creer en el Dios de una religión y no por eso es *ateo,* sino *deísta.*

Pasemos ahora a discutir los dogmas del credo comenzando por el que se refiere a la creación del hombre a imagen y semejanza de Dios. Hasta el siglo XIX la literalidad de la Biblia se consideró como un dogma. Había que interpretarla tal y como estaba escrita. Por eso, la única forma de fijar la edad la Tierra en ese entonces era en concordancia con las genealogías incluidas en ella. Así lo hizo el astrónomo *Kepler* (1571-1630), y obtuvo un valor de 4 977 años para el comienzo del mundo. Más tarde, el astrónomo *Halley* (1656-1742), la fijó en 4 570 años, mientras su contemporáneo, el

astrónomo *Hevelius* (1611-1687), la estimaba en 3 936 años y hasta determinaba el día: el 24 de octubre. *Newton* (1643-1727), quien dedicó buena
parte de sus últimos años de vida a este tema, sugirió 3500 años. El conde
de *Bufón,* ya en el siglo XVIII (1707-1788) fue uno de los pocos que se apartó
del método bíblico, y la valoró en 75 000 años, con base en consideraciones
geológicas, cifra que escandalizó a los creyentes de la época. Un siglo más
tarde, *Lord Kelvin* (1824-1908), por métodos termodinámicos, propuso un
lapso bastante más largo de unos 20 millones de años, valor que adoptó
Darwin, cuya teoría de la evolución estaba siendo cuestionada con el argumento de que en tiempos tan cortos como los que había habido desde
la creación, no era posible el desarrollo evolutivo de tantas especies hasta
llegar al hombre como lo proponía él.

Hubo que esperar al siglo XX, para que aparecieran métodos nuevos
verdaderamente científicos de datar los objetos, métodos que le dieron un
vuelco a la concepción anterior de las edades geológicas. Éstos fueron: el
uso de isótopos, (*radiometría*), la *estratigrafía,* y la caracterización de los *fósiles,* entre otros. La radioactividad fue descubierta entre 1897 y1 934 por
Becquerel, simultáneamente con la familia Curie. Los isótopos son átomos
que tienen diferente número de neutrones, pero ocupan la misma posición
en la tabla periódica porque son el mismo elemento químico. Por ejemplo, el
elemento hidrógeno no tiene ningún neutrón, pero de él hay dos isótopos: el
deuterio, con uno, y el tritio, con dos. En algunos casos, esos isótopos no son
estables, sino radiactivos y se desintegran a una velocidad fija. Esa propiedad es la que se usa para conocer la antigüedad de las rocas, la mayoría de
las cuales contienen trazas de materiales radiactivos. Por ejemplo, muchos
contienen uranio 235, y como el uranio se convierte en plomo 207 (estable),
midiendo la proporción de uranio y plomo (vida media) se puede calcular
con precisión la edad del objeto investigado. Este sistema de datación se
llama: *radiometría.* Pueden también utilizarse, según el material en estudio,
métodos como el *rubidio-estroncio,* el *potasio-argón,* el *uranio-torio,* etc.

Existen además otros sistemas de datación, como el *carbono 14,* descubierto por *Kamen y Ruben,* en 1940, que se aplica únicamente a material
orgánico (vegetal o animal). Está también el método *estratigráfico* consistente en el análisis de las capas de las rocas sedimentarias, partiendo de la
base de que, por lo general, entre más antiguo un estrato más profundo se
encuentra. Sirvió a principio del siglo XIX para determinar las escalas de
los tiempos geológicos, relacionándolas con la flora y la fauna fósil, (*trilobites, amonites,* y otros) cuya presencia en un determinado estrato caracteriza

una época. En esa forma los estratos pertenecientes a la misma época se clasifican por su contenido de fósiles.

El empleo sistemático de estos y otros métodos de datación, llevó a los paleontólogos a la conclusión de que los períodos geológicos son tan lentos que había que dividirlos en unidades más pequeñas para poderlos manejar y se establecieron los eones: *Arqueozoico, Paleozoico, Mesozoico* y *Cenozoico*, cada uno con millones de años que sumados alcanzan los 4 600 millones de años. Cabe destacar que esto lo supimos apenas hace un siglo o poco más y nadie en el siglo XIX lo vislumbró, ni siquiera Darwin.

El impacto en la ciencia de estos descubrimientos fue enorme. Gracias a ellos, la teoría de la evolución de las especies encontró su confirmación definitiva, pues si lo que se hubiera hallado fuera que la creación se produjo sólo hace una cinco o seis mil años, sería difícil aceptar que una variedad tan gigantesca de seres vivos como la existente hoy en día, lograra, en unos cuantos miles de años, desarrollarse y evolucionar hasta alcanzar la complejidad de un ser tan sofisticado como el hombre.

Complementó la tesis anterior el hallazgo de una larga serie de *fósiles* prehumanos, que comenzaron a aparecer a partir de la segunda mitad del siglo XIX hasta el presente. Uno de los primeros fue el hombre del Neandertal, hallado por *Franz Mayer* en 1856, a los que le siguieron las varias especies de primates de la *Sierra de Atapuerca,* en España. Conjuntamente con esos ejemplares, se fueron desenterrando en distintos sitios de Europa, África y Asia, los restos de una multitud de especímenes cuyo parecido con el hombre actual era sorprendente, pero que no eran ni seres humanos modernos, ni simios, sino variedades intermedias, cuya existencia y realidad ya no se puede poner en entredicho.

En este punto la ciencia se apartó definitivamente del mito religioso del hombre formado a imagen y semejanza de Dios, del limo de la Tierra, igual a como está ahora. Este es, pues, uno de los muchos dogmas fundamentales del cristianismo que no resultó confirmado por la ciencia. Uno se pregunta: Si Dios fue quien inspiró las Sagradas Escrituras ¿por qué no nos reveló la verdad sobre nosotros que Él como omnisciente debía conocer y en cambio nos mantuvo en el error por más de cinco mil años?

2- *Creencia en la venida al mundo de Jesucristo, hijo único de Dios*. Esta creencia está basada en la revelación. Todas las religiones semíticas, a diferencia de las grandes religiones asiáticas, fundamentan sus creencias en una supuesta revelación divina. Sin embargo, ninguna de las tres religiones ha logrado *probar* lógicamente que esa revelación existió. En los ensayos cuatro y cinco ahondamos en este tema.

En esos ensayos demostramos que la *Biblia* fue obra de un sinnúmero de copistas de distintas épocas, durante no menos de 1 200 años, todos del pueblo hebreo, sin que se pueda encontrar una unidad temática en el conjunto de sus 73 libros. En esas condiciones, si hubo una revelación, Dios debió haberla hecho a cada uno de los innumerables escribas anónimos, durante esos 1200 años, dictándoles palabra por palabra lo que quería revelarnos, para que lo fueran copiando a medida que lo dictaba.¿Puede ser eso cierto? ¿Cada vez que un copista se sentaba a transcribir una página de las Sagradas Escrituras, Dios bajaba desde el cielo y se ponía a susurrarle al oído lo que debía escribir? ¿Por qué, entonces, los textos bíblicos están redactados con estilos distintos según el copista de turno, pero con el mismo lenguaje metafórico de los escritores coetáneos; con los mismos errores científicos e históricos comunes entonces; con las mismas contradicciones; con los mismos relatos inverosímiles y fantásticos de otras religiones, que contradicen la experiencia cotidiana? Por eso, bien mirados, tanto al Antiguo como al Nuevo Testamento, nada los distingue de los manuscritos religiosos contemporáneos, redactados por hombres de su tiempo para hombres de su tiempo y no para nosotros.

¿Qué pruebas se aducen para demostrar lo contrario? Según la Iglesia católica, ninguna, sólo una petición de principio que consiste en proclamar como certeza absoluta la afirmación categórica de que las escrituras contienen sólo lo que Dios le reveló a los escribas, quienesquiera fueran ellos, y "cuando Dios revela, hay que prestarle la obediencia de la fe". O sea que no hay más pruebas que el testimonio de parte interesada de los autores de las escrituras, de que lo que escribieron fue por inspiración divina, cuya palabra se ha dado por buena a priori sin fundamento racional.

Si al menos hubiera otro testimonio creíble de alguien distinto a los escribas, o la forma como estuvieran redactadas las escrituras fuera *perfecta*, sin el menor error, tuviera una continuidad de estilo y lenguaje sólo posibles con una autoría única, atribuible a Dios, vaya y venga. Pero que los escribas se atribuyan a sí mismos el haber conversado con Dios y transmitido fielmente cada una de sus palabras y nosotros debamos creerles sólo porque ellos lo dicen, no es fácil de aceptar sin una gran dosis de credulidad. De donde se deduce que no hay cómo demostrar la creencia en que el Jesús de los evangelios fue el Hijo de Dios Padre, toda vez que no hay cómo demostrar la veracidad de la revelación en que se fundamenta. Aquí la exégesis bíblica moderna no confirma el dogma capital del catolicismo.

3- *Concepción de Jesucristo por obra y gracia del Espíritu Santo en la Virgen María.* En el ensayo quinto se dejó en claro que desde que se descubrió el óvulo femenino en 1827, la concepción de un ser que fuera hombre y Dios al mismo tiempo, es un imposible biológico. Porque para que Jesús fuera un hombre era indispensable que su concepción se hiciera como la de cualquier otro hombre, con 23 cromosomas aportados por el óvulo de la madre y 23 cromosomas aportados por el espermatozoide del padre. Si el Espíritu Santo fue el que en alguna forma suplió los cromosomas del padre, como dijimos en el ensayo quinto, Jesús hubiera sido genéticamente 50% hombre por María y 50% Dios por el Espíritu Santo y no hombre verdadero y Dios verdadero. Y si por algún milagro que no comprendemos María no hubiera aportado ningún cromosoma, pues Jesús no hubiera necesitado nacer por intercambio de cromosomas como los demás mortales, hubiera sido Dios verdadero, pero no hombre verdadero. No hay cómo escapar a este dilema. Algo falla en el dogma de que Jesús nació en el seno de María por obra y gracia del Espíritu Santo.

4- *Muerte, sepultura y resurrección de Jesucristo al tercer día.* Esta afirmación, al igual que la divinidad de Jesucristo, está basada en la revelación. Pero si uno pregunta por qué hay que creer en la revelación, nos responde que porque es la palabra de Dios; y si uno insiste en preguntar como prueba que es la palabra de Dios, nos contesta que porque así lo afirman las Sagradas Escrituras; y por último, si uno inquiere cómo se sabe que cuando ellas sostienen tal cosa dicen la verdad, nos contesta, volviendo al punto de partida, que por que son la palabra de Dios. La Iglesia argumenta en círculos para no confesar que no puede demostrar que la revelación existe y es verdadera. Y si no puede demostrar eso, no hay cómo creer en la revelación, dadas las inverosimilitudes que contiene (recuérdese que San Agustín decía: "Yo no creería en los evangelios si no fuera por la autoridad de la Iglesia".

Es la revelación y sólo la revelación, la que nos dice que él murió, fue sepultado y resucitó al tercer día, punto tan fundamental para el cristianismo que *San Pablo* afirma (Corintios, 15-14): "Si Cristo no resucitó, vana es nuestra predicación y vana es también vuestra fe". Pues si Cristo murió y no resucitó, sino que dejó de existir como cualquier ser humano, no era Dios, y si no era Dios, la Iglesia católica, que tanto insiste en la divinidad de Jesús, nos está induciendo a creer en una leyenda no sustentada en los evangelios. Lo que no se entiende, es cómo un hecho tan importante para el cristianismo, es uno de los que menos pruebas válidas ostenta. El momento de la resurrección ni siquiera contó con testigos presenciales; sino sólo con el testimonio posterior de un pequeño grupo de mujeres asustadas que encontraron el sepulcro vacío y fueron a contárselo a los apóstoles. La desaparición del cadáver pudo tener varias causas, incluso la que menciona *Mateo* sobre la posibilidad, (que él rechaza), de que alguno de sus seguidores lo haya sustraído, o alguno de sus enemigos, pues profanar una tumba no era raro en la antigüedad, ni siquiera ahora.

Lo curioso es que dos de los evangelistas, *Marcos*, y *Lucas*, relatan que las mujeres llevaron ungüentos para embalsamar el cadáver, lo que resulta absurdo si se considera que habiendo pasado 38 horas, o sea día y medio (y no tres días) desde la muerte de Jesús, su cuerpo debía estar en plena putrefacción, y nadie se atreve a embalsamar un cadáver en esas condiciones. Esto, le quita credibilidad a todo lo narrado, pues si hubo un error en un hecho tan significativo como éste, pudo haberlo también en otros, incluso en las apariciones posteriores, cuyo carácter pintoresco, hace pensar en la posibilidad de que la resurrección fuese un episodio añadido a los evangelios, años después, con el solo propósito de demostrar la divinidad de Cristo, punto esencial para la nueva religión. *Hume,* por eso, preguntaba: "¿Qué es más probable, que un hombre resucite de entre los muertos o que el testimonio que lo afirma, esté, de alguna forma, falsificado?"

Quizás, eso fue lo que indujo al papa *Benedicto XVI* a hacer la siguiente aseveración: "Es cierto que Pablo por una parte reconoce la evidencia del Dios único, pero está convencido, como lo estoy yo, de que no se puede demostrar racionalmente la divinidad de Cristo y, por consiguiente, la resurrección", (*¿Dios existe?* página 53).

5- **La creencia en el Espíritu Santo**. Nace de la creencia en la *Santísima Trinidad.* Como se dijo en el ensayo quinto, si bien se nombra en los evangelios al Padre al Hijo y al Espíritu Santo una sola vez (Mateo 28:19), ese dogma como tal apareció en el siglo II con *Teófilo de Alejandría* y más tarde con *Tertuliano,* en el 215, tal vez el primero en afirmar que los tres son uno. Se trataba de hacer el malabarismo dialéctico de conjugar el principio monoteísta, base del Antiguo Testamento, con el politeísmo pagano que implicaba tener un dios compuesto por tres dioses distintos. *San Agustín* en el siglo IV trató de resolver el problema planteando que el Padre *engendra* al *Hijo* y el *Espíritu Santo* procede del *Padre*; concepción de la Trinidad, que ya había sido acogida por el concilio de Nicea convocado en el 325 por *Constantino* quien declaró al Hijo *consustancial* con el Padre, o sea de su misma sustancia (¿de qué sustancia está hecho Dios?) y tomó la forma definitiva en el concilio II de *Constantinopla* convocado por *Teodocio* en el 382.

Sin embargo, la idea de que el Espíritu Santo procede del Padre y del Hijo y no sólo del Hijo como lo profesaba la Iglesia de Oriente, (el famoso *filioque*) fue introducida en el credo sólo en 1014 por el papa Benedicto VIII a solicitud de Enrique II con motivo de su coronación como emperador del Sacro Imperio. El papa, necesitado del apoyo militar del emperador, accedió a su petición con lo que por primera vez el *filioque* se usó en Roma.

Su uso causó feroces debates y fue uno de los motivos de la ruptura de la Iglesia de Oriente (Bizancio) con la de Occidente (Roma) inducida por una lucha de poder entre el patriarca de *Constantinopla* y el obispo de *Roma*. Ruptura que se hizo definitiva cuando el *Papa León IX* envió a Bizancio una delegación que desairó al patriarca y ambos jerarcas terminaron excomulgándose mutuamente.

El dogma de la Trinidad no tiene, pues, la más mínima sustentación en el Antiguo Testamento, ni en los evangelios, ni en los escritos de los apóstoles, ni tampoco en principios filosóficos. Fue una elucubración, un acto de sutileza imaginativa del siglo II para explicar cómo un dios trino puede ser un dios único; cómo *Jesús de Nazaret* puede tener un *Padre* en el cielo y hablar de un *Espíritu Santo,* sin que por eso existan tres dioses, salvando así el antiguo monoteísmo hebreo, lo que es una tarea muy difícil. Pues si no hay siquiera pruebas de que Dios existe, ¿cómo puede haberlas de que Dios está constituido por tres personas distintas y de que esas personas tienen una cierta relación y no otra? Sin embargo, mucha sangre corrió por esa causa. Al ser humano no sólo le encanta crear mitos sino hacerse matar por ellos.

6- **La creencia en la Iglesia católica, la comunión de los santos y el perdón de los pecados**. Lo que se quiso al introducir este dogma en el credo es asegurar la sumisión del creyente a la Iglesia católica romana que acababa de ser convertida en una monarquía absoluta por el emperador Constantino. Se quería asegurar que todos tenían la misma comunión y que esa Iglesia, investida de poderes tanto terrenales como sobrenaturales, tenía la facultad de perdonar los pecados de sus fieles, siempre y cuando se confesasen en secreto con un miembro del clero consagrado. Fue, por tanto, más un dogma político que religioso que buscaba mantener en su puño a la feligresía, haciéndolo creer que existe un Dios antropomorfo con sentimientos humanos, que le ofende lo que a la Iglesia le ofende, le gusta la lisonja como a cualquier gobernante, y por eso, puede ser ofendido por los pecados que la curia romana defina como tales.

7- **La creencia en la resurrección de la carne y la vida eterna**. Ya hemos tratado ampliamente en el ensayo anterior este dogma que nos garantiza la vida eterna de nuestra alma, y una supuesta resurrección de nuestros cuerpos, pese a haber sido enterrados o cremados después de morir y, consecuentemente, haber quedado convertidos en materia inerte durante cientos o miles de años. Eterno es lo que no tiene ni principio ni fin. Desde ese punto de vista el alma no es eterna porque tuvo un principio que fue cuando en cierto momento del desarrollo del feto, según se cree (no hay acuerdo en cuál), Dios la insufló en él, y a partir de ahí, continuó por el resto de la vida dentro del ser que nacería después de dicho feto, y de acuerdo con este dogma, saldrá de ese ser y seguirá existiendo sola por toda la eternidad.

Sin embargo, como hoy sabemos que el pensamiento y las emociones son producto del sistema nervioso central y periférico dominado por los neurotransmisores y las hormonas, el papel del alma en el cuerpo es indetectable pues no se le ha podido asignar una función en el organismo. Desde las épocas de las trepanaciones de cráneos en Egipto, Perú y otras civilizaciones, el hombre ha manifestado gran interés por su cerebro, del que sólo vino a comprender su importancia y funcionamiento, a principios del siglo pasado, cuando el médico español *Santiago Ramón y Cajal* (1832-1934), descubrió las neuronas, esas cerca de cien mil millones de células nerviosas que conforman una masa de kilo y medio en nuestro encéfalo y se esparcen por todo nuestro cuerpo, unidas en sus extremos por las dendritas, a través de los cuales saltan chispas eléctricas que generan sustancias químicas (los neurotransmisores) para comunicarse entre sí. El funcionamiento del cerebro resulta ser así un proceso puramente bioquímico muy complejo, pero enteramente físico.

Si se lesiona, según donde la lesión se produzca, se desactiva la capacidad de ejecutar ciertas acciones, o si hay deficiencia o exceso de ciertas sustancias químicas, cambia el comportamiento del ser humano. Es tan grande la complejidad del sistema neuronal del hombre que resulta difícil negarle la capacidad de generar el pensamiento racional y las emociones. No se necesita para eso recurrir a la hipótesis del alma inmaterial escondida entre los recónditos pliegues de los lóbulos cerebrales.

Si fuera cierto que la mente, entendida como el alma sobrenatural diferente al cerebro, es la que maneja nuestras neuronas, ¿por qué sustancias químicas inertes como los neurotransmisores y las hormonas pueden controlar nuestros pensamientos y voliciones? ¿Por qué una persona que sufre un daño cerebral severo no puede seguir pensando? Si entra en estado de coma, deja de pensar, de sentir, de darse cuenta de su entorno, pese a que el alma está ahí, pero no se manifiesta. El alma parece estar tan en coma como el cuerpo. Sólo si el paciente se recupera, el alma puede volver a usar las neuronas para pensar; pero si en últimas muere, se desprende del cadáver y se supone que al instante recobra la consciencia ya sin necesidad de neuronas, y puede recordar entonces su pasado, y percatarse de que va a ser premiado o castigado por acciones que ejecutó en compañía de un cuerpo que ya se destruyó y que fue tan responsable o más por los actos que acometió en la vida. ¿Cómo puede el cuerpo material tan pronto como muere y se le desintegran la totalidad de sus neuronas, trasmitirle al alma espiritual todo lo que tiene almacenado en su encéfalo como la memoria, el razonamiento, la planeación y la resolución de problemas, así esas facultades se le hayan dañado por enfermedad en vida? ¿Puede el alma de un anciano que ha perdido sus facultades por demencia senil, recuperarlas cuando se queda sola? El alma no puede hacer más de lo que sus neuronas le permiten. No cabe duda de que aquí hay otro vacío lógico que las religiones intentan llenar.

Se podría argüir que por eso el credo hace referencia a la resurrección de la carne y el juicio final tan bellamente pintado por Miguel Ángel en la Capilla Sixtina. Pero la resurrección de la carne no es para que ésta responda por lo bueno o lo malo que hizo en vida en compañía de su alma, que ya fue juzgada desde mucho antes, sino para que el cuerpo la acompañe por toda la eternidad. Lo que no se entiende es cómo un cuerpo material hecho de átomos y moléculas, convertidas por desintegración en las sustancias químicas de las que estuvo compuesto y mezclado con las otras sustancias con las que tuvo contacto por miles o millones de años, puede un día volver a reintegrarse en un presunto *cuerpo glorioso* para acompañar al espíritu inmaterial que lo abandonó. ¿Cómo puede ser posible que haya un cuerpo glorioso, o sea, un cuerpo no hecho de materia, si la esencia de todo cuerpo es estar hecho de materia y ocupar un lugar en el espacio?

8- *La creencia en el pecado original sin el cual la redención no tendría objeto*. Creo que hemos demostrado suficientemente en los ensayos anteriores que la existencia de una primera pareja en un paraíso terrenal del *Pleistoceno* como la describe el Génesis, carece de sentido para la paleontología moderna; y la posibilidad de que esa primera pareja nos hubiera podido transmitir con sus genes el pecado de desobediencia cometido por ella, es todavía más imposible. Porque siendo *Adán* y *Eva*, supuestamente, los primeros y únicos Homo sapiens de ese entonces, para poder continuar su descendencia, debieron hibridarse con otras especies de Homos no pecadores, y por tanto, no pudieron dejar un linaje directo, auténtico heredero de sus mismos genes, sino un linaje mezclado, al que hubiera sido injusto castigar por una falta que sólo parte de sus ancestros cometieron. Aquí de nuevo, lo que nos revela la ciencia está en total contradicción con lo que nos revelan las Escrituras. Lo grave es que la no existencia del pecado original destruye el castillo de naipes del cristianismo tal como lo concibió San Pablo, cuyos cimientos los fundó en la necesidad de la redención del hombre por Dios, debida a un pecado de desobediencia que éste (el hombre) no pudo heredar.

9- *La creencia en la creación de la materia viva por Dios*. Como lo expusimos en el ensayo segundo, hasta principios de siglo XIX se creía que la materia viva estaba constituida sólo por materia viva. Pero en cuanto *Wöller*, en 1828 demostró que la urea (materia orgánica) se podía sintetizar a partir de compuestos químicos inorgánicos corrientes, se supo que la materia viva estaba constituida por materia inerte. Desde entonces, comenzó un proceso de desmitificación de la vida, primero, con el hallazgo del mundo microbiológico por *Pasteur*, después, con el descubrimiento de la tabla periódica de *Mendeleiev*, publicada en 1792, y el desarrollo de la química, la cual nos enseñó cómo todos los seres del Universo, animados e inanimados, desde las hormigas hasta las estrellas, están hechos con los mismos 90 o más elementos inertes. La única diferencia entre ellos radica solamente en el tipo de moléculas que predominan en cada caso. Por lo general, en los inorgánicos predominan las moléculas simples y en los vivos, los múltiples bloques moleculares complejos. Pero los mismos átomos hay en los unos como en los otros.

Posteriormente, ya bien entrado el siglo XX, se descubrieron en 1953 las cadenas del ADN y ARN que permitieron entender cómo se reproducen los seres vivos, no por intervención divina como se pensaba antes, sino por un complicado mecanismo puramente biológico de reacciones bioquímicas. Fue entonces cuando el hombre por primera vez se atrevió a modificar la vida, a clonarla, e incluso a crearla en los laboratorios. Se vio así que no hacían falta ni la hipótesis de Dios, ni el *soplo vital*, ni ningún elemento inmaterial, para explicar el desarrollo y funcionamiento de la vida. Otra vez la ciencia contradijo la fe.

10- *La creencia en la bondad de Dios o la teodicea*. No es el caso repetir la discusión que incluimos anteriormente sobre el origen del mal y el sufrimiento. Basta aclarar que ese problema ha estado presente durante milenios y nadie lo ha podido resolver. Un Dios bondadoso y omnipotente no debería permitir tanto dolor y tanta maldad como la que existe en el mundo. Esta paradoja sigue vigente, gravitando sobre las creencias de todas las religiones, cada una de las cuales ofrece una explicación distinta que no satisface, a no ser que aceptemos que no es Dios quien nos manda las calamidades, sino el azar inescrutable.

Se agrega a lo anterior, que las especies de seres vivos que fallaron y se extinguieron, se estiman en billones, y que todas ellas, las que se extinguieron y las que existen, están sometidas a la ley de la selección natural. ¿Cómo puede haber un Dios bueno que condena a los seres más preciosos de su creación a un destino tan cruel, tan perverso, como es el de que compitan y se destruyan entre sí para lograr sobrevivir?

¿Cómo puede haber un Dios bueno que nos fuerce a los hombres a luchar contra los otros miembros de nuestra misma especie y con los de las otras especies, a ser más fuertes y reproducirnos más que los demás, a quedar sometidos a la tiranía de unos genes que nos inducen a matar para alimentarnos, en la misma forma como lo hacen los otros animales con reproducción sexual, que vienen al mundo armados sus cuerpos con diversos órganos de protección y ataque, armas con las cuales se dedican a defenderse o agredir para sobrevivir, lo mismo que nosotros para quienes el cerebro racional es su arma más mortífera con la cual ha logrado dominar la Tierra y destruir a sus competidores.

Todos los días vemos en la televisión o escuchamos en la radio o leemos en la prensa, las más escalofriantes noticias sobre asesinatos a sangre fría, asaltos a mano armada, genocidios tribales o raciales, actos de terrorismo, abandono de niños, maltrato de mujeres, abusos de autoridad, atropellos a la justicia, robos, estupros, peculados, y cuanto crimen pueda uno imaginar, y ante tanta maldad nos sentimos frustrados. Es entonces cuando pensamos en que no necesitamos un Dios que perdone nuestros pecados y se sacrifique por nosotros, sino un Dios que nos hubiera hecho mejores, que no nos hubiera forzados a nacer con el pecado original de la violencia, este sí, más cierto y más depravado que el que cometieron nuestros hipotéticos primeros padres del paraíso.

11- *La creencia en la presencia real de Cristo en la eucaristía*. Este tema ya lo hemos expuesto en varias ocasiones en las que hemos demostrado que desde el punto de vista de la química moderna no hay como afirmar que un cierto objeto material claramente identificado como pan y vino, porque sus átomos y moléculas corresponde al pan y al vino, de alguna manera puede al mismo tiempo ser la carne y la sangre de un ser inmaterial. Dicho de otro modo, si los átomos y moléculas se enlazan para formar pan y vino, son pan y vino, y no carne y sangre y menos carne y sangre inmaterial. La transubstanciación de una especie en otra, no tiene, pues, el menor asidero lógico.

Colofón

De lo anterior se deduce que los descubrimientos de la ciencia de los últimos dos siglos han dejado al cristianismo sin poder demostrar racionalmente ninguna de las creencias esenciales introducidas en su credo. Lo que ocurre es que hay una tendencia subconsciente en nuestra mente a creer que en las nieblas del pasado remoto, del que tenemos sólo una vaga percepción, todo era posible; se podía caminar sobre el agua, resucitar a los muertos, subir al cielo en carros de fuego, expulsar demonios, hacer andar paralíticos, dominar lenguas no aprendidas, beber veneno sin envenenarse, golpear una roca y sacar agua, y muchas maravillas más. Pero cuando las mismas maravillas las escuchamos hoy en día, ya no las creemos; por ejemplo, si se nos acerca un hombre y nos dice que es el hijo de dios padre, que existió antes que Abrahán, que murió, resucitó al tercer día y está en vísperas de volver al seno de su padre celestial, pensamos que el sujeto debe tener serios problemas mentales, por lo que, discretamente, buscamos llevarlo a una clínica de reposo para que le inicien un tratamiento psiquiátrico.

Sin embargo, eso mismo es lo que nos cuentan los evangelios, y lo admitimos como verdad absoluta, sólo porque sucedió hace dos mil años, y no tenemos cómo comprobar que es falso, pero tampoco que es verdadero. Es que el hombre, desde la época de las cavernas, inventa mitos y se los cree, mitos que le inducen a creer en lo mágico porque la mente humana, como vimos antes, está hecha para soñar despierta tanto como dormida. Y esa mente no sólo inventa irrealidades y las sobredimensiona, sino que cree a pie juntilla en ellas hasta estar dispuesto a matar y hacerse matar por su causa. De esa manera actúan tanto las barras bravas de los hinchas de un equipo de fútbol, como los fanáticos de una ideología política o de una creencia religiosa.

Cualquiera sea ésta, fabrica dogmas que no tienen nada de racional y se aferra a ellos. La religión católica no es una excepción, tiene los suyos y los considera los únicos verdaderos, aunque sus fieles no representan sino la sexta parte de la población mundial (16.5% o sea 1 115 millones de católicos de 6 751 millones seres humanos). En realidad el catolicismo no caló sino en la población blanca europea que hizo parte del Imperio Romano, y en los países que esa población colonizó en América, Filipinas y África pero no en Asia, donde desde antes existían otras creencias. Los musulmanes, con 1500 millones de fieles, ya los superaron y creen en otros dogmas, lo mismo que las demás religiones.

Viéndolo bien ¿qué importancia tienen cualesquiera de esos dogmas? Ninguna. ¿A quién le hace daño, entonces, que alguien diga, por ejemplo, que no cree en la divinidad de Cristo, pues en ella no creen la mayoría absoluta de los seres humanos que practican otras religiones como los protestantes, los judíos, los musulmanes, los budistas, los shintoistas, los taoistas, los confusionistas, cuyos seguidores, sumados, son seis veces más numerosos que los católicos y han sido reacios a deificar a sus fundadores?

¿Y qué pasa con los que creen en otros dogmas? ¿Sus fieles, se van a condenar como lo proclama la Iglesia de Roma? Si alegáramos eso, estaríamos incurriendo en una falacia, porque las otras religiones podrían devolver el mismo argumento contra los católicos y afirmar que sus fieles son los que se van a salvar y los católicos no porque así lo dice su religión. ¿Cómo podemos demostrarles que están equivocados?

La Iglesia católica siempre ha puesto todo su interés en el mantenimiento de unos dogmas inmodificables y por eso ha considerado merecedor de los peores castigos a quien no acate o dude de las doctrinas promulgadas por sus autoridades eclesiásticas. Pero muchos de los dogmas del catolicismo ni siquiera están formulados de manera clara en las Sagradas Escrituras; son elucubraciones sobre los textos bíblicos, un tanto acomodaticias, hechas en Roma por un cenáculo de teólogos, elucubraciones tan buenas como las que pueden hacer otros teólogos de otras latitudes, pues ni los unos ni los otros parten de bases lógicas. Esa rigidez en los dogmas es lo que lo aleja más del hombre moderno que no entiende por qué debe creer sin vacilar lo que sólo una pequeña fracción de la humanidad cree. ¿Cómo se puede saber, entonces, quién tiene la razón?

Es un caso parecido al del juego de los niños: el uno dice que acaba de ver un lobo feroz y el otro lo niega y afirma que no fue en lobo feroz sino un dinosaurio. Ambos saben que no fue ni lobo feroz ni dinosaurio, pero se pelean y se van a las manos. Entre adultos también existe el mismo tipo de comportamientos aunque por motivos distintos, pero igual de irreales. Que Dios es trino, que no es trino, que en la hostia hay presencia real de Cristo, que no es real sino simbólica, que la Virgen María nació como todos los hombres con el pecado original, que no nació con él. Lo malo es que en los adultos los disensos se resuelven en formas más cruentas que en los juegos de niños, pues por cosas tan baladíes como esas, Calvino mandó a quemar vivo a Servet y el papa Inocencio a miles de albigenses.

Y que no se diga que Dios castiga a los que no creen en los dogmas. Si ni siquiera dejó una huella evidente de su presencia en el mundo, ¿qué le puede interesar lo que nosotros pensemos de él? Si Dios hubiera considerado necesario mostrarse ante nosotros como nuestro Padre celestial, su Hijo no se habría ido sin dejar antes escrito de su puño y letra lo que nos quería decir en forma tan explicita que no dejara la menor incertidumbre sobre su presencia y la verdad de su mensaje, evitando así que unos escribas desconocidos hicieran sus veces, años después de su muerte, y redactaran unos manuscritos oscuros y enigmáticos, llenos de contradicciones.

Si Dios nos hizo seres racionales, ¿por qué no nos trató como a seres racionales, y nos proporcionó todos los elementos de juicio para poder creer en Él y su mensaje sin necesidad de tener que repetir con Tertuliano: "¿Creo aunque sea absurdo," o "creo sólo porque nos lo dice la Santa Madre Iglesia" como San Agustín? Quizás al inicio del credo los buenos creyentes deberían rezar: "Creo aunque sea absurdo en Dios Padre todopoderoso, creador del cielo y de la Tierra etc.etc". Eso por lo menos sería más honesto. Porque la fe es un resignarse a creer en lo absurdo, en lo irracional, sólo porque así lo afirman unos libros antiquísimos de autores desconocidos que se atribuyen a sí mismos estar transmitiendo la verdad divina, sin más pruebas que su propia palabra.

Confieso, sin embargo, que los que así pensamos hoy en día, a pesar de que recibimos en la infancia y adolescencia una estricta educación religiosa, sufrimos una fijación tan profunda por el Dios providente y bondadoso, que no logramos desprendernos del todo de esa fijación, y nos sentimos incómodos sabiéndonos encadenados a las veleidades impredecibles de la casualidad, sin el amparo de ese Ser que invocamos con tanta fe cuando éramos niños, comoquiera que la fe es mucho más consoladora que el azar.

Pero ya somos adultos, o quizás viejos, y no podemos seguir pensando como niños. No es que nos consideremos culpables por nuestra incredulidad, sino que, con toda honestidad, hemos adoptado otra posición más racional frente a la vida por la sencilla razón de que lo que hemos descubierto acerca de la irracionalidad de la fe es tan contundente, que no podríamos seguir creyendo en lo que creíamos.

Sin embargo, cuando manifestamos nuestras creencias, se nos descalifica personalmente, se nos insulta, se nos acusa de tener propósitos aviesos, de ser inmorales y querer por eso negar a Dios para poder gozar sin remordimientos, y cuanta cosa se les ocurre, porque se consideran heridos en sus sentimientos religiosos y vuelcan por eso todo su odio contra nosotros, sin hacer el menor esfuerzo para analizar fríamente los argumentos que presentamos.

De aquí que la Iglesia siempre haya tratado de difundir la idea del incrédulo como el de una persona amargada, pesarosa en lo íntimo por su pecado, asustada por su posible condenación. Nos presenta como ejemplo las leyendas de un Voltaire en su agonía, comiéndose sus propios excrementos, o de un Lutero, susurrándole a su esposa en una noche estrellada: "ese cielo no será para nosotros". Pero eso son sólo fábulas, el incrédulo del siglo XXI no añora su fe, la mira como una inútil ilusión de la infancia.

Y no se arrepiente, ni se culpa por haber sido quizás creyente fervoroso en los primeros años de su vida, y no toda su vida como lo fueron sus padres, sus abuelos y todas las generaciones que los precedieron, porque, en ese entonces, ellos no disponían de información suficiente como para cuestionar los mitos religiosos que les fueron inculcados en los hogares, en las escuelas o desde los pulpitos, con una persistencia que soslayaba cualquier rechazo. Eran épocas muy distintas a las de ahora. Vale la pena recordarlas.

A principios del siglo XX, la vida para la mayoría de las gentes era mucho más tranquila que en la actualidad, con menos sobresaltos. Como no se tenían ni televisión, ni radio, ni cine, ni mucho menos teléfonos móviles, las comunicaciones eran escasas y las pocas que se recibían viajaban con lentitud. Las noticias tardaban a veces semanas en llegar; el hundimiento del *Titanic* en abril de 1912, por ejemplo, demoró cuatro días en cruzar el Atlántico y fue considerado un caso excepcional de rapidez informativa. Había, es cierto, telégrafo, aunque primitivo, tipo *Morse*, cable y teléfono de manivela, pero no muy difundidos; la información se reducía a lo que publicaban los periódicos locales, pues sólo ocasionalmente llegaban las nuevas de otras partes. Se viajaba rara vez porque el transporte se hacía por tren a vapor en las ciudades donde lo había, o por barco en las zonas costeras para cruzar el mar, pero la mayoría de la gente se desplazaba aún en coches tirados por caballos, en caballos o a pie, pues los automóviles no eran todavía comunes.

Por eso, el citadino promedio llevaba una existencia que se podía calificar de pacífica y rutinaria; se levantaba temprano con las primeras luces, y si era religioso, iba a misa, donde siempre escuchaba las mismas prédicas piadosas; salía a trabajar en la mañana, volvía en la tarde a casa, cenaba, talvez rezaba el rosario y se acostaba pronto, pues la mayoría de las ciudades no tenían luz eléctrica. Sus contactos personales se reducían a los amigos con quienes compartía sus mismas creencias. Todos los libros, textos escolares, y prensa escrita a los que tenía acceso, eran respetuosos de la religión. Era un escándalo el que alguien publicara algo en contra de ella. Había pocos ateos verdaderos, la mayoría, simples anticlericales por razones políticas, o personas amantes de hacerse notar, a los que cuando morían se los enterraba fuera de los cementerios católicos, sin nada que identificara sus tumbas, las cuales terminaban perdiéndose entre los yuyos y malezas del campo.

En esas condiciones, prácticamente la totalidad de los habitantes del planeta carecía de medios para mantenerse al día en los avances de la ciencia, y como era obvio, no sabía nada de la teoría de la relatividad, ni de la *Gran Explosión,* ni del ADN y el ARN, ni del origen de la vida, ni del genoma humano, ni de la radiactividad, ni de la constitución real de la materia, ni de la genética, ni de la nueva exégesis bíblica. Si acaso, algunos habían leído la *Vida de Jesús* de *Ernesto Renan,* pero de seguro, pocos, y más pocos los que habían estudiado a *Hume, Kant, Freud, Rusell, Feuerbach, Marx* y otros. ¿Cómo una persona así podía discrepar de los dogmas religiosos que sus padres y maestros le venían enseñando desde su más temprana edad? ¿Con qué argumentos y con qué conocimientos podía alguien refutar esas creencias, si sólo después de la segunda guerra mundial comenzaron a difundirse los descubrimientos científicos de las décadas pasadas? Por eso nuestros abuelos solían hablar de *conservar la fe de nuestros mayores* como un puntillo de honor e hidalguía. Sin embargo, los vientos de cambio de principios del siglo XX, convertidos en huracán a mediados del mismo siglo, terminaron barriendo con sus creencias ancestrales, que nosotros, de haber vivido como ellos un siglo antes, también hubiéramos respetado.

La única consecuencia benéfica de la guerra de cuarenta, fue el haber despertado una inédita curiosidad por el mundo de la ciencia, debido al sinnúmero de avances que se produjeron durante aquellos catastróficos cinco años de inmisericorde carnicería en la que murieron más de 60 millones de seres humanos. Entre esos avances se cuentan la popularización de los antibióticos, el desarrollo del radar, la computación, la televisión, la aviación por propulsión a chorro, y la cohetería espacial, para citar únicamente unos pocos. Sólo tras la bomba de Hiroshima se comenzaron a difundir en el público los conocimientos sobre los átomos.

Fueron esas maravillas de la tecnología las que pusieron de moda nombres de científicos como *Einstein, Poincare, Plank, Ruthenford, Heisenberg, Courie, Fermi, Oppenheimer, Maxwell, Lorentz, Hubble,* y tantos otros cuyos investigaciones hasta entonces eran patrimonio exclusivo de reducidos grupos de especialistas en universidades norteamericanas y europeas, al igual que un *Darwin* (olvidado hasta entonces), un *Freud,* un *Mendel,* un *Fleming,* un *Salk,* en campos como la psicología, la biología, la bacteriología y la medicina.

Sus teorías se difundieron y con el correr del tiempo, muchos comenzaron a estudiarlas; su comprensión originó un movimiento de carácter socio político tanto como religioso llamado: *posmodernidad* que ha conducido al desencanto de las nuevas generaciones, a hablar del fin de las utopías, a criticar la ausencia de grandes proyectos, a propender por la desmitificación de la autoridad intelectual, científica y religiosa, estimulando la desconfianza en el futuro.

Surgió así la que se podría llamar la generación del escepticismo, que comenzó a cuestionar valores hasta entonces inamovibles, y agudizó la crisis de la fe que se estaba gestando desde antes, desde las épocas de lo que se ha dado en llamar: *la revolución de la modernidad,* período que comenzó con *Pico de la Mirándola* (1463-1494) *Copérnico* (1473-1543), *Erasmo* (1467-1536) para después continuar con *Bacon* (1561-1679), *Galileo* (1564-1642), *Hobbes* (1588-1679), *Pascal* (1623-1662), *Spinoza* (1632-1677), *Locke* (1632-1704), *Newton* (1643-1727) *Leibniz* (1646-1716), *Hume* (1711-1776) y muchos más. Revolución que llegó a su ápice en el siglo XIX con el movimiento de la *ilustración* y su secuela: *la revolución francesa,* cuyos indirectos promotores fueron los enciclopedistas *Diderot y Dalambert* y en cierto modo *Voltaire.* Fue esa pléyade de filósofos y científicos los que se distanciaron del pensamiento medioeval y propugnaron por la superioridad de la razón sobre los argumentos de autoridad, dándole a la lógica la posición de preeminencia que no tuvo antes.

La crisis de la *posmodernidad* se hizo más visible con la asonada de los estudiantes de París de mayo del 68 y la toma de la Sorbona por ellos, crisis que el papa *Benedicto XVI* sintetiza así: "Las preguntas específicamente humanas sobre nuestro origen y nuestro destino," dice "las preguntas originadas en la religión y la ética, ya no tienen lugar en el modo de ver de la razón colectiva definida como "ciencia" y tienen que relegarse al espacio de lo subjetivo. Es el sujeto quien decide entonces, basado en su experiencia, lo que considera es materia de la religión; y la "conciencia" subjetiva, se convierte así en el solo árbitro de lo que es ético".

De esa manera está surgiendo un nuevo enfoque un tanto gaseoso y acomodaticio sobre la religión, como el que el filosofo italiano *Paolo Flores de D´Arcais,* describe así: "La religión ya no considera necesario replicar a las objeciones escépticas y ateas contra la verdad de su fe. Sin embargo, con eso deja de custodiarlas como verdades de la razón, aunque siga proclamándolas como tales. Ahora bien, si la religión se puede permitir ese gesto de indolencia, es sólo porque el contenido de verdad de cualquier convicción, concepción o fe, parece no interesarle al hombre del común, a pesar de que (ese hombre) las practica y disfruta", Por eso en la sociedad postmoderna occidental la religión está tendiendo a secularizarse. Dice a este respecto el sociólogo alemán *Ulrich Beck:* "La secularización de la religión no es su desaparición, es la desregulación institucional, la individualización, la subjetivación de lo religioso". Empero, cuando lo religioso exalta la identidad nacional, la raza, puede provocar el efecto contrario, un retorno a la fe, a la institucionalización, como ocurre hoy en los países islámicos.

Para entender este fenómeno debemos distinguir entre el mito con sus ritos religiosos, y el mensaje religioso. El mito religioso lo forman las fábulas e historias, mezcla de lo real y lo legendario, expresados en forma de ritos (la eucaristía, por ejemplo, recrea el sacrificio de Cristo), que constituyen la base de los credos de todas las religiones, cuya manifestación externa la constituyen las ceremonias públicas o privadas, en las que se usa un lenguaje gestual, con el que se da rienda suelta a los sentimientos y angustias existenciales de la cotidianidad.

El mensaje religioso, en cambio, es la filosofía de vida que se esconde detrás de los mitos y los ritos, el sentido de consolación que ese mensaje comunica, las normas éticas y sociales que promulga, incluso el legado artístico y cultural que conllevan y es el más grande tesoro de la humanidad. ¿Puede el mensaje religioso sobrevivir sin el mito religioso? Sí, si la religión mira al mito de una manera distinta, no como una verdad *per se,* sino como una parábola, una ficción, de la que surge una enseñanza valiosa, pero que como toda ficción, no tiene que ser verdadera. En esa forma puede rescatar lo esencial de su doctrina. Don Quijote no existió, pero su lección de idealismo sigue vigente. No se sabe si el buen samaritano existió, pero no se necesita que haya existido para que el ejemplo de tolerancia que nos legara, sea valioso. No se requiere que Cristo haya sido Dios para que el sermón de la montaña, nos conmueva. No es necesario que el Antiguo Testamento haya sido inspirado por Dios, para que los salmos, nos iluminen.

Las grandes religiones asiáticas, que carecen a veces de estructura formal y se integran a las tradiciones culturales de la sociedad a la que pertenecen, frecuentemente consideran sus mitos como parte de su sabiduría ancestral, sin preocuparse mayormente de desarrollar una apologética para demostrar la verdad de sus creencias, como lo ha venido haciendo el cristianismo, especialmente desde el siglo XI, cuando el movimiento escolástico de un *San Anselmo,* un *San Alberto* o un *Santo Tomás,* intentó hacer el inútil esfuerzo de articular la filosofía grecolatina con la fe, siguiendo la tradición del mundo occidental racionalista que siempre ha pretendido encontrarle una explicación lógica a todo lo que existe, sin entender que no todo en la vida tiene una explicación lógica.

Las religiones asiáticas, en cambio, buscan más bien lo ético, lo existencial, lo sobrenatural, indicar el camino a la felicidad, a la perfección personal a través de la meditación y el ascetismo, librarse del ciclo de las muertes y reencarnaciones para entrar en el *Nirvana,* antes que el establecimiento de una doctrina de forzosa aceptación mundial. Jamás han pretendido hacer una demostración racional de sus mitos, nunca han pretendido probar racionalmente la existencia de *Shiva* o *Vishnu,* el *Karma,* o el *Samsara,* la mayoría ni siquiera aceptan un Dios personal, y las diferentes sectas van del ateísmo al panteísmo. Sería impensable en estas religiones un movimiento religioso como el escolástico.

¿Hasta qué punto la religión católica podría adoptar una posición semejante, no igual, a la de las religiones asiáticas? Tendría que desistir de su pretensión de verdad, tan vapuleada por los nuevos descubrimientos científicos, y convivir con las otras religiones como una más, acogiéndose a la fe por la fe, a la fe que renuncia a la razón.

En la fe, por consiguiente, no hay que buscar la verdad, sino un apoyo moral, un camino por seguir, olvidándose de su irracionalidad. Esto, por supuesto, socavaría sus fundamentos, pero le permitiría seguir sobreviviendo a la crisis planteada por los nuevos descubrimientos, pues ya no podemos regresar a la ignorancia del pasado, (la ignorancia es como la flecha del tiempo nunca retrocede) toda vez que éstos han llegado para quedarse. Más bien hay que dedicar todo lo que les resta de su capacidad de convicción a hacer del hombre un ser más moral, a enseñarle una doctrina profundamente enraizada en una ética natural laica, basada en la tolerancia y la justicia.

Una ética que no es como la de los filósofos y moralistas del pasado que le atribuían a la carne, la propensión al pecado, y al espíritu, el deber de subyugar a la carne, para que el alma pueda escapar del cuerpo mortal y volar libre al cielo. Doctrina que tiene su trasfondo de verdad porque aun cuando casi todas las áreas del cerebro trabajan coordinadamente, como explicábamos antes, la carne tan vilipendiada, podríamos identificarla con el cerebro primitivo y las diversas estructuras del sistema límbico, y el espíritu tan glorificado, con la corteza cerebral, (los lóbulos frontales) donde se origina el pensamiento deductivo. En otras palabras no hay alma y cuerpo sino neocortex y sistema límbico.

El alma la define el diccionario de la lengua española como: "Sustancia espiritual e inmortal, capaz de entender, querer y sentir que informa el cuerpo humano y con él constituye la esencia del hombre", Esta definición tenía sentido en el pasado cuando se percibía una diferencia abismal entre el mundo material, visible y tangible, cuya composición molecular se ignoraba; y el mundo del raciocinio y las emociones, al que no se le encontraba mejor explicación que la de considerarlo algo inmaterial, abstracto, introducido dentro del cuerpo humano con la función específica de pensar y generar conciencia de sí mismo y del entorno, debido a que se desconocía la existencia de las cerca de 100 000 millones de neuronas que el cerebro mantiene trabajando al unísono para que éste pueda hacer lo que se le atribuye al alma: entender, querer y sentir.

Hoy, por eso, la moral, en lugar de seguir infundiendo inútiles esperanzas o temores de supuestas recompensas o castigos en el más allá, debe ser más terrenal, debe propiciar comportamientos que creen en el sistema neuronal humano patrones de conducta sicológicamente dirigidos a través de la educación temprana, para que impulsen la convivencia pacífica entre los seres humanos, la bondad, el altruismo, para que estimulen el instinto de hermandad, el mismo que como seres gregarios, todos llevamos adentro. Y aunque todavía estemos muy lejos de este ideal, no por eso debemos desanimarnos, porque la necesidad nos forzará a ello.

Por eso es tan laudable el proyecto que se ha venido desarrollando desde 1990 cuyo objetivo básico es crear una ética mundial, que, respondiendo a la globalización, se consagre a sacar adelante estas tres propuestas fundamentales: "No hay supervivencia sin una ética mundial, no hay paz sin una paz religiosa, y no hay paz religiosa sin un diálogo de las religiones". Debemos comprender que estamos en un mundo nuevo y debemos, por eso, prepararnos para ese mundo nuevo, tal como nos tocó enfrentarlo.

De lo contrario, el Homo sapiens bien pudiera resultar una especie mucho más fugaz que la de sus antecesores los Homo. Se ha reproducido éste en una forma tan vertiginosa que pasó de los 7 millones de habitantes a 7000 millones en menos de seis mil años, población que si bien no ha agotado aún los recursos naturales de planeta en el sentido maltusiano, requiere usar cada vez más energía y contaminar más la Tierra para satisfacer la creciente demanda de bienes y servicios. Pero como el que el Homo sapiens, al igual que todas las demás especies, necesita adaptarse perfectamente a su habitat para no desaparecer, si sigue como va, pronto va a dejar de ser la mutación exitosa que fue, y a tener que enfrentarse a la disyuntiva de volver a mutar si quiere sobrevivir en el nuevo ambiente o perecer.

Porque de no detener el deterioro acelerado de su entorno, comenzando por parar el incremento poblacional que está llegando a tres seres humanos por segundo o sea 94 millones en un solo año (una población tan grande como la Alemania anualmente), su futuro va a quedar muy comprometido. Sobre todo si no hace nada para impedir el calentamiento global, y los polos siguen derritiéndose, el nivel del mar, incrementando, y la Tierra habitable, disminuyendo, lo que podría retrotraer a la humanidad a las aciagas épocas de las guerras de exterminio de los pueblos mesopotámicos, en las que las civilizaciones más poderosas, caían sobre las más débiles para liquidar a toda su gente, hombres mujeres y niños, degollinas que según el Antiguo Testamento, a veces eran ordenadas por Dios,.

Creer que con la implementación de los derechos humanos en la forma como lo hemos conseguido en los últimos años, eso no puede volver a pasar, es engañarse. La vida se desarrolló y sigue desarrollándose (no puede hacer otra cosa) en concordancia con la ley de la selección natural, y la ley de la selección natural obliga al más fuerte a destruir al más débil cuando necesita sobrevivir, porque en tanto que seres vivos, somos hijos de la violencia y vivimos en consecuencia inmersos en la violencia.

Siendo así, no se ve entonces cómo, si en Europa o en Estados Unidos se quedan sin Tierra millones de sus conciudadanos, esos países no van a tratar de quitársela a los que la tienen y no pueden resistirse al embate de sus ejércitos. ¿O será que aquellos inmigrantes desplazados por el hambre van a poder convivir pacíficamente con los nativos, y, en un acto de caridad cristiana, partirán con ellos el mendrugo de pan que les resta? ¿No será más bien que Hitleres de nuevo cuño vendrán a predicar el evangelio de Nietzsche?

Estas predicciones podrían considerarse demasiado apocalípticas y exageradas, pero muy posiblemente no lo son. La inteligencia humana parece seguir una ley de autodestrucción de sí misma y de su habitat, directamente proporcional al incremento de su desarrollo mental y de su poder de control sobre las fuerzas naturales. *Entre más avanza en el conocimiento de esas fuerzas, más capacidad adquiere de autodestruirse.*

Porque si bien el hombre no posee ni las trompas, ni los colmillos, ni los venenos, ni las garras, ni la electricidad, ni la fuerza muscular, ni las demás armas defensivas de las especies animales, cuenta con un encéfalo equipado con un sistema neuronal prodigioso, y por eso nunca las enfrenta cuerpo a cuerpo, pues sabe que en lucha cuerpo a cuerpo con un tigre, un elefante, un oso, un tiburón, tendría pocas posibilidades de triunfar. Prefiere usar los artefactos letales confeccionados por él desde la más remota antigüedad, ante los cuales, de poco le sirven a los otros seres vivos sus cuerpos mejor apercibidos que el del hombre para el ataque o la defensa, pues no tienen cómo ir más allá de lo que la naturaleza les dio, y apenas les alcanza para sobrevivir, pero no les permite causar grandes daños, ni aniquilar su propia especie, o cualquiera otra especie que se le oponga. Fue ésa la razón por la cual los dinosaurios existieron durante 250 millones de años, las ballenas, 60 millones de años, los batracios 300 millones de años y ninguna de esas especies se han autodestruido, ni destruido otras especies, sino sólo cuando entran en competencia con ellas.

No es ese el caso del ser humano. Sus facultades mentales le otorgaron tal poder de destrucción que ha erradicado o intentado erradicar del mundo directa o indirectamente, desde innumerables especies animales, hasta razas humanas enteras como las de los indígenas de América, o las de los judíos de la España renacentista. En el siglo XIX las potencias europeas liquidaron 60 millones de chinos en las guerras del opio; y a finales de ese siglo, Bélgica, mató 20 millones de congoleses. En el siglo XX, la Alemania nazi, ejecutó 6 millones de judíos; en las dos últimas guerras del Viejo Continente hubo 60 millones de muertos; en las guerras entre hutos y tutsis en Ruanda, las ¾ de los tutsis resultaron eliminados; en las purgas de Stalín se produjeron 40 millones de desaparecidos, entre los que se cuentan 2 millones de campesinos ucranianos que murieron de hambre; los Jemeres Rojos asesinaron a 3 millones de camboyanos; y las diferentes persecuciones políticas de Mao, arrojaron 60 millones de víctimas. No cabe duda de que el siglo XX, es la confirmación de que a más progreso, más capacidad de aniquilación y autoaniquilación.

Y no parece que el futuro vaya a ser mejor, si tomamos en cuenta la clase de armas que se están preparando. Se han ensayado bombas como la Arco Iris que detonada en la estratósfera a 100 km de altura, puede bloquear todas las comunicaciones electromagnéticas y producir incendios en un área del tamaño de un continente entero; la bomba Tsar que Rusia hizo explotar en 1 961 a 4 km de altura sobre la isla Novaya Semlya tuvo un poder de 50 millones de toneladas de TNT (1 900 bombas de Hiroshima), cuyo destello se vio a 1 000 km de distancia y la honda de choque le dio cuatro vueltas al mundo antes de extinguirse; la bomba de antimateria, por fortuna al presente inviable por su costo, no necesita sino medio gramo de positrones (electrones positivos) para obtener la misma capacidad de destrucción da la bomba de Hiroshima, y si se pudieran obtener cuatro kilos, su explosión barrería de seguro toda la vida de la faz de Tierra.

Yo, como todos los hombres, tengo un sueño. El sueño de que un día lejano que no veré y muchas generaciones futuras más, tampoco verán, se exhiban en los museos del mundo como objetos de horror, si es que aún existen los museos, las lanzas, las espadas, las pistolas, los fusiles, los rifles, las bazucas, las metralladoras, los cañones, las bombas y los demás instrumentos de tortura y muerte que hoy nos son tan familiares, con un letrero que digan: "Estas eran las armas con las que nuestros antepasados se mataban entre sí, muchas veces en masa, por millones; había hombres entrenados sólo para matar hombres, y no se los castigaba sino que se los elevaba a la categoría de héroes. Eran lo tiempos cuando los seres humanos todavía llevaban oculto dentro de su incipiente cerebro, los genes de la bestia feroz que heredaron de los reptiles, como quiera que aún no habían alcanzado entonces a ser Homos verdaderamente sapiens como nosotros".

Si el hombre actual quiere sobrevivir y que su descendencia sobreviva, debe declarar delito de lesa humanidad poseer cualquier arma atómica o de destrucción masiva, pues la autodestrucción de la especie humana, de la que se habla sin mucho convencimiento, no es una fantasía de ciencia ficción. No vale pactar la reducción sino la eliminación de todas ya que la compulsión del hombre por el poder, a la que las leyes de la naturaleza lo somete, puede llegar a cegarlo. Si a la bomba Tsar de Rusia, constituida por una serie de bombas nucleares explotadas en serie, no se le reduce el poder de 100 kilotones a 50 antes de lanzarla, quién sabe que habría ocurrido en nuestro planeta. Hoy hay, por eso, científicos investigando la posibilidad de que desaparezca la vida superior en él y hasta hacen cábalas de cuánto tiempo más podrían durar las huellas del hombre en la Tierra, sobre todo si predominan ciertas religiones cuyas creencias se basan en asegurarles el paraíso a los fieles que mueren por su fe. Toda esta insania colectiva tiene que parar y esa debiera ser la principal labor de las religiones.

Lo que necesitamos los hombres del siglo XXI, no es que las grandes religiones nos cuenten y nos sigan contando las mismas leyendas de hace tres mil o cinco mil años. Lo que necesitamos es que se olviden del mito, si no quieren convertirse con el tiempo en pequeñas sectas minoritarias, (camino por el que al parecer va la Iglesis Católica), y se dediquen a predicar un mensaje religioso basado en una ética desacralizada acorde con los tiempos modernos, un mensaje que nos ayude a continuar viviendo en el rincón del Universo que nos tocó en suerte sin destruirnos. No hace falta que nos constriñan a buscar un dios que nos proteja de nosotros mismos, sino que nos den la libertad de escogerlo, si es que lo necesitamos. Al final de cuentas, cualquier Dios en el que creamos, será siempre una simple conjetura y no nos va a ayudar a sobrevivir como no lo hizo en el pasado en las múltiples extinciones masivas de la vida en nuestro planeta.

Y por supuesto, que no nos fuercen a creer en un dios personal, antropomorfo y providente, un dios que busca la gloria, ("Gloria in excelsis Deo," reza el canon de las misas católicas) porque la búsqueda de la gloria es propia sólo del hombre dominado por esa ansia de poder a que la ley de la selección natural lo obliga y tanto daño le causa, esa ansia de recibir el homenaje de los demás, de ser superior a los demás, lo que no se compagina con un Dios de por sí omnipotente, que por ser abiótico e inmaterial, no está sujeto a las mismas leyes de la naturaleza que nosotros y no tiene por qué comportarse como nosotros.

Einstein, en cita tomada de *Carlos Valle* en su libro: *Einstein para Dumies* lo explica así: "La idea de un dios personal, me es ajena, me parece ingenua. Me siento satisfecho con el misterio y la eternidad de la vida, con el conocimiento de una ínfima parte de la estructura del mundo real, y con la devota lucha por comprender una fracción aunque sea mínima de la "razón" que se manifiesta en la naturaleza". "Mi religión" sigue diciendo *Einstein,* "es esa sensación de asombro producida por la contemplación del orden del Universo y en la creencia en un creador de tal orden," que "no es como el de los teólogos, que premia la bondad y castiga la maldad, porque para eso están las leyes del Universo," ni se rige por ilusiones, sino "por esas mismas leyes que una vez puestas en movimiento, todo lo regulan".

Es el regreso a un panteísmo en el que Dios no es un ser extraño al Universo, ni menos está sobre el Universo, sino que es el Universo con sus leyes, ese Universo que es lo único visible y tangible que tenemos de cuya existencia no podemos dudar, y al que estamos sujetos desde antes de existir, porque fuimos fabricados con su misma materia eterna y corpuscular.

El hombre siempre le ha buscado un fin, un propósito a todo lo que lo rodea, pero la lógica humana y el sentido común no siempre se pueden aplicar al Universo tal como hoy lo conocemos. El Universo es como es y no puede ser distinto, existe por la necesidad de existir, porque es la existencia misma. Tuvo un comienzo y tendrá un fin, pero nadie ha demostrado que antes de su creación no había algo material prexistente, y después de su ciclo actual no quedará nada de él. Eso que hubo antes y habrá después: *material* o *inmaterial, igual* o *difrente* a lo anterior, es lo que llamamos dios.

Ese dios del que nada sabemos, que si creó el Universo no lo hizo sacralizado ni antitético, dominado por las fuerzas del bien y del mal, o por ángeles y demonios como se creía antes, sino regido por la treintena de leyes inmodificables de las que habla Einstein, que son las que en la realidad lo rigen. Sin embargo, cabría preguntar: ¿Se necesitó un dios para crear ese Universo así de lejano e inescrutable? ¿Fue él quien creó sus leyes? ¿Esas leyes representan un orden, una *Razón,* un *Logos,* quizás ese *Logos* de *Heráclito* y *Platón,* aunque su aplicación al curso de los acontecimientos, a menudo, se haga al azar?

Tal es el *dios oculto* en el que muchos, llevados por la emoción, nos sentimos tentados a creer cuando contemplamos en las noches veraniegas, ese cielo limpio, sin nubes, lleno de estrellas, planetas y galaxias, y experimentamos ese impulso cuasi religioso de interrogarlo. Y le preguntamos, entonces, con el pensamiento, quienes somos y qué hacemos aquí en nuestro pequeño y hermoso planeta Tierra, admirando su inmensidad, la inmensidad inconmensurable de ese Cosmos que no parece enterarse de nosotros, y la única respuesta que escuchamos, es el silencio, un silencio, que por lo desdeñoso, resulta sobrecogedor.

ANEXO

CONTRADICCIONES, ANACRONISMOS, E INVEROSIMILITUDES EN LAS EVANGELIOS

Afirmación	*Error o contradicción*
"Estando ya Isabel en su sexto mes envió Dios al ángel San Gabriel a Nazaret, ciudad de Galilea a una virgen desposada con cierto varón de la casa de David de nombre José; y el nombre de la virgen era María". (Lc 1:26-27)	Curiosamente, ni el Antiguo Testamento, ni Pablo, ni Flavio Josefo, ni ningún historiador contemporáneo menciona a Nazaret. Sólo se lo menciona en los evangelios y en una inscripción en Cesarea. Algunos por eso dudan de la existencia del Nazaret bíblico aparentemente distinto al Nazaret actual.

"Al oír (de Jesús) estas cosas, todos en la sinagoga motaron en cólera. Y levantándose alborotados lo arrojaron fuera de la ciudad. Y lo condujeron hasta la cima del monte donde estaba edificada la ciudad con ánimo de despeñarlo". (Luc 4)	La Nazaret de hoy que les muestran a los turistas no está sobre la cima de un monte sino en la ladera aledaña a unos 4 km de éste. En la cima se han encontrado pocas pruebas de que hubiera habido una ciudad y si la hubo fue muy pequeña.
"Y vino a morar en una ciudad llamada Nazaret, cumpliéndose de este modo el dicho de los profetas: Y será llamado nazareno". (Mat 2:23)	La secta de los nazarenos no se llamaba así porque fueran oriundos de Nazaret. El Padre de la Iglesia San Epifanio de Salamina (310-403) nos aclara este punto al decir: "Es evidente que hubo nazarenos antes de Cristo". Lo confirma también el libro de Jueces cuando dice: "Porque has de concebir y parir un hijo cuya cabeza no tocara navaja, pues ha de ser nazareno o consagrado a Dios".
"Todo lo cual se hizo en cumplimiento de lo que dijo el Señor: Sabed que una virgen concebirá y dará a luz a quien podrán por nombre Emanuel". (Mat 1:23)	Parece un error de traducción. El traductor tomó la palabra *almah* que en hebreo significa muchacha por *partenos* que en griego significa *virgen,* cuando virgen en hebreo es *betullah.*
"Por aquellos días se promulgó un edicto de César Augusto, mandando empadronar a todo el mundo. Este fue el primer empadronamiento hecho por Quirino, gobernador de Siria. Y todos iban a empadronarse, cada cual a la ciudad de donde era su estirpe. José como era de la casa de David, vino desde Nazaret, ciudad de Galilea, a la ciudad de David, llamada Belén". (Luc 2: 1-4)	El censo de Quirino fue en el año 6 y Jesús supuestamente nació en el año 1. Ese censo afectaba sólo a Judea, Samaria e Iturea sobre las que Quirino ejercía control y no a Galilea que pertenecía a Antipas. Por otro lado, los empadronamientos o censos, hoy como ayer, se hacen en el lugar de residencia y no en el lugar de origen de la familia para no poner en movimiento a toda la población del país lo que es muy difícil. No parece que el evangelista hubiera caído en cuenta de eso.

"Porque lo que se ha engendrado en su vientre es obra del Espíritu Santo". (Mat. 28: 20)	Ya hemos visto que la posibilidad de que el Espíritu Santo, un ser inmaterial, remplazara los 23 cromosomas de José sin los cuales Cristo no hubiera sido un verdadero hombre (las especies están determinadas por el tipo y número de sus cromosomas) es biológicamente imposible.
"¿Qué decís vosotros del Cristo? (pregunta Jesús) ¿De quien es hijo? Y le dijeron: De David. Le replicó entonces: "¿pues cómo David en espíritu profético le llama... Señor a mi Señor...? Pues si David le llama su Señor, ¿cómo cabe que sea hijo suyo? A lo cual nadie pudo responder y no quisieron hacerle más preguntas". (Mat. 22: 43-46)	O sea que David no pudo ser hijo de Dios y como Jesús sí era hijo de Dios, no pudo descender de David. Sin embargo, tanto Lucas como Mateo hacen descender a Jesús de David, a sabiendas de que José no fue el padre de Jesús, pues se creía entonces que la mujer no participaba en la fecundación. ¿Cómo le permitió Dios al evangelista cometer tal error?
Mateo afirma, como hemos visto, que Jesús nació en Belén de Judá en tiempos de Herodes a 140 kilómetros de Nazaret de Galilea y Lucas que nació en tiempos del censo de Quirino del años 6.	En ese caso resulta que como Herodes murió en el año 4, Jesús debía tener cuatro años en ese entonces, pero si nació en tiempos del censo de Quirino, Jesús debía tener 6 años. ¿Cuál de esas dos versiones es cierta?
"Estando Jesús en la barca, se hicieron con él a la vela acompañado de otros barcos. Se levantó entonces una gran tempestad de viento... de manera que ya ésta se llenaba de agua. Entretanto él estaba durmiendo... Le despertaron, pués y le dijeron: Maestro, ¿no se te da nada que perezcamos? Y él, levantándose, amenazó al viento, y dijo al mar: Calla tú, sosiégate; y al instante... sobrevino una gran tranquilidad?" (Marc, 4: 37-39).	Sin embargo, para los conocedores de Israel el lago de Tiberiades es bastante apacible. Flavio Josefo, en su libro "Guerras de los judíos" (libro III, cap 35) decía de él: no existen riberas ni incluso fuentes que sean más tranquilas. Esto lo sabía cualquier residente de Palestina, no así los judíos que vivían por fuera de Israel como fue el caso de los evangelistas.

"Dejando Jesús otra vez los confines de Tiro se fue por los lados de Sidón hacia el mar de Galilea, atravesando el territorio de Decápolis". (Mc 7: 31)	Este es un caso de ignorancia de la geografía de Palestina similar al anterior. Tiro queda a poca distancia de Sidón. No tenía Jesús por qué dar una vuelta enorme de más de 70 km bajando al lago de Galilea y atravesando Decápolis para llegar a Sidón.
"No vayáis a los gentiles, ni entréis en ciudad de samaritanos; id más bien a las ovejas perdidas de la casa de Irael". (Mat 10:5) "No he sido enviado sino a los hijos de la casa de Israel". (Mat 15:25)	Lo contrario dice Mateo (23:19) "Id, pues, enseñad a todas las gentes, bautizándolas en el nombre del Padre del hijo y del Espíritu Santo". Y Marcos (16:15) "Id por el mundo y predicad el evangelio a toda criatura". La contradicción entre estos mandatos no puede ser más evidente y fue la que generó la feroz controversia entre el cristianismo gentil y el judaizante.
"¿No creéis acaso que yo estoy en mi padre y mi padre está en mí?". (Juan 10:10) "Salí de mi Padre y vine al mundo; ahora dejo al mundo y vuelvo a mi Padre". Juan (16:28). "Lo que pidieres a mi Padre os lo concederá". (Juan 16:23)	Juan, en cambio, le hace decir (14:28) "No puedo hacer cosa alguna de mí mismo...porque no pretendo hacer mi voluntad sino la de aquel que me envió". "Mi Padre es mayor que yo". "Yo les di la palabra que tú me diste". (Juan 17:8). Entre estas frases y las otras de la columna opuesta hay una contra dicción. No se sabe si Jesús es igual al Padre o inferior a él.
"A otro le dijo Jesús: Sígueme, mas éste le respondió: Señor permíteme que vaya antes y dé sepultura a mi padre. Le replicó Jesús: Deja tú a los muertos el cuidado de sepultar a los muertos; tú ve y anuncia el reino de Dios". "Si alguno de los que me sigue no aborrece a su padre, a su madre y a su mujer y a los hijos y a los hermanos y hermanas	Estas frases no pueden provenir de un judío como Jesús fiel al Antiguo Testamento para el que el respeto por los padres era esencial: Malaquías (4-5) dice: "He aquí que yo os enviaré al profeta Helías, antes de que venga el día grande y tremendo del Señor. Y Él reunirá el corazón de los padres con el de los hijos, y de los hijos con el de sus

y aún a su vida misma, no puede ser mi discípulo". (Luc 14:26)

padres, a fin de que yo cuando venga no hiera a la tierra con mi anatema".

"Ahora bien, a vosotros que me escucháis digo yo: Amad a vuestros enemigos; haced el bien a los que os aborrecen; bendecid a los que os maldicen y orad por los que os calumnian. A quien te hiere en una mejilla, preséntale la otra; y a quien te quitare la capa, no le impidas que se lleve aun tu túnica". (Luc 6:27:29).

Mateo (10:34) le hace decir: "No tenéis que pensar que yo haya venido a traer la paz a la tierra; no he venido a traer la paz sino la guerra". "El que no tiene espada, venda su túnica y cómprela". (Luc 6:49). "A los que no me han querido por rey, traedlos aquí y matadlos frente a mí". (Luc 19:27). En unas partes los evangelistas presentan un Jesús lleno de bondad y en otras, al zelota beligerante, muy en concordancia con su época. ¿Cuál de los dos es el verdadero Jesús?

Cuando a Jesús le piden pruebas de su divinidad dice: "Los ciegos ven, los cojos andan, los leprosos quedan limpios, los sordos oyen, los muertos resucitan…" "Pero si yo lanzo demonios con el dedo de Dios, es evidente que ha llegado para vosotros el reino de Dios". (Luc 17:20)

No obstante, si en unos capítulos presenta como prueba de su divinidad los milagros, en otros niega la necesitad de realizarlos. Así: "Como concurriesen las turbas a oírle comenzó a decir: Esta raza de hombres es un raza perversa; ellos piden un prodigio y no se les dará otro prodigio que el del profeta Jonás. Pues a la manera que Jonás fue un prodigio para los ninivitas, así el Hijo del hombre lo será para esta nación. (Luc 11:29-30).

"Mientras estaban cenando, tomó Jesús el pan y lo bendijo y se los dio a los discípulos diciendo: Tomad y comed éste es mi cuerpo. Y tomando el cáliz dio gracias lo bendijo y se los dio, diciendo: Bebed todos de él; porque ésta es mi sangre… que será derramada por muchos para la remisión de los pecados". (Mc 14:23-24)

Un rito como éste sólo pudo surgir en una comunidad alejada de la tradición mosaica. Dentro de esa tradición la sangre se consideraba como el sustento de la vida. En el Levítico (17:12) se dice a este respecto: "Por eso tengo dicho a los hijos de Israel: Ninguno de vosotros beberá sangre, ni tampoco los forasteros que habitan entre voso

	tros".Aún hoy los judíos ortodoxos no pueden comer carne de un animal que no haya sido previamente desangrado. ¿Pudo un judío respetuoso de la ley como Jesús pedir que bebieran su sangre?
"Al día siguiente un gran muchedumbre de gente que había venido a la fiesta (de Pascua). Habiendo sabido que Jesús estaba por llegar a Jerusalén, cogieron ramos de palmas y salieron a recibirle, gritando: ¡Hosanna; bienvenido el que viene en nombre del Señor, el rey de Israel! (Jn 12:12-13)	Al parecer aquí hay una confusión. Los judíos tenían y tienen (entre otras) dos fiestas distintas: La fiesta de Pascua y la de los Tabernáculos. Era en esta última en la que salían con ramas de palma y gritaban: ¡Hosanna! No en la de Pascua. Resulta difícil creer que en esa ocasión hubieran confundido una fiesta con otra.
"Cuando ya anochecía, llegó un hombre rico llamado José, natural de Arimatea, que también se había hecho seguidor de Jesús. José fue a ver a Pilato y le pidió el cuerpo de Jesús. Pilato ordenó que se lo dieran, y José tomó el cuerpo, lo envolvió en una sábana de lino limpia y lo puso en un sepulcro nuevo, de su propiedad". (Mt. 27,57)	Nadie ha podido saber donde quedaba el pueblo de Arimatea, (según Lucas un pueblo de Judea) ni que hacía José en Jerusalén en Pascua cuando debía estarla celebrando con su familia. Es un misterioso personaje que los cuatro evangelistas mencionan sólo una vez en conexión con el enterramiento. Algunos exégetas por eso hacen derivar la palabra Arimatea de harha-mettin que en hebreo significa fosa de los muertos o enterrador, lo que está más de acuerdo con las costumbres judías que no enterraban a los ajusticiados como Jesús en sepulcros privados sino en fosas de infamia o públicas.

De las citas anteriores tomados en parte de *Los evangelios al banquillo* de J.M. Castells, se puede concluir que los evangelios no son textos históricos confiables porque no fueron escritos por judíos raizales, esto es por judíos que habían nacido y vivido en Palestina y practicaban sus tradiciones, sino por judíos de la diáspora, años después de la muerte de Jesús, esto es por judíos que habían emigrado tras la destrucción de Jerusalén en el año 70 a países del Imperio Romano o a la misma Roma, y que por tanto habían perdido su contacto directo con el antiguo Israel. Estos fueron los que triunfaron en el Concilio de Nicea en el año 325 y los que le dieron el toque final a los evangelios. De ahí surgió el cristianismo que conocemos hoy, derivado principalmente de las enseñanzas de Pablo y sus seguidores, que entraron en un choque frontal con el judaísmo del Antiguo Testamento. Pablo llegó a oponerse en forma tal a éste que en su epístola a los Tesalonicenses se atrevió a decir: (2:15-16): "Los cuales (los judíos) mataron al Señor Jesús y a los profetas, y a nosotros nos han perseguido y desagradan a Dios…Así todo lo que hacen llega al colmo de su pecado, por lo que la ira de Dios caerá sobre sus cabezas con toda severidad".

La multiplicidad de errores geográficos y científicos, así como las contradicciones e imprecisiones que como hemos visto contienen los evangelios, y en general las Sagradas Escrituras (fruto del desconocimiento del mundo físico y de las dificultades de información características de casi todos los textos de la antigüedad) contradicen la común creencia de que fueron revelados por Dios. Al contrario, lo que muestran es que las Sagradas Escrituras son textos redactados por hombres a la manera de los hombres y con las mismas imperfecciones de los hombres, sin importar si los gazapos que frecuentemente aparecen en ellas, desvirtúan o no el mensaje religioso que pretenden trasmitir. Porque un Dios omnisciente no puede incurrir en ninguna equivocación por pequeña que sea, ni entrar en contradicción de sí mismo, sin arrojar serias dudas sobre su participación en el evento o escrito que se le atribuye.

La verdad sin tapujos es que Él nunca se comunicó con los seres humanos pese a que los seres humanos siempre han tratado de comunicarse con Él. En consecuencia, los mitos cuya autoría se le atribuyen sólo se pueden tomar como lo que son, como la manipulación colectiva profundamente humana de hechos inicialmente históricos, enunciados en una forma metafórica, en muchos casos con una enseñanza trascendental oculta en su simbolismo que es lo único rescatable para la posteridad. Sólo si partimos de esa realidad, esto es, de considerar los libros sagrados de todas las creencias religiosas como fruto de las meditaciones de gentes que vivieron y pensaron en un mundo muy distinto al nuestro hace miles de años, podremos extraer de ellos la parte verdaderamente valiosa de su doctrina.

Apostilla

No tendría nada de raro que dentro de unos cincuenta, cien o más años (la inercia de las ideas es muy grande), libros como el que acabas de leer, sufrido lector, serán tan sólo piezas de museo; ya que en el futuro es probable que nadie se interese por este tipo de escritos. Será tan claro para los hombres del porvenir que las religiones son únicamente un confuso acopio de mitos inverosímiles sin ningún fundamento lógico, que se sorprenderán de que hubiéramos gastado tanto tiempo y esfuerzo en probar y volver a probar algo tan obvio como eso. Aspiramos a que mientras tanto esas religiones hayan podido crear un mensaje ético nuevo de concenso entre todas, que por ajustarse a las necesidades del hombre moderno, perdure.

Bibliografia*

- Anónimo. La Sagrada Biblia, Antiguo y Nuevo Testamento
- Augias C. Pesce M. Investigación sobre Jesús. Random House Mondadori
- Autores Varios. Manual de Ateología. Tierra Firme Editores. Colombia.
- Autores Varios. Revista Jannus. El Cristianismo entre Piscis y Acuario.
- Autores Varios. Revista Jannus. El hombre y sus ídolos.
- Autores Varios. Revista Jannus. La historia de la sexualidad.
- Autores Varios. Viaje a través del Universo. Ediciones Folio. Barcelona.

    1 – Cometas, asteroides y meteoritos

    2 – Hacia las Estrellas

    3- Claves del Universo

    4 – Fronteras del Tiempo 1.

    5- Fronteras del Tiempo 2.

    Borek E. La célula clave de la vida. Editorial Limusa. Wiley.

    Borja J. H. Inquisición, muerte y sexualidad en la Nueva Granada. Editorial Ariel.

- C.E. Folsome. El Origen de la vida. Editorial Reverté. Barcelona.
- Calle C L. Einstein para dummies. Editorial Norma.
- Celso A. C. Los ocho libros de la medicina. Editorial Iberia.
- Cicerón. Cuestiones Académicas. Editorial Esparsa Calpe.
- Collins F.¿Cómo habla Dios? Editorial Planeta Colombiana.
- D'Abro A. The evolution of scientific thougt. Dover Publication Inc.
- Dawkins R. El espejismo de Dios. Espasa Calpe
- Dewell J. Desde los mitos lunares al radar. Ediciones del Tridenk. Buenos Aires.
- Dreux P. Introducción a la Ecología. Alianza Editorial.
- Einstein A, y otros. La Teoría de la relatividad. Alianza Universidad.
- Einstein A., Infeld L. La física aventura del pensamiento.
- Eliade M. El Mito del Eterno Retorno. Editorial Alianza Emecé.
- Ferguson K. La medida del Universo. Ediciones Robinbook. Barcelona.
- Fisas C. Curiosidades y Anécdotas de la Historia Universal. Editorial Planeta. España.

*Aunque las bibliografías a menudo sólo sirven para hacer patente la vanidad del autor, me atrevo a recomendar la lectura de algunos de estos libros.

- Frankford H. Frankford H.A, y otros. Before Philosophy. Pinguin Book. Inglaterra.
- Freud S. Los textos fundamentales del psicoanálisis. Alianza Editorial.
- Galiano F. Los Fundamentos de la biología. Editorial Labor.
- García G. Marset J L. Probablemente Dios no existe. Editorial Planeta.
- Gilson E. Santo Tomás de Aquino. Editorial Aguilar.
- Hawking S W. Historia del tiempo. Editorial Crítica. Barcelona.
- Hawking S. El Universo en una cáscara de nuez. Editorial Planeta.
- Hawking S. La gran ilusión. Editorial Crítica. Barcelona.
- Heródoto. Los nueve Libros de la Historia. Editorial Iberia.
- Homero. La Ilíada. Editorial Aguilar.
- Llinás R.R. El cerebro y el mito del yo. Editorial Norma.
- Jeans J. The New background of science. Ann Arbor Paperbooks.
- Jenofonte. Historia Griega. Editorial Iberia.
- Julián A. Monarquía del Diablo en la gentilidad del Nuevo Mundo Americano. Bogotá. Instituto Caro y Cuervo. 1994.
- Keller W. Y la Biblia tenía razón. Ediciones Omega. Barcelona.
- Küng Hans. La Iglesia Católica. Random House Mondadori
- Klein F. La Biblia desnuda. Editorial Arcopress. España.
- La Place P.S. Breve Historia de la Astronomía. Colección Austral. Esparza Calpe.
- Lepp I. La nueva tierra. Ediciones Carlos Lohlé. Buenos Aires.
- Morris D. El hombre al desnudo. Círculo de Lectores.
- Morris D. El mono desnudo. Editorial Emecé de Argentina
- Nietzsche F. El viajero y su sombra. Editorial Bedout.
- Nietzsche F. La genealogía de la moral. Alianza Editorial. España.
- Parker S. El cuerpo humano. Casa Editorial El Tiempo. Bogotá.
- Paz O. Sombras de Obras. Seix Barral. Biblioteca breve.
- Pijoán J. Historia del Mundo. Salvat Editores, S.A. Barcelona, Volúmenes I y II.
- Pinillas J L. La mente humana. Editorial Salvat. España.
- Ratzinger J, Flores de Arcais P.¿Dios existe? Editorial Planeta Colombiana.
- Renan E.Vida de Jesús, Editorial EDAF España.
- Sagan C. La diversidad de la ciencia. Editorial Planeta
- Savater F. Historia de la filosofía. Espasa Calpe.
- Savater F. La vida eterna. Editorial Ariel. Barcelona.
- Soruma D.H. Química General. Urmo S.A. Ediciones.

- Tertuliano. El Apologético. Ediciones Ercilla.
- Unamuno M. La agonía del cristianismo. Editorial Losada. Buenos Aires.
- Urmeneta J. y Navarrete A. ¿Hay alguien ahí? Editorial Océano. España.
- Vélez A. Homo Sapiens. Villegas Editores. Colombia.
- Walker K y Fletcher P. Sex and Society. Pelican Books. EU.
- Wartofsky M. W. Introducción a la filosofía de la ciencia. Alianza Universidad.
- Westfill W. H. Tratado de Física. Editorial Labor. Barcelona.
- Benort M. El enigma detrás de los evangelios. Editorial Planeta
- Castells. Los Extravios de la fe. Editorial Intermedio Editor

www.ingramcontent.com/pod-product-compliance
Lightning Source LLC
Chambersburg PA
CBHW071353170526
45165CB00001B/25